U0360477

"十二五"普通高等教育本科国家级规划教材

普通高等教育"十一五"国家级规划教材

高 等 学 校 自 动 化 专 业 系 列 教 材

教育部高等学校自动化专业教学指导分委员会牵头规划

信号分析与处理

(第3版)

徐科军 黄云志 林逸榕 陈 强 主编

清华大学出版社

北 京

内容简介

本书主要介绍信号分析与处理的基本原理、方法和应用。全书共分为6章，内容包括信号的基本知识、连续时间信号分析、离散时间信号分析、离散傅里叶变换和快速傅里叶变换、数字滤波器设计、随机信号分析，以及总结和应用。本书大部分章节附有习题和上机练习题，并附有部分习题的答案和提示，有助于读者对本书的学习。

本书可作为自动化专业、电气工程及自动化专业等工科专业的本科生教材或参考书，也可供有关教师和工程技术人员参考。

图书在版编目(CIP)数据

信号分析与处理/徐科军等主编．—3版．—北京：清华大学出版社，2022.1(2025.2重印)
高等学校自动化专业系列教材
ISBN 978-7-302-58701-9

Ⅰ．①信…　Ⅱ．①徐…　Ⅲ．①信号分析－高等学校－教材 ②信号处理－高等学校－教材
Ⅳ．①TN911

中国版本图书馆CIP数据核字(2021)第141310号

责任编辑：王一玲　曾　珊
封面设计：傅瑞学
责任校对：郝美丽
责任印制：刘海龙

出版发行：清华大学出版社
　　网　　址：https://www.tup.com.cn，https://www.wqxuetang.com
　　地　　址：北京清华大学学研大厦A座　　**邮　　编**：100084
　　社 总 机：010-83470000　　**邮　　购**：010-62786544
　　投稿与读者服务：010-62776969，c-service@tup.tsinghua.edu.cn
　　质量反馈：010-62772015，zhiliang@tup.tsinghua.edu.cn
　　课件下载：https://www.tup.com.cn，010-83470236
印 装 者：三河市铭诚印务有限公司
经　　销：全国新华书店
开　　本：175mm×245mm　　**印　　张**：17.75　　**字　　数**：377千字
版　　次：2006年4月第1版　2022年2月第3版　　**印　　次**：2025年2月第5次印刷
印　　数：4701～5700
定　　价：69.00元

产品编号：092720-01

出版说明

为适应我国对高等学校自动化专业人才培养的需要，配合各高校教学改革的进程，创建一套符合自动化专业培养目标和教学改革要求的新型自动化专业系列教材，"教育部高等学校自动化专业教学指导分委员会"（简称"教指委"）联合了"中国自动化学会教育工作委员会""中国电工技术学会高校工业自动化教育专业委员会""中国系统仿真学会教育工作委员会"和"中国机械工业教育协会电气工程及自动化学科委员会"四个委员会，以教学创新为指导思想，以教材带动教学改革为方针，设立专项资助基金，采用全国公开招标方式，组织编写出版一套自动化专业系列教材——《高等学校自动化专业系列教材》。

本系列教材主要面向本科生，同时兼顾研究生；覆盖面包括专业基础课、专业核心课、专业选修课、实践环节课和专业综合训练课；重点突出自动化专业基础理论和前沿技术；以文字教材为主，适当包括多媒体教材；以主教材为主，适当包括习题集、实验指导书、教师参考书、多媒体课件、网络课程脚本等辅助教材；力求做到符合自动化专业培养目标、反映自动化专业教育改革方向、满足自动化专业教学需要；努力创造使之成为具有先进性、创新性、适用性和系统性的特色品牌教材。

本系列教材在"教指委"的领导下，从2004年起，通过招标机制，计划用3～4年时间出版50本左右教材，2006年开始陆续出版问世。为满足多层面、多类型的教学需求，同类教材可能出版多种版本。

本系列教材的主要读者群是自动化专业及相关专业的大学生和研究生，以及相关领域和部门的科学工作者和工程技术人员。我们希望本系列教材既能为在校大学生和研究生的学习提供内容先进、论述系统和适于教学的教材或参考书，也能为广大科学工作者和工程技术人员的知识更新与继续学习提供适合的参考资料。感谢使用本系列教材的广大教师、学生和科技工作者的热情支持，并欢迎提出批评和意见。

高等学校自动化专业系列教材编审委员会
2005年10月于北京

高等学校自动化专业系列教材编审委员会

序一

FOREWORD

自动化学科有着光荣的历史和重要的地位，20世纪50年代我国政府就十分重视自动化学科的发展和自动化专业人才的培养。60多年来，自动化科学技术在众多领域发挥了重大作用，如航空、航天等，“两弹一星”的伟大工程就包含了许多自动化科学技术的成果。自动化科学技术也改变了我国工业整体的面貌，不论是石油化工、电力、钢铁，还是轻工、建材、医药等领域，都要用到自动化技术，在国防工业中自动化的作用更是巨大。现在，世界上有很多非常活跃的领域都离不开自动化技术，比如机器人、月球车等。另外，自动化学科对一些交叉学科的发展同样起到了积极的促进作用，例如网络控制、量子控制、流媒体控制、生物信息学、系统生物学等学科就是在系统论、控制论、信息论的影响下得到了不断的发展。在整个世界已经进入信息时代的背景下，中国要完成工业化的任务还很重，或者说我们正处在后工业化的阶段。因此，国家提出走新型工业化的道路和“信息化带动工业化，工业化促进信息化”的科学发展观，这对自动化科学技术的发展是一个前所未有的战略机遇。

机遇难得，人才更难得。要发展自动化学科，人才是基础、是关键。高等学校是人才培养的基地，或者说人才培养是高等学校的根本。作为高等学校的领导和教师始终要把人才培养放在第一位，具体对自动化系或自动化学院的领导和教师来说，要时刻想着为国家关键行业和战线培养和输送优秀的自动化技术人才。

影响人才培养的因素很多，涉及教学改革的方方面面，包括如何拓宽专业口径、优化教学计划、增强教学柔性、强化通识教育、提高知识起点、降低专业重心、加强基础知识、强调专业实践等，其中构建融会贯通、紧密配合、有机联系的课程体系，编写有利于促进学生个性发展、培养学生创新能力的教材尤为重要。清华大学吴澄院士领导的《高等学校自动化专业系列教材》编审委员会，根据自动化学科对自动化技术人才素质与能力的需求，充分吸取国外自动化教材的优势与特点，在全国范围内，以招标方式，组织编写了这套自动化专业系列教材，这对推动高等学校自动化专业发展与人才培养具有重要的意义。这套系列教材的建设有新思路、新机制，适应了高等学校教学改革与发展的新形势，立足创建精品教材，重视实践性环节在人才培养中的作用，采用了竞争机制，以激励和推动教材建设。在此，我谨向参与本系列教材规划、组织、编写的老师致以诚挚的感谢，并希望该系列教材在全国高等学校自动化专业人才培养中发挥应有的作用。

吴澄 教授

2005年10月于教育部

序二

FOREWORD

高等学校自动化专业系列教材编审委员会在对国内外部分大学有关自动化专业的教材做深入调研的基础上，广泛听取了各方面的意见，以招标的方式，组织编写了一套面向全国本科生（兼顾研究生）、体现自动化专业教材整体规划和课程体系、强调专业基础和理论联系实际的系列教材，自2006年起已陆续面世。全套系列教材共50多本，涵盖了自动化学科的主要知识领域，大部分教材都配置了包括电子教案、多媒体课件、习题辅导、课程实验指示书等立体化教材配件。此外，为强调落实“加强实践教育，培养创新人才”的教学改革思想，还特别规划了一组专业实验教程，包括《自动控制原理实验教程》《运动控制实验教程》《过程控制实验教程》《检测技术实验教程》《计算机控制系统实验教程》等。

自动化科学技术是一门应用性很强的学科，面对的是各种各样错综复杂的系统，控制对象可能是确定性的、也可能是随机性的，控制方法可能是常规控制，也可能需要优化控制。这样的学科专业人才应该具有什么样的知识结构，又应该如何通过专业教材来体现，这正是“系列教材编审委员会”规划系列教材时所面临的问题。为此，设立了《自动化专业课程体系结构研究》专项研究课题，成立了由清华大学萧德云教授负责，包括清华大学、上海交通大学、西安交通大学和东北大学等多所院校参与的联合研究小组，对自动化专业课程体系结构进行深入的研究，提出了按“控制理论与工程、控制系统与技术、系统理论与工程、信息处理与分析、计算机与网络、软件基础与工程、专业课程实验”等知识板块构建的课程体系结构。以此为基础，组织规划了一套涵盖几十门自动化专业基础课程和专业课程的系列教材。从基础理论到控制技术、从系统理论到工程实践、从计算机技术到信号处理、从设计分析到课程实验，涉及的知识单元多达数百个、知识点几千个，介入的学校50多所、参与的教授120多人，是一项庞大的系统工程。从编制招标要求、公布招标公告，到组织投标和评审，最后商定教材大纲，凝聚着全国百余名教授的心血，为的是编写出版一套具有一定规模、富有特色的、既考虑研究型大学又考虑应用型大学的自动化专业创新型系列教材。

然而，如何进一步构建完善的自动化专业教材体系结构？如何建设基础知识与最新知识有机融合的教材？如何充分利用现代技术，适应现代大学生的接受习惯，改变教材单一形态，建设数字化、电子化、网络化等多元形态、开放性的“广义教材”？这些都有待我们进行更深入的研究。

本套系列教材的出版，对更新自动化专业的知识体系、改善教学条件、创造个性化的教学环境，一定会起到积极的作用。但是由于受各方面条件所限，本套教材从整体结构到每本书的知识组成都可能存在许多不当甚至谬误之处，还望使用本套教材的广大教师、学生及各界人士不吝批评指正。

吴澄 院士

2005年10月于清华大学

前言

PREFACE 

当今是信息时代，在科学研究、生产建设和工程实践中，信号处理技术，特别是数字信号处理技术应用日益广泛，正在发挥着越来越重要的作用。根据我国的具体情况，“以信息化带动工业化”成为发展工业的一种策略，这极大地拓宽了自动化专业的发展空间，也对自动化人才培养提出了以信息技术为主要特点的新要求。自动化专业是以信息为基础，以控制为核心，立足于系统。而信号是信息的表现形式，各种信号分析与处理的方法有助于信息的提取和利用。在生产过程中，各种被测和被控量都含有噪声，同时又隐藏着一些信息，通过分析和处理，可以滤除测量噪声，为控制提供更为准确和有效的信息。在系统的实现方面，随着实时性和控制算法复杂度的提高，部分单片机正在被数字信号处理器(DSP)所取代，而信号分析与处理方面的知识正是这种器件的理论基础。为此，我们根据应用型大学自动化专业课程体系的要求，考虑到总学时数的减少，将“信号与系统”中的信号部分内容以及“数字信号处理”中的部分内容融合，形成《信号分析与处理》这本教材。本书是普通高等教育“十一五”国家级规划教材和普通高等教育“十二五”国家级规划教材，是作者在多年从事数字信号处理教学和科学研究的基础上编写的。本书重视理论联系实际，注重介绍信号处理的典型应用实例，介绍基于 MATLAB 语言的信号处理方法的计算机实现。考虑到学生的自主学习和教材内容的完整性，在离散信号分析中简要介绍了拉普拉斯变换和 z 变换。为了满足学生研究性学习的需要，在有些章节增加了思考题和上机练习题。本书的最后一章是总结和应用实例。

绪论包括信号的定义和分类、信号采集与处理系统简介、信号分析与处理的目的和内容、信号分析与处理的发展和应用，以及 MATLAB 简介。

第 1 章介绍连续信号时域分析中信号的描述、基本运算、分解和卷积；频域分析中周期信号的傅里叶级数、非周期信号的傅里叶变换；复频域分析中拉普拉斯变换的基本概念、性质以及分析方法；连续时间信号的相关分析。

第 2 章介绍离散时间信号分析的基本理论：离散时间信号——序列的表示、常用序列和序列的运算；采样定理与实现；序列的 z 变换及逆 z 变换、z 变换的基本性质；离散系统描述与分析；离散时间信号的相关分析。

第 3 章讨论序列的傅里叶变换(DTFT)；离散傅里叶变换(DFT)产生及其物理意义，离散傅里叶变换的一些性质；DFT 在实际应用中存在的问题和解决的办法；快速傅里叶变换(FFT)的原理、实现及应用。

第 4 章介绍滤波器的定义、基本原理，以及滤波器的分类与技术指标；

巴特沃斯和切比雪夫Ⅰ型模拟低通滤波器的设计方法,以及由低通到高通、带通及带阻滤波器的频率变换方法;无限冲激响应数字滤波器和有限冲激响应数字滤波器的设计方法;利用窗口法和切比雪夫逼近法设计出具有线性相位的FIR数字滤波器;滤波器设计中的实用问题。

第5章讨论随机信号的相关函数分析及其应用;随机信号功率谱估计,包括功率谱密度的定义、性质、与自相关函数的关系、估计方法和应用;互谱分析;谱估计中的几个重要问题,包括预处理、频谱泄漏与窗函数之间的关系、谱估计的基本步骤以及频谱校正方法;随机信号通过线性移不变系统的响应。

第6章首先采用流程图的方式,对前面几章的内容进行概括性的梳理和总结,以便读者从宏观上把握本书的主要内容;然后,介绍用信号分析与处理方法准确提取出频率、幅值和相位差信息的应用实例,以便读者熟悉信号处理方法的应用过程。

本教材的绪论,1.5节,2.2节、2.3节、2.5节和2.6节,第5章和第6章由徐科军编写;2.1节、2.4节和2.7节,第3章和4.1节、4.2节、4.3节、4.4节和4.6节由黄云志编写;1.1节至1.4节和1.6节由林逸榕编写;4.5节由陈强编写;全书由徐科军统稿。

本书的第1版作为全国高等学校自动化专业系列教材之一于2006年出版。清华大学胡广书教授担任主审。胡广书教授仔细审阅了书稿,在全书的体系结构和具体的细节叙述方面都提出了许多指导性的意见。黄云志、陈强和甘敏对第1版中出现的印刷和书写错误进行了更正。都海波对第2版中出现的印刷和书写错误进行了更正,甘敏就“离散傅里叶变换推导图解”部分提出了修改意见。

本书第2版出版后,被国内一些高校选作教材,使用效果良好。为了让读者更好地掌握信号分析与处理的理论知识和提高实际动手能力,以及适应新形势下本科教育的需求,我们对第2版进行修订。

(1) 更正一些不够准确的图形。替换了2.2.4节中的图2.2.7,并补充内容。修改3.3.5节中的图3.3.11,将对$H(k)$求共轭修改为对$X(k)$求共轭。修改5.4.2节中的图5.4.6,使频率分辨率的间隔相等。

(2) 适当补充内容,使其更加完整,便于理解和应用。对3.2.2节的“离散傅里叶变换推导图解”部分进行了补充,增加了公式和说明。对4.2.3节的部分内容进行了更正、梳理和补充。对4.4.2节中的表4.4.1进行了补充。对4.5节进行调整和补充,指明频域滤波和时域滤波两类不同的滤波方法及它们的特点,补充算术平均滤波器、滑动平均滤波器和中值滤波器的内容。在5.2.2节中,补充互相关有偏估计的算法和公式,并给出用互相关函数分析不同信号时,无偏估计和有偏估计的适用范围。

(3) 简要总结一些典型算法和函数的提出和发展的过程,指明其中的背景、作用和意义,从概念上帮助学生厘清学习的思路。在第3章中,简要总结从FT(傅里叶变换)到FFT(快速傅里叶变换)的发展过程,指出这是一个发现问题、分析问题和解决问题的典型案例,是一个不断创新的过程。在5.4.2节中,简要总结各种窗函数的提出和改进过程，指出这是人们为了追求窗函数频谱旁瓣更小这个目标而进行的大胆尝试和不断探索。

本次修订由徐科军执笔。在修订中，黄云志、林逸榕、姜苍华和张莹莹提出了具体的修改意见和建议。

在本书编写和修订过程中，得到有关老师的指导和建议，也参阅了许多教授和专家的教材、著作和论文，在此一并表示衷心的感谢。

由于编者水平有限，书中可能存在不妥之处，欢迎读者批评指正。

编　者

于合肥工业大学

电气与自动化工程学院

2021 年 3 月

目录

CONTENTS

绪　论

在科学和工程技术领域中常常需要对信号进行分析与处理。随着计算机和信息科学的飞速发展,信号分析与处理在工程技术领域应用越来越广泛,并且所起的作用也越来越大。那么,什么是信号?信号是如何分类的?如何采集信号?信号分析与处理的目的、内容、方法及特点是什么?信号分析与处理有哪些方面的应用,以及它的发展趋势如何?这些就是本章要介绍的内容。

0.1　信号的定义及分类

信息是信号的具体内容,信号是信息的物理表现形式,它反映了物理系统的状态与特性,是信息的函数。广义地说,任何带有信息的事物,如电压、电流、温度和压力等各种物理量,以及语音和图像等,均可称为信号。一般来说,电压和电流等是一个独立变量(时间)的函数;图像在平面坐标系中是两个独立变量的函数;气温和风速等则是取决于纬度、经度和高度这三个独立变量的函数。本教材只讨论作为一个独立变量函数(一般设定为时间 t)的信号,即一维信号。

0.1.1　连续时间信号与离散时间信号

按照自变量时间 t 的取值特点可以把信号分为连续信号和离散信号。如果在所讨论的时间间隔内,除有限个不连续间断点之外,对于任何时间值都可以给出确定的函数值,此信号就称为连续信号,如图 0.1.1 所示。连续信号的幅值可以是连续的,也可以是离散的(只取某些规定的值)。时间和幅值都是连续的信号又称为模拟信号。在实际应用中,模拟信号与连续信号两名词往往不予区分。

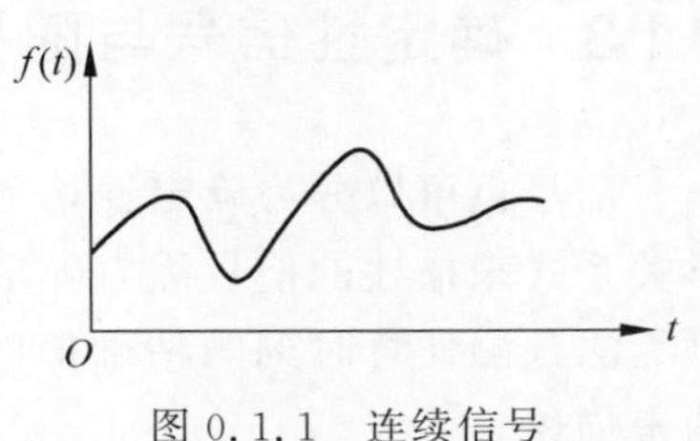

图 0.1.1　连续信号

与连续信号对应的是离散信号。离

散信号在时间上是离散的,只在某些不连续的规定瞬间给出函数值,在其他时间没有定义,如图0.1.2所示。给出函数值的离散时刻的间隔可以是均匀的,也可以是不均匀的。一般情况下,都采用均匀间隔,这时,自变量t简化为用整数序号n表示,函数符号写作$f(n)$。

离散信号在由计算机或专用信号处理芯片处理之前,必须将离散信号的幅值进行"量化"或"离散化",以便使用有限的位数表示其幅值。时间和幅值都取离散值的信号称为数字信号(digital signal),如图0.1.3所示。

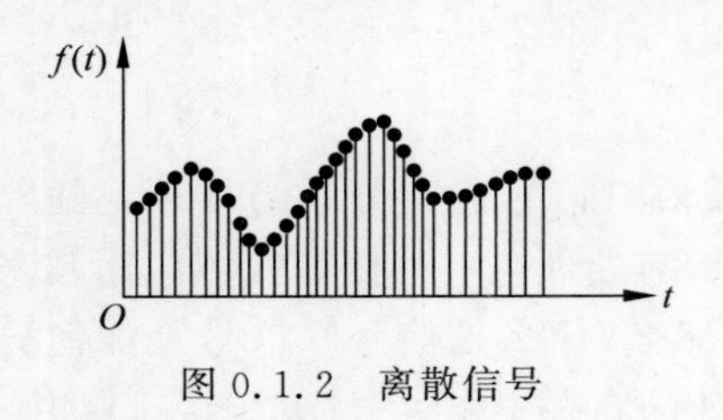

图0.1.2　离散信号

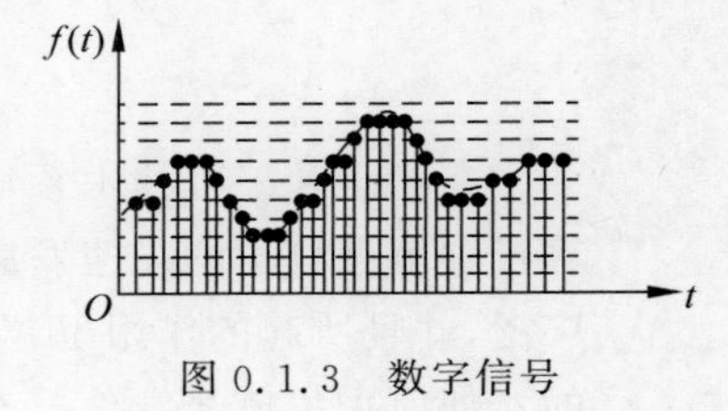

图0.1.3　数字信号

0.1.2　能量信号与功率信号

从能量的观点来研究信号,把信号$x(t)$看作加在1Ω电阻上的电流,则在时间间隔$-T\leqslant t\leqslant T$内所消耗的能量为

$$W=\lim_{T\to\infty}\int_{-T}^{T}x^2(t)\mathrm{d}t \tag{0.1.1}$$

其平均功率为

$$G=\lim_{T\to\infty}\frac{1}{2T}\int_{-T}^{T}x^2(t)\mathrm{d}t \tag{0.1.2}$$

若信号函数平方可积,则W为有限值,该信号称为能量有限信号,简称能量信号。一般地,有限长信号为能量信号。

若信号$x(t)$的W趋于无穷(相当于1Ω电阻消耗的能量),而G(相当于平均功率)为不等于零的有限值,则该信号为功率信号。一个幅值有限的周期信号或随机信号其能量是无限的,但是,只要功率有限,该信号就为功率信号。

一个信号可以既不是能量信号,也不是功率信号。但是,不可能既是能量信号又是功率信号。

0.1.3　确定性信号与随机信号

信号也可以分为确定性信号和非确定性信号两大类。能够精确地用明确的数学关系式来描述的信号称为确定性信号;不能精确地用明确的数学关系式来描述,且无法预测任意时刻的精确值的信号称为随机信号。它只能用概率术语和统计平均来描述。

许多物理现象产生的信号是可以相当精确地用数学关系式来表示的。例如，振动台的正弦振动，电容器通过电阻放电时两端电压的变化，单摆受脉冲作用的振动响应，卫星在轨道上围绕地球的运动等，基本上都是确定性信号。但是，也有许多物理现象产生的信号是随机的。例如，汽车和火车运行时的振动，起伏海面的波动，噪声发生器输出的电信号等，都不能用精确的数学关系式来描述，且无法预测任意时刻的精确值，所以，这些信号在性质上是随机的。

某种信号究竟是确定性的还是随机的，在许多场合是很难确定的。例如，某些意外的因素影响了产生信号的物理现象，导致其偏离原有的规律。因此，真正确定性的信号在实际中是没有的。但是，另一方面，如果对产生信号的物理现象的基本规律有了足够的认识，就可以用精确的数学公式来描述它。因此，真正随机的信号也是不存在的。

0.2 信号分析与处理系统简介

信号分析与处理系统主要由抗混叠滤波器、A/D(模拟数字)转换器、数字信号处理器、输出显示器、D/A(数字模拟)转换器和输出滤波器组成，如图 0.2.1 所示。

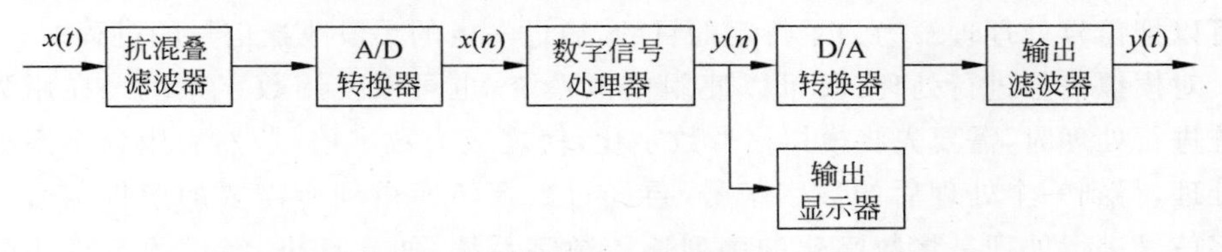

图 0.2.1 信号分析与处理系统组成方框图

在工农业生产和国防建设中，要处理的各种物理、化学和生物量大多数是以连续的模拟信号形式出现的。模拟输入信号 $x(t)$ 首先通过一个模拟的抗混叠滤波器，将输入信号的最高频率限制在一定范围之内，以避免频谱混叠，然后，送到 A/D 转换器。因为要进行数字信号处理，所以，必须把模拟信号转换成数字信号，实现这一转换功能的器件是 A/D 转换器。具体地说，A/D 完成连续信号的采样、量化和编码。对连续的模拟信号 $x(t)$，按一定的时间间隔 T_s，抽取对应的瞬时值(也就是通常所说的离散化)，这个过程称为采样。$x(t)$ 经过采样后转换为时间上离散的模拟信号 $x_s(nT_s)$，即幅值仍是连续的模拟信号，该信号简称为采样信号。把 $x_s(nT_s)$ 以某个最小数量单位的整数倍来度量，这个过程称为量化。$x_s(nT_s)$ 经量化后变换为量化信号 $x_q(nT_s)$，再经过编码，转换成离散的数字信号 $x(n)$，即时间和幅值都是离散的信号，该信号简称为数字信号。数字信号处理器负责对数字信号进行分析与处理，例如进行滤波，去掉信号中的所有不必要的频率成分；同时，也负责对系统中的其他器件进行控制。这里的数字信号处理器是个广义的概念，它可以是个人计算机，可以是单片的数字信号处理器(digital signal processors，DSPs)，也可以是专用的数字信号处理设备。

$x(n)$经过数字信号处理器的加工后,变成了另一个数字信号 $y(n)$。这时,一方面可以通过显示器将它显示出来;另一方面,也可以通过 D/A 转换器将它转换成模拟信号,再进行平滑滤波,用于控制。

0.3 信号分析与处理的目的和内容

为了充分地获取信息和有效地利用信息,必须对信号进行分析与处理。所谓信号分析,就是通过解析方法或测试方法找出不同信号的特征,从而了解其特性,掌握它随时间或频率变化的规律的过程。通过信号分析,可以将一个复杂的信号分解成若干个简单信号的分量之和,或者用有限的一组参量去表示一个复杂波形的信号,并由这些分量的组成情况或者这组参量去考察信号的特性。信号分析是获取信号源或信号传递系统特征信息的重要手段,人们往往通过对信号特征的深入分析,得到信号源或者系统特性、运行情况甚至故障等信息,这正是故障诊断的基础。

所谓信号处理,就是指通过对信号的变换和加工,把一个信号变换成另一个信号的过程。例如,为了有效地利用信号中包含的有用信息,采用一定的手段剔除原始信号中混杂的噪声,削弱多余的分量,这个过程就是最基本的信号处理过程,因此也可以把信号处理理解为为了特定的目的,通过一定的手段改造信号的过程。

对模拟信号进行处理,既可以使用模拟系统,也可以使用数字系统。在用数字系统进行处理时,需要先将模拟信号数字化,使之成为数字信号,然后用数字系统进行处理,得到一个处理后的数字信号,再经过数模转换得到所需要的模拟信号。对数字信号进行处理是将数字化的序列输入数字系统,如计算机,经过预定算法的程序处理,得到数字输出信号。

数字信号处理的基本内容包括:

(1) 一维数字信号处理。

(2) 多维数字信号处理。

(3) 用超大规模集成电路及其硬设备来实现的各种数字信号处理算法。

一维数字信号处理包括离散傅里叶变换和各种其他变换,以及与之相应的各种快速算法、谱分析、滤波及数字信号处理的应用等。多维数字信号处理包括图像处理、传感器阵列处理和多维数字处理(包括谱分析、多维数字滤波、多维变换、多维快速算法和多维结构的实现)等。超大规模集成电路及其硬设备的实现包括算法和网络结构、硬设备与程序编制及器件等。目前各种专用的信号处理器及具有很强功能的信号处理芯片不断涌现,为数字信号处理技术不断增添新的内容。

与模拟处理方法相比,数字处理方法有以下明显的优点。

(1) 精度高　在模拟处理系统中,元器件要达到很高的精度是比较困难的,而对于数字处理系统,只要有足够的字长就可以达到很高的分辨率和精度。例如,基于离散傅里叶变换的数字式频谱分析仪,其幅值精度和频率分辨率均远远高于模拟频谱分析仪。

（2）稳定性好　数字信号处理系统由少量大规模集成电路的标准组件所组成，工作稳定可靠；而模拟信号处理系统的元器件易受温度影响，并且容易产生感应和寄生振荡等。

（3）灵活性强　数字信号处理采用专用的或通用的数字系统，其性能取决于运算程序和乘法器的各个系数，这些均存储在数字系统中，只要改变运算程序或系数，即可改变系统的特性，比模拟系统方便得多。

（4）便于大规模集成　在数字处理系统中，数字部件具有高度规范性，便于大规模集成和大规模生产，没有模拟网络中各种电感器、电容器及各种非标准件。特别是对低频信号，如在遥测中或地震波的分析中，需要过滤数赫兹或数十赫兹的信号，用模拟网络进行处理时，电感器、电容器的数值和体积都将大到惊人的程度，甚至不可能获得很好的选择性，这时选用数字信号处理就会体现出它性能的优越性。

（5）数字信号处理系统可以获得很高的性能指标　例如，有限长脉冲响应数字滤波器可以实现准确的线性相位特性，这些特性用模拟系统是很难达到的。

（6）可以实现多维信号处理　利用庞大的存储单元，可以存储二维的图像信号或多维的阵列信号，以实现二维和多维的滤波和谱分析等。

0.4　信号分析与处理的发展和应用

近几十年，数字信号处理已逐渐发展成为一门非常活跃的、理论与实际紧密结合的应用基础学科，这主要归功于以下几个重要因素。

（1）20 世纪 60 年代中期以后，高速数字计算机的发展已颇具规模，它可以处理较大的数据量。

（2）快速傅里叶变换（FFT）的提出，在大多数实际问题中能使离散傅里叶变换（DFT）的计算时间成数量级地缩短；此外，还提出了若干高效的数字滤波算法。

（3）大规模集成电路的发展，使数字信号处理已不再限于在通用计算机上实现，而且可用数字部件组成的专用硬件实现。很多通用组件已单片化，甚至某些具有独立处理功能的系统已单片化。这些都极大地降低了成本，减小了体积，并缩短了研制时间。

由于技术的先进性和应用的广泛性，数字信号处理技术越来越显示出强大的生命力，凡是需要对各种各样的信号进行谱分析、滤波、压缩等的科学领域和工程领域都要用到它，并且这种趋势还在发展。数字信号处理在语音处理、通信系统、声呐、雷达、地震信号处理、空间技术、自动控制系统、仪器仪表、生物医学工程和家用电器等方面得到了广泛应用。

下面简单介绍数字信号处理技术的应用。

（1）信号处理：如数字滤波、自适应滤波、快速傅里叶变换、相关运算、谱分析、卷积、模式匹配、加窗和波形产生等。

（2）通信：如调制解调器、自适应均衡、数据加密、数据压缩、回波抵消、多路复用、传真、扩频通信、纠错编码和可视电话等。

(3) 语音：如语音编码、语音合成、语音识别、语音增强、说话人辨认、语音邮件和语音存储等。

(4) 图形/图像：如二维和三维图形处理、图像压缩与传输、图像增强、动画、机器人视觉等。

(5) 仪器仪表：如频谱分析、暂态分析、函数发生、锁相环、勘探和模拟试验等。

(6) 医疗电子：如助听器、CT 扫描、超声波、心脑电图、核磁共振和医疗监护等。

(7) 军事与尖端科技：如雷达和声呐信号处理、导弹制导、火控系统、导航、全球定位系统、尖端武器试验、航空航天试验、宇宙飞船和侦察卫星等。

(8) 消费电子：如数字电视、高清晰度电视、数字电话、高保真音响和音乐合成等。

0.5 MATLAB 简介

学习信号分析与处理技术，不仅要掌握其基本原理和方法，还要能用计算机语言编制相应的程序，实现其算法，得出正确的结果。这就少不了一个方便和实用的编程语言和环境，而 MATLAB 就是一种非常好的用于科学计算的可视化、高性能的语言和软件环境，它集数值分析、矩阵运算、信号处理和图形显示于一体，构成了一个界面友好的用户环境。在这个环境中，问题与求解都能方便地以数学语言(主要是矩阵形式)或图形方式表示出来。

MATLAB 的含意是矩阵实验室(matrix laboratory)，该软件是一个交互式系统，其基本元素是无须定义维数的矩阵。它研制的初衷主要是方便矩阵的存取。经过几十年的扩充和完善，它已成为各类科学研究与工程应用中的标准工具，数字信号处理就是其中的一个典型的应用。

MATLAB 包括称为工具箱(toolbox)的各类应用问题的求解工具，其中，信号处理工具箱包含各类经典的和现代的数字信号处理技术，是一个非常优秀的算法研究与辅助设计工具。它在语音信号处理、实时控制、仪器仪表和生物医学工程等多个研究领域都得到了成功的应用。

本书在各章中将给出相应的 MATLAB 的函数和一些程序示例。

第1章 连续时间信号分析

连续时间信号的分析方法通常可以分为时域分析法、频域分析法和复频域分析法。时域分析又称为波形分析,它是研究信号的幅值等参数、信号的稳态和交变分量随时间变化情况的一种信号分析方法,其中,最常用的是把一个信号在时域上分解为具有不同延时的简单冲激信号分量的叠加,并通过卷积的方法进行系统的时域分析。频域分析是将一个复杂信号分解为一系列正交函数的线性组合后,再把信号从时域变换到频域中进行分析,其中,最基本的是把信号分解为不同频率的正弦分量的叠加,即采用傅里叶变换(级数)的方法进行信号分析,这种方法也称为频谱分析或傅里叶分析。复频域分析是以复指数函数 e^{st}(其中,复频率 $s=\sigma+j\Omega$ 为变量,式中,σ 为复变量 s 的实部,Ω 为复变量 s 的虚部)作为基本信号,将任意输入信号分解为一系列不同复频率的复指数分量的叠加,即采用拉普拉斯变换的方法进行信号分析,故又称为拉普拉斯变换分析。

1.1 连续时间信号的时域分析

许多复杂的信号往往是由一些典型的基本信号组成的。在信号的时域分析中,最重要的方法是将信号分解为冲激信号的叠加。在此基础上,系统响应就可以应用卷积积分的方法来求解。因此,下面首先介绍包括冲激信号在内的几种基本的连续信号,然后再讨论卷积的概念。

1.1.1 连续信号的时域描述

由于连续时间信号在其定义的任意时刻都应当具有确定的数值,且通常可以由一个确定的时间函数式来表示,因此,信号的时域描述就是指用一个时间函数式表示信号随时间而变化的特性。

1. 连续时间信号的定义

所谓连续时间信号(continuous signal),又简称为连续信号,就是指在所讨论的时间内,对于除了若干个不连续点以外的任意时刻值都有定义的信号,一般用数学函数 $x(t)$ 表示,如图 1.1.1 所示。

这里"连续"是指函数的定义域——时间是连续的,而信号的值域可以是连续的,也可以不是。例如,单边指数信号(如图 1.1.2 所示)。

$$x(t)=\begin{cases}0, & t<0 \\ Ae^{-\alpha t}, & t>0\end{cases}$$
($\alpha>0$,式中 α 为单边指数信号 $x(t)$ 的衰减系数)

其中,A 是常数。它的定义域为 $(-\infty,\infty)$,其函数的值也可取 $0\sim A$ 的任意值,因而它是连续时间信号。但是,在 $t=0$ 处,函数有间断点(即不连续点)。

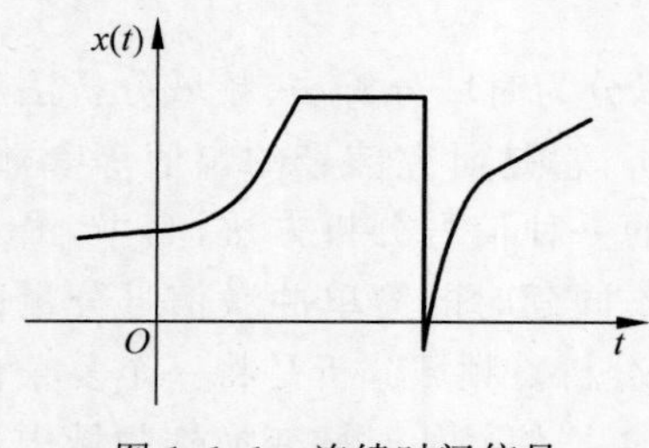

图 1.1.1 连续时间信号

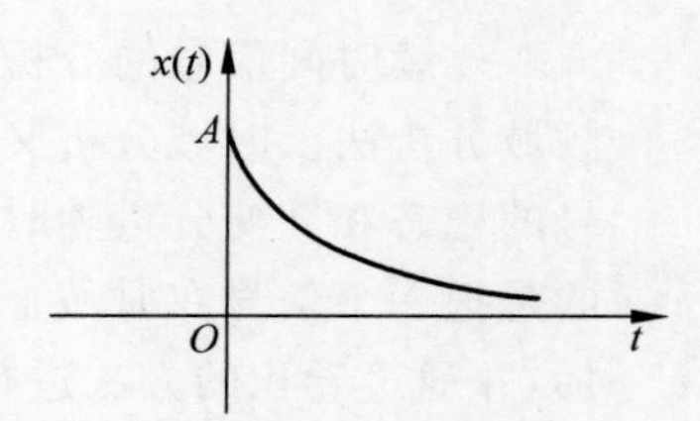

图 1.1.2 单边指数信号

2. 基本的连续信号[1]

在连续时间信号的分析中,绝大多数的常用信号都可以用一些基本信号及其变化形式来表达,因此,对这些基本信号的分析可以说是信号分析与处理的基础。这些基本的连续信号包括正弦信号、抽样信号、单位阶跃信号、单位冲激信号和复指数信号等。

1) 正弦信号

一个正弦信号(sinusoidal signal)(如图 1.1.3 所示)可描述为

$$x(t)=A\sin(\Omega t+\varphi)=A\cos\left(\Omega t+\varphi-\frac{\pi}{2}\right) \tag{1.1.1}$$

式中,A 为振幅;Ω 为角频率(rad/s);φ 为初相位(rad)。正弦信号是周期信号,其周期 T 为

$$T=2\pi/\Omega$$

由于正弦信号与余弦信号只是在初相角上相差 $\pi/2$,因此,通常将它们统称为正弦型信号。正弦型信号具有下列性质:

① 两个振幅和初相位均不同的同频率正弦信号相加后,其结果仍是原频率的正弦信号;

② 若一个正弦信号的频率是另一个正弦信号频率的整数倍,则它们的合成信号是一个非正弦周期信号,其周期就等于基波的周期;

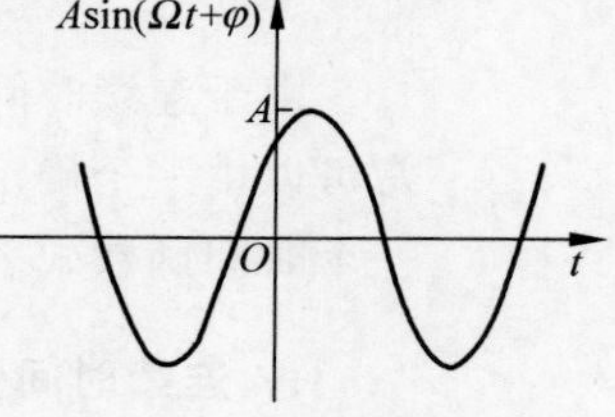

图 1.1.3 正弦信号

③ 正弦信号对时间的微分或积分仍然是同频率

的正弦信号。

2) 抽样信号

抽样信号(sampled signal)的表达式为

$$\mathrm{Sa}(t)=\frac{\sin t}{t} \tag{1.1.2}$$

抽样信号在信号处理理论中起着重要的作用,又称为插值函数或滤波函数,可以用 Sa(t)或 sinc(t)来表示,且有 $\mathrm{Sa}(t)=\mathrm{sinc}(t/\pi)$ 或 $\mathrm{sinc}(t)=\mathrm{Sa}(\pi t)$,其波形如图 1.1.4 所示。

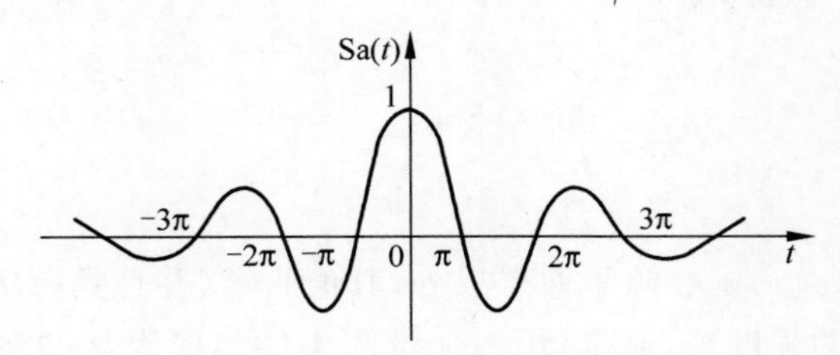

图 1.1.4　抽样信号

由式(1.1.2)可见,抽样信号 Sa(t)具有以下性质:

① Sa(t)是关于 t 的偶函数;

② Sa(t)是一个以 2π 为周期,且具有 $1/t$ 的单调衰减幅值的振荡信号;

③ 除 $t=0$ 外,它具有确定的值,当 $t=\pm\pi,\pm2\pi,\pm3\pi,\cdots$时,$\mathrm{Sa}(t)=0$,且有

$$\int_0^{\infty}\mathrm{Sa}(t)\mathrm{d}t=\frac{\pi}{2} \tag{1.1.3}$$

$$\int_{-\infty}^{\infty}\mathrm{Sa}(t)\mathrm{d}t=\pi \tag{1.1.4}$$

④ 利用罗比塔(L'Hospital)法则,在 $t=0$ 时,$\lim\limits_{t\to0}\frac{\sin t}{t}=1$。

3) 单位阶跃信号

单位阶跃信号(unit step signal)的定义为

$$u(t)=\begin{cases}0, & t<0\\1, & t>0\end{cases} \tag{1.1.5}$$

其波形如图 1.1.5 所示。在跃变点 $t=0$ 处,函数值未定义。

若单位阶跃信号的跃变点在 $t=t_0$ 处,则称其为延时单位阶跃信号,其数学表达式为

$$u(t-t_0)=\begin{cases}0, & t<t_0\\1, & t>t_0\end{cases} \tag{1.1.6}$$

其波形如图 1.1.6 所示。

4) 单位冲激信号

单位冲激信号(unit impulse signal)$\delta(t)$是由英国物理学家狄拉克(P. A. M.

Dirac)于1930年首先提出的,故又称为狄拉克函数或δ函数。它不能用普通的函数来定义,其工程定义为

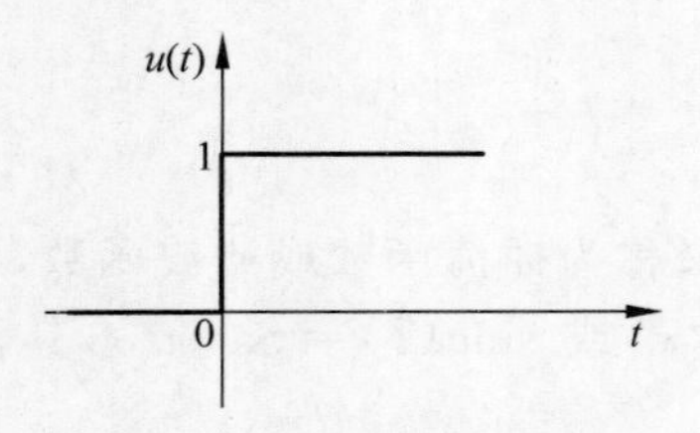

图1.1.5 单位阶跃信号

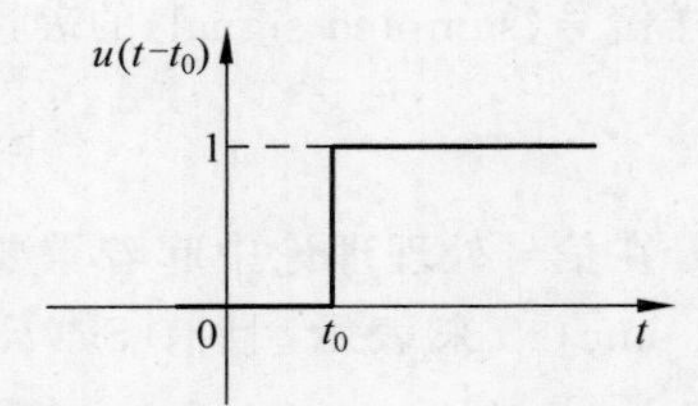

图1.1.6 延时单位阶跃信号

$$\begin{cases}\delta(t)=0, & t\neq 0\\ \int_{-\infty}^{\infty}\delta(t)\mathrm{d}t=1\end{cases}\tag{1.1.7}$$

上述定义表明,$\delta(t)$函数除了原点以外,其值为零,并且具有单位面积值(该面积值又称为冲激信号的强度)。通常,用一个带箭头的线段表示冲激信号,其冲激强度标注在箭头旁,并加括号注明,如图1.1.7所示。

若单位冲激信号出现在$t=t_0$处,则可以得到一个具有延时的单位冲激信号$\delta(t-t_0)$,其数学表达式为

$$\begin{cases}\delta(t-t_0)=0, & t\neq t_0\\ \int_{-\infty}^{\infty}\delta(t-t_0)\mathrm{d}t=1\end{cases}\tag{1.1.8}$$

其波形如图1.1.8所示。

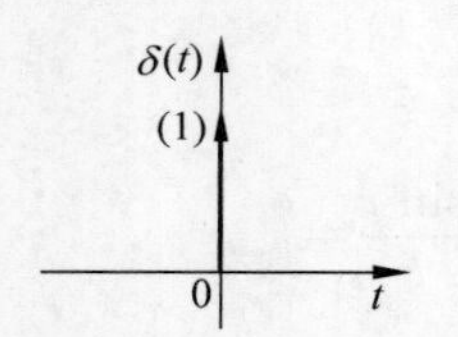

图1.1.7 单位冲激信号

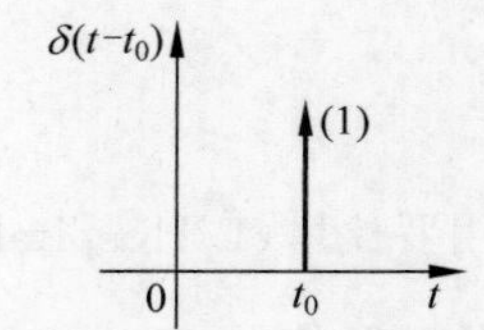

图1.1.8 延时单位冲激信号

由单位冲激信号的定义可得

$$\int_{-\infty}^{t}\delta(\tau)\mathrm{d}\tau=\begin{cases}0, & t<0\\ 1, & t>0\end{cases}=u(t) \quad 或 \quad \delta(t)=\frac{\mathrm{d}u(t)}{\mathrm{d}t}\tag{1.1.9}$$

该式表明,单位阶跃信号是单位冲激信号的积分;反之,单位冲激信号则是单位阶跃信号的导数。

单位冲激信号是一个非常特殊的信号,具有以下重要的特性:

① 抽样特性(筛选特性)。

由于对除原点外的其他时刻t都有$\delta(t)=0$,故在所有$t\neq 0$的时刻,$\delta(t)$与任意信号$x(t)$的乘积均为零。因此,若$t=0$时,$x(t)$存在,则有

$$x(t)\delta(t)=x(0)\delta(t)$$

于是

$$\int_{-\infty}^{\infty} x(t)\delta(t)\mathrm{d}t=\int_{-\infty}^{\infty} x(0)\delta(t)\mathrm{d}t=x(0)\int_{-\infty}^{\infty}\delta(t)\mathrm{d}t=x(0) \tag{1.1.10}$$

这就是$\delta(t)$的抽样特性,或称为筛选特性。它在出现冲激的时刻对任意信号$x(t)$进行抽样,即把该冲激时刻处$x(t)$的值筛选出来而忽略其他时刻的$x(t)$值。

类似地,由于$\delta(t-t_0)$是在$t=t_0$处出现一个单位冲激,故有

$$\int_{-\infty}^{\infty} x(t)\delta(t-t_0)\mathrm{d}t=x(t_0) \tag{1.1.11}$$

根据$\delta(t)$的抽样特性,又有

$$\int_{-\infty}^{\infty} x(\tau)\delta(t-\tau)\mathrm{d}\tau=x(\tau)\mid_{\tau=t}=x(t) \tag{1.1.12}$$

式中,t 和 τ 均为时间参数。对于积分过程而言,参数 t 可视为常数。

式(1.1.10)~式(1.1.12)是冲激信号的三个常用的抽样公式,分别称为原点抽样公式、任意点抽样公式及卷积抽样公式。

② 加权特性。

根据前面$\delta(t)$的抽样特性中所描述的,若$x(t)$是一个在$t=0$时连续的普通函数,则有

$$x(t)\delta(t)=x(0)\delta(t) \tag{1.1.13}$$

类似地,若$x(t)$是一个在$t=t_0$时连续的普通函数,则有

$$x(t)\delta(t-t_0)=x(t_0)\delta(t-t_0) \tag{1.1.14}$$

例如

$$\sin(2\pi t)\delta(t)=\sin(2\pi t)\mid_{t=0}\delta(t)=0$$

$$3\sin(2\pi t)\delta\left(t-\frac{1}{4}\right)=3\sin(2\pi t)\mid_{t=\frac{1}{4}}\delta\left(t-\frac{1}{4}\right)=3\delta\left(t-\frac{1}{4}\right)$$

③ 单位冲激信号为偶函数,即

$$\delta(-t)=\delta(t) \tag{1.1.15}$$

④ 尺度变换特性,即

$$\delta(at)=\frac{1}{\mid a\mid}\delta(t) \tag{1.1.16}$$

$$\delta(at-t_0)=\frac{1}{\mid a\mid}\delta\left(t-\frac{t_0}{a}\right) \tag{1.1.17}$$

式中,a 和 t_0 为常数,且 $a\neq 0$。

⑤ 单位冲激信号的导数。

单位冲激信号的一阶导数可以用$\delta'(t)$表示,即$\delta'(t)=\dfrac{\mathrm{d}\delta(t)}{\mathrm{d}t}$。该函数称为单位二次冲激函数或冲激偶。不难证明,单位二次冲激函数$\delta'(t)$为奇函数,即

$$-\delta'(-t)=\delta'(t) \tag{1.1.18}$$

类似地,对于单位二次冲激函数$\delta'(t)$和延迟二次冲激函数$\delta'(t-t_0)$,同样可以证明

$$\int_{-\infty}^{\infty} x(t)\delta'(t)\mathrm{d}t = -x'(0) \tag{1.1.19}$$

$$\int_{-\infty}^{\infty} x(t)\delta'(t-t_0)\mathrm{d}t = -x'(t_0) \tag{1.1.20}$$

和

$$x(t)\delta'(t) = x(0)\delta'(t) - x'(0)\delta(t) \tag{1.1.21}$$

$$x(t)\delta'(t-t_0) = x(t_0)\delta'(t-t_0) - x'(t_0)\delta(t-t_0) \tag{1.1.22}$$

其中,式(1.1.19)、式(1.1.20)称为二次冲激函数的抽样特性(或筛选特性),式(1.1.21)、式(1.1.22)称为二次冲激函数的加权特性。

5) 复指数信号

由于复指数信号(complex exponential signal)e^{st} 的指数因子 $s=\sigma+\mathrm{j}\Omega$ 为复数(其中,s 为复频率;σ 为复指数信号 e^{st} 包络的增长或衰减的系数),因此,由欧拉公式得

$$\mathrm{e}^{st} = \mathrm{e}^{(\sigma+\mathrm{j}\Omega)t} = \mathrm{e}^{\sigma t}\cos(\Omega t) + \mathrm{j}\mathrm{e}^{\sigma t}\sin(\Omega t)$$

可见,复指数信号 e^{st} 的波形随复频率 s 的不同取值而变化。

当 $s=0$,即 $\sigma=\Omega=0$ 时,$\mathrm{e}^{st}=1$,则信号为直流信号;当 $s=\sigma$,即 $\sigma\neq 0$ 且 $\Omega=0$ 时,$\mathrm{e}^{st}=\mathrm{e}^{\sigma t}$ 就成为一个单调增长($\sigma>0$)或单调衰减($\sigma<0$)的实指数信号,如图1.1.9(a)所示;当 $s=\mathrm{j}\Omega$,即 $\sigma=0$ 且 $\Omega\neq 0$ 时,$\mathrm{e}^{st}=\mathrm{e}^{\mathrm{j}\Omega t}=\cos(\Omega t)+\mathrm{j}\sin(\Omega t)$,其实部是一个等幅余弦信号,虚部是一个等幅正弦信号,其实部波形如图1.1.9(b)所示。在 $\sigma\neq 0$ 且 $\Omega\neq 0$ 的一般情况下,e^{st} 的实部是一个增幅($\sigma>0$)或减幅($\sigma<0$)的余弦信号,虚部是一个增幅($\sigma>0$)或减幅($\sigma<0$)的正弦信号,两种不同 σ 的实部波形分别如图1.1.9(c)和图1.1.9(d)所示。

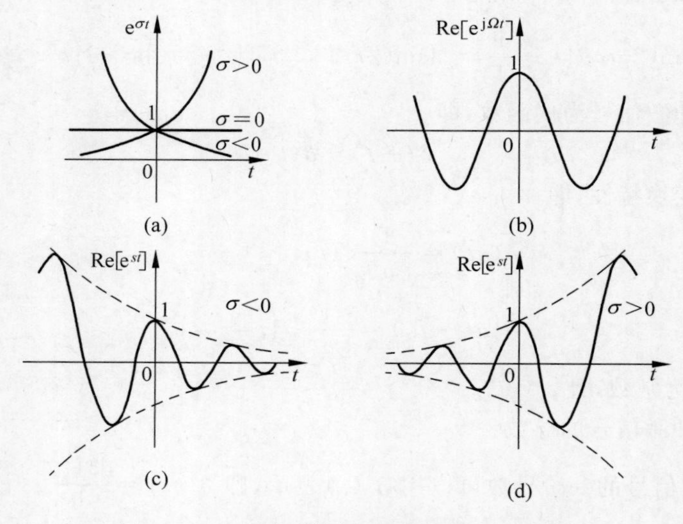

图1.1.9 不同 s 值时复指数信号 e^{st} 的波形

综上所述,在上述这些基本信号中,由复指数信号的几种特例可派生出直流信号、实指数信号和正弦信号等,这些信号的共同特性是对其求导数或积分后信号的

形式不变；而以单位冲激信号为基础，取其积分可派生出单位阶跃信号。因此，复指数信号与单位冲激信号是信号分析与处理中使用得较为广泛的两类基本信号。

1.1.2 连续信号的基本运算[2]

对于连续时间信号，当自变量 t 变换后会引起信号的波形发生变化，这些连续时间信号的基本运算包括相加、相乘、微分、积分、时移、翻褶和尺度变换等，它们在应用中有着实际的物理意义。通常，信号的运算可以通过信号的表达式或信号的波形来进行。

1. 信号的相加与相乘

信号的相加或相乘是指两个信号在任意时刻函数值之和或积。

例 1.1.1 信号 $x_1(t)$和 $x_2(t)$的波形如图 1.1.10(a)和图 1.1.10(b)所示，试求 $x_1(t)+x_2(t)$和 $x_1(t)x_2(t)$的波形，并写出其表达式。

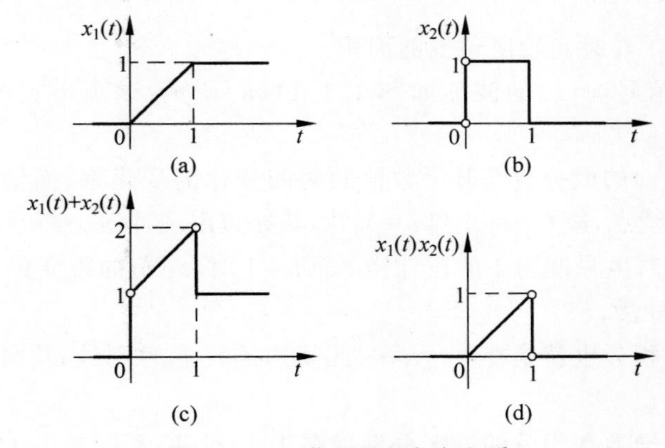

图 1.1.10　信号的相加与相乘

解　信号 $x_1(t)$和 $x_2(t)$的表达式为

$$x_1(t)=\begin{cases}0, & t<0\\ t, & 0\leqslant t<1\\ 1, & t\geqslant 1\end{cases}$$

$$x_2(t)=\begin{cases}0, & t<0\\ 1, & 0<t\leqslant 1\\ 0, & t>1\end{cases}$$

则它们的和为

$$x_1(t)+x_2(t)=\begin{cases}0, & t<0\\ t+1, & 0<t<1\\ 1, & t>1\end{cases}$$

它们的积为

$$x_1(t)x_2(t)=\begin{cases}0, & t<0\\ t, & 0\leqslant t<1\\ 0, & t>1\end{cases}$$

由此可得它们的波形分别如图 1.1.10(c)和(d)所示。

■

本例也可以首先由图 1.1.10(a)和(b)画出 $x_1(t)+x_2(t)$ 和 $x_1(t)x_2(t)$ 的波形,然后再写出它们的表达式,所得的结果相同。

2. 信号的微分与积分

信号 $x(t)$ 的微分(导数)$\frac{\mathrm{d}x(t)}{\mathrm{d}t}$ 或记作 $x'(t)$,是指信号 $x(t)$ 的函数值随时间变化的变化率。当信号 $x(t)$ 中含有不连续点时,由于引入了冲激函数的概念,因此 $x(t)$ 在这些不连续点上仍有导数存在,即出现冲激,其强度为原函数在该点处的跳变量。

信号 $x(t)$ 的积分 $\int_{-\infty}^{t}x(\tau)\mathrm{d}\tau$ 或记作 $x^{(-1)}(t)$,是指在 $(-\infty,t]$ 区间内的任意时刻处,信号 $x(t)$ 与时间轴所包围的面积。

例 1.1.2 信号 $x(t)$ 的波形如图 1.1.11(a)所示,试画出它的微分和积分的波形。

解 信号 $x(t)$ 的微分就是其函数值随时间变化的变化率,而信号 $x(t)$ 在 $t=0$ 和 $t=1$ 处有不连续点,故在 $t=0$ 和 $t=1$ 处,其导数出现冲激。当 $t=0$ 时,$x(t)$ 的跳变量为 1,因而会产生强度为 1 的正冲激;而 $t=1$ 时,$x(t)$ 的跳变量为 -1,因而会产生强度为 1 的负冲激。

信号 $x(t)$ 的积分也就是在 $(-\infty,t]$ 区间内的任意时刻处,信号 $x(t)$ 与时间轴所包围的面积。

信号 $x(t)$ 的导数和积分的波形分别如图 1.1.11(b)和图 1.1.11(c)所示。

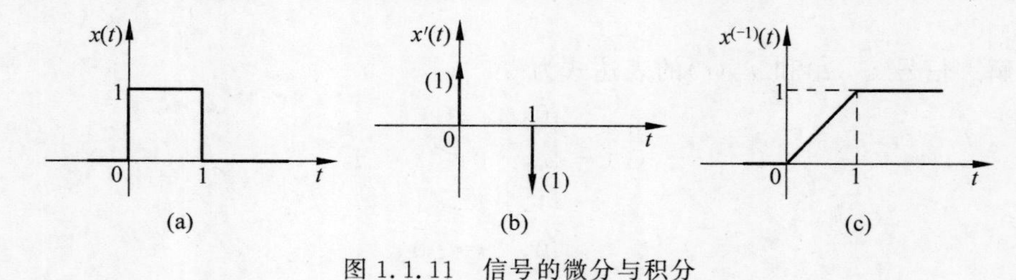

图 1.1.11 信号的微分与积分

■

3. 信号的时移与翻褶

信号 $x(t)$ 时移 $\pm t_0(t_0>0)$,就是将 $x(t)$ 表达式及其定义域中的所有自变量 t 替换为 $t\pm t_0$,从而使 $x(t)$ 表达式变为 $x(t\pm t_0)$。从信号波形上看,时移信号 $x(t+t_0)$

的波形比 $x(t)$ 的波形在时间上超前 t_0，即 $x(t+t_0)$ 的波形是将 $x(t)$ 的波形向左移动 t_0 时间；$x(t-t_0)$ 的波形比 $x(t)$ 的波形在时间上滞后 t_0，即 $x(t-t_0)$ 的波形是将 $x(t)$ 的波形向右移动 t_0 时间。

信号 $x(t)$ 的翻褶就是将 $x(t)$ 表达式及其定义域中的所有自变量 t 替换为 $-t$，从而使 $x(t)$ 表达式变为 $x(-t)$。从信号波形上看，$x(-t)$ 的波形与 $x(t)$ 的波形关于纵轴 $t=0$ 呈镜像对称。

值得注意的是，若将翻褶信号 $x(-t)$ 时移 $\pm t_0(t_0>0)$，也就是将 $x(-t)$ 表达式及其定义域中的所有自变量 t 替换为 $t\pm t_0$，从而使 $x(-t)$ 表达式变为 $x[-(t\pm t_0)]=x(-t\mp t_0)$。从信号波形上看，$x[-(t+t_0)]=x(-t-t_0)$ 的波形是将 $x(-t)$ 的波形向左移动 t_0 时间；$x[-(t-t_0)]=x(-t+t_0)$ 的波形是将 $x(-t)$ 的波形向右移动 t_0 时间。

4. 信号的尺度变换

信号的尺度变换就是将信号 $x(t)$ 表达式及其定义域中的所有自变量 t 替换为 at，从而使 $x(t)$ 表达式变为 $x(at)$，其中，常数 a 称为尺度变换系数。当 $a>1$ 时，$x(at)$ 的波形是将 $x(t)$ 的波形沿时间轴压缩至原来的 $1/a$；当 $0<a<1$ 时，$x(at)$ 的波形是将 $x(t)$ 的波形沿时间轴扩展至原来的 $1/a$；当 $a<0$ 时，$x(at)$ 的波形是将 $x(t)$ 的波形沿时间轴压缩或扩展至 $1/|a|$。

当然，若将尺度变换信号 $x(at)$ 的波形时移 $\pm t_0(t_0>0)$，则可得到信号 $x[a(t\pm t_0)]$ 的波形。

例 1.1.3　已知信号 $x(t)$ 的表达式为

$$x(t)=\begin{cases}0, & t<0\\ t, & 0\leqslant t<1\\ 1, & 1\leqslant t\leqslant 2\\ 0, & t>2\end{cases}$$

求 $x(2t)$，$x(t/2)$，$x(-t/2)$，$x(-2t)$ 和 $x(-2t+2)$ 的表达式，并画出它们的波形。

解　信号 $x(2t)$，$x(t/2)$，$x(-t/2)$，$x(-2t)$ 和 $x(-2t+2)$ 的表达式分别为

$$x(2t)=\begin{cases}0, & 2t<0\\ 2t, & 0\leqslant 2t<1\\ 1, & 1\leqslant 2t\leqslant 2\\ 0, & 2t>2\end{cases}=\begin{cases}0, & t<0\\ 2t, & 0\leqslant t<0.5\\ 1, & 0.5\leqslant t\leqslant 1\\ 0, & t>1\end{cases}$$

$$x(t/2)=\begin{cases}0, & t/2<0\\ t/2, & 0\leqslant t/2<1\\ 1, & 1\leqslant t/2\leqslant 2\\ 0, & t/2>2\end{cases}=\begin{cases}0, & t<0\\ t/2, & 0\leqslant t<2\\ 1, & 2\leqslant t\leqslant 4\\ 0, & t>4\end{cases}$$

$$x(-t/2)=\begin{cases}0, & -t/2<0\\ -t/2, & 0\leqslant -t/2<1\\ 1, & 1\leqslant -t/2\leqslant 2\\ 0, & -t/2>2\end{cases}=\begin{cases}0, & t>0\\ -t/2, & -2\leqslant t<0\\ 1, & -4\leqslant t\leqslant -2\\ 0, & t<-4\end{cases}$$

$$x(-2t)=\begin{cases}0, & -2t<0\\ -2t, & 0\leqslant -2t<1\\ 1, & 1\leqslant -2t\leqslant 2\\ 0, & -2t>2\end{cases}=\begin{cases}0, & t>0\\ -2t, & -0.5\leqslant t<0\\ 1, & -1\leqslant t\leqslant -0.5\\ 0, & t<-1\end{cases}$$

$$x(-2t+2)=\begin{cases}0, & -2t+2<0\\ -2t+2, & 0\leqslant -2t+2<1\\ 1, & 1\leqslant -2t+2\leqslant 2\\ 0, & -2t+2>2\end{cases}=\begin{cases}0, & t>1\\ -2t+2, & 0.5\leqslant t<1\\ 1, & 0\leqslant t\leqslant 0.5\\ 0, & t<0\end{cases}$$

由波形图1.1.12可见,$x(2t)$是将$x(t)$沿时间轴方向压缩至原来的1/2;$x(t/2)$是将$x(t)$沿时间轴方向扩展2倍;$x(-t/2)$是将$x(t)$沿时间轴方向扩展2倍得$x(t/2)$,然后再翻褶;$x(-2t)$是将$x(t)$沿时间轴方向压缩至原来的1/2得$x(2t)$,然后再翻褶;而$x(-2t+2)=x[-2(t-1)]$是将$x(-2t)$沿时间轴方向右移1个单位。总之,信号的时移、翻褶以及尺度变换都是相对变量t而言的。

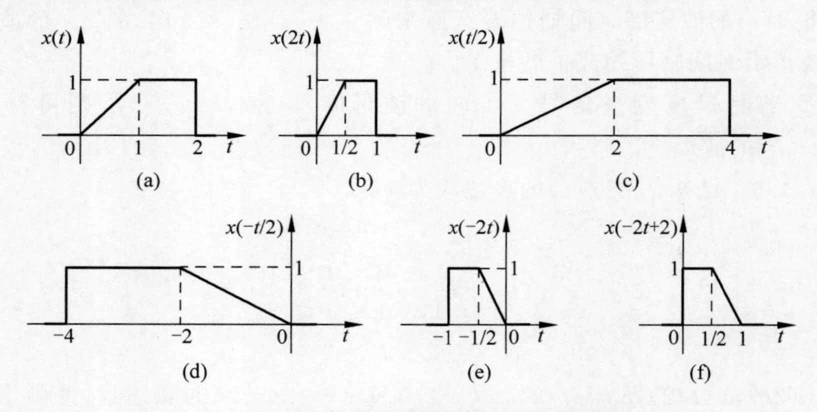

图1.1.12　信号的时移、翻褶与尺度变换

1.1.3　连续信号的时域分解

为了便于在时域进行信号分析,可以将一个复杂信号$x(t)$分解为具有不同延时的冲激信号序列,如图1.1.13所示。

由图1.1.13可见,将任意信号$x(t)$分解成一系列的矩形脉冲,其时间间隔均为$\Delta\tau$,且各矩形的高度就是信号$x(t)$在该点处的函数值,则从零时刻起第一个脉冲为$x(0)[u(t)-u(t-\Delta\tau)]$,其中,$u(t)$为单位阶跃信号,第二个脉冲为$x(\Delta\tau)[u(t-\Delta\tau)-u(t-2\Delta\tau)]$,以此类推。根据函数积分原理,将这一系列矩形脉冲相叠加得

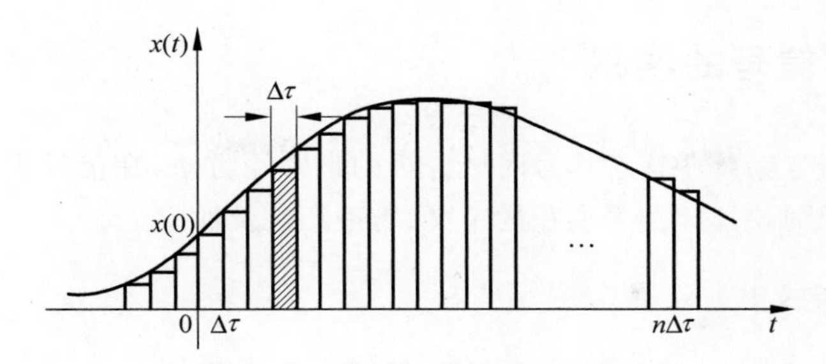

图 1.1.13　信号分解为冲激信号序列

$$
\begin{aligned}
x(t) \approx & \cdots + x(0)[u(t)-u(t-\Delta\tau)] + x(\Delta\tau)[u(t-\Delta\tau)-u(t-2\Delta\tau)] + \cdots + \\
& x(n\Delta\tau)[u(t-n\Delta\tau)-u(t-n\Delta\tau-\Delta\tau)] + \cdots \\
= & \cdots + x(0)\frac{[u(t)-u(t-\Delta\tau)]}{\Delta\tau}\Delta\tau + x(\Delta\tau)\frac{[u(t-\Delta\tau)-u(t-2\Delta\tau)]}{\Delta\tau}\Delta\tau + \cdots + \\
& x(n\Delta\tau)\frac{[u(t-n\Delta\tau)-u(t-n\Delta\tau-\Delta\tau)]}{\Delta\tau}\Delta\tau + \cdots \\
= & \sum_{n=-\infty}^{\infty} x(n\Delta\tau)\frac{[u(t-n\Delta\tau)-u(t-n\Delta\tau-\Delta\tau)]}{\Delta\tau}\Delta\tau
\end{aligned}
$$

此式表明，当 $\Delta\tau$ 很小时，可以用这些小矩形脉冲的顶端构成的阶梯信号来近似表达信号 $x(t)$，且 $\Delta\tau$ 越小，其误差越小；而当 $\Delta\tau\to 0$ 时，则完全可以用这些小矩形脉冲来精确表达信号 $x(t)$。

由于当 $\Delta\tau\to 0$ 时，$n\Delta\tau\to\tau$，$\Delta\tau\to \mathrm{d}\tau$，且

$$\frac{[u(t-n\Delta\tau)-u(t-n\Delta\tau-\Delta\tau)]}{\Delta\tau}\to\delta(t-\tau)$$

故当 $\Delta\tau\to 0$ 时，有

$$
\begin{aligned}
x(t) &= \lim_{\Delta\tau\to 0}\sum_{n=-\infty}^{\infty} x(n\Delta\tau)\frac{[u(t-n\Delta\tau)-u(t-n\Delta\tau-\Delta\tau)]}{\Delta\tau}\Delta\tau \\
&= \lim_{\Delta\tau\to 0}\sum_{n=-\infty}^{\infty} x(n\Delta\tau)\delta(t-n\Delta\tau)\Delta\tau \\
&= \int_{-\infty}^{\infty} x(\tau)\delta(t-\tau)\mathrm{d}\tau \qquad (1.1.23)
\end{aligned}
$$

式(1.1.23)实质上是信号 $x(t)$的卷积积分表达式。它表明，时域中的任意信号等于该信号与单位冲激信号的卷积。它实际上也是前面曾经讨论过的单位冲激信号的卷积抽样特性，但是，这里不是为了说明冲激信号的特性，而是为了说明任何不同的信号都可以分解为具有不同系数的冲激信号序列。因此，在求解信号 $x(t)$通过系统产生的响应时，只需要求解冲激信号通过该系统产生的响应，然后，利用线性时不变系统的特性进行叠加和时移，即可求得信号 $x(t)$产生的响应。可见，任意信号分解为冲激信号序列，即信号的卷积，是信号时域分析的基础。

1.1.4 连续信号的卷积

卷积法是线性系统中连续信号时域分析的最常用方法,在信号理论中占有重要地位。下面着重讨论连续信号卷积的定义、物理意义及性质。

1. 卷积的定义

若给定两个函数 $x_1(t)$ 和 $x_2(t)$,则它们所构成的积分

$$y(t)=\int_{-\infty}^{\infty} x_1(\tau)x_2(t-\tau)\mathrm{d}\tau$$

就称为 $x_1(t)$ 与 $x_2(t)$ 的卷积积分,简称卷积,通常记为

$$y(t)=x_1(t)*x_2(t)$$

即

$$x_1(t)*x_2(t)=\int_{-\infty}^{\infty} x_1(\tau)x_2(t-\tau)\mathrm{d}\tau \tag{1.1.24}$$

式中,t 是时间变量。

如果将式(1.1.24)改写为

$$y(t)=x(t)*\delta(t)=\int_{-\infty}^{\infty} x(\tau)\delta(t-\tau)\mathrm{d}\tau$$

并与式(1.1.23)比较,不难发现,只要将式(1.1.24)定义式中的 $x_1(t)$ 换为 $x(t)$,$x_2(t)$ 换为 $\delta(t)$,$y(t)$ 就是信号 $x(t)$ 的冲激信号序列的分解形式。由此可见,卷积实际上是两个信号之间的一种运算,它是通过上述特殊的积分来完成的。卷积反映了线性系统输入与输出之间的关系,因此,研究信号的卷积有着十分重要的意义。

2. 卷积的图解

现在用卷积的图解法来说明卷积的物理意义及求解步骤。

设有两个函数,函数 $x_1(t)$ 为单位阶跃函数,$x_2(t)$ 为单边指数函数,其卷积的图解过程如图 1.1.14 所示。

为了计算 $x_1(t)$ 与 $x_2(t)$ 的卷积,必须求出 $x_1(t)*x_2(t)$ 在任意时刻 t 的值,其具体的图解步骤如下:

(1) 将函数 $x_1(t)$,$x_2(t)$ 的自变量 t 换为 τ,得到 $x_1(\tau)$,$x_2(\tau)$。

(2) 将函数 $x_2(\tau)$ 以纵轴为对称轴翻褶,得到 $x_2(-\tau)$。

(3) 将函数 $x_2(-\tau)$ 沿 τ 轴平移时间 t,得到 $x_2(t-\tau)$。

(4) 将函数 $x_1(\tau)$ 与翻褶并时移后的函数 $x_2(t-\tau)$ 相乘,得到 $x_1(\tau)x_2(t-\tau)$,则此乘积曲线下的面积(见图 1.1.14(e)中斜线部分)就是 $x_1(t)$ 与 $x_2(t)$ 在任意时刻 t 的卷积值,即

$$y(t)=x_1(t)*x_2(t)=\int_{-\infty}^{\infty} x_1(\tau)x_2(t-\tau)\mathrm{d}\tau$$

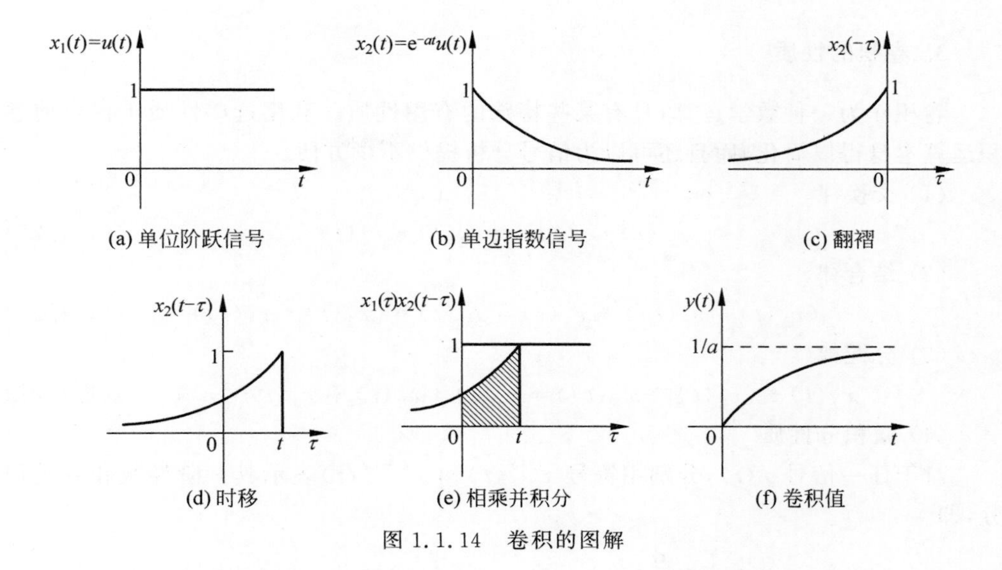

图 1.1.14　卷积的图解

图解法不仅能帮助我们理解卷积的含义，而且当已知函数的波形时，用图解法计算还比较直观。当然，在已知函数表达式的情况下，也可以直接利用式(1.1.24)计算卷积。例如，对于图 1.1.14 中的 $x_1(\tau)$ 和 $x_2(\tau)$，当 $\tau<0$ 时，$x_1(\tau)=0$；当 $\tau>t$ 时，$x_2(t-\tau)=0$，所以式(1.1.24)中的积分上下限可改为 0 到 t，于是

$$y(t)=x_1(t)*x_2(t)=\int_0^t e^{-\alpha(t-\tau)}d\tau$$

$$=e^{-\alpha t}\int_0^t e^{\alpha\tau}d\tau=\frac{1}{a}(1-e^{-\alpha t})u(t)$$

式中，α 为指数信号的衰减系数；$u(t)$为单位阶跃信号。

卷积的积分上下限通常为$-\infty$到∞，但有时 $x_1(t)$或 $x_2(t)$不一定存在于整个$(-\infty,\infty)$区间内，所以，当利用式(1.1.24)计算卷积时，必须正确地确定其积分上下限。

确定积分上下限的原则是：若信号 $x_1(\tau)$和 $x_2(t-\tau)$的起点分别为 τ_1 和 τ_2，终点分别为 τ_3 和 τ_4，则积分下限应为 τ_1 和 τ_2 中的较大者；积分上限应为 τ_3 和 τ_4 中的较小者。

例 1.1.4　设信号 $x_1(t)=e^{2t}$，$x_2(t)=e^{-t}u(t)$，求 $x_1(t)*x_2(t)$。

解　由于 $e^{-(t-\tau)}u(t-\tau)$对时间坐标 τ 而言为时限信号，其起点为$-\infty$，终点为 t，而 $e^{2\tau}$ 为非时限信号，其起点和终点分别为$-\infty$和∞，所以

$$x_1(t)*x_2(t)=\int_{-\infty}^{\infty}x_1(\tau)x_2(t-\tau)d\tau=\int_{-\infty}^{\infty}e^{2\tau}e^{-(t-\tau)}u(t-\tau)d\tau$$

$$=e^{-t}\int_{-\infty}^{t}e^{3\tau}d\tau=\frac{1}{3}e^{2t}$$

■

3. 卷积的性质

卷积作为一种数学运算,具有某些特殊的有用性质。利用这些性质不仅可使卷积运算本身得以简化,而且还可以为信号分析提供不少方便。

(1) 交换律

$$x_1(t) * x_2(t) = x_2(t) * x_1(t) \tag{1.1.25}$$

(2) 结合律

$$(x_1(t) * x_2(t)) * x_3(t) = x_1(t) * (x_2(t) * x_3(t)) \tag{1.1.26}$$

(3) 分配律

$$x_1(t) * (x_2(t) + x_3(t)) = x_1(t) * x_2(t) + x_1(t) * x_3(t) \tag{1.1.27}$$

(4) 微积分性质

对于任一信号 $x(t)$,分别用符号 $x^{(1)}(t)$和 $x^{(-1)}(t)$表示其一阶导数和一次积分,即

$$x^{(1)}(t) = \frac{\mathrm{d}}{\mathrm{d}t}x(t) \quad 或 \quad x^{(-1)}(t) = \int_{-\infty}^{t} x(\tau)\mathrm{d}\tau$$

其中,$x^{(-1)}(-\infty)=0$。若 $y(t)=x_1(t) * x_2(t)$,则有

$$y^{(1)}(t) = x_1^{(1)}(t) * x_2(t) = x_1(t) * x_2^{(1)}(t) \tag{1.1.28}$$

$$y^{(-1)}(t) = x_1^{(-1)}(t) * x_2(t) = x_1(t) * x_2^{(-1)}(t) \tag{1.1.29}$$

上述公式表明,两个信号卷积的导数或积分,就等于其中任一信号的导数或积分与另一信号的卷积。式(1.1.28)和式(1.1.29)还可以推广为一般形式,即

$$y^{(i+j)}(t) = x_1^{(i)}(t) * x_2^{(j)}(t) \tag{1.1.30}$$

式中,i,j 或 $i+j$ 为正整数时,表示导数的阶数;为负整数时,表示积分的次数。

(5) 任意信号与冲激信号的卷积

任意信号 $x(t)$与单位冲激信号 $\delta(t)$的卷积仍为该信号本身,即

$$x(t) * \delta(t) = \int_{-\infty}^{\infty} x(\tau)\delta(t-\tau)\mathrm{d}\tau = x(t) \tag{1.1.31}$$

相应地有

$$x(t) * \delta(t-t_0) = x(t-t_0) \tag{1.1.32}$$

式中,$x(t)$与 $\delta(t-t_0)$的卷积相当于将信号 $x(t)$延时 t_0。

(6) 任意信号与阶跃信号的卷积

任意信号 $x(t)$与单位阶跃信号 $u(t)$的卷积为

$$x(t) * u(t) = \int_{-\infty}^{\infty} x(\tau)u(t-\tau)\mathrm{d}\tau = \int_{-\infty}^{t} x(\tau)\mathrm{d}\tau \tag{1.1.33}$$

此式表明,单位阶跃信号 $u(t)$相当于积分器。

(7) 任意信号与冲激偶信号的卷积

任意信号 $x(t)$与冲激偶信号 $\delta'(t)$的卷积为

$$x(t) * \delta'(t) = x'(t) \tag{1.1.34}$$

该式表明,冲激偶信号 $\delta'(t)$相当于微分器。

例 1.1.5 已知信号 $x(t)=u(t)\cos t$，$f(t)=\delta'(t)+u(t)$，求 $x(t)*f(t)$。

解 根据卷积运算的分配律，有

$$\begin{aligned}x(t)*f(t)&=x(t)*(\delta'(t)+u(t))\\&=x(t)*\delta'(t)+x(t)*u(t)\\&=x'(t)+x^{(-1)}(t)\\&=\frac{\mathrm{d}}{\mathrm{d}t}[u(t)\cos t]+\int_{-\infty}^{t}u(\tau)\cos\tau\mathrm{d}\tau\end{aligned}$$

由于

$$\frac{\mathrm{d}}{\mathrm{d}t}[u(t)\cos t]=\delta(t)\cos t-u(t)\sin t=\delta(t)-u(t)\sin t$$

$$\int_{-\infty}^{t}u(\tau)\cos\tau\mathrm{d}\tau=\begin{cases}\int_{-\infty}^{t}\cos\tau\mathrm{d}\tau, & t\geqslant 0\\0, & t<0\end{cases}=u(t)\sin t$$

因此

$$x(t)*f(t)=\delta(t)-u(t)\sin t+u(t)\sin t=\delta(t)$$

1.2 周期信号的频率分解

前面介绍了信号的时域分析法，从本质上说它就是一种卷积分析法。在卷积分析法中，信号可分解为一系列加权冲激信号之和，而信号还有其他的分解方法，如频率分解。当周期信号用傅里叶级数来表示时，它可以分解为一系列不同频率的谐波分量之和，这也就是周期信号的频率分解。

1.2.1 周期信号的描述

如图 1.2.1 所示，一个连续时间信号 $x(t)$ 若在 $(-\infty,\infty)$ 区间以 T_0 为周期周而复始地重复再现，则称为周期信号，其表达式是

$$x(t)=x(t+T_0)=x(t+2T_0)=\cdots=x(t+nT_0),\quad t\in(-\infty,\infty) \tag{1.2.1}$$

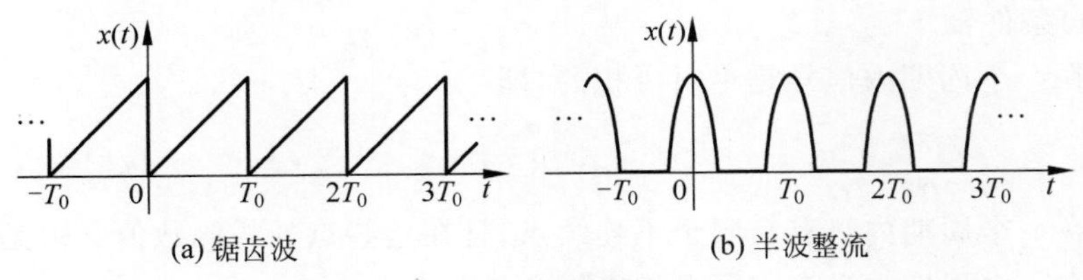

图 1.2.1 周期信号

式中，T_0 为周期，频率 $f_0=1/T_0$ 或角频率 $\Omega_0=2\pi/T_0$；n 为正整数。显然，$2T_0$，$3T_0$，…，nT_0 也是该信号的周期，通常把最小周期称为基本周期，f_0 或 Ω_0 分别称为

基本频率或基本角频率,而在实际中,为了方便,经常不加区别地将它们统称为基频,而把具有角频率 Ω_0 的时间函数称为基波。相应地,具有 $2\Omega_0$,$3\Omega_0$ 等的时间函数就称为2次谐波,3次谐波等。周期信号可以应用于许多实际的场合,例如图1.2.1(a)所示的锯齿波,可作为电视机或示波器的扫描时间基准信号,而图1.2.1(b)是照明用的正弦交流电进行半波整流后的信号波形,可供直流用电。

周期为 T_1 和周期为 T_2 的两个(或多个)周期信号相加,可能是周期信号,也可能是非周期信号,这主要取决于两个周期 T_1 和 T_2 是否有最小公倍数,即是否存在一个最小数 T_0 能同时被 T_1 和 T_2 整除。若存在最小公倍数,则有

$$n_1 T_1 = n_2 T_2$$

$$T_1/T_2 = n_2/n_1 = \text{有理数}, \quad n_1, n_2 \text{ 均为整数} \tag{1.2.2}$$

例如,已知 $x_1(t)=A_1\cos(6\pi t)$,$x_2(t)=A_2\cos(10\pi t)$,则可得

$$T_1=\frac{2\pi}{\Omega_1}=\frac{2\pi}{6\pi}=\frac{1}{3}, \quad T_2=\frac{2\pi}{\Omega_2}=\frac{2\pi}{10\pi}=\frac{1}{5}$$

$$\frac{T_1}{T_2}=\frac{5}{3}=\frac{n_2}{n_1}=\text{有理数}, \quad n_1=3, n_2=5$$

所以,T_1,T_2 的最小公倍数

$$T_0=n_1T_1=n_2T_2=1$$

该式表明,两个信号的线性叠加信号 $x(t)=x_1(t)+x_2(t)$ 仍然是周期信号,其基本周期 $T_0=1$。

1.2.2 傅里叶级数

任一周期信号在一定条件下都可以分解为具有谐波关系的多个正弦型信号,即

$$x(t)=a_0/2+a_1\cos(\Omega_0 t)+a_2\cos(2\Omega_0 t)+\cdots+a_n\cos(n\Omega_0 t)+\cdots+$$
$$b_1\sin(\Omega_0 t)+b_2\sin(2\Omega_0 t)+\cdots+b_n\sin(n\Omega_0 t)+\cdots$$

式中,系数 a_0,a_n,b_n 取决于不同周期信号的波形,如三角形波、矩形波等。

数学上已经证明,将具有周期 T_0 的周期信号分解成上述的傅里叶级数形式,则该信号就必须在任一区间 $[t, t+T_0]$(t 为任意起始时刻)满足下列狄里赫利(Dirichlet)条件:

(1) 在一个周期内信号是绝对可积的,即

$$\int_{-T_0/2}^{T_0/2} |x(t)| \, \mathrm{d}t < \infty$$

(2) 在一个周期内只有有限个不连续点,且在这些点处的函数值必须是有限值;

(3) 在一个周期内只有有限个最大值和最小值。

在上述条件中,条件(1)是充分条件,但不一定是必要的,且任一有界的周期信号都能满足这一条件;条件(2)和条件(3)是必要条件,但不是充分条件。在实际中所遇到的周期信号均能满足上述三个条件。因此,若无特殊说明就可以将周期信号

用无穷多项的傅里叶级数来表示，其主要形式有三角形傅里叶级数和指数型傅里叶级数两种。

1. 三角形傅里叶级数

任一满足狄里赫利条件的周期信号都可以用三角函数(正弦型函数)的线性组合来表示，即展开为三角形傅里叶级数表达式：

$$x(t)=\frac{a_0}{2}+\sum_{n=1}^{\infty}[a_n\cos(n\Omega_0 t)+b_n\sin(n\Omega_0 t)] \tag{1.2.3}$$

式中，a_0 是常数，所以第一项表示直流分量。n 为正整数，当 $n=1$ 时，$a_1\cos(\Omega_0 t)+b_1\sin(\Omega_0 t)$ 为基波；当 $n=2$ 时，$a_2\cos(2\Omega_0 t)+b_2\sin(2\Omega_0 t)$ 为2次谐波；…；$a_n\cos(n\Omega_0 t)+b_n\sin(n\Omega_0 t)$ 为 n 次谐波。

为了求出各谐波分量的大小，式(1.2.3)中傅里叶级数的系数 a_n，b_n 可利用下列三角函数集的正交特性来求得，即

(1) $\int_0^{T_0}\sin(n\Omega_0 t)\mathrm{d}t=0$；

(2) $\int_0^{T_0}\cos(n\Omega_0 t)\mathrm{d}t=0$；

(3) $\int_0^{T_0}\sin(n\Omega_0 t)\sin(m\Omega_0 t)\mathrm{d}t=\begin{cases}0, & m\neq n\\ T_0/2, & m=n\end{cases}$；

(4) $\int_0^{T_0}\cos(n\Omega_0 t)\cos(m\Omega_0 t)\mathrm{d}t=\begin{cases}0, & m\neq n\\ T_0/2, & m=n\end{cases}$；

(5) $\int_0^{T_0}\sin(n\Omega_0 t)\cos(m\Omega_0 t)\mathrm{d}t=0$，　任意 m，n。

其中，特性(1)和特性(2)中的积分式表示正弦型函数在一个周期内的总面积，由于正负相消，因此，面积为0；利用三角函数有关化积为和的关系，不难求得对于特性(3)和特性(4)的积分式。当 $m\neq n$ 时，积分值为0；当 $m=n$ 时，积分值为 $T_0/2$。上述各式的积分上下限可以取任意一个周期，即可取 $t\sim t+T_0$(t 为任意确定时刻)或 $-T_0/2\sim T_0/2$。

现在将式(1.2.3)两边在一个周期内对时间进行积分，则有

$$\int_{-T_0/2}^{T_0/2}x(t)\mathrm{d}t=\int_{-T_0/2}^{T_0/2}\frac{a_0}{2}\mathrm{d}t+0=\frac{a_0T_0}{2}$$

故得

$$a_0=\frac{2}{T_0}\int_{-T_0/2}^{T_0/2}x(t)\mathrm{d}t \tag{1.2.4}$$

该式表明，$a_0/2$ 是信号在一个周期内的平均值，它表示信号的直流分量。

同理，将式(1.2.3)两边乘以 $\cos(n\Omega_0 t)$，并在一个周期内积分，则有

$$\int_{-T_0/2}^{T_0/2}x(t)\cos(n\Omega_0 t)\mathrm{d}t=\int_{-T_0/2}^{T_0/2}a_n\cos(n\Omega_0 t)\cos(n\Omega_0 t)\mathrm{d}t=a_nT_0/2$$

故得

$$a_n=\frac{2}{T_0}\int_{-T_0/2}^{T_0/2}x(t)\cos(n\Omega_0 t)\mathrm{d}t,\quad n=0,1,2,3,\cdots \tag{1.2.5}$$

以此类推,将式(1.2.3)两边乘以 $\sin(n\Omega_0 t)$,并在一个周期内进行积分,可得

$$b_n=\frac{2}{T_0}\int_{-T_0/2}^{T_0/2}x(t)\sin(n\Omega_0 t)\mathrm{d}t,\quad n=1,2,3,\cdots \tag{1.2.6}$$

至此,若已知周期信号 $x(t)$ 就可以利用式(1.2.5)和式(1.2.6)求得傅里叶系数 a_0,a_n 和 b_n,并将 $x(t)$ 展开为式(1.2.3)所示的三角形傅里叶级数表达式。

例 1.2.1 求图 1.2.2 所示锯齿波信号的三角形傅里叶级数表达式。

解 由题意可知,该锯齿波信号在一个周期内的解析式为

$$x(t)=\frac{2E}{T_0}t,\quad -\frac{T_0}{2}<t<\frac{T_0}{2}$$

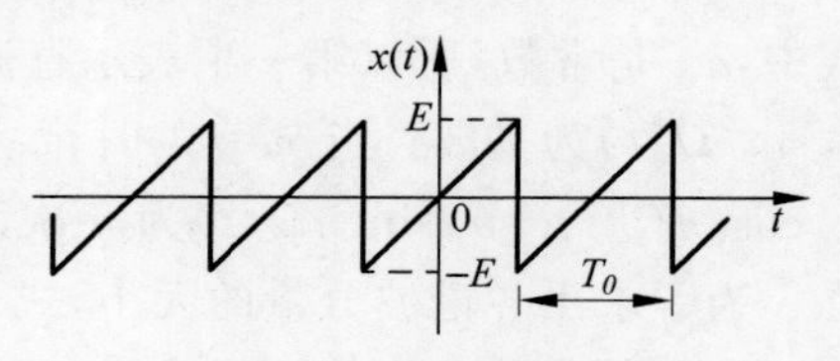

图 1.2.2 周期锯齿波信号

按式(1.2.5)和式(1.2.6)分别求得傅里叶系数

$$\begin{aligned}a_0&=\frac{2}{T_0}\int_{-T_0/2}^{T_0/2}x(t)\mathrm{d}t\\&=0\\a_n&=\frac{2}{T_0}\int_{-T_0/2}^{T_0/2}\frac{2E}{T_0}t\cos(n\Omega_0 t)\mathrm{d}t\\&=\frac{4E}{T_0^2}\left[\frac{1}{n^2\Omega_0^2}\cos(n\Omega_0 t)+\frac{t}{n\Omega_0}\sin(n\Omega_0 t)\right]\Bigg|_{-T_0/2}^{T_0/2}\\&=0\\b_n&=\frac{2}{T_0}\int_{-T_0/2}^{T_0/2}\frac{2E}{T_0}t\sin(n\Omega_0 t)\mathrm{d}t\\&=\frac{4E}{T_0^2}\left[\frac{1}{n^2\Omega_0^2}\sin(n\Omega_0 t)-\frac{t}{n\Omega_0}\cos(n\Omega_0 t)\right]\Bigg|_{-T_0/2}^{T_0/2}\\&=\frac{2E}{n\pi}(-1)^{n+1}\end{aligned}$$

故得 $x(t)$ 的三角形傅里叶级数表达式为

$$\begin{aligned}x(t)&=\sum_{n=1}^{\infty}\frac{2E}{n\pi}(-1)^{n+1}\sin(n\Omega_0 t)\\&=\frac{2E}{\pi}\sin(\Omega_0 t)-\frac{E}{\pi}\sin(2\Omega_0 t)+\frac{2E}{3\pi}\sin(3\Omega_0 t)+\cdots\end{aligned}$$

■

应该指出,在上述求解傅里叶系数的过程中利用了作为正交函数集的三角函数集所具备的正交特性。该特性表明,三角函数集中的各函数相互正交,彼此独立,它们好比相互垂直的矢量,彼此间的投影为零,不存在分量,这相当于不同频率的正弦

信号相乘，在一个周期内的积分为零的情况。所以说用三角函数集来表示一个信号，也就是用正交函数集来描述信号。如果在某正交函数集中所取的函数有无限多项，则该函数集称为完备正交函数集。换句话说，所有相互正交的函数毫无遗漏地全部包括在该函数集内。因此，式(1.2.3)中采用无穷傅里叶级数来表示信号，是一种准确无误差的信号表示，又称为信号 $x(t)$ 的广义傅里叶级数表达式。理论上可以证明，采用式(1.2.5)和式(1.2.6)求得的傅里叶系数可满足平方误差或均方误差最小的准则，所以，信号 $x(t)$ 用傅里叶级数表示具有能量误差最小意义的最佳逼近。

完备正交函数集除了三角函数集以外，还有复指数函数集、沃尔什(Walsh)函数集和勒让德(Legendre)多项式等多种函数集，其中，复指数函数集由于运算简便而得到了广泛使用。

2. 指数型傅里叶级数

三角函数与复指数函数有着密切的联系，根据欧拉公式有

$$\cos(n\Omega_0 t)=\frac{\mathrm{e}^{\mathrm{j}n\Omega_0 t}+\mathrm{e}^{-\mathrm{j}n\Omega_0 t}}{2},\quad \sin(n\Omega_0 t)=\frac{\mathrm{e}^{\mathrm{j}n\Omega_0 t}-\mathrm{e}^{-\mathrm{j}n\Omega_0 t}}{2\mathrm{j}}$$

所以，三角形傅里叶级数和指数型傅里叶级数实质上不是两种不同类型的级数，而是同一级数的两种不同表现形式。

将上述关系式代入式(1.2.3)，可得

$$x(t)=\frac{a_0}{2}+\sum_{n=1}^{\infty}\frac{a_n-\mathrm{j}b_n}{2}\mathrm{e}^{\mathrm{j}n\Omega_0 t}+\sum_{n=1}^{\infty}\frac{a_n+\mathrm{j}b_n}{2}\mathrm{e}^{-\mathrm{j}n\Omega_0 t}$$

令复系数

$$c_n=\frac{a_n-\mathrm{j}b_n}{2},\quad c_n^*=\frac{a_n+\mathrm{j}b_n}{2}$$

由式(1.2.5)、式(1.2.6)可知，当 $x(t)$ 为实信号时，有 $a_{-n}=a_n$，$b_{-n}=-b_n$，因此

$$c_n^*=\frac{a_{-n}-\mathrm{j}b_{-n}}{2}=c_{-n}\quad 或\quad c_{-n}^*=c_n$$

将 c_n 及 c_n^* 代入 $x(t)$ 的级数表达式，得

$$\begin{aligned}x(t)&=c_0+\sum_{n=1}^{\infty}c_n\mathrm{e}^{\mathrm{j}n\Omega_0 t}+\sum_{n=1}^{\infty}c_n^*\mathrm{e}^{-\mathrm{j}n\Omega_0 t}\\&=c_0+\sum_{n=1}^{\infty}c_n\mathrm{e}^{\mathrm{j}n\Omega_0 t}+\sum_{n=-\infty}^{-1}c_n\mathrm{e}^{\mathrm{j}n\Omega_0 t}\\&=\sum_{n=-\infty}^{\infty}c_n\mathrm{e}^{\mathrm{j}n\Omega_0 t}=\sum_{n=-\infty}^{\infty}X(n\Omega_0)\mathrm{e}^{\mathrm{j}n\Omega_0 t}\end{aligned}\tag{1.2.7}$$

式(1.2.7)称为指数型傅里叶级数表达式。它表明一个周期信号可以由无限多个复指数信号组成，Ω_0 是基波频率，$n\Omega_0$ 是 n 次谐波频率，它们的振幅和相位由 c_n 决定，且有

$$c_n=\frac{a_n-\mathrm{j}b_n}{2}=\frac{1}{2}\frac{2}{T_0}\int_{-T_0/2}^{T_0/2}x(t)[\cos(n\Omega_0 t)-\mathrm{j}\sin(n\Omega_0 t)]\mathrm{d}t$$

$$=\frac{1}{T_0}\int_{-T_0/2}^{T_0/2}x(t)\mathrm{e}^{-\mathrm{j}n\Omega_0 t}\,\mathrm{d}t=X(n\Omega_0) \tag{1.2.8}$$

由此可见,系数 c_n 是复数且是关于离散变量 $n\Omega_0$ 的函数(n 是$(-\infty,\infty)$内的整数)。为了强调 c_n 是离散频率的函数,这里用符号 $X(n\Omega_0)$来表示,即 $X(n\Omega_0)=c_n$,并将式(1.2.8)作为周期信号离散频谱函数的定义式,且当 $n=0$ 时,有

$$X(0)=\frac{1}{T_0}\int_{-T_0/2}^{T_0/2}x(t)\mathrm{d}t$$

即表示周期信号在一个周期内的平均值就是直流分量 $a_0/2$; $n\neq 0$ 时,$X(n\Omega_0)$代表各次谐波的复振幅。

总之,上述两种不同形式的傅里叶级数均表明,任意波形的周期信号都可以分解为两种基本连续时间信号,即正弦信号或复指数信号,所以,都属于用时间函数表示的时域分析范畴。由于它们都是以 Ω_0 为基频的周期信号,因此,各组成分量之间都存在着谐波关系。对于不同形状的周期信号,只是各组成谐波的频率、幅度和初相位有所不同而已。

例 1.2.2　求图 1.2.3 所示的矩形脉冲信号的指数型傅里叶级数表达式。

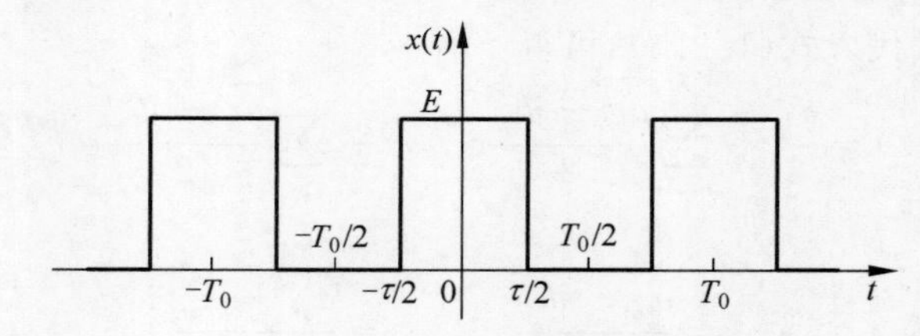

图 1.2.3　周期矩形脉冲信号

解　由题意可知,该矩形脉冲信号在一个周期内的解析式为

$$x(t)=\begin{cases}E, & -\tau/2\leqslant t\leqslant\tau/2\\ 0, & 其他\end{cases}$$

按式(1.2.8)求得复系数

$$c_n=X(n\Omega_0)=\frac{1}{T_0}\int_{-\tau/2}^{\tau/2}E\mathrm{e}^{-\mathrm{j}n\Omega_0 t}\,\mathrm{d}t$$

$$=\frac{E\tau}{T_0}\frac{\sin(n\Omega_0\tau/2)}{n\Omega_0\tau/2}$$

$$=\frac{E\tau}{T_0}\mathrm{Sa}(n\Omega_0\tau/2)$$

故得 $x(t)$的指数型傅里叶级数表达式为

$$x(t)=\sum_{n=-\infty}^{\infty}c_n\mathrm{e}^{\mathrm{j}n\Omega_0 t}=\sum_{n=-\infty}^{\infty}\frac{E\tau}{T_0}\mathrm{Sa}(n\Omega_0\tau/2)\mathrm{e}^{\mathrm{j}n\Omega_0 t}$$

1.2.3 周期信号的频域分析

通过上述对周期信号的时域分析表明,一个周期信号可以利用正弦型信号或复指数信号来准确描述。不同波形的周期信号的区别仅仅在于基频 Ω_0 或基本周期 T_0,以及各组成谐波分量的幅度和相位不同。由于 $X(n\Omega_0)$是离散频率 $n\Omega_0$ 的复函数,因此,根据式(1.2.8),有

$$X(n\Omega_0)=|X(n\Omega_0)|\mathrm{e}^{\mathrm{j}\varphi(n\Omega_0)}$$

其中,$X(n\Omega_0)$的模$|X(n\Omega_0)|$反映了组成周期信号的不同频率谐波分量的幅度随频率变化的特性,也就是信号的幅度频谱,简称幅频特性;它的相角 $\varphi(n\Omega_0)$反映了不同频率分量的初相角随频率变化的特性,也就是信号的相位频谱,简称相频特性。

由此可见,任意波形的周期信号 $x(t)$都可以用反映信号频率特性的复系数 $X(n\Omega_0)$来描述。它与傅里叶级数表达式之间存在着一一对应的关系,即

$$x(t)\leftrightarrow X(n\Omega_0)$$

式中,双向箭头表示 $x(t)$与 $X(n\Omega_0)$的对应关系,即已知 $x(t)$,通过式(1.2.8)可以求得相应的 $X(n\Omega_0)$;反之,已知 $X(n\Omega_0)$,也可以求得相应的 $x(t)$。换句话说,$X(n\Omega_0)$从信号 $x(t)$的傅里叶级数表达式中,提取了反映信号全貌的三个基本特征,即基频、各谐波的幅度和相位。这种用频率函数来描述或表征任意周期信号的方法就称为周期信号的频域分析。

通常为了直观,还可通过作图法用线条的长短表示 $X(n\Omega_0)$的幅频、相频变化规律,该图称为信号的频谱图。频谱图与时域波形的变化规律有着密切的对应关系,即频率的高低相当于波形变化的快慢;谐波幅度的大小反映了时域波形取值的大小;相位的变化关系到波形在时域出现的不同时刻。

例 1.2.3 求例 1.2.1 中锯齿波信号的离散频谱,并画出其频谱图。

解 由例 1.2.1 可知

$$a_n=0,\quad b_n=\frac{2E}{n\pi}(-1)^{n+1}$$

所以,锯齿波信号的离散频谱为

$$X(n\Omega_0)=c_n=\frac{a_n-\mathrm{j}b_n}{2}=\frac{-\mathrm{j}b_n}{2}=(-1)^n\mathrm{j}\frac{E}{n\pi}$$

从而有

$$|X(n\Omega_0)|=\left|\frac{E}{n\pi}\right|,\quad n\neq 0$$

$$\varphi(n\Omega_0)=\begin{cases}(-1)^n\dfrac{\pi}{2}, & n=1,2,3,\cdots\\[2mm](-1)^{n+1}\dfrac{\pi}{2}, & n=-1,-2,-3,\cdots\end{cases}$$

其相应的幅度频谱与相位频谱如图 1.2.4 所示。

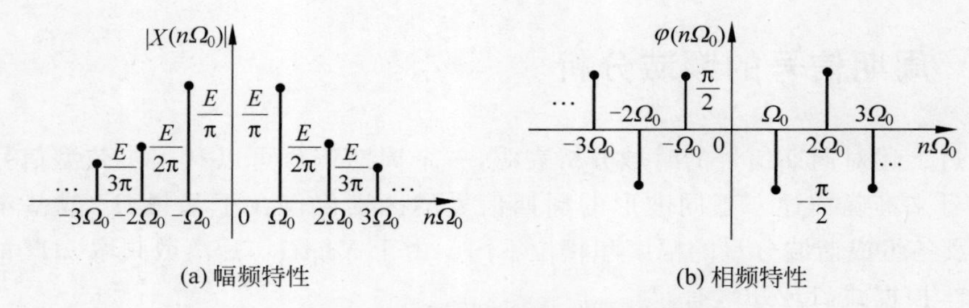

图 1.2.4 周期锯齿波信号的离散频谱图

■

通过对周期锯齿波信号的频域分析可见,周期连续信号的频谱具有下列特点[5]:

(1) 频谱是由频率离散的非周期性谱线组成的,每根谱线代表一个谐波分量,即离散性。

(2) 频谱中的谱线只在基波频率的整数倍处出现,即为谐波性。

(3) 频谱中各谱线的幅度随着谐波次数的增加而逐渐衰减,即为收敛性。

此外,信号的频谱还可反映信号时域波形的变化情况,时域波形变化越慢,频谱中高频分量衰减越快,高频成分就越少;反之,时域波形变化越剧烈,频谱中高频成分越多。

1.2.4 傅里叶级数的性质

如上所述,连续时间周期信号的时域分析与频域分析有着一一对应的关系,因此,信号波形随时间变化的周期性、对称性等必然会引起其频谱结构的变化。为了掌握它们之间的内在联系,下面讨论傅里叶级数的基本性质[6]。

1. 线性性质

两个周期信号 $x_1(t)$、$x_2(t)$的频谱函数分别为

$$x_1(t)\leftrightarrow X_1(n\Omega_1)$$

$$x_2(t)\leftrightarrow X_2(n\Omega_2)$$

(1) 若 $\Omega_1=\Omega_2=\Omega_0$,则有

$$a_1x_1(t)+a_2x_2(t)\leftrightarrow a_1X_1(n\Omega_0)+a_2X_2(n\Omega_0) \tag{1.2.9}$$

(2) 若 $\Omega_1\neq\Omega_2$,但 $x_1(t)$的周期 T_1 与 $x_2(t)$的周期 T_2 之间存在最小公倍数,即满足

$$T_1/T_2=n_2/n_1=\text{有理数},\quad n_1,n_2\text{ 均为整数}$$

则有

$$a_1x_1(t)+a_2x_2(t)\leftrightarrow a_1X_1(n\Omega_1)+a_2X_2(n\Omega_2) \tag{1.2.10}$$

式中,a_1,a_2 为任意常数。

上述结论还可以推广到多个信号线性组合的情况,这为简化某些复杂周期信号

的频谱分析，带来了很大的方便。

例 1.2.4 求图 1.2.5(a)所示的梯形信号的离散频谱。

解 由图 1.2.5(a)可见，信号的周期 $T_0=4$，基频 $\Omega_0=2\pi/T_0=\pi/2$，且有

$$x(t)=x_1(t)-x_2(t)$$

不难求得，高度为 A 且底宽为 2τ 的周期三角波信号的频谱函数为

$$X_1(n\Omega_0)=\frac{A\tau}{T_0}\mathrm{Sa}^2\left(\frac{1}{2}n\Omega_0\tau\right)$$

从而有

$$X_1(n\Omega_0)=\frac{2}{4}\mathrm{Sa}^2\left(\frac{1}{2}n\ \frac{\pi}{2}\times 2\right)=\frac{1}{2}\mathrm{Sa}^2\ \frac{n\pi}{2}$$

$$X_2(n\Omega_0)=\frac{1}{4}\mathrm{Sa}^2\ \frac{n\pi}{4}$$

因此，由线性性质求得梯形信号的频谱函数为

$$\begin{aligned}X(n\Omega_0)&=X_1(n\Omega_0)-X_2(n\Omega_0)\\&=\frac{1}{2}\mathrm{Sa}^2\ \frac{n\pi}{2}-\frac{1}{4}\mathrm{Sa}^2\ \frac{n\pi}{4}\end{aligned}$$

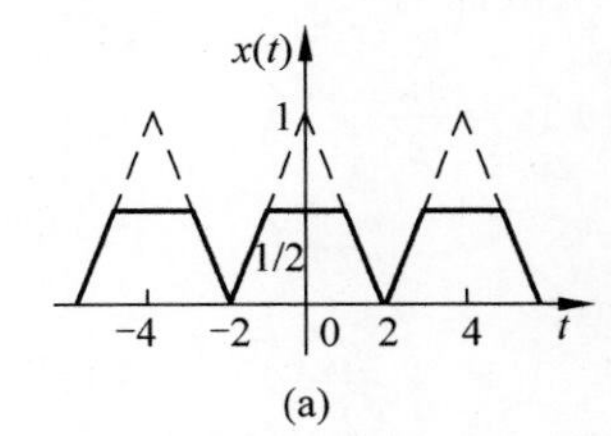

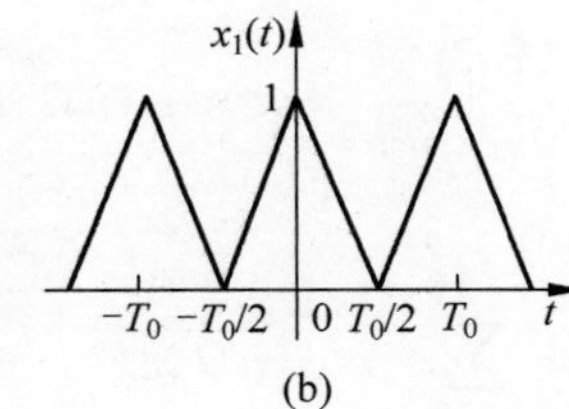

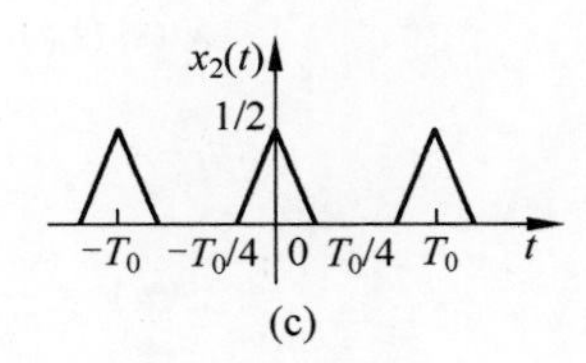

图 1.2.5 梯形信号的时域分解

■

2. 时移性质

若

$$x(t)\leftrightarrow X(n\Omega_0)$$

则有

$$x(t-t_0)\leftrightarrow \mathrm{e}^{-\mathrm{j}n\Omega_0 t_0}X(n\Omega_0) \tag{1.2.11}$$

式(1.2.11)表明，周期信号在时域左移或右移 t_0 时，在频域上其幅度频谱不变，相位频谱变化 $n\Omega_0 t_0$ 或 $-n\Omega_0 t_0$。

3. 尺度变换性质

若

$$x(t)\leftrightarrow X(n\Omega_0)$$

则

$$x(at)\leftrightarrow X(na\Omega_0),\quad a\ 为实常数 \tag{1.2.12}$$

式(1.2.12)表明,周期信号 $x(t)$ 经时间尺度变换后,其各次谐波的傅里叶系数仍然保持不变,但基波频率变为 $a\Omega_0$。

4. 对称性质

这里讨论的对称性质包括频谱的对称性及波形的对称性。

(1) 信号为实函数

在实际中,多数信号都是实函数,其相应的频谱信号 $X(n\Omega_0)$ 具有一定的对称关系,即

$$\begin{cases} |X(n\Omega_0)| = |X(-n\Omega_0)| \\ \varphi(n\Omega_0) = -\varphi(-n\Omega_0) \end{cases} \tag{1.2.13}$$

这表明,当周期信号 $x(t)$ 为实函数时,其相应的幅度频谱关于 $n\Omega_0$ 偶对称,相位谱关于 $n\Omega_0$ 奇对称,因此,在计算 $X(n\Omega_0)$ 时只需求出单边频谱,即 $n\Omega_0$ 在 $[0,+\infty)$ 内取值。

(2) 信号为实偶函数(偶对称)

$$x(t) = x(-t)$$

这表明信号以纵轴为对称翻褶后的波形与原来一样,从而有

$$X(n\Omega_0) = \frac{1}{T_0}\int_{-T_0/2}^{T_0/2} x(t)\cos(n\Omega_0 t)\mathrm{d}t = \frac{a_n}{2}$$

$$b_n = 0$$

$$x(t) = \frac{a_0}{2} + \sum_{n=1}^{\infty} a_n \cos(n\Omega_0 t) \tag{1.2.14}$$

式(1.2.14)表明,当周期信号为实偶函数,其傅里叶级数展开式只含有直流分量和余弦项,但是,不存在正弦项。

(3) 信号为实奇函数(奇对称)

$$x(t) = -x(-t)$$

这表明信号以纵轴为对称翻褶后再绕横轴翻褶所得到的波形就等于原信号波形,从而有

$$X(n\Omega_0) = -\frac{\mathrm{j}}{T_0}\int_{-T_0/2}^{T_0/2} x(t)\sin(n\Omega_0 t)\mathrm{d}t = \frac{-\mathrm{j}b_n}{2}$$

$$a_n = 0$$

$$x(t) = \sum_{n=1}^{\infty} b_n \sin(n\Omega_0 t) \tag{1.2.15}$$

式(1.2.15)表明,当周期信号为实奇函数,其傅里叶级数展开式只含有正弦项,而没有直流分量和余弦项。

(4) 半周期对称

① 半周期偶对称(半周期重叠)

若信号沿时间轴前后平移半周期后仍等于原信号,则称信号具有半周期偶对

称，即

$$x\left(t \pm \frac{T_0}{2}\right) = x(t)$$

式中，T_0 为周期信号 $x(t)$ 的周期。实际上，信号的基本周期等于 $T_0/2$，所以，其傅里叶级数表达式除了直流分量外只有偶次谐波分量。

② 半周期奇对称(半周期镜像)

若信号沿时间轴前后平移半周期后等于原信号的镜像，则称信号具有半周期奇对称，即

$$x\left(t \pm \frac{T_0}{2}\right) = -x(t)$$

其中，T_0 为周期信号 $x(t)$ 的周期。此时，$X(n\Omega_0)=0(n=0,\pm 2,\pm 4,\cdots)$，所以，其傅里叶级数表达式只有奇次谐波分量。

③ 双重对称

若信号除了具有半周期镜像对称外，同时还是时间的偶函数或奇函数，则前者的傅里叶级数表达式只有余弦奇次谐波分量，后者只有正弦奇次谐波分量。

由此可见，当信号波形具有某种对称关系时，可以迅速判断在傅里叶级数展开式中哪些分量存在，哪些分量不存在，从而减少不必要的计算。为了简化运算还可以对某些波形进行上下左右平移，使之满足对称条件。

例 1.2.5　已知图 1.2.6(a)所示的信号 $x_1(t)$ 的频谱函数 $X_1(n\Omega_0)$，试求出图 1.2.6(b)～图 1.2.6(d)中各信号的频谱。

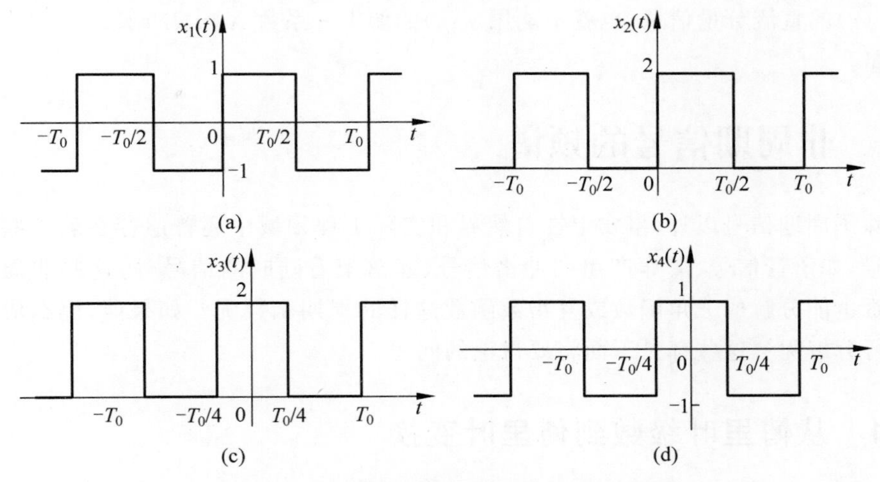

图 1.2.6　周期矩形脉冲信号的时移和对称

解　由图 1.2.6 可见

$$x_2(t)=x_1(t)+1,\quad x_3(t)=x_2(t+T_0/4),\quad x_4(t)=x_1(t+T_0/4)$$

由线性性质和时移性质可得

$$X_2(n\Omega_0)=2\pi\delta(\Omega)+X_1(n\Omega_0)$$

$$X_3(n\Omega_0)=X_2(n\Omega_0)\mathrm{e}^{\mathrm{j}n\Omega_0 T_0/4}=X_2(n\Omega_0)\mathrm{e}^{\mathrm{j}n\pi/2}$$

$$X_4(n\Omega_0)=X_1(n\Omega_0)\mathrm{e}^{\mathrm{j}n\Omega_0 T_0/4}=X_1(n\Omega_0)\mathrm{e}^{\mathrm{j}n\pi/2}$$

■

5. 时域微积分性质

如果$x(t)$是周期为T_0的周期信号,那么,它的导数$x'(t)=\mathrm{d}x(t)/\mathrm{d}t$也必然是周期为$T_0$的周期信号,且它们的离散频谱之间存在如下关系。

若

$$x(t)\leftrightarrow X(n\Omega_0)$$

则

$$x'(t)\leftrightarrow \mathrm{j}n\Omega_0 X(n\Omega_0) \tag{1.2.16}$$

上述结论可以推广到高阶导数和函数积分的情况,即

$$x^{(k)}(t)=\frac{\mathrm{d}^k x(t)}{\mathrm{d}t^k}\leftrightarrow (\mathrm{j}n\Omega_0)^k X(n\Omega_0) \tag{1.2.17}$$

$$x^{(-1)}(t)=\int_{-\infty}^{t} x(\tau)\mathrm{d}\tau\leftrightarrow \frac{X(n\Omega_0)}{\mathrm{j}n\Omega_0},\quad n\neq 0 \tag{1.2.18}$$

应该注意,式(1.2.18)不适用于$n=0$的情况。实际上,$x(t)$是$x^{(-1)}(t)$的一阶导数,而在求导过程中,$x^{(-1)}(t)$中的直流分量将会消失,这就是说,$x(t)$不包含$x^{(-1)}(t)$的直流分量信息,也就不能用$x(t)$的傅里叶系数$X(n\Omega_0)$求$x^{(-1)}(t)$的直流分量。

1.3 非周期信号的频谱

除了周期信号以外,事实上在自然界和实际工程领域中还普遍存在着一些非周期信号,如语音信号、爆炸产生的冲击信号、起落架着陆时的信号等,这些非周期信号是否也能分解成三角函数或复指数函数这样的周期函数呢?如果能,那么应该怎样进行分解呢?这些都是下面将要讨论的问题。

1.3.1 从傅里叶级数到傅里叶变换

实际上,任何周期信号都可以看成是由一个非周期信号周期延拓而成的,而一个非周期信号则可以看成是周期信号当其周期趋于无穷大时的极限情况。假设$x_T(t)$是周期为T_0的周期信号(为了方便,以下将T_0简记为T),当然信号$x_T(t)$中每个周期内的信号波形都是相同的,记为$x(t)$,如图1.3.1所示,图中$x(t)$为非周期信号,因此有

$$x_T(t)=\sum_{n=-\infty}^{\infty}x(t+nT)$$

$$x(t)=\lim_{T\to\infty}x_T(t) \tag{1.3.1}$$

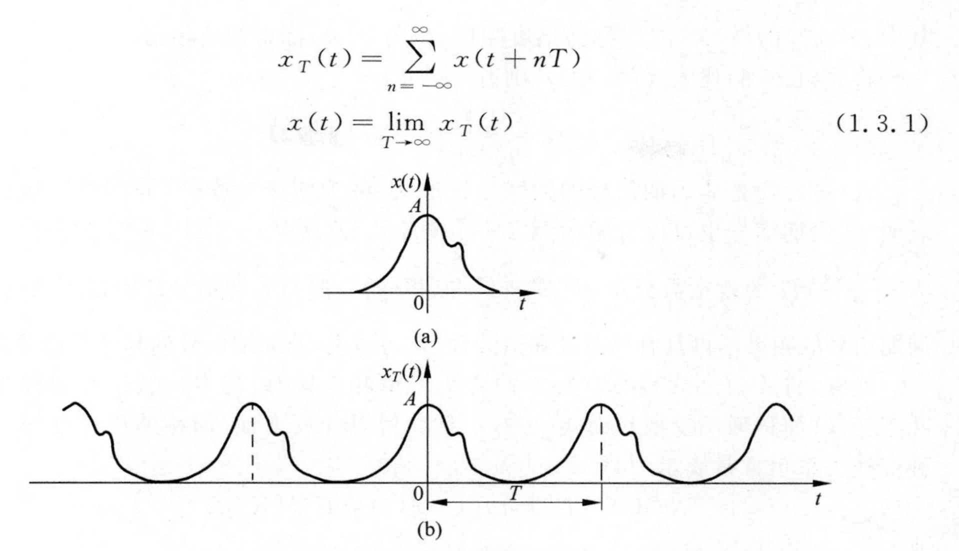

图 1.3.1　周期信号与非周期信号

既然 $x_T(t)$是一个周期信号,则它就可以分解为傅里叶级数,故有

$$x_T(t)=\sum_{n=-\infty}^{\infty}X(n\Omega_0)\mathrm{e}^{\mathrm{j}n\Omega_0 t} \tag{1.3.2}$$

其中

$$X(n\Omega_0)=\frac{1}{T}\int_{-T/2}^{T/2}x_T(t)\mathrm{e}^{-\mathrm{j}n\Omega_0 t}\mathrm{d}t \tag{1.3.3}$$

将式(1.3.3)代入式(1.3.2)得

$$\begin{aligned}x_T(t)&=\sum_{n=-\infty}^{\infty}\left(\frac{1}{T}\int_{-T/2}^{T/2}x_T(t)\mathrm{e}^{-\mathrm{j}n\Omega_0 t}\mathrm{d}t\right)\mathrm{e}^{\mathrm{j}n\Omega_0 t}\\&=\sum_{n=-\infty}^{\infty}\left(\frac{\Omega_0}{2\pi}\int_{-T/2}^{T/2}x_T(t)\mathrm{e}^{-\mathrm{j}n\Omega_0 t}\mathrm{d}t\right)\mathrm{e}^{\mathrm{j}n\Omega_0 t}\end{aligned} \tag{1.3.4}$$

根据式(1.3.1),对式(1.3.4)两边在 $T\to\infty$时取极限,显然,当 $T\to\infty$时有 $\Omega_0=2\pi/T\to\mathrm{d}\Omega$,即相邻的两根谱线间的间隔趋于无穷小;$n\Omega_0\to\Omega$,即离散变量 $n\Omega_0$ 趋于连续变量 Ω;$\sum_{n=-\infty}^{\infty}\to\int_{-\infty}^{\infty}$,即求和趋于积分,则式(1.3.4)将变为

$$x(t)=\frac{1}{2\pi}\int_{-\infty}^{\infty}\left(\int_{-\infty}^{\infty}x(t)\mathrm{e}^{-\mathrm{j}\Omega t}\mathrm{d}t\right)\mathrm{e}^{\mathrm{j}\Omega t}\mathrm{d}\Omega \tag{1.3.5}$$

该式括号中的部分为参变量 Ω 的函数,记为 $X(\mathrm{j}\Omega)$,即

$$X(\mathrm{j}\Omega)=\int_{-\infty}^{\infty}x(t)\mathrm{e}^{-\mathrm{j}\Omega t}\mathrm{d}t \tag{1.3.6}$$

式中,$X(\mathrm{j}\Omega)$称为非周期信号 $x(t)$的频谱密度函数(简称频谱或频谱密度),它是连续频率变量 Ω 的复函数,即

$$X(\mathrm{j}\Omega)=|X(\mathrm{j}\Omega)|\mathrm{e}^{\mathrm{j}\varphi(\Omega)}$$

其中，$X(\mathrm{j}\Omega)$的模$|X(\mathrm{j}\Omega)|$称为幅度频谱，幅角$\varphi(\Omega)$称为相位频谱。

将式(1.3.6)代入式(1.3.5)，则有

$$x(t)=\frac{1}{2\pi}\int_{-\infty}^{\infty}X(\mathrm{j}\Omega)\mathrm{e}^{\mathrm{j}\Omega t}\mathrm{d}\Omega \tag{1.3.7}$$

式(1.3.7)是非周期信号的频域分解形式，称为傅里叶积分(简称傅氏积分)，它表明，非周期信号也可以分解为无穷多个频率为Ω(Ω从$-\infty$到$+\infty$连续变化)、振幅为$\frac{X(\mathrm{j}\Omega)}{2\pi}\mathrm{d}\Omega$的复指数分量$\mathrm{e}^{\mathrm{j}\Omega t}$的连续和(积分)。但与周期信号的频谱不同的是，非周期信号的频谱不再具有离散性和谐波性，换句话说，非周期信号的频谱是连续频谱。

通常，将式(1.3.6)和式(1.3.7)称为傅里叶变换对，其中，式(1.3.6)称为傅里叶正变换(简称傅氏变换)，而式(1.3.7)称为傅里叶反变换(简称傅氏反变换)，则这种变换关系也常常表示为

$$X(\mathrm{j}\Omega)=F[x(t)],\quad x(t)=F^{-1}[X(\mathrm{j}\Omega)]$$

或

$$x(t)\leftrightarrow X(\mathrm{j}\Omega)$$

由于上述傅里叶变换的推导是由傅里叶级数演变而来的，因此，非周期信号$x(t)$是否存在傅里叶变换同样也应满足以下狄里赫利条件：

(1) 信号$x(t)$在无限区间内是绝对可积的，即

$$\int_{-\infty}^{\infty}|x(t)|\mathrm{d}t<\infty$$

(2) 在任意有限区间内，信号$x(t)$仅有有限个不连续点，且在这些点上均为有限值；

(3) 在任意有限区间内，信号$x(t)$只有有限个最大值和最小值。

在上述条件中，条件(1)是充分条件但不是必要条件，条件(2)和条件(3)则是必要条件而不是充分条件，因此，许多不满足条件(1)，但满足条件(2)和条件(3)的信号，即不是绝对可积的信号(如周期信号)，也能通过引入冲激函数或极限处理来进行傅里叶变换。

例1.3.1　求图1.3.2(a)所示的矩形脉冲信号的频谱密度，并绘出其幅度频谱和相位频谱。

解　由图1.3.2(a)可知

$$x(t)=\begin{cases}E, & -\frac{\tau}{2}\leqslant t<\frac{\tau}{2}\\ 0, & \text{其他}\end{cases}$$

根据信号频谱密度的定义式可得

$$\begin{aligned}X(\mathrm{j}\Omega)&=\int_{-\infty}^{\infty}x(t)\mathrm{e}^{-\mathrm{j}\Omega t}\mathrm{d}t=\int_{-\tau/2}^{\tau/2}E\mathrm{e}^{-\mathrm{j}\Omega t}\mathrm{d}t\\&=\frac{E}{-\mathrm{j}\Omega}(\mathrm{e}^{-\mathrm{j}\Omega\tau/2}-\mathrm{e}^{\mathrm{j}\Omega\tau/2})\\&=E\tau\frac{\sin(\Omega\tau/2)}{\Omega\tau/2}=E\tau\mathrm{Sa}\frac{\Omega\tau}{2}\end{aligned}$$

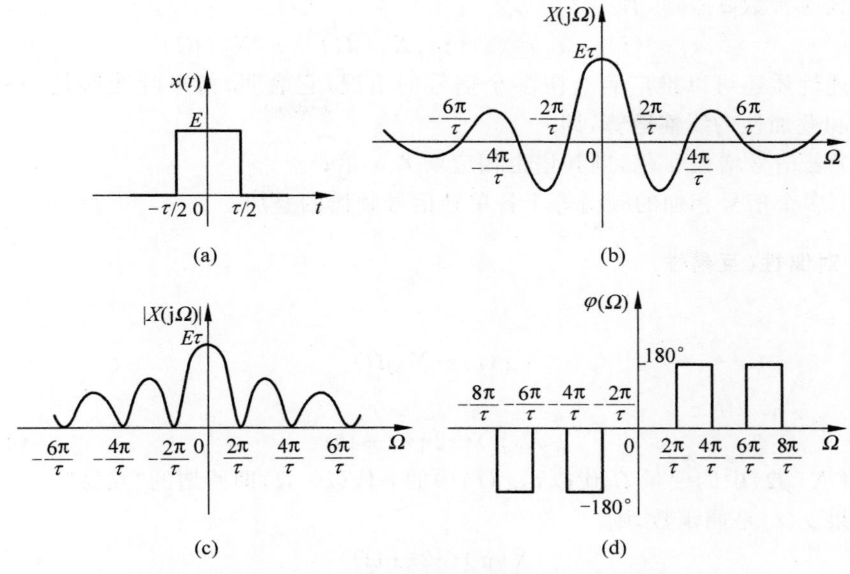

图 1.3.2　矩形脉冲的幅度频谱与相位频谱

式中，$X(\mathrm{j}\Omega)$是实数，其频谱密度的分布如图 1.3.2(b)所示，将 $X(\mathrm{j}\Omega)$从正值变到负值视为在相位上变化$\pm\pi$，则可画出其幅度频谱和相位频谱，分别如图 1.3.2(c)和图 1.3.2(d)所示。

由图 1.3.2 可见，非周期矩形脉冲的频谱是连续频谱，其形状与周期矩形脉冲信号的离散频谱的包络线相似。

■

1.3.2　傅里叶变换的性质

傅里叶变换反映了信号时域和频域之间对应转换的密切关系。在实际信号分析中，常需要进一步研究信号时域特性和频域特性的重要联系及相应规律，这就需要掌握傅里叶变换的一些基本性质[7]。

1. 奇偶性

(1) 偶信号的频谱为偶函数，奇信号的频谱为奇函数；

(2) 实信号的频谱是共轭对称函数，即其幅度频谱和实部为偶函数，相位频谱和虚部为奇函数。

2. 线性

若

$$x_1(t)\leftrightarrow X_1(\mathrm{j}\Omega),\quad x_2(t)\leftrightarrow X_2(\mathrm{j}\Omega)$$

则对于任意常数 a_1, a_2,有

$$a_1 x_1(t) + a_2 x_2(t) \leftrightarrow a_1 X_1(j\Omega) + a_2 X_2(j\Omega) \tag{1.3.8}$$

上述性质还可以推广到有限多个信号的情况,它表明,傅里叶变换是一种具有齐次性和叠加性的线性运算,即

(1) 若信号增大 a 倍,则频谱也相应增大 a 倍;

(2) 多个信号相加的频谱等于各单独信号频谱的叠加。

3. 对偶性(互易性)

若

$$x(t) \leftrightarrow X(j\Omega)$$

则

$$X(jt) \leftrightarrow 2\pi x(-\Omega) \tag{1.3.9}$$

式中,将 $X(j\Omega)$中的变量 Ω 代以 t,$x(t)$中的 t 代以 $-\Omega$,即所谓的"互易"。

如果 $x(t)$是偶函数,则

$$X(jt) \leftrightarrow 2\pi x(\Omega) \tag{1.3.10}$$

该式表明,若 $x(t)$的频谱为 $X(j\Omega)$,则波形与 $X(j\Omega)$相同的时域信号 $X(jt)$,其频谱形状与时域信号 $x(t)$相同,为 $x(\Omega)$,傅里叶变换完全对称,对偶性即为对称性。例如,冲激信号的频谱为直流信号,则直流信号的频谱必为冲激信号。

4. 时移特性

若

$$x(t) \leftrightarrow X(j\Omega)$$

且 t_0 为常数,则

$$x(t \pm t_0) \leftrightarrow X(j\Omega) e^{\pm j\Omega t_0} \tag{1.3.11}$$

该式表明,信号的延时并不会改变其幅度频谱,仅仅使其相位频谱产生一个与频率呈线性关系的相移,换句话说,信号的时移对应频域的相移。

5. 频移特性(调制特性)

若

$$x(t) \leftrightarrow X(j\Omega)$$

且 Ω_0 为常数,则

$$x(t) e^{\pm j\Omega_0 t} \leftrightarrow X[j(\Omega \mp \Omega_0)] \tag{1.3.12}$$

该式表明,信号频谱沿频率轴左移或右移 Ω_0,则在时域上,信号分别乘以 $e^{-j\Omega_0 t}$ 或 $e^{j\Omega_0 t}$。

频移特性也称为调制特性,在通信和测控技术中有广泛应用。在实际应用中,通常将信号 $x(t)$乘以正弦或余弦信号,则在时域上用 $x(t)$(调制信号)改变正弦或余弦(载波信号)的幅度,形成调幅信号,而在频域上使 $x(t)$的频谱产生左、右平移。

6. 尺度变换特性

若

$$x(t)\leftrightarrow X(\mathrm{j}\Omega)$$

且 a 为非零实常数,则

$$x(at)\leftrightarrow \frac{1}{|a|}X\left(\mathrm{j}\frac{\Omega}{a}\right) \tag{1.3.13}$$

该式表明,若信号 $x(t)$在时域上扩展 a 倍,则其频谱将压缩至原来的 $1/a$ 倍,换句话说,信号的时域扩展对应于频域压缩,反之亦然。

7. 时域卷积定理

若

$$x_1(t)\leftrightarrow X_1(\mathrm{j}\Omega),\quad x_2(t)\leftrightarrow X_2(\mathrm{j}\Omega)$$

则

$$x_1(t)*x_2(t)\leftrightarrow X_1(\mathrm{j}\Omega)X_2(\mathrm{j}\Omega) \tag{1.3.14}$$

此式表明,两个信号在时域中卷积的频谱等于两信号频谱的乘积。

例 1.3.2　已知信号 $x(t)=\frac{1}{t}$,试求:(1)$X(\mathrm{j}\Omega)$;(2)$y(t)=\frac{1}{t}*\frac{1}{t}$。

解　(1) 由于不便于直接求解,先求另一常用信号即如图 1.3.3(a)所示的符号函数 sgn(t)的傅里叶变换,然后利用傅里叶变换的性质来求解 $X(\mathrm{j}\Omega)$。

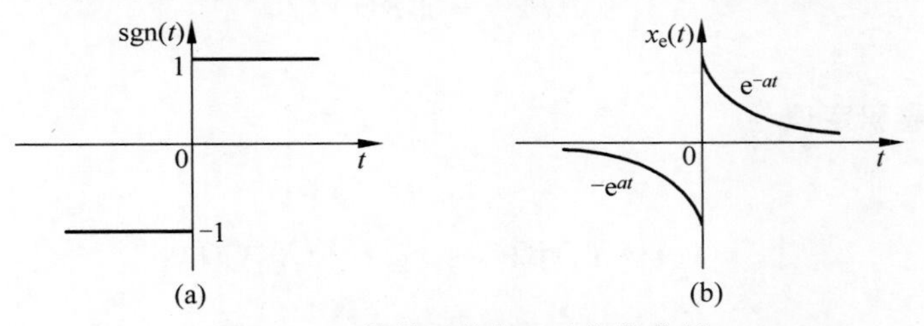

图 1.3.3　符号函数与双边指数信号

由图 1.3.3(a)有

$$\mathrm{sgn}(t)=\begin{cases}1, & t>0\\ -1, & t<0\end{cases}$$

由于不满足绝对可积的条件,故也不能直接用傅里叶变换的定义式求出傅里叶变换,则将 sgn(t)看成是图 1.3.3(b)所示的双边奇指数信号 $x_{\mathrm{e}}(t)$在 $a\to 0$ 时的极限。

$$x_{\mathrm{e}}(t)=\begin{cases}\mathrm{e}^{-at}, & t>0,a>0\\ -\mathrm{e}^{at}, & t<0,a>0\end{cases}$$

由单边指数信号的傅里叶变换结果,可得双边指数信号的傅里叶变换为

$$X_{\mathrm{e}}(\mathrm{j}\Omega)=F[\mathrm{e}^{-at}]+F[-\mathrm{e}^{at}]=\frac{1}{a+\mathrm{j}\Omega}-\frac{1}{a-\mathrm{j}\Omega}=-\mathrm{j}\frac{2\Omega}{a^2+\Omega^2}$$

由于将 sgn(t)看成双边奇指数信号 $x_e(t)$在 $a\to 0$ 时的极限,因此其频谱就是双边奇指数信号的傅里叶变换在 $a\to 0$ 时的极限,即

$$F[\mathrm{sgn}(t)]=\lim_{a\to 0}\frac{-\mathrm{j}2\Omega}{a^2+\Omega^2}=\frac{2}{\mathrm{j}\Omega}$$

由傅里叶变换的对偶性,有

$$\frac{2}{\mathrm{j}t}\leftrightarrow 2\pi\mathrm{sgn}(-\Omega)$$

由图 1.3.3 可知,sgn(Ω)是 Ω 的奇函数,则有

$$\frac{2}{\mathrm{j}t}\leftrightarrow -2\pi\mathrm{sgn}(\Omega)$$

由此可得

$$x(t)=\frac{1}{t}\leftrightarrow -\mathrm{j}\pi\mathrm{sgn}(\Omega)$$

因此

$$X(\mathrm{j}\Omega)=-\mathrm{j}\pi\mathrm{sgn}(\Omega)$$

(2) 由时域卷积定理,则有

$$y(t)=\frac{1}{t}*\frac{1}{t}\leftrightarrow(-\mathrm{j}\pi\mathrm{sgn}(\Omega))(-\mathrm{j}\pi\mathrm{sgn}(\Omega))=(-\mathrm{j}\pi\mathrm{sgn}(\Omega))^2=-\pi^2$$

显然,由时域、频域的对偶性有

$$y(t)=-\pi^2\delta(t)$$

■

8. 频域卷积定理

若

$$x_1(t)\leftrightarrow X_1(\mathrm{j}\Omega),\quad x_2(t)\leftrightarrow X_2(\mathrm{j}\Omega)$$

则

$$x_1(t)x_2(t)\leftrightarrow\frac{1}{2\pi}X_1(\mathrm{j}\Omega)*X_2(\mathrm{j}\Omega)\tag{1.3.15}$$

此式表明,在时域上两个信号乘积的频谱等于两信号频谱的卷积乘以 $\frac{1}{2\pi}$。与时域卷积定理相对照,不难看出时域与频域卷积定理形成的对偶关系。

在进行信号处理时,往往要把无限长的信号(数据)截短成有限长的信号,即进行"有限化"处理,这相当于无限长的信号与一矩形脉冲信号相乘,利用频域卷积定理可计算截短后的有限长信号的频谱以及其他一些信号的频谱。

9. 微分特性

若

$$x(t)\leftrightarrow X(\mathrm{j}\Omega)$$

则时域微分特性为

$$\frac{\mathrm{d}x(t)}{\mathrm{d}t} \leftrightarrow \mathrm{j}\Omega X(\mathrm{j}\Omega) \tag{1.3.16}$$

$$\frac{\mathrm{d}^n x(t)}{\mathrm{d}t^n} \leftrightarrow (\mathrm{j}\Omega)^n X(\mathrm{j}\Omega) \tag{1.3.17}$$

上述公式表明，在时域中对 $x(t)$ 进行一次微分，相当于在频域乘以因子 $\mathrm{j}\Omega$；若进行 n 阶求导，则其频谱 $X(\mathrm{j}\Omega)$ 应乘以 $(\mathrm{j}\Omega)^n$。

相应地，还可得到如下频域微分特性：

$$(-\mathrm{j}t)x(t) \leftrightarrow \frac{\mathrm{d}X(\mathrm{j}\Omega)}{\mathrm{d}\Omega} \tag{1.3.18}$$

$$(-\mathrm{j}t)^n x(t) \leftrightarrow \frac{\mathrm{d}^n X(\mathrm{j}\Omega)}{\mathrm{d}\Omega^n} \tag{1.3.19}$$

10. 积分特性

若

$$x(t) \leftrightarrow X(\mathrm{j}\Omega)$$

则时域积分特性为

$$x^{(-1)}(t) = \int_{-\infty}^{t} x(\tau)\mathrm{d}\tau \leftrightarrow \pi X(0)\delta(\Omega) + \frac{1}{\mathrm{j}\Omega}X(\mathrm{j}\Omega) \tag{1.3.20}$$

若

$$X(0) = X(\mathrm{j}\Omega)\big|_{\Omega=0} = 0$$

则

$$x^{(-1)}(t) \leftrightarrow \frac{1}{\mathrm{j}\Omega}X(\mathrm{j}\Omega) \tag{1.3.21}$$

相应地，还可得到如下频域积分特性：

$$\pi x(0)\delta(t) - \frac{1}{\mathrm{j}t}x(t) \leftrightarrow X^{(-1)}(\mathrm{j}\Omega) = \int_{-\infty}^{\Omega} X(\mathrm{j}\eta)\mathrm{d}\eta \tag{1.3.22}$$

例 1.3.3　已知图 1.3.4 所示的升余弦脉冲信号

$$x(t) = \begin{cases} \frac{1}{2}(1+\cos t), & |t| \leqslant \pi \\ 0, & |t| \geqslant \pi \end{cases}$$

试求 $x(t)$ 的频谱。

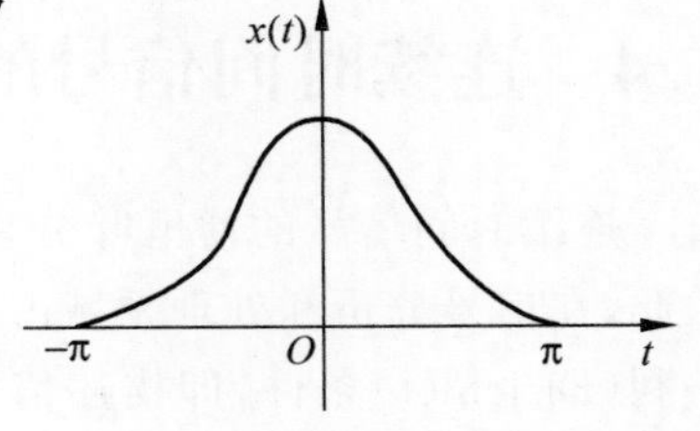

图 1.3.4　升余弦信号

解　升余弦脉冲信号在数字信号处理中常用作窗函数，了解其频谱是很有意义的。

解法 1　利用频移性质求解

将升余弦脉冲信号看成是周期信号 $(1+\cos t)/2$ 与脉冲宽度为 2π 的矩形脉冲信号 $w_{\mathrm{R}}(t)$ 相乘，即被矩形脉冲截断的结果，则

$$x(t) = \frac{1}{2}(1+\cos t)d_{2\pi}(t) = \left[\frac{1}{2} + \frac{1}{4}(\mathrm{e}^{\mathrm{j}t} + \mathrm{e}^{-\mathrm{j}t})\right]w_{\mathrm{R}}(t)$$

而矩形脉冲信号 $w_{\mathrm{R}}(t)$ 的傅里叶变换为

$$F[w_{\mathrm{R}}(t)]=2\pi\mathrm{Sa}(\Omega\pi)=\frac{2\sin(\Omega\pi)}{\Omega}$$

则由线性和频移特性可得

$$X(\mathrm{j}\Omega)=\frac{\sin(\Omega\pi)}{\Omega}+\frac{1}{2}\frac{\sin[(\Omega-1)\pi]}{\Omega-1}+\frac{1}{2}\frac{\sin[(\Omega+1)\pi]}{\Omega+1}=-\frac{\sin(\Omega\pi)}{\Omega(\Omega^2-1)}$$

解法 2 利用微分特性求解

$x(t)$ 的一阶、二阶导数分别为

$$x'(t)=-\frac{1}{2}\sin t,\quad |t|\leqslant\pi$$

$$x''(t)=-\frac{1}{2}\cos t,\quad |t|\leqslant\pi$$

再对 $x''(t)$ 求导一次,需要指出的是,$x''(t)$ 的端点 $x=\pm\pi$ 是间断点,故 $x'''(t)$ 应有冲激函数存在,即

$$x'''(t)=\frac{1}{2}\sin t+\frac{1}{2}[\delta(t+\pi)-\delta(t-\pi)]=-x'(t)+\frac{1}{2}[\delta(t+\pi)-\delta(t-\pi)]$$

对该式两边取傅里叶变换,根据微分特性和时移特性得

$$(\mathrm{j}\Omega)^3X(\mathrm{j}\Omega)=-(\mathrm{j}\Omega)X(\mathrm{j}\Omega)+\frac{1}{2}(\mathrm{e}^{\mathrm{j}\Omega\pi}-\mathrm{e}^{-\mathrm{j}\Omega\pi})$$

因此,有

$$X(\mathrm{j}\Omega)=-\frac{\sin(\Omega\pi)}{\Omega(\Omega^2-1)}$$

■

显然,本例还可利用频域卷积定理来求解。由此可见,傅里叶变换的性质对于简化求解未知信号的频谱是非常有用的。另外,同一个信号的频谱可以根据实际情况灵活运用多种不同的方法来求解。

1.4 连续时间信号的复频域分析

连续时间信号的傅里叶分析概括了信号的基本特征,并有着清晰的物理意义,因此,在信号分析和处理领域占有重要地位,然而,傅里叶变换要求信号应满足狄里赫利(Dirichlet)条件,即描述信号的函数 $x(t)$ 在 $(-\infty,\infty)$ 上有定义,且绝对可积。尽管在研究中,通过引入 δ 函数或极限处理可以求得某些不满足狄里赫利条件的信号(如定常信号、周期信号等)的频谱密度,但是,有一些重要信号,如指数增长型信号 $\mathrm{e}^{at}(a>0)$、功率型非周期信号等,仍难以用傅里叶分析法对它们进行频谱分析,从而使傅里叶变换的应用受到限制。为此,将傅里叶分析从频域推广到复频域,并构造一种新的变换——拉普拉斯变换(简称拉氏变换),从而克服傅里叶变换的局限性,进一步扩大信号频谱分析的范围。

1.4.1 拉普拉斯变换

1. 从傅里叶变换到拉普拉斯变换

信号 $x(t)$之所以不能满足绝对可积的条件，是由于当 $t\to\pm\infty$时，$x(t)$不趋于零。若用一个实指数函数 $e^{-\sigma t}$乘以 $x(t)$，只要选择适当的 σ 值，就可以解决这个问题。例如，对于信号

$$x(t)=\begin{cases}e^{at}, & t\geqslant 0\\ e^{bt}, & t<0\end{cases}$$

其中，a，b 均为正实数，且 $b>a$。只要选择 $b>\sigma>a$，就能保证 $t\to\pm\infty$时，$x(t)e^{-\sigma t}$均趋于零。通常，将 $e^{-\sigma t}$称为收敛因子。

$x(t)$乘以收敛因子 $e^{-\sigma t}$后的信号傅里叶变换为

$$F[x(t)e^{-\sigma t}]=\int_{-\infty}^{\infty}x(t)e^{-\sigma t}e^{-j\Omega t}dt=\int_{-\infty}^{\infty}x(t)e^{-(\sigma+j\Omega)t}dt$$

该式表明，它是复数 $\sigma+j\Omega$ 的函数，故可以写成

$$X(\sigma+j\Omega)=\int_{-\infty}^{\infty}x(t)e^{-(\sigma+j\Omega)t}dt \tag{1.4.1}$$

则 $X(\sigma+j\Omega)$的傅里叶反变换为

$$x(t)e^{-\sigma t}=F^{-1}[X(\sigma+j\Omega)]=\frac{1}{2\pi}\int_{-\infty}^{\infty}X(\sigma+j\Omega)e^{j\Omega t}d\Omega$$

将此式两边乘以 $e^{\sigma t}$，则可得

$$x(t)=\frac{1}{2\pi}\int_{-\infty}^{\infty}X(\sigma+j\Omega)e^{(\sigma+j\Omega)t}d\Omega \tag{1.4.2}$$

为了简便，令 $s=\sigma+j\Omega$，则 $ds=jd\Omega$，且 $\Omega=\pm\infty$时，$s=\sigma\pm j\infty$，于是，式(1.4.1)和式(1.4.2)可改写为

$$X(s)=\int_{-\infty}^{\infty}x(t)e^{-st}dt \tag{1.4.3}$$

$$x(t)=\frac{1}{2\pi j}\int_{\sigma-j\infty}^{\sigma+j\infty}X(s)e^{st}ds \tag{1.4.4}$$

式(1.4.3)和式(1.4.4)构成拉普拉斯变换对，其中，式(1.4.3)是 $x(t)$的双边拉普拉斯变换，而式(1.4.4)是 $X(s)$的拉普拉斯反变换。它们之间关系通常记为

$$X(s)=L[x(t)],\quad x(t)=L^{-1}[X(s)]$$

或

$$x(t)\leftrightarrow X(s)$$

由式(1.4.4)可见，信号 $x(t)$是复指数信号 $e^{st}=e^{\sigma t}e^{j\Omega t}$的线性组合。该复指数信号随 σ 取值的不同可能是增幅、减幅或等幅的振荡信号，它比傅里叶变换中以等幅振荡信号 $e^{j\Omega t}$作为基本信号更具有普遍意义，且 $x(t)$的拉普拉斯变换 $X(s)$也反映了信号的基本特征。因此，将信号的频谱分析推广到复频域(s 域)中进行更具有广

泛的适用性。

考虑到实际中遇到的信号多数都是因果信号,即 $t<0$ 时 $x(t)=0$,以及只需研究信号 $t\geqslant 0$ 时的情况,则式(1.4.3)可写成

$$X(s)=\int_{0^-}^{\infty}x(t)\mathrm{e}^{-st}\,\mathrm{d}t \tag{1.4.5}$$

该式称为 $x(t)$ 的单边拉普拉斯变换,式中的积分下限取 0^-,主要是考虑到信号 $x(t)$ 中含有冲激以及 $t=0$ 时出现不连续和跳变的情况,而式(1.4.4)反变换的积分限并不改变。

2. 拉普拉斯变换的收敛域

由上述讨论可知,当信号 $x(t)$ 乘以收敛因子 $\mathrm{e}^{-\sigma t}$ 后,就有可能满足绝对可积的条件,然而,是否一定满足,还要看 $x(t)$ 的性质与 σ 值的相对关系而定。换句话说,并不是对所有的 σ 值而言函数 $x(t)$ 都存在拉普拉斯变换,而只是在一定的 σ 值范围内,$x(t)\mathrm{e}^{-\sigma t}$ 是收敛的,$x(t)$ 存在拉普拉斯变换。因此,通常将使式(1.4.3)或式(1.4.5)积分变换收敛,即满足绝对可积条件

$$\int_{-\infty}^{\infty}|\,x(t)\mathrm{e}^{-\sigma t}\,|\,\mathrm{d}t<\infty$$

的 σ 取值范围,称为拉普拉斯变换的收敛域。

例 1.4.1 试讨论下列双边信号的拉普拉斯变换及其收敛域:

(1) $x(t)=\mathrm{e}^{-|t|}$;

(2) $x(t)=\mathrm{e}^{|t|}$。

解 (1) 由双边拉普拉斯变换的定义得

$$\begin{aligned}X(s)&=\int_{-\infty}^{\infty}\mathrm{e}^{-|t|}\,\mathrm{e}^{-st}\,\mathrm{d}t=\int_{-\infty}^{0}\mathrm{e}^{t}\,\mathrm{e}^{-st}\,\mathrm{d}t+\int_{0}^{\infty}\mathrm{e}^{-t}\,\mathrm{e}^{-st}\,\mathrm{d}t\\&=-\frac{1}{s-1}\mathrm{e}^{-(s-1)t}\Big|_{-\infty}^{0}-\frac{1}{s+1}\mathrm{e}^{-(s+1)t}\Big|_{0}^{\infty}\end{aligned}$$

显然,式中第一项积分的收敛域为 $\sigma<1$,第二项积分的收敛域为 $\sigma>-1$,则整个积分的收敛域应该是它们的公共部分,即 $-1<\sigma<1$,如图 1.4.1 所示,因此有

$$X(s)=-\frac{1}{s-1}+\frac{1}{s+1}=\frac{-2}{s^2-1},\quad -1<\sigma<1$$

(2) 由双边拉普拉斯变换的定义得

$$\begin{aligned}X(s)&=\int_{-\infty}^{\infty}\mathrm{e}^{|t|}\,\mathrm{e}^{-st}\,\mathrm{d}t=\int_{-\infty}^{0}\mathrm{e}^{-t}\mathrm{e}^{-st}\,\mathrm{d}t+\int_{0}^{\infty}\mathrm{e}^{t}\,\mathrm{e}^{-st}\,\mathrm{d}t\\&=-\frac{1}{s+1}\mathrm{e}^{-(s+1)t}\Big|_{-\infty}^{0}-\frac{1}{s-1}\mathrm{e}^{-(s-1)t}\Big|_{0}^{\infty}\end{aligned}$$

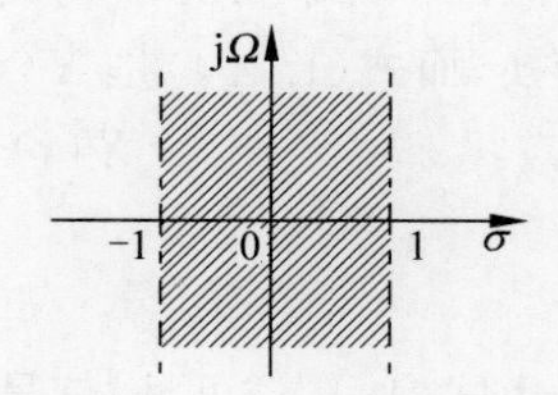

图 1.4.1 信号 $\mathrm{e}^{-|t|}$ 的收敛域

显然,式中第一项积分的收敛域为 $\sigma<-1$,第二项积分的收敛域为 $\sigma>1$,虽然两项积分都能收敛,但它们的收敛域没有公共部分,整个积分不能收敛,所以,该信号的拉普拉斯变换不

存在。

■

本例进一步表明，尽管收敛因子的引入使拉普拉斯变换比傅里叶变换具有更强的收敛性，但是，其收敛性仍是有限的，换句话说，并不是任何信号的拉普拉斯变换都存在，也不是 s 平面上的任何复数都能使拉普拉斯变换收敛。

通过分析不难归纳出，当 $x(t)$ 在 $(-\infty,\infty)$ 上有值，且存在拉普拉斯变换时，其收敛域具有以下基本特点（特点中左右是按复平面 s 的虚轴进行划分的）：

(1) 因果信号 $x(t)u(t)$ 以及右边信号 $x(t)u(t+t_0)$ 的收敛域常位于右半 s 平面中 $\mathrm{Re}[s]>\sigma_0$；

(2) 左边信号 $x(t)u(-t)$ 以及 $x(t)u(-t+t_0)$ 的收敛域常位于左半 s 平面中 $\mathrm{Re}[s]<\sigma_0$；

(3) 双边信号 $x(t)$ 或 $\mathrm{e}^{-a|t|}$ 的收敛域常位于左半 s 平面中 $\sigma_1<\mathrm{Re}[s]<\sigma_2$。

需要特别指出的是，对于有些函数，如 e^{t^2}，t^t 等，它们与 $\mathrm{e}^{-\sigma t}$ 的乘积不收敛，故不满足上述绝对可积的条件，其拉普拉斯变换不存在。由于这些函数在实际工程中很少遇到，因此，并不影响拉普拉斯变换的实际意义。

例 1.4.2　求信号 $x(t)=u(t)-\frac{4}{3}\mathrm{e}^{-t}u(t)+\frac{1}{3}\mathrm{e}^{2t}u(t)$ 的拉普拉斯变换及收敛域。

解　利用常用信号的拉普拉斯变换可知，$u(t)$，$-\frac{4}{3}\mathrm{e}^{-t}u(t)$，$\frac{1}{3}\mathrm{e}^{2t}u(t)$ 的拉普拉斯变换分别为 $\frac{1}{s}$，$-\frac{4}{3}\frac{1}{s+1}$，$\frac{1}{3}\frac{1}{s-2}$，所以信号 $x(t)$ 的拉普拉斯变换 $X(s)$ 为

$$X(s)=\frac{1}{s}-\frac{4}{3}\frac{1}{s+1}+\frac{1}{3}\frac{1}{s-2}=\frac{2(s-1)}{s(s+1)(s-2)},\quad \mathrm{Re}[s]>2$$

■

3. 拉普拉斯反变换

式(1.4.4)给出了由 $X(s)$ 求解 $x(t)$ 的拉普拉斯反变换的公式，这是一个复变函数积分，在数学上可以应用留数定理来求解。对于 $X(s)$ 为 s 的有理分式的情况，较为简单的方法是将 $X(s)$ 展开为部分分式，再求出 $x(t)$。这些方法在相关参考书中都有详细介绍，这里着重强调的还是拉普拉斯变换的收敛域问题。拉普拉斯变换式只有和其收敛域一起才能与信号建立一一对应的关系，因此，如果撇开收敛域，仅仅由拉普拉斯变换式是无法通过式(1.4.4)来求出唯一的 $x(t)$ 的。

1.4.2　拉普拉斯变换的性质

拉普拉斯变换的性质对于拉普拉斯变换和反变换的运算起着十分重要的作用。由于拉普拉斯变换是傅里叶变换的推广，其大部分性质与傅里叶变换的性质相似，因此这里不做详细讨论，只是将其汇总于表 1.4.1 中，使用时，应该特别注意其收敛

域的变化[8]。

表 1.4.1　拉普拉斯变换的基本性质

性　　质	时域 $x(t)$	复频域 $X(s)$		收　敛　域
定义	$x(t)=\frac{1}{2\pi\mathrm{j}}\int_{\sigma-\mathrm{j}\infty}^{\sigma+\mathrm{j}\infty}X(s)\mathrm{e}^{st}\mathrm{d}s$	双边	$X(s)=\int_{-\infty}^{\infty}x(t)\mathrm{e}^{-st}\mathrm{d}t$	R
		单边	$X(s)=\int_{0_-}^{\infty}x(t)\mathrm{e}^{-st}\mathrm{d}t$	
线性	$a_1x_1(t)+a_2x_2(t)$	$a_1X_1(s)+a_2X_2(s)$		$R_1\cap R_2$ (有可能扩大)
时域平移	$x(t-t_0)$	$\mathrm{e}^{-st_0}X(s)$		R
s 域平移	$\mathrm{e}^{s_0t}x(t)$	$X(s-s_0)$		$\mathrm{R}+\mathrm{Re}[s_0]$ (R 平移 $\mathrm{Re}[s_0]$)
尺度变换	$x(at)$	$\frac{1}{\vert a\vert}X\left(\frac{s}{a}\right)$		aR
时域卷积	$x_1(t)*x_2(t)$	$X_1(s)X_2(s)$		$R_1\cap R_2$ (有可能扩大)
s 域卷积	$x_1(t)x_2(t)$	$\frac{1}{2\pi\mathrm{j}}X_1(s)*X_2(s)$		
时域微分	$\frac{\mathrm{d}x(t)}{\mathrm{d}t}$	双边	$sX(s)$	R
		单边	$sX(s)-x(0_-)$	(有可能扩大)
时域积分	$\int_{-\infty}^{t}x(\tau)\mathrm{d}\tau$	双边	$\frac{1}{s}X(s)$	$R\cap\{\mathrm{Re}[s]>0\}$
		单边	$\frac{X(s)}{s}+\frac{\int_{-\infty}^{0}x(\tau)\mathrm{d}\tau}{s}$	
s 域微分	$-tx(t)$	$\frac{\mathrm{d}X(s)}{\mathrm{d}s}$		R
s 域积分	$\frac{x(t)}{t}$	$\int_{s}^{\infty}X(\eta)\mathrm{d}\eta$		R
初值定理*	$x(0_+)=\lim\limits_{s\to\infty}sX(s)$			
终值定理*	$x(\infty)=\lim\limits_{t\to\infty}x(t)=\lim\limits_{s\to 0}sX(s)$			

注：① 收敛域有可能扩大的情况发生在复频域运算中有零点、极点相消时；
② 带 * 的项为单边拉普拉斯变换所具有的重要性质。

1.4.3　系统函数

连续信号的系统函数 $H(s)$，又称转移函数或传递函数，是连续系统特性的复频域描述，可定义为在零状态条件下系统零状态响应的单边拉氏变换 $Y(s)$ 与系统输入的单边拉氏变换 $X(s)$ 之比，即

$$H(s)=\frac{Y(s)}{X(s)} \tag{1.4.6}$$

由于系统函数仅取决于系统本身的特性，而与系统的输入无关，所以，它在连续信号系统的复频域分析中占有重要地位。

由式(1.4.6)可知

$$Y(s)=H(s)X(s)$$

当系统的输入为单位冲激信号 $\delta(t)$时，其零状态响应为 $h(t)$，因此有

$$L[h(t)]=H(s)L[\delta(t)]=H(s) \tag{1.4.7}$$

可见，系统函数 $H(s)$与单位冲激响应 $h(t)$是一对单边拉氏变换对。

若系统函数 $H(s)$的收敛域包括复平面的虚轴 $\mathrm{j}\Omega$，则有

$$H(\mathrm{j}\Omega)=H(s)\big|_{s=\mathrm{j}\Omega} \tag{1.4.8}$$

式(1.4.7)和式(1.4.8)表明，单位冲激响应 $h(t)$、频率特性 $H(\mathrm{j}\Omega)$和系统函数 $H(s)$分别从时域、频域和复频域 3 方面表征了同一系统的特性。

由于线性非时变系统的许多性质，如系统的频率特性、时域特性的变化规律、稳定性等，都与系统函数 $H(s)$在复平面 s 的特性密切相关，因而对系统函数 $H(s)$的研究则具有更为普遍的意义，它为系统的模拟与设计奠定了理论基础。

1.5　连续信号的相关分析

相关也是时域中描述信号特征的一种重要方法[9]。相关的概念通常是在研究随机信号的统计特性时引入的，在本节中先讨论两个确定信号的相关函数，其实际背景是信号 $x(t)$和 $y(t)$由于某种原因产生了时差，例如雷达站接收到两个不同距离的目标的反射信号，这样就需要专门研究两个信号在时移中的相关性。

1.5.1　相关函数的定义

如果 $x(t)$和 $y(t)$是能量有限信号，则它们的相关函数定义为

$$R_{xy}(\tau)=\int_{-\infty}^{\infty}x(t)y^*(t-\tau)\mathrm{d}t=\int_{-\infty}^{\infty}y^*(t)x(t+\tau)\mathrm{d}t \tag{1.5.1}$$

$$R_{yx}(\tau)=\int_{-\infty}^{\infty}y(t)x^*(t-\tau)\mathrm{d}t=\int_{-\infty}^{\infty}x^*(t)y(t+\tau)\mathrm{d}t \tag{1.5.2}$$

显然，相关函数是两个信号之间时差为 τ 的函数，若 $x(t)$和 $y(t)$不是同一信号，则相关函数 $R_{xy}(\tau)$和 $R_{yx}(\tau)$称为互相关函数。

如果 $x(t)$与 $y(t)$是同一信号，即 $y(t)=x(t)$，则相关函数 $R_{xx}(\tau)$(或简写为 $R(\tau)$)为自相关函数，于是，式(1.5.2)变成

$$R(\tau)=R_{xx}(\tau)=\int_{-\infty}^{\infty}x(t)x^*(t-\tau)\mathrm{d}t=\int_{-\infty}^{\infty}x^*(t)x(t+\tau)\mathrm{d}t \tag{1.5.3}$$

在实际应用中，信号 $x(t)$和 $y(t)$一般是实函数，此时式(1.5.1)、式(1.5.2)及

式(1.5.3)变成

$$R_{xy}(\tau)=\int_{-\infty}^{\infty}x(t)y(t-\tau)\mathrm{d}t=\int_{-\infty}^{\infty}x(t+\tau)y(t)\mathrm{d}t$$

$$R_{yx}(\tau)=\int_{-\infty}^{\infty}x(t-\tau)y(t)\mathrm{d}t=\int_{-\infty}^{\infty}x(t)y(t+\tau)\mathrm{d}t$$

及

$$R(\tau)=R_{xx}(\tau)=\int_{-\infty}^{\infty}x(t)x(t-\tau)\mathrm{d}t=\int_{-\infty}^{\infty}x(t)x(t+\tau)\mathrm{d}t$$

若 $x(t)$ 和 $y(t)$ 是功率有限信号,则式(1.5.1)、式(1.5.2)和式(1.5.3)所定义的相关函数就失去了意义,通常把这类信号的相关函数定义为

$$R_{xy}(\tau)=\lim_{T\to\infty}\frac{1}{T}\int_{-T/2}^{T/2}x(t)y^{*}(t-\tau)\mathrm{d}t$$

$$R_{yx}(\tau)=\lim_{T\to\infty}\frac{1}{T}\int_{-T/2}^{T/2}y(t)x^{*}(t-\tau)\mathrm{d}t$$

$$R(\tau)=R_{xx}(\tau)=\lim_{T\to\infty}\frac{1}{T}\int_{-T/2}^{T/2}x(t)x^{*}(t-\tau)\mathrm{d}t$$

同样,如果 $x(t)$ 和 $y(t)$ 是实函数,则可将上述公式中的共轭符号 $*$ 去掉。

注意,在式(1.5.1)所表示的互相关函数 $R_{xy}(\tau)$ 中,x 与 y 的次序不能颠倒。不难证明

$$R_{xy}(\tau)=R_{yx}^{*}(-\tau) \tag{1.5.4}$$

显然,对于自相关函数,它满足

$$R_{xx}(\tau)=R_{xx}^{*}(-\tau) \tag{1.5.5}$$

若讨论的信号为实函数,则式(1.5.4)和式(1.5.5)变为

$$R_{xy}(\tau)=R_{yx}(-\tau)$$

$$R_{xx}(\tau)=R_{xx}(-\tau)$$

由此可见,实函数的相关函数是时移 τ 的偶函数。

1.5.2 相关与卷积的关系

已知 $x(t)$ 与 $g(t)$ 的卷积为

$$x(t)*g(t)=\int_{-\infty}^{\infty}x(\tau)g(t-\tau)\mathrm{d}\tau \tag{1.5.6}$$

为了便于比较,把式(1.5.1)中的变量 t 与 τ 互换,则实函数的互相关函数表示为

$$R_{xy}(t)=\int_{-\infty}^{\infty}x(\tau)y(\tau-t)\mathrm{d}\tau \tag{1.5.7}$$

若令式(1.5.6)中的 $g(t)=y(-t)$,则由上两式可以得到相关与卷积的关系为

$$R_{xy}(t)=x(t)*y(-t) \tag{1.5.8}$$

可见,相关与卷积这两种运算过程都包含位移、相乘和积分三个步骤,其差别在

于相关运算不需要对 $y(t)$ 进行翻褶，而卷积运算需要翻褶；若 $x(t)$ 或 $y(t)$ 为实偶函数时，则卷积与相关完全相同。

1.5.3 相关定理

若

$$F[x(t)]=X(\mathrm{j}\Omega)$$
$$F[y(t)]=Y(\mathrm{j}\Omega)$$

则

$$F[R_{xy}(\tau)]=X(\mathrm{j}\Omega)Y^*(\mathrm{j}\Omega) \tag{1.5.9}$$

证明　因为

$$R_{xy}(\tau)=\int_{-\infty}^{\infty}x(t)y^*(t-\tau)\mathrm{d}t$$

于是

$$\begin{aligned}F[R_{xy}(\tau)]&=\int_{-\infty}^{\infty}R_{xy}(\tau)\mathrm{e}^{-\mathrm{j}\Omega\tau}\mathrm{d}\tau\\&=\int_{-\infty}^{\infty}\left[\int_{-\infty}^{\infty}x(t)y^*(t-\tau)\mathrm{d}t\right]\mathrm{e}^{-\mathrm{j}\Omega\tau}\mathrm{d}\tau\\&=\int_{-\infty}^{\infty}x(t)\left[\int_{-\infty}^{\infty}y^*(t-\tau)\mathrm{e}^{-\mathrm{j}\Omega\tau}\mathrm{d}\tau\right]\mathrm{d}t\\&=\int_{-\infty}^{\infty}x(t)Y^*(\mathrm{j}\Omega)\mathrm{e}^{-\mathrm{j}\Omega t}\mathrm{d}t\end{aligned}$$

所以

$$F[R_{xy}(\tau)]=X(\mathrm{j}\Omega)Y^*(\mathrm{j}\Omega)$$

同理可得

$$F[R_{yx}(\tau)]=Y(\mathrm{j}\Omega)X^*(\mathrm{j}\Omega)$$

若 $y(t)=x(t)$，则

$$F[R_{xx}(\tau)]=|X(\mathrm{j}\Omega)|^2 \tag{1.5.10}$$

证毕。

由式(1.5.9)可见，两信号的互相关函数的傅里叶变换等于其中一个信号的傅里叶变换乘上另一个信号傅里叶变换的共轭值，这就是相关定理。作为该定理的一种特定情况，对同一信号来说，由式(1.5.10)可见，它的自相关函数与幅度谱的平方是一对傅里叶变换。

显然，若 $y(t)$ 是实偶函数，它的傅里叶变换 $Y(\mathrm{j}\Omega)$ 是实函数，此时相关定理与卷积定理具有相同的结果。

例 1.5.1　求周期余弦信号的自相关函数。

解　已知周期余弦信号

$$x(t)=E\cos(\Omega_1 t)$$

它是功率有限信号,其自相关函数为

$$\begin{aligned}R(\tau)&=\lim_{T\to\infty}\frac{1}{T}\int_{-T/2}^{T/2}x(t)x(t-\tau)\mathrm{d}t\\&=\lim_{T\to\infty}\frac{E^2}{T}\int_{-T/2}^{T/2}\cos(\Omega_1 t)\cos[\Omega_1(t-\tau)]\mathrm{d}t\\&=\lim_{T\to\infty}\frac{E^2}{T}\int_{-T/2}^{T/2}\cos(\Omega_1 t)[\cos(\Omega_1 t)\cos(\Omega_1\tau)+\sin(\Omega_1 t)\sin(\Omega_1\tau)]\mathrm{d}t\\&=\lim_{T\to\infty}\frac{E^2}{T}\int_{-T/2}^{T/2}\cos^2(\Omega_1 t)\cos(\Omega_1\tau)\mathrm{d}t\\&=\lim_{T\to\infty}\frac{E^2}{T}\cos(\Omega_1\tau)\int_{-T/2}^{T/2}\cos^2(\Omega_1 t)\mathrm{d}t\\&=\frac{E^2}{2}\cos(\Omega_1\tau)\end{aligned}$$

由此可见,周期信号的自相关函数仍是周期函数,而且周期相同。

1.6 与本章内容有关的 MATLAB 函数

由于在实际工程中需要处理的信号多数为离散化的数字信号,或者连续信号采样、处理后的信号。因此,与本章有关的 MATLAB 函数并不多,这里仅介绍一些与连续信号的产生、傅里叶变换和拉普拉斯变换等有关的函数[10]。

1. square

该函数用于产生幅值为±1、周期为 2π 或任意指定周期的矩形波函数(又称方波函数),其调用格式分别为

```
x = square(t)   或   x = square(t,duty)
```

其中,t 为时间行向量; duty 为占空比的百分数,用于指定正半周期的比例,即函数值为正的区域在一个周期内所占的百分数,默认值为 50(表示在一个周期内函数值为正的持续时间等于函数值为负的持续时间)。在(0,2π×duty/100)区间内函数值等于 1,而在(2π×duty/100,2π)区间内函数值等于−1。

例 1.6.1　产生一个周期矩形波信号。

解　MATLAB 程序如下:

```
% exampl_1.m
t = - 10:0.01:10;                          % 定义信号 x1 和 x2 的时间范围向量
x1 = square(t);                            % 计算周期为 2π 的矩形波函数 x1
x2 = 0.5 * (square(t,20) + 1);             % 计算正半周期为 2π/5 的矩形波函数 x2
subplot(1,2,1);
% subplot 是分割图形窗口的 MATLAB 函数,用于在一个窗口中显示多个图形
stairs(t,x1);                              % 绘制信号 x1
```

```
%stairs是绘制阶梯图的MATLAB函数,常用于绘制有突变的分段常数波形
axis([-10,10,-1.1,1.2]);                    %调整坐标轴状态
subplot(1,2,2);
stairs(t,x2);                               %绘制信号x2
axis([-10,10,-0.1,1.2])                     %调整坐标轴状态
```

■

2. sawtooth

该函数用于产生幅值为±1、周期为 2π 的锯齿波或三角波函数,其调用格式分别为

x = sawtooth(*t*) 或 x = sawtooth(*t*,width)

其中,t 为时间行向量;width是取值为0～1的标量,用于确定最大值的位置,即当 t 由0增大到 $2\pi\times$width时,函数值由-1线性上升到1,而当 t 由 $2\pi\times$width增大到 2π 时,函数值又由1下降至-1。值得注意的是,当width=0.5时,可产生一个对称的标准三角波信号;当width=1时,就产生锯齿波,即sawtooth(t,1)=sawtooth(t)。

例1.6.2 产生一个周期锯齿波和三角波信号。

解 MATLAB程序如下:

```
%examp1_2.m
t=-10:0.01:10;
x1=sawtooth(t);                             %计算锯齿波函数x1
x2=0.5*(sawtooth(t,0.5)+1);                 %计算三角波函数x2
subplot(1,2,1); plot(t,x1);                 %绘制锯齿波信号
axis([-10,10,-1.1,1.2]);
subplot(1,2,2); plot(t,x2);                 %绘制三角波信号
axis([-10,10,-0.1,1.2])
```

■

3. sinc

该函数用于产生sinc函数或抽样函数 $\mathrm{Sa}(\pi t)=\dfrac{\sin(\pi t)}{\pi t}=\mathrm{sinc}(t)$,其调用格式为

x = sinc(*t*)

其中,t 为时间行向量。

4. diric

该函数用于产生Dirichlet函数或周期抽样函数 $\mathrm{Sa}(nt/2)$,其调用格式为

x = diric(*t*,*n*)

其中,t 为时间行向量;n 必须为正整数,用于确定函数周期,当 n 为奇数时,周期为

2π,而 n 为偶数时,周期为 4π。

例 1.6.3 产生一个抽样信号和周期抽样信号。

解 MATLAB 程序如下:

```
% exampl_3.m
t = [-4*pi:0.1/pi:4*pi];
x1 = sinc(t);                                      % 计算抽样函数 x1
figure(1);                                         % 开设图形窗口 1
plot(t,x1);                                        % 绘制抽样信号
title('sinc function x1 = sinc(t)');               % 给图形加题注
xlabel('t');                                       % 给 x 轴加标注
ylabel('x1');                                      % 给 y 轴加标注
grid;                                              % 加网格线
figure(2);                                         % 开设图形窗口 2
x2 = diric(t,7);                                   % 计算周期抽样函数 x2
plot(t,x2);                                        % 绘制周期抽样信号
title('sinc function x2 = diric(t,n) n = 7');
xlabel('t');
ylabel('x2');
grid
```

■

除上述函数以外,表 1.6.1 列出了 MATLAB 函数库中其他常用信号的 MATLAB 函数。

表 1.6.1 常用信号的 MATLAB 函数

三 角 函 数			
sin	正弦	asinh	反双曲正弦
cos	余弦	acosh	反双曲余弦
tan	正切	atanh	反双曲正切
cot	余切	acoth	反双曲余切
asin	反正弦	sec	正割
acos	反余弦	csc	余割
atan	反正切	asec	反正割
atan2(x,y)	四象限反正切	acsc	反余割
acot	反余切	sech	双曲正割
sinh	双曲正弦	csch	双曲余割
cosh	双曲余弦	asech	反双曲正割
tanh	双曲正切	acsch	反双曲余割
coth	双曲余切		
其 他 函 数			
exp	以 e 为底的指数	pow2	2 的幂
log	自然对数	sqrt	平方根
log2	以 2 为底的对数	sign	符号函数
log10	以 10 为底的对数		

值得注意的是，有些信号在 MATLAB 函数库中没有定义，如阶跃函数、冲激函数等，则需要用户自行创建函数文件来实现。

例 1.6.4 产生一个单位冲激信号。

解 单位冲激函数 $\delta(t)$ 由于在 $t=0$ 时其值为无穷大，因而用图形表示有一定困难，但一些函数在某一参数的极限时表现为冲激函数。本例通过对函数 $\tau/[\pi(\tau^2+t^2)]$ 在 $\tau\to0$ 时逼近单位冲激函数，则取 τ 为 $1,1/2^4,1/3^4$ 时，绘制出相应的信号波形。

MATLAB 程序如下：

```
% examp1_4.m
t = -10:0.01:10;
for i = 1:3
     dt = 1/(i^4);
     x = dt./(pi.*(dt^2.+t.^2));
     subplot(1,3,i); stairs(t,x);
end
```

■

例 1.6.5 产生一个单位阶跃信号。

解 单位阶跃函数 $u(t)$ 在 MATLAB 函数库中不存在，需要用语句来实现。

MATLAB 程序如下：

```
% examp1_5.m
t = -1:0.001:2;
x = (t>0);
stairs(t,x);
axis([-1,2,-0.1,1.2])
```

■

5. int

该函数为符号积分指令，常用于求解周期信号的傅里叶级数（频谱），其调用格式为

```
intf = int(f,t)   或   intf = int(f,t,a,b)
```

其中，f 为符号表达式；t 为积分变量；a 和 b 分别为积分下限和上限。前者为不定积分，后者为定积分。

例 1.6.6 已知图 1.6.1 所示的周期矩形波信号 $x(t)$ 中 $T=8\text{s}$，$\tau=1\text{s}$ 且 $A=1$，试绘制其频谱。

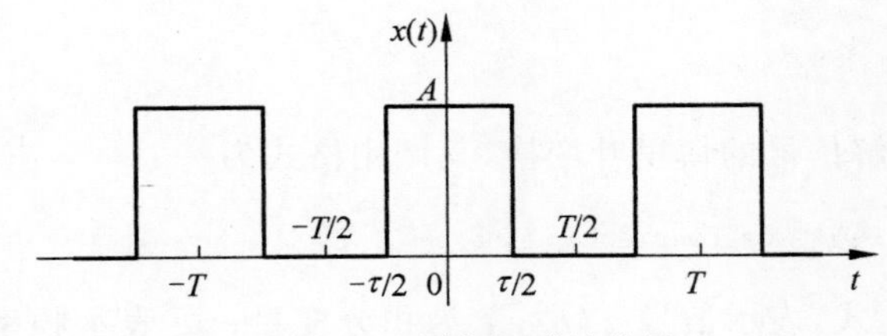

图 1.6.1 周期矩形波信号

解 用符号法求出傅里叶系数 xk 后,k 用数值向量表示,利用 subs 指令可求得 xk 的值。一般而言,xk 为复数,则绘制频谱图需要用两张图。由于本例中的 xk 为实函数,因而能在一张图上绘制频谱图。

MATLAB 程序如下:

```
%examp1_6.m
syms t k;
T = 8; tao = 1; A = 1;
x0 = int(A,t,-tao/2,tao/2)/T;
f = A*exp(-j*k*2*pi/T*t);
xk = int(f,t,-tao/2,tao/2)/T;                %计算信号的傅里叶系数 xk
xk = simple(xk); xk                          %化简并显示信号的傅里叶级数表达式
%simple 是将表达式化简成最简字符形式的 MATLAB 函数
k = [-30:-1,eps,1:30];                       %定义时间向量的取值
xk = subs(xk,'k',k);
%将傅里叶级数表达式中的符号变量 k 替换为时间向量,求得傅里叶系数 xk 的值
%subs 是替换表达式中符号变量的 MATLAB 函数
stem(k,xk,'filled')                          %绘制信号的离散谱线
%stem 是绘制二维离散序列线型图(枝干图)的 MATLAB 函数
line([-30 30],[0 0])                         %绘制过原点的横坐标轴
%通常,MATLAB 自动将坐标轴画在边框上,若需要从坐标原点拉出坐标轴,则可以
%利用 line 指令,它可以在图形窗口的任意位置画直线或折线
xlabel('k');
ylabel('xk');
```

该信号的频谱如图 1.6.2 所示。■

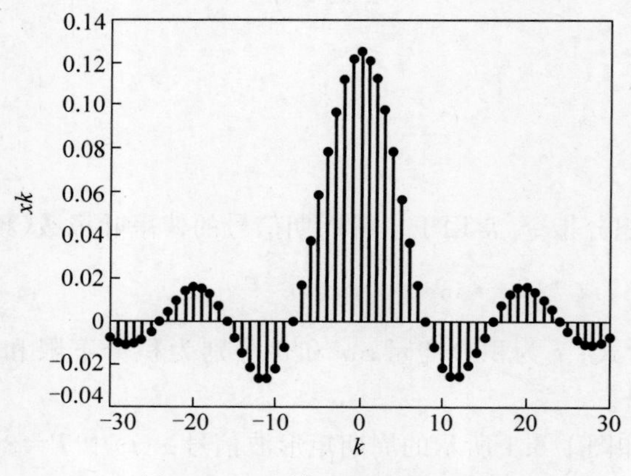

图 1.6.2 周期矩形波的频谱

6. fourier

该函数用于求解信号的傅里叶变换,其调用格式为

X = fourier(x) 或 X = fourier(x,t,w)

其中,x 为符号表达式,表示信号 $x(t)$;t 为积分变量;w 表示频率 Ω;X 表示信号

$x(t)$的傅里叶变换。当符号表达式 x 中除了 t 以外还有其他符号变量时，应采用后者的指令格式。

7. ifourier

该函数用于求解信号的傅里叶反变换，其调用格式为

```
x = ifourier(X)  或  x = ifourier(X,w,t)
```

其参数意义和 fourier 相同。若 w 不是 MATLAB 的积分变量，应采用后者的指令格式。

例 1.6.7　试求单边指数信号 $x(t)=\frac{2}{3}e^{-2t}u(t)$的频谱密度，并绘制其幅度频谱的图形。

解　MATLAB 程序如下：

```
% exampl_7.m
syms t w x;                                  % 定义符号变量
% sym 和 syms 是创建符号对象(如变量、字符串等)的 MATLAB 指令
% 注意：定义多个符号变量时，各变量名间用空格分隔，而不是用逗号
x = 2/3 * exp( - 2 * t) * sym('Heaviside(t)');
X = fourier(x)                               % 计算信号 x(t)的傅里叶变换，并显示结果
ezplot(abs(X));                              % 绘制信号幅度频谱的波形
% ezplot 是绘制符号函数图形的 MATLAB 函数
% 注意：ezplot 只能画出既存在于符号工具箱中又存在于总 MATLAB 工具箱中的函数，
% 因此，若要用 ezplot 画出仅存在于符号工具箱中的函数波形，就需要用户在自己的
% 工作目录下创建一个同名同功能的函数文件
```

输出结果为

```
X = 2/3/(2 + i * w)
```

值得注意的是，由于信号 $x(t)$的表达式中含有单位阶跃函数 heaviside(t)，因此为了绘制波形，在用户自己的工作目录中必须要有 heaviside 函数。

■

例 1.6.8　试求 $X(j\Omega)=-j\frac{2\Omega}{16+\Omega^2}$ 的傅里叶反变换 $x(t)$，并画出 $x(t)$的波形。

解　MATLAB 程序如下：

```
% exampl_8.m
syms t w X;
X = - i * 2 * w/(16 + w^2);
x = ifourier(X,w,t)                          % 计算 X(jΩ)的傅里叶反变换，并显示结果
ezplot(x);
```

输出结果为

```
x = exp( - 4 * t)heaviside(t) - exp (4 * t) * heaviside( - t)
```

■

8. laplace

该函数用于求解信号的拉普拉斯变换,其调用格式为

```
xs = laplace(xt)   或   xs = laplace(xt,t,s)
```

其中,xt 为信号 $x(t)$的符号表达式;t 为(时间)积分变量;s 表示复频率;xs 为信号 $x(t)$的拉普拉斯变换。当符号表达式 xt 中除了 t 以外还有其他符号变量时,应采用后者的指令格式。

9. ilaplace

该函数用于求解信号的拉普拉斯反变换,其调用格式为

```
xt = ilaplace(xs)   或   xt = ilaplace(xs,s,t)
```

其参数意义和 laplace 相同。注意,求出的信号 $x(t)$只适合于 $t>0_$的情形。

例 1.6.9 试求下列复频域函数的拉普拉斯反变换:

(1) $X_1(s)=\arctan\left(\frac{1}{s}\right)$;

(2) $X_2(s)=\frac{s^2}{s^2+3s+2}$。

解 MATLAB 程序如下:

```
% examp1_9.m
syms s;                              % 指定 s 为符号变量
x1s = atan(1/s);                     % atan 为反正切函数
x2s = s^2/(s^2 + 3 * s + 2);
x1t = ilaplace(x1s)                  % 计算 x1s 的拉普拉斯反变换,并显示结果
x2t = ilaplace(x2s)                  % 计算 x2s 的拉普拉斯反变换,并显示结果
```

输出结果为

```
x1t = 1/t * sint
x2t = dirac(t) - 4 * exp( - 2 * t) + exp ( - t)
```

■

值得注意的是,由于冲激函数 $\delta(t)$和阶跃函数 $u(t)$在符号分析程序 Maple 中分别用 dirac(t)和 heaviside(t)表示,而 MATLAB 本身对它们并没有定义,因此在程序中使用时必须把它们定义成符号对象。

小结

连续时间信号是在描述和分析方法上都较为简单的一类信号,同时又是其他信号分析的基础。本章着重介绍了连续信号时域分析中信号的描述、基本运算、分解

和卷积；频域分析中周期信号的傅里叶级数、非周期信号的傅里叶变换；复频域分析中拉普拉斯变换等有关的基本概念、性质、系统函数及分析方法；相关函数的基本概念、相关与卷积的关系及相关定理，并简单讨论了与这些内容有关的 MATLAB 函数及其应用。

习题和上机练习

1.1　已知信号 $x(t)$ 的波形如图题 1.1 所示，试画出信号 $y(t)=\frac{\mathrm{d}x(t)}{\mathrm{d}t}$ 的波形。

1.2　已知信号 $x\left(2-\frac{t}{2}\right)$ 的波形如图题 1.2 所示，试画出信号 $x(t)$ 的波形。

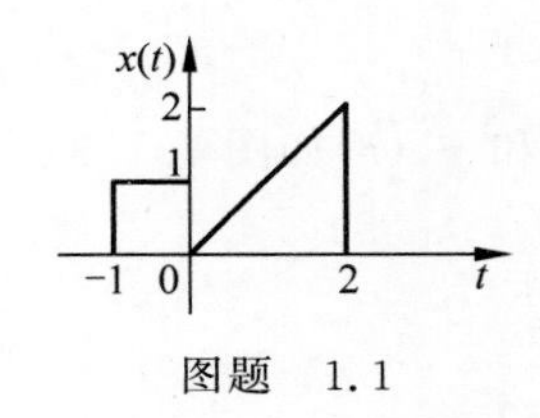

图题　1.1

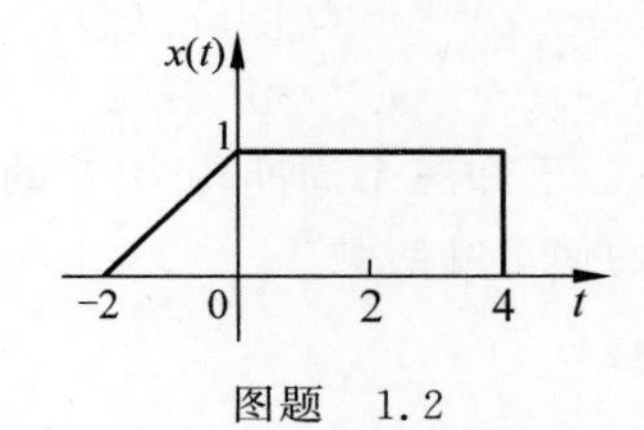

图题　1.2

1.3　计算下列积分：

(1) $\int_{-\infty}^{\infty}\mathrm{e}^{-2t}[\delta'(t)-\delta(t)]\mathrm{d}t$；

(2) $\int_{-\infty}^{t}\mathrm{e}^{-2\tau}[\delta'(\tau)-\delta(\tau)]\mathrm{d}\tau$。

1.4　试求图题 1.4 所示信号 $x_1(t)$ 和 $x_2(t)$ 的卷积积分 $y(t)=x_1(t)*x_2(t)$。

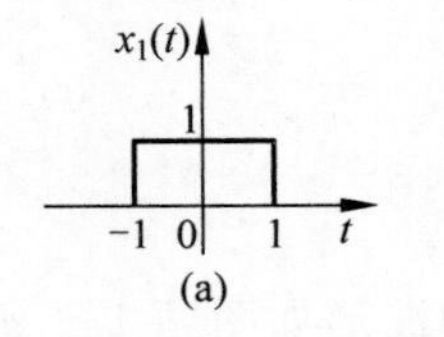

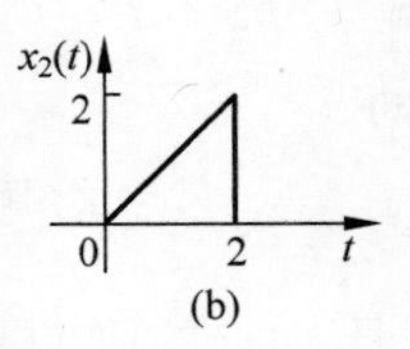

图题　1.4

1.5　已知信号

$$x_1(t)=\mathrm{e}^{-\frac{1}{2}t}u(t),x_2(t)=tu(t),x_3(t)=u(t)-u(t-2),x_4(t)=\delta'(t-2)$$

试求下列卷积积分：

(1) $y(t)=x_1(t)*x_3(t)$；

(2) $y(t)=x_2(t)*x_3(t-1)*x_4(t)$。

*1.6　试用 MATLAB 绘制出下列信号的波形：

(1) $x_1(t)=e^{-1.5t}$；

(2) $x_2(t)=3\sin(0.5\pi t)$；

(3) $x_3(t)=0.5+0.5\operatorname{sgn}(t)$；

(4) $x_4(t)=u(t)+u(t-1)-2u(t-2)$；

(5) $x_5(t)=\frac{t}{2}[u(t)-u(t-4)]$。

*1.7 已知连续时间信号

$$x_1(t)=(4-t)[u(t)-u(t-4)],x_2(t)=e^{-2t}u(t),x_3(t)=\sin(2\pi t)$$

试用MATLAB绘制出下列信号的波形：

(1) $x_4(t)=x_1(t/2)$；

(2) $x_5(t)=x_4(t-2)$；

(3) $x_6(t)=x_2(-t)$；

(4) $x_7(t)=x_2(t)+x_6(t)$；

(5) $x_8(t)=x_7(t)x_3(t)$。

1.8 已知三个周期均为 T 的信号 $x_1(t)$，$x_2(t)$ 和 $x_3(t)$ 如图题1.8所示，试求出它们的傅里叶级数。

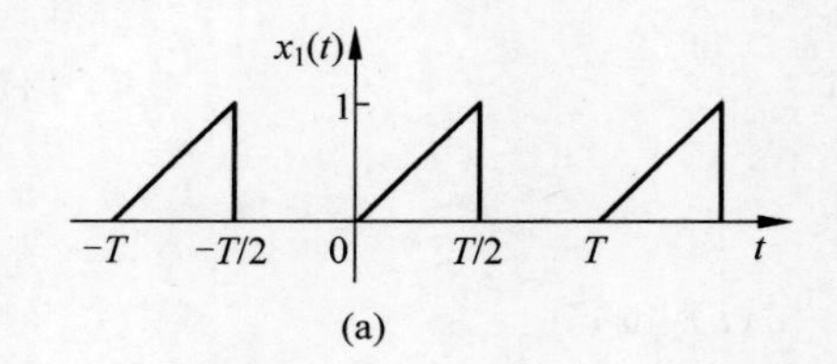

(a)

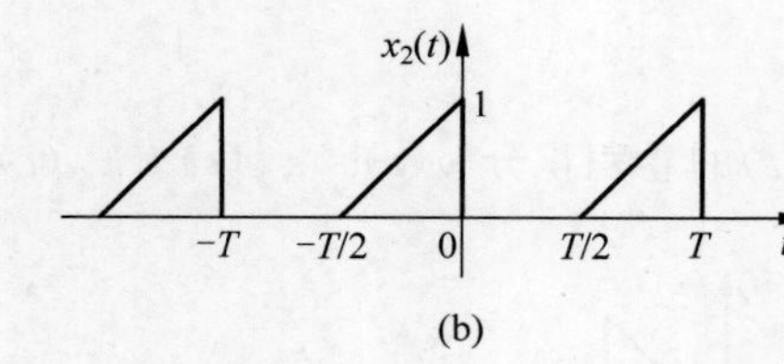

(b)

$x_3(t)$ 1 $-T$ $-T/2$ 0 $T/2$ T t

(c)

图题 1.8

1.9 已知周期信号 $x(t)$ 的前1/4周期波形如图题1.9所示，试根据下列条件要求，分别画出相应信号 $x(t)$ 在一个周期($-T/2\sim T/2$)的波形：

(1) $x(t)$是偶函数，只含有偶次谐波；

(2) $x(t)$是偶函数，只含有奇次谐波；

(3) $x(t)$是偶函数，含有偶次和奇次谐波；

(4) $x(t)$是奇函数，只含有偶次谐波；

(5) $x(t)$是奇函数，只含有奇次谐波；

(6) $x(t)$是奇函数，含有偶次和奇次谐波。

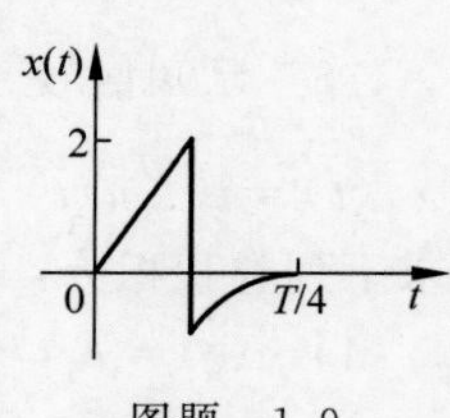

图题 1.9

1.10 已知周期信号 $x(t)$ 的傅里叶级数表达式为

$$x(t)=2+3\cos(2t)+4\sin(2t)+2\sin\left(3t+\frac{\pi}{6}\right)-\cos\left(7t+\frac{5\pi}{6}\right)$$

(1) 求周期信号 $x(t)$的基波角频率；

(2) 画出周期信号 $x(t)$的幅度频谱和相位频谱。

*1.11　已知周期三角波的周期 $T=1\text{s}$,在$|t|=T/2$ 时间范围内的函数关系为 $x(t)=1-2|t|$,试用 MATLAB 计算出该信号的傅里叶级数,并对表达式进行化简。

1.12　已知信号 $x_1(t)$,$x_2(t)$和 $x_3(t)$如图题 1.12 所示,试求出它们相应的频谱密度函数。

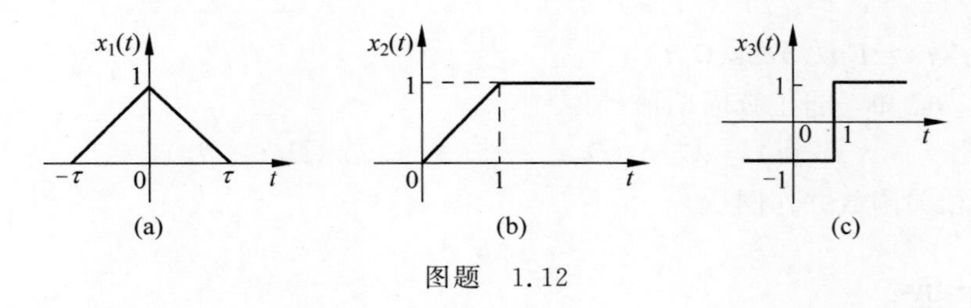

图题　1.12

1.13　已知 $X(\mathrm{j}\Omega)=F[x(t)]$,试求下列各式的傅里叶变换：

(1) $\dfrac{\mathrm{d}x(t)}{\mathrm{d}t}*\dfrac{1}{\pi t}$；

(2) $(1-t)x(1-t)$。

1.14　已知信号 $x(t)$的傅里叶变换 $X(\mathrm{j}\Omega)=\dfrac{\sin^3\Omega}{(\Omega/2)^3}$,试求 $x(0)$和 $x(4)$。

1.15　已知信号 $x(t)$的傅里叶变换为

$$X(\mathrm{j}\Omega)=|X(\mathrm{j}\Omega)|=\begin{cases}1, & |\Omega|<1\\ 0, & |\Omega|>1\end{cases}$$

设有函数 $y(t)=\dfrac{\mathrm{d}x(t)}{\mathrm{d}t}$,试求 $y\left(\dfrac{\Omega}{2}\right)$ 的傅里叶反变换。

*1.16　已知信号 $x(t)=\dfrac{1}{2}\mathrm{e}^{-3t}u(t)$,$x_1(t)=x(t-0.2)$,试用 MATLAB 绘制出 $x(t)$和 $x_1(t)$的波形及频谱。

1.17　试求图题 1.17 所示信号 $x(t)$的拉普拉斯变换 $X(s)$。

1.18　试求下列信号的拉普拉斯变换：

(1) $x_1(t)=[u(t)-u(t-1)]\sin(\pi t)$；

(2) $x_2(t)=\delta(4t-2)$；

(3) $x_3(t)=u(t)\sin\left(2t-\dfrac{\pi}{4}\right)$；

(4) $x_4(t)=\int_0^t\sin(\pi\tau)\mathrm{d}\tau$；

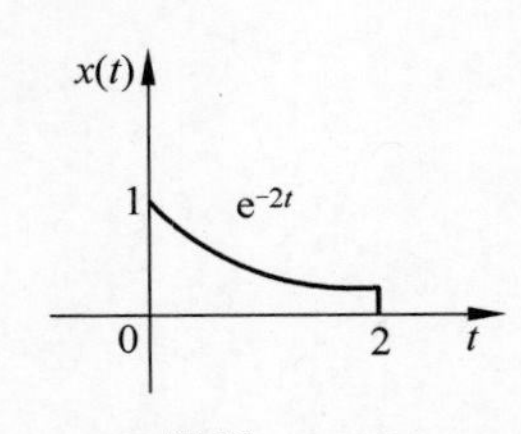

图题　1.17

(5) $x_5(t)=tu(2t-1)$。

1.19　已知信号 $x(t)=0(t<0)$,试求下列方程中的信号 $x(t)$:

(1) $x(t)*\frac{\mathrm{d}x(t)}{\mathrm{d}t}=(1-t)\mathrm{e}^{-t}u(t)$;

(2) $\int_0^t \mathrm{e}^{-(t-\tau)}x(\tau)\mathrm{d}\tau=(1-\mathrm{e}^{-t})u(t)$。

*1.20　试用 MATLAB 计算出信号 $\delta(t)$ 和 $u(t-a)(a>0)$ 的拉普拉斯变换。

1.21　试求下列信号的自相关函数:

(1) $f(t)=\mathrm{e}^{-at}u(t)\quad(a>0)$

(2) $f(t)=Eu(t)\cos(\Omega_0 t)$

1.22　已知一非正弦周期信号为

$$x(t)=A_1\cos(\Omega_1 t+\theta_1)+A_2\cos(\Omega_2 t+\theta_2)$$

试求其自相关函数并作图。

参考文献

[1]　吴新余,周井泉,沈元隆.信号与系统——时域、频域分析及 MATLAB 软件的应用[M].北京:电子工业出版社,1999.

[2]　余成波,张兢.信号处理基础[M].重庆:重庆大学出版社,2001.

[3]　陈后金,李丰.信号与系统[M].北京:中国铁道出版社,1998.

[4]　王仁明.信号与系统[M].北京:北京理工大学出版社,1994.

[5]　闵大镒,朱学勇.信号与系统[M].北京:电子科技大学出版社,1998.

[6]　吴湘淇.信号、系统与信号处理(上)[M].北京:电子工业出版社,1996.

[7]　周浩敏.信号处理技术基础[M].北京:北京航空航天大学出版社,2001.

[8]　赵光宙,舒勤.信号分析与处理[M].北京:机械工业出版社,2001.

[9]　郑君里,杨为理,应启珩.信号与系统(上册)[M].北京:高等教育出版社,1981.

[10]　楼顺天,李博菡.基于 MATLAB 的系统分析与设计——信号处理[M].西安:西安电子科技大学出版社,1998.

注:本书题号前加 * 者为上机练习题。

第2章

离散时间信号分析

第1章介绍了连续时间信号分析，本章主要介绍离散时间信号的表示和常见的序列、离散信号的时域分析、离散信号的 z 域分析，并简单地描述离散系统和物理可实现系统。由于实际中的信号大多是连续时间信号，而计算机处理的则是离散时间信号，因此，需要通过对连续时间信号 $x(t)$ 采样得到离散时间信号 $x(n)$，故在2.2节介绍采样定理及其实现。

2.1 离散时间信号

2.1.1 序列的表示

离散时间信号(discrete-time signal)是离散时间变量 n 的函数。它只在规定的离散时间点上才有函数值，在其他点无定义。通常，人们还把这种信号称为数字信号。严格地说，离散时间信号只要求在时间上是离散的，而数字信号不仅要求在时间上是离散的，而且在幅度上也是离散的。对一般的离散时间信号，为了把它变成数字信号，还必须进行量化和编码。一般来说，这种区别仅仅在考虑有限字长的影响或量化误差时才有意义，在通常情况下，对二者不加区分。在离散信号处理过程中，离散时间信号表现为在时间上按一定次序排列的不连续的一组数的集合，故称为时间序列(time series)。

序列可以用集合符号 $\{x(n)\}$ 表示，其中，n 取整数($n=0,\pm 1,\pm 2,\cdots$)，为书写方便，常用 $x(n)$ 代替 $\{x(n)\}$。一般 $x(n)$ 可以写成闭式的形式，也可以列出 $x(n)$ 的值。

序列可以用图形表示，如图2.1.1所示。

下面介绍信号处理中常用的序列。

1. 单位采样序列

此序列也称为单位抽样、单位样值或单位冲激序列，其表达式为

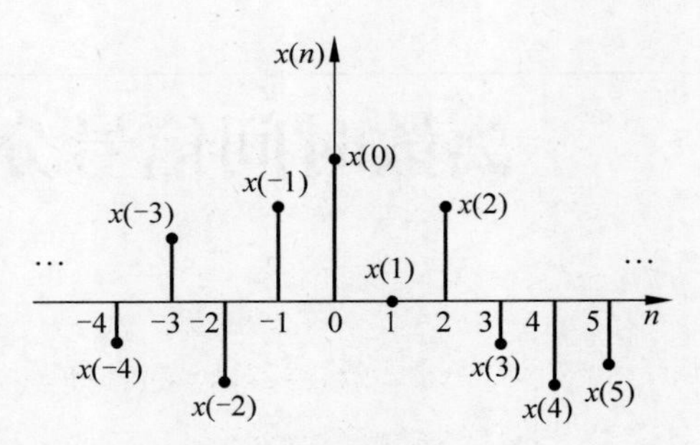

图 2.1.1 序列的图示

$$\delta(n)=\begin{cases}1, & n=0\\0, & n\neq 0\end{cases} \tag{2.1.1}$$

单位采样序列类似于连续系统中的单位冲激函数 $\delta(t)$,是信号处理中最常用最重要的一种序列,但是,两者在数学上的意义不同。$\delta(t)$是建立在积分定义上的,即 $\int_{-\infty}^{\infty}\delta(t)\mathrm{d}t=1$,表示在极短时间内产生的巨大"冲激";而 $\delta(n)$却是在 $n=0$ 时取值为 1 的一个确定的序列。

如果 $\delta(n)$右移 k 个采样周期,则有

$$\delta(n-k)=\begin{cases}1, & k=n\\0, & k\neq n\end{cases} \tag{2.1.2}$$

利用单位序列可以将任何序列表示成各移位单位序列的加权和,即

$$x(n)=\sum_{k=-\infty}^{\infty}x(k)\delta(n-k) \tag{2.1.3}$$

单位采样序列及其移位表示如图 2.1.2 所示。

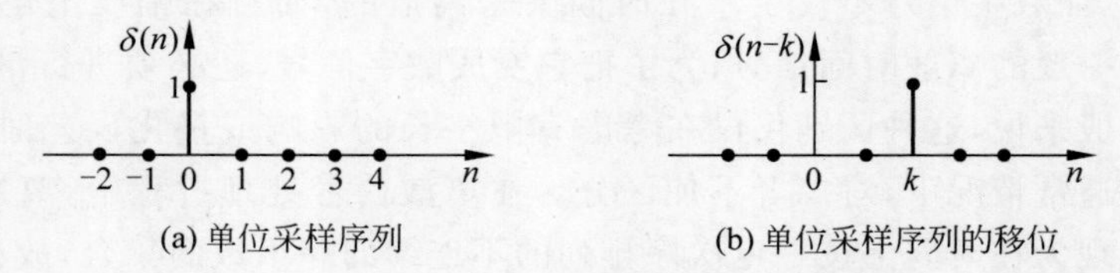

图 2.1.2 单位采样序列及其移位

2. 单位阶跃序列

其表达式为

$$u(n)=\begin{cases}1, & n\geqslant 0\\0, & n<0\end{cases} \tag{2.1.4}$$

单位阶跃序列类似于连续系统中的单位阶跃函数 $u(t)$,但是,$u(t)$在 $t=0$ 时有跳变,故在零点往往不予定义,而 $u(n)$在 $n=0$ 时明确定义为 $u(0)=1$。单位阶跃序

列如图 2.1.3(a)所示,图 2.1.3(b)是 $u(n)$右移采样周期所得到的移位序列 $u(n-1)$的图形。显然,单位采样序列与单位阶跃序列有如下关系:

$$\delta(n)=u(n)-u(n-1) \tag{2.1.5}$$

图 2.1.3　单位阶跃序列及其移位

同样,单位阶跃序列亦可用单位采样序列表示,它可看成用无穷多个移位的单位采样序列叠加而成,即

$$u(n)=\sum_{k=0}^{\infty}\delta(n-k) \tag{2.1.6}$$

3. 矩形序列

其表达式为

$$R_N(n)=\begin{cases}1, & 0 \leqslant n \leqslant N-1 \\ 0, & n<0 \text{ 及 } n \geqslant N\end{cases} \tag{2.1.7}$$

矩形序列如图 2.1.4 所示。

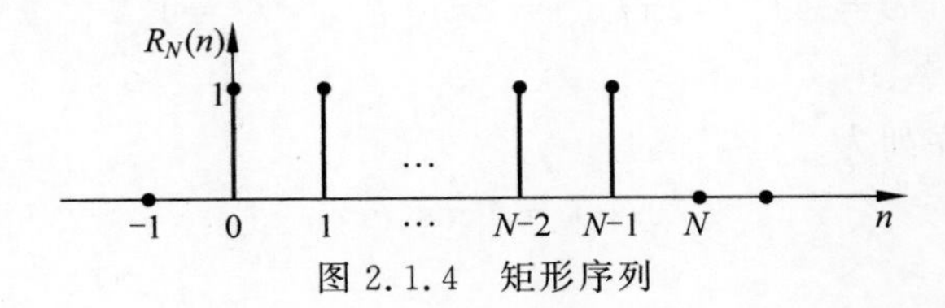

图 2.1.4　矩形序列

$R_N(n)$和 $\delta(n)$,$u(n)$的关系为

$$\begin{aligned} R_N(n)&=u(n)-u(n-N)=\sum_{k=0}^{N-1}\delta(n-k) \\ &=\delta(n)+\delta(n-1)+\cdots+\delta[n-(N-1)] \end{aligned} \tag{2.1.8}$$

4. 实指数序列

其表达式为

$$x(n)=a^n u(n) \tag{2.1.9}$$

其中,a 为实数,$|a|<1$ 时,序列收敛,$|a|>1$ 时,序列发散;并且当 $a>0$ 时,序列均为正值,当 $a<0$ 时,序列值正负摆动,如图 2.1.5 所示。

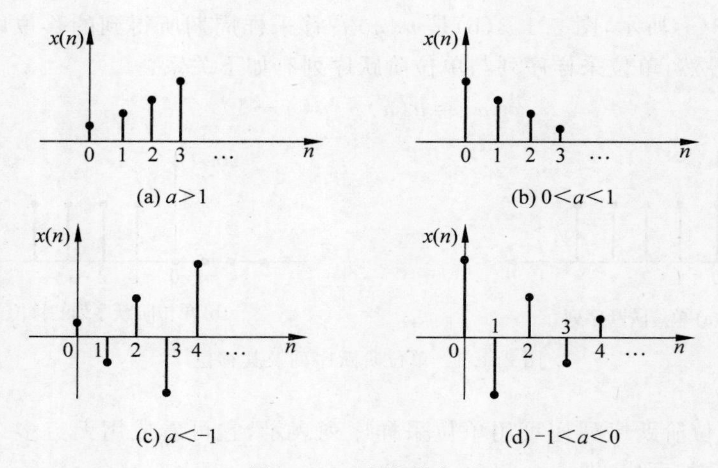

图 2.1.5 实指数序列

5. 正弦序列

其表达式为

$$x(n)=A\sin(n\omega),\quad -\infty<n<\infty \tag{2.1.10}$$

式中,ω 为正弦序列的频率,又称数字角频率,单位是 rad,它反映序列依次按正弦包络线变化的速率。例如,若 $\omega=0.2\pi$,则序列值每 10 个重复一次。对连续时间正弦信号 $A\sin\Omega t$ 进行采样也可以得到正弦序列,Ω 为模拟角频率,单位是 rad/s,ω 和 Ω 之间的关系为

$$\omega=\Omega T_s=2\pi f T_s=2\pi f/f_s,\quad f_s=1/T_s \tag{2.1.11}$$

式中,f_s 是采样频率。

相应地,余弦序列为

$$x(n)=A\cos(n\omega) \tag{2.1.12}$$

复指数序列为

$$x(n)=A\mathrm{e}^{\mathrm{j}n\omega}=A\cos(n\omega)+\mathrm{j}A\sin(n\omega) \tag{2.1.13}$$

正弦序列和余弦序列如图 2.1.6 所示。

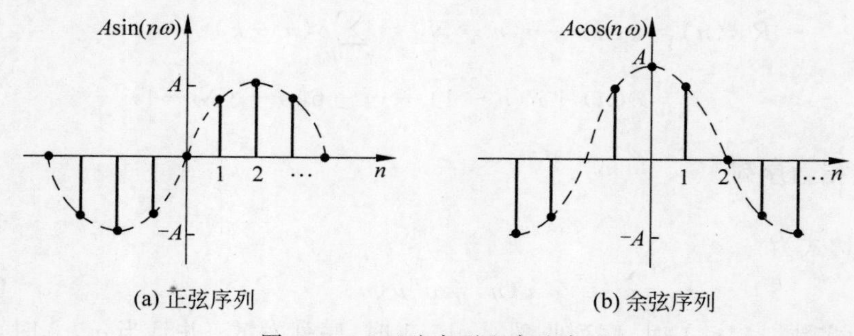

图 2.1.6 正弦序列和余弦序列

6. 周期序列

对于所有整数 n，有

$$x(n)=x(n+N),\quad N\text{ 为整数} \tag{2.1.14}$$

式中，$x(n)$为周期序列；N 为周期。周期序列通常用一个波纹号"～"表示其周期性，即 $\tilde{x}(n)$ 表示这是一个周期序列。

根据以上定义，对于正弦序列来说，应满足下面条件：

$$\sin(n\omega)=\sin[(n+N)\omega]$$

即

$$N\omega=2\pi k$$

或

$$\frac{2\pi}{\omega}=\frac{N}{k} \tag{2.1.15}$$

式中，N，k 均为整数，故$\frac{2\pi}{\omega}$必须为整数或有理数，正弦序列才是周期序列，否则，正弦序列将不是周期序列。对于余弦序列和复指数序列，也需满足上述条件才是周期序列，这时序列周期的计算过程如下。对于

$$\sin(n\omega)=\sin[(n+N)\omega] \tag{2.1.16}$$

令$\frac{2\pi}{\omega}=m$，将 $\omega=\frac{2\pi}{m}$代入式(2.1.16)得

$$\sin\left(n\,\frac{2\pi}{m}\right)=\sin\left[(n+N)\,\frac{2\pi}{m}\right]=\sin\left(n\,\frac{2\pi}{m}+N\,\frac{2\pi}{m}\right)$$

等式成立的条件为

$$N\,\frac{2\pi}{m}=2k\pi$$

即

$$N=km \tag{2.1.17}$$

正弦序列的周期 N 应为满足式(2.1.17)的最小整数[1]。

2.1.2 序列的运算

与连续系统分析类似，在离散系统分析中，经常遇到离散时间信号的运算，包括两信号的相加、相乘、卷积和序列本身的移位翻转、尺度变换等。

1. 序列相加

序列 $x(n)$与 $y(n)$相加是指两序列同序号的数值逐项对应相加构成一个新序列 $z(n)$，即

$$z(n)=x(n)+y(n) \tag{2.1.18}$$

2. 序列相乘

序列 $x(n)$与 $y(n)$相乘是指两序列同序号的数值逐项对应相乘所构成的新序列

$z(n)$,即

$$z(n)=x(n)y(n) \tag{2.1.19}$$

3. 序列移位

序列的移位(或延迟)是指原序列 $x(n)$ 逐项依次移 m 位后形成新序列 $x(n-m)$,当 m 为正时,序列右移;当 m 为负时,序列左移。在数字信号处理的硬件设备中,移位(或延迟)是由一系列的移位寄存器来实现的。

4. 序列翻转

序列的翻转表示将序列 $x(n)$ 的自变量 n 更换为 $-n$ 而构成一个新的序列 $z(n)$,即

$$z(n)=x(-n) \tag{2.1.20}$$

5. 序列的尺度变换

与连续时间信号尺度变换的不同之处在于:序列的尺度变换不是简单的时间轴压缩或扩展,而是要按压缩或扩展规律除去某些点或补足相应的零值。例如:给定离散时间信号 $x(n)$,若将自变量 n 乘以正整数 M,得到 $x(Mn)$,表示从 $x(n)$ 的每连续 M 个抽样值中取出一个组成的新序列,这种运算称为抽取,$x(Mn)$ 称为 $x(n)$ 的 M 取 1 的抽取序列,可以理解为以 $1/M$ 倍的抽样频率(f_s/M)对原连续信号的抽样。以 $M=2$ 为例,则是将 $x(n)$ 中每连续两个抽样值取出一个作为一个新序列 $x(2n)$,称为 $x(n)$ 的 2 取 1 的抽取序列,如图 2.1.7(b)所示。

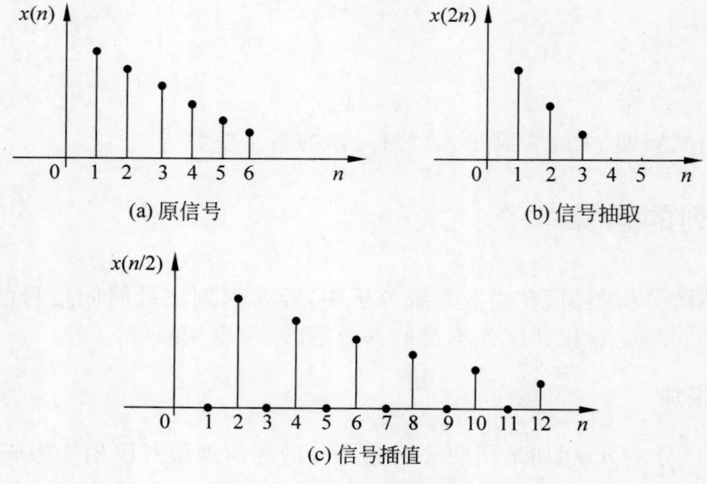

图 2.1.7　序列的尺度变化

若 n 除以正整数 M,则得到 $x(n/M)$,即把原序列的两个相邻抽样值之间插入 $(M-1)$ 个零值,称为序列的插值,序列插入零值后,就好像原序列扩展了,也就是说,$x(n/M)$ 的抽样频率为 Mf_s,是原序列抽样频率的 M 倍。当 $M=2$ 时,零值插入

序列如图 2.1.7(c)所示。

抽取与插值是多抽样率数字信号处理的基础。

6. 序列的离散卷积

两个序列的 $x(n)$ 与 $y(n)$ 的卷积和称为离散卷积(discrete convolution)，其表达式为

$$z(n)=x(n)*y(n)=\sum_{m=-\infty}^{\infty}x(m)y(n-m) \tag{2.1.21}$$

卷积的运算可分为四步：翻转、移位、相乘、相加。

例 2.1.1　令 $x(n)=\{x(0),x(1)\}=\{1,1\}$，$y(n)=\{y(0),y(1),y(2),y(3)\}=\{3,2,1,0\}$，试求 $x(n)$ 和 $y(n)$ 的离散卷积 $z(n)$。

解　(1) 将 $x(n)$，$y(n)$ 的时间变量 n 均换成 m，分别如图 2.1.8(a)和图 2.1.8(b)所示。

(2) 将 $y(m)$ 以纵轴为对称轴翻转，得到 $y(-m)$，如图 2.1.8(c)所示。

(3) 将 $y(-m)$ 沿横轴逐次平移 n 位，$n>0$ 时，右移 n 位；$n<0$，左移 $|n|$ 位，得到不同的 $y(n-m)$，$y(-m)$ 右移 1 位，如图 2.1.8(d)所示。

(4) 对于每一个 n 值，求出全部的 $x(m)y(n-m)$，再求和得到该 n 值的 $z(n)$。$n=0$ 时，将 $x(m)$ 和 $y(-m)$ 对应相乘，两者只在 $n=0$ 时有重合部分，所以

$$z(0)=\sum_{m=-\infty}^{\infty}x(m)y(-m)=x(0)y(0)=1\times 3=3$$

不断平移 $y(-m)$，得到不同的 $y(n-m)$，重复上面的对应相乘再相加的步骤得到

$$z(1)=\sum_{m=-\infty}^{\infty}x(m)y(1-m)=x(0)y(1)+x(1)y(0)=1\times 2+1\times 3=5$$

$$z(2)=\sum_{m=-\infty}^{\infty}x(m)y(2-m)=x(0)y(2)+x(1)y(1)=1\times 1+1\times 2=3$$

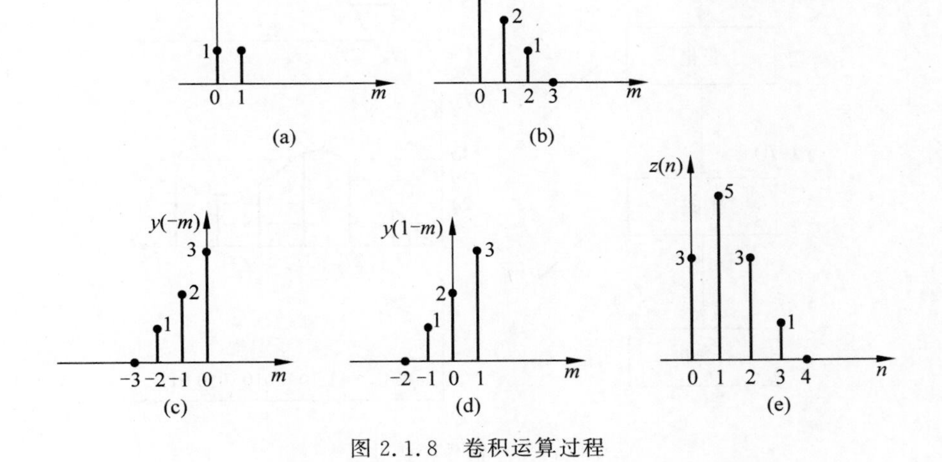

图 2.1.8　卷积运算过程

$$z(3)=\sum_{m=-\infty}^{\infty}x(m)y(3-m)=x(0)y(3)+x(1)y(2)=1\times0+1\times1=1$$

$$z(4)=\sum_{m=-\infty}^{\infty}x(m)y(4-m)=x(1)y(3)=1\times0=0$$

由于 $x(n)$ 是 2 点序列,$y(n)$ 是 4 点序列,所以 $z(n)$ 是 5 点序列,如图 2.1.8(e)所示。

2.2 采样定理及其实现

2.1 节介绍了离散信号的定义、常用序列及序列的运算。在生产过程和国防建设中,要处理的信号大多数是模拟信号或连续信号,如何将这些连续信号变成离散信号,以便用计算机对其进行处理,这就涉及信号的采样[2-4]。

对连续信号 $x(t)$,按一定的时间间隔 T_s 抽取相应的瞬时值(也就是通常所说的离散化),这个过程称为采样。$x(t)$ 经过采样后转换为时间上离散的模拟信号 $x_s(nT_s)$,即幅值仍是连续的模拟信号,简称为采样信号。把 $x_s(nT_s)$ 以某个最小数量单位 q 的整数倍来度量,这个过程称为量化。$x_s(nT_s)$ 经量化后变换为量化信号 $x_q(nT_s)$,再经过编码,转换成离散的数字信号 $x(n)$,即时间和幅值都是离散的信号,简称为数字信号。这一转换过程可以用图 2.2.1 表示。

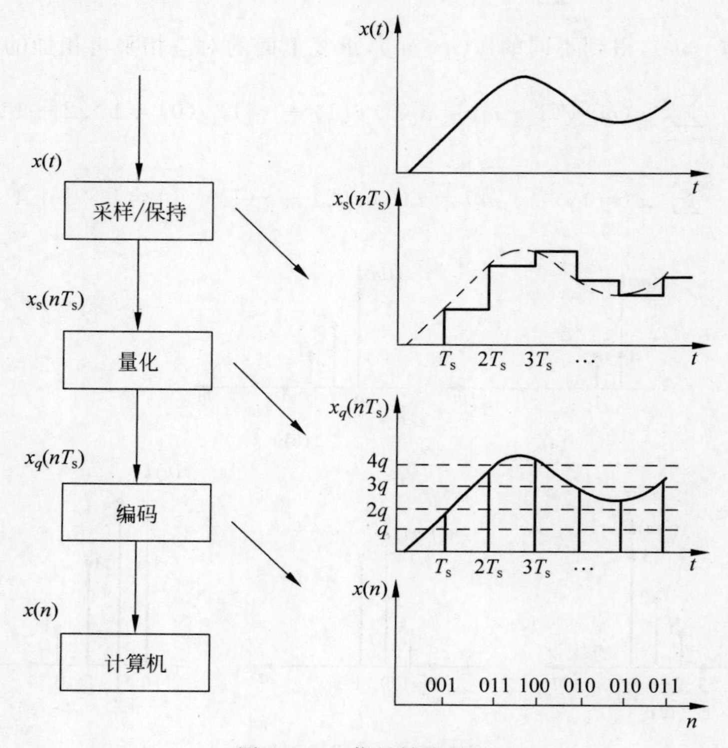

图 2.2.1 信号转换过程

2.2.1 采样过程

采样过程如图 2.2.2 所示。一个在时间和幅值上连续的模拟信号 $x(t)$，通过一个周期性开闭（周期为 T_s，开关闭合时间为 τ）的采样开关 K 之后，在开关输出端输出一个脉冲串 $x_s(t)$，然后再映射为离散的序列 $x_d(n)$。这一过程为采样过程。

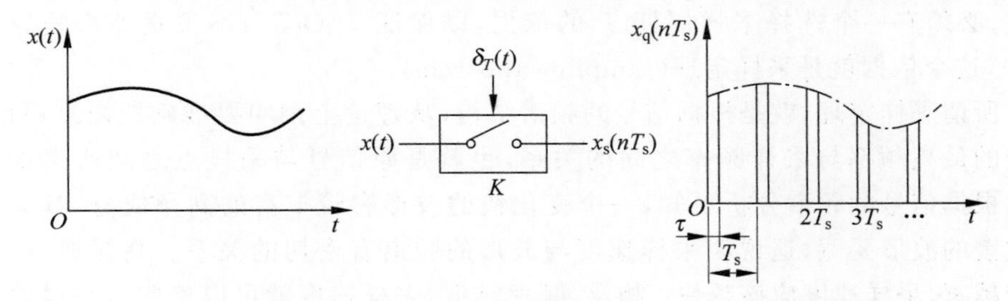

图 2.2.2　采样过程

采样后的脉冲信号 $x_s(nT_s)$ 为采样信号。$0, T_s, 2T_s, \cdots$ 各点为采样时刻，τ 为采样时间，T_s 称为采样周期，其倒数 $f_s=1/T_s$ 称为采样频率。在实际中，$\tau \ll T_s$，在一个采样周期内，只有在很短的一段时间内采样开关是闭合的。

采样过程可以看作脉冲调制过程，采样开关可以看作调制器。因为 $\tau \ll T_s$，所以，可以假设采样脉冲为理想脉冲。这种脉冲调制过程是将输入的连续时间信号 $x(t)$ 的波形，转换为宽度非常窄而幅度由输入信号确定的脉冲串。这个脉冲串只是取了原来连续时间信号上的若干等间隔点的值，为连续时间信号的离散化做准备；脉冲串的幅值对应于原来连续时间信号的幅值。这个脉冲串为

$$x_s(t)=x(t)\delta_T(t)=x(t)\sum_{n=-\infty}^{+\infty}\delta(t-nT_s)=\sum_{n=-\infty}^{+\infty}x(nT_s)\delta(t-nT_s) \tag{2.2.1}$$

式中，$\delta_T(t)$ 为采样开关控制信号。这个脉冲串仍然是连续时间信号，只是在 T_s 的整数倍处有冲激，其强度为对应的连续时间信号的幅值，其余处为零。

考虑到时间为负值无物理意义，式(2.2.1)可以改写成

$$x_s(t)=\sum_{n=0}^{+\infty}x(nT_s)\delta(t-nT_s) \tag{2.2.2}$$

然后，将这个脉冲串 $x_s(t)$ 映射成离散序列 $x_d(n)$，从而实现了对连续时间信号的采样。$x_d(n)$ 的值等于脉冲串 $x_s(t)$ 在 $t=nT_s$ 时的冲激强度。这个过程可以表示为

$$x_d(n)=x_s(t)\big|_{t=nT_s}\text{ 的强度}=x(nT_s) \tag{2.2.3}$$

这就是以 $x(t)$ 的样本值为序列值的同一序列，但是，其单位间隔用新的自变量 n 来表示。因此，从脉冲串到离散时间序列的转换，可以认为是一个时间上的归一化过程，转换后不再明确包含采样周期 T_s 的信息。

2.2.2 采样定理

采样周期 T_s 决定了采样信号的质量和数量，T_s 太小，会使 $x_s(nT_s)$ 的数量剧增，占用大量的内存单元；T_s 太大，会使模拟信号的某些信息丢失，这样一来，若将采样后的信号恢复成原来的信号，就会出现失真现象，从而影响数据处理的精度。因此，必须有一个选择采样周期 T 的依据，以保证 $x_s(nT_s)$ 不失真地恢复原信号 $x(t)$，这个依据就是采样定理(sampling theorem)。

所谓采样定理，就是根据信号的频谱结构，从理论上阐明要准确地恢复原信号，信号的最高频率与采样频率之间的关系，也就是原信号与采样点之间所遵循的规律。根据信号的频谱分析可知，一个变化快的波形有较丰富的高频成分，其频带比变化慢的波形要宽，这说明采样速度与波形的频谱有密切的关系。高频成分越多，频带越宽，采样速度应该越快；相反，频率越低，采样速度就可以慢些。采样定理的具体内容是，一个具有有限能量的带限信号 $x(t)$，最高频率分量为 f_m，则该信号在时域里完全可以由一系列时间间隔 T_s 等于或小于 $1/(2f_m)$ 的采样点所确定，即

$$x(t)=\sum_{n=-\infty}^{\infty} x(nT_s)\frac{\sin[\Omega_m(t-nT_s)]}{\Omega_m(t-nT_s)} \tag{2.2.4}$$

式中，$T_s \leqslant 1/(2f_m)$，$\Omega_m \leqslant \Omega_s/2=\pi/T_s$。证明从略。

采样定理是采样过程中所要遵循的基本规律，它指出了要重新恢复连续信号所必需的最低采样率，因而是实现信号的数字处理代替模拟处理的依据，下面作进一步解释。

设理想采样后的信号为式(2.2.2)，其中，脉冲序列 $\delta_T(t)$ 是以采样间隔 T_s（为了方便起见，在下面的叙述中，用 T 代替 T_s）为周期的周期性函数，所以，可以用傅里叶级数展开，即

$$\delta_T(t)=\sum_{-\infty}^{+\infty}\delta(t-nT)=\sum_{m=-\infty}^{\infty} c_m \mathrm{e}^{\mathrm{j}m\frac{2\pi}{T}t} \tag{2.2.5}$$

式中，$c_m=\frac{1}{T}\int_{-T/2}^{T/2}\sum_{n=-\infty}^{\infty}\delta(t-nT)\mathrm{e}^{-\mathrm{j}m\frac{2\pi}{T}t}\,\mathrm{d}t$。级数的基频即采样频率 $f_s=\frac{1}{T}$，采样角频率为 $\Omega_s=\frac{2\pi}{T}$。在积分区间 $\left[-\frac{T}{2},\frac{T}{2}\right]$ 内，只有一个采样脉冲 $\delta(t)$，因此

$$c_m=\frac{1}{T}\int_{-T/2}^{T/2}\delta(t)\mathrm{e}^{-\mathrm{j}m\frac{2\pi}{T}t}\,\mathrm{d}t=\frac{1}{T} \tag{2.2.6}$$

由此可得

$$\delta_T(t)=\sum_{-\infty}^{\infty}\delta(t-nT)=\frac{1}{T}\sum_{m=-\infty}^{\infty}\mathrm{e}^{\mathrm{j}m\frac{2\pi}{T}t} \tag{2.2.7}$$

式中，$\frac{2\pi}{T}=\Omega_s$ 为角频率。该式为脉冲序列的傅里叶级数。

原连续信号的频谱为

$$X(\mathrm{j}\Omega)=\int_{-\infty}^{\infty}x(t)\mathrm{e}^{-\mathrm{j}\Omega t}\mathrm{d}t \tag{2.2.8}$$

假设如图 2.2.3(a)所示。

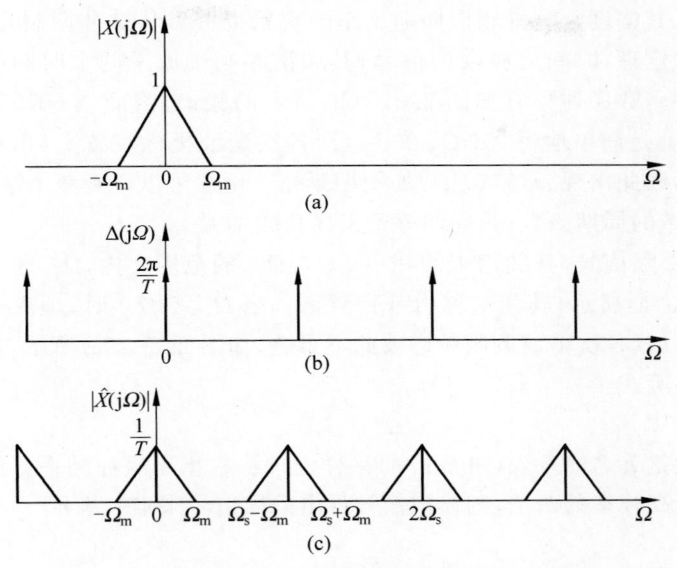

图 2.2.3　理想采样信号的频谱

脉冲序列的频谱为

$$\begin{aligned}\Delta(\mathrm{j}\Omega)&=\int_{-\infty}^{\infty}\delta_T(t)\mathrm{e}^{-\mathrm{j}\Omega t}\mathrm{d}t=\int_{-\infty}^{\infty}\frac{1}{T}\sum_{m=-\infty}^{\infty}\mathrm{e}^{\mathrm{j}m\Omega_s t}\mathrm{e}^{-\mathrm{j}\Omega t}\mathrm{d}t\\&=\frac{1}{T}\sum_{m=-\infty}^{\infty}\int_{-\infty}^{\infty}\mathrm{e}^{-\mathrm{j}(\Omega-m\Omega_s)t}\mathrm{d}t=\frac{2\pi}{T}\sum_{m=-\infty}^{\infty}\delta(\Omega-m\Omega_s)\end{aligned} \tag{2.2.9}$$

如图 2.2.3(b)所示。

被采样后的信号是原连续信号 $x(t)$与脉冲序列 $\delta_T(t)$的乘积,其频谱就是它们频谱的卷积。

$$\begin{aligned}\hat{X}(\mathrm{j}\Omega)&=\frac{1}{2\pi}[\Delta(\mathrm{j}\Omega)*X(\mathrm{j}\Omega)]=\frac{1}{2\pi}\left[\frac{2\pi}{T}\sum_{m=-\infty}^{\infty}\delta(\Omega-m\Omega_s)*X(\mathrm{j}\Omega)\right]\\&=\frac{1}{T}\int_{-\infty}^{\infty}X(\mathrm{j}\Omega)\sum_{m=-\infty}^{\infty}\delta(\Omega-m\Omega_s-\theta)\mathrm{d}\theta\\&=\frac{1}{T}\sum_{m=-\infty}^{\infty}\int_{-\infty}^{\infty}X(\mathrm{j}\Omega)\delta(\Omega-m\Omega_s-\theta)\mathrm{d}\theta\\&=\frac{1}{T}\sum_{m=-\infty}^{\infty}X(\mathrm{j}\Omega-\mathrm{j}m\Omega_s)\end{aligned} \tag{2.2.10}$$

如图 2.2.3(c)所示。

可见,一个连续的时间信号经过理想采样后频谱发生了两个变化：一是乘以 $\frac{1}{T}$

因子；另一个是出现了无穷多个分别以$\pm\Omega_s$，$\pm 2\Omega_s$，…为中心的和与$\frac{1}{T}X(\mathrm{j}\Omega)$形状完全一样的频谱，即频谱产生了周期延拓，如图2.2.3(c)所示。因为频谱是复数，所以这里只画了其幅度。这种频谱周期延拓的现象也可以从脉冲调制角度得到解释。根据频域卷积定理，时间上相乘的信号，其频谱相当于原来两个时间函数频谱的卷积。由于脉冲函数序列具有如图2.2.3(b)所示的频谱，因而$X(\mathrm{j}\Omega)$与频域脉冲串$\delta_T(t)$的卷积就是简单地将$X(\mathrm{j}\Omega)$在$\delta_T(t)$各次谐波坐标位置上(以此作为坐标原点)重新构图，因此出现频谱$X(\mathrm{j}\Omega)$的周期延拓。由此可以得到一个结论：在时域的采样，形成频域的周期函数，其周期等于采样角频率Ω_s。

$x(t)$是带限信号，其频谱限制在$0\leqslant\Omega\leqslant\Omega_m$的范围之内，$\Omega_m$是可能的最高频率，如图2.2.3(a)所示，其频谱称为基带频谱。当$\Omega_s\geqslant 2\Omega_m$时，理想采样信号频谱中，基带频谱以及各次谐波调制频谱彼此不重叠，如图2.2.3(c)所示，这样就得到如下一个重要不等式：

$$\Omega_s \geqslant 2\Omega_m \tag{2.2.11}$$

式(2.2.11)就是著名的香农(Shannon)采样定理。它指出采样频率必须大于原模拟信号频谱中最高频率的两倍，则模拟信号可由采样信号来唯一表示。

2.2.3 频率混叠

如果信号的最高频率Ω_m超过$\Omega_s/2$，如图2.2.4所示，则各次调制频谱就会相互交叠起来，有些频率部分的幅值就与原始情况不同，因而不能分开和恢复这些部分，这时，采样就造成了信息的损失。频谱重叠的出现称为“混叠现象”(aliasing)。换个角度讲，采样定理严格地规定了采样时间间隔T_s的上限，即$T_s\leqslant 1/(2f_m)$，如果T取得过大，使$T_s>1/(2f_m)$，将会发生$x(t)$中的高频成分$|f|>1/(2T_s)$被叠加到低频成分($|f|<1/(2T_s)$)上去的现象，这种现象称为频率混叠。

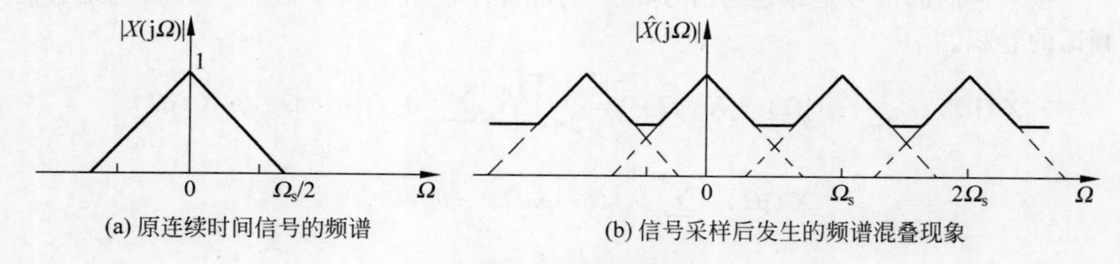

(a) 原连续时间信号的频谱　　(b) 信号采样后发生的频谱混叠现象

图2.2.4 频谱的混叠

为了在时域上解释频率混叠，请看一个例子。设$x(t)$中含有频率为900Hz，400Hz及100Hz的成分，它们分别表示在图2.2.5中。若以$f_s=500\text{Hz}$进行采样，采样点以“·”表示，并把图中的采样点以最低频率的正弦曲线(虚线所示)连接起来。由图可见，三种频率的正弦曲线在采样点上，离散值完全相同，但是，对于100Hz的信号，采样后的信号波形能真实地反映原来的信号，而400Hz和900Hz的信号被

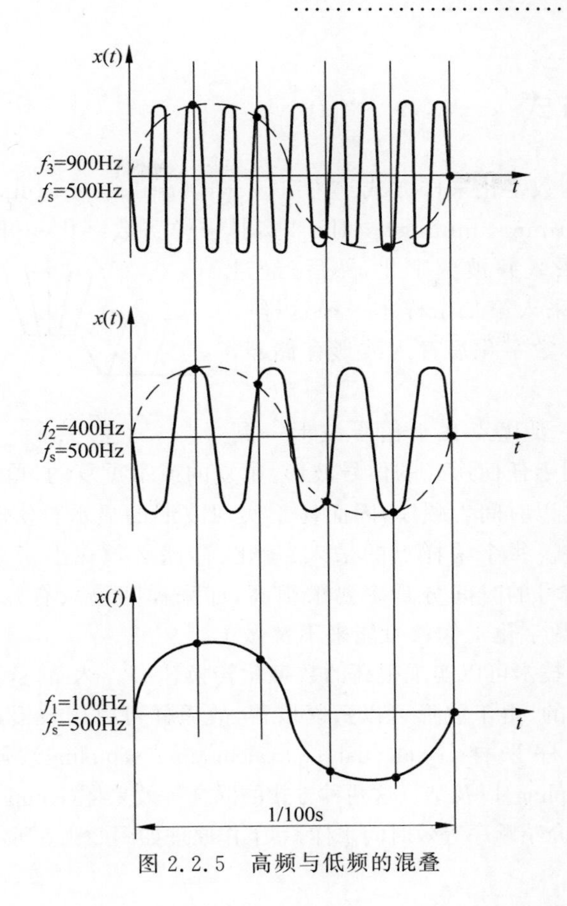

图 2.2.5　高频与低频的混叠

采样后，则完全失真了，也变成了 100Hz 的信号，于是，原来三种不同频率信号的采样值相互混叠了。高频信号(900Hz 和 400Hz)的采样值，构成了一个虚假的低频成分折叠到原低频(100Hz)波形的采样值上，从而使原低频波形的采样值发生失真。

为了减少频率混叠，通常可以采用两种方法。

(1) 对于频域衰减较快的信号，可以用提高采样频率的方法来解决，即按采样定理，使采样频率 $f_s>2f_m$，亦即减少 T_s。但是，T_s 也不能太小；否则，不仅增加计算机内存的占用量，还会使频率的分辨率下降。这是因为频率分辨率 $\Delta f=1/(NT_s)$，当采样数据个数 N 一定时，T_s 越小，Δf 的数值越大，即分辨率越低。

(2) 对于频域衰减较慢的信号，可以采用抗混叠滤波器来解决，即在采样前，用一截止频率为 f_m 的抗混叠滤波器，先将信号 $x(t)$ 进行低通滤波，将不感兴趣或不需要的高频成分滤掉，然后，进行采样和数据处理。这种方法既实用又简单。

实际上，由于信号频率不是严格有限的，而且实际使用的滤波器也不具有理想滤波器在截止频率处的垂直截止特性，故不足以把稍高于截止频率的频率分量衰减掉，所以，在信号分析中，常把上述两种方法联合起来使用，即先经抗混叠滤波器后，再将采样频率 f_s 提高到 f_m 的 3～5 倍进行采样和处理。

2.2.4 采样方式

有两种基本的数字化采样方式："实时采样"(real-time sampling)与"等效时间采样"(equivalent-time sampling)。对于"实时采样"，数字化一开始，信号波形的第一个采样点就被采入并被数字化，然后，经过一个采样间隔，再采入第二个样本……这样一直将整个信号波形数字化后存入波形存储器，如图 2.2.6 所示。

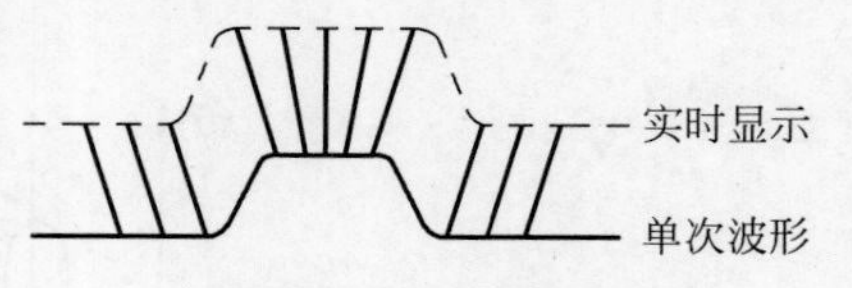

图 2.2.6 实时采样

实时采样的主要优点在于信号波形一到就采入，因此，适用于任何形式的信号波形，重复的或不重复的，单次的或连续的；又由于所有采样点是以时间为顺序，因而易于实现波形的显示。实时采样的主要缺点是时间分辨率较差。每个采样点的采入、量化、存储必须在小于采样间隔的时间内全部完成。若对信号的时间分辨率要求很高，如采样间隔只有几百或几十纳秒，那么，每个采样点的数字化工作就可能来不及做了。

等效时间采样技术可以实现很高的数字化转换速率。然而，这种技术要求信号波形是可以重复产生的，由于波形可以重复取得，故采样可以用较慢速度进行[5]。等效时间采样分为顺序采样(sequential equivalent-time sampling)、随机采样(random equivalent-time sampling)以及结合这两种方式的混合等效采样(compound equivalent-time sampling)。本节仅介绍顺序等效时间采样，其工作原理如图 2.2.7 所示。

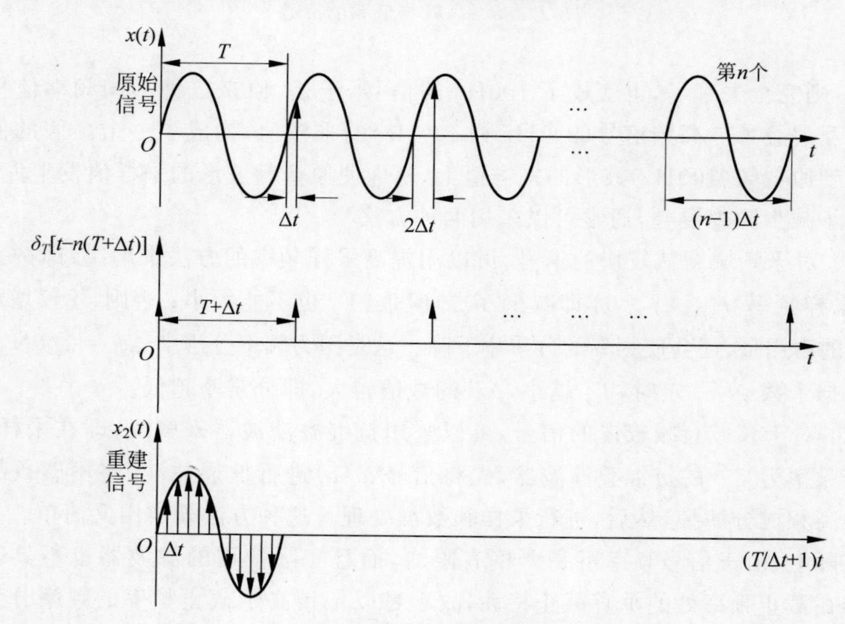

图 2.2.7 顺序等效时间采样

被采信号是波形完全相同的周期信号，用极窄的采样脉冲在被测信号各周期不同相位上逐次进行采样，采样脉冲相对于被采信号起点来讲依次延时 $0,\Delta t,2\Delta t,3\Delta t,\cdots,n\Delta t$。若被采信号周期为 T，步进延时时间为 Δt，采满一个信号周期需要 n 个点。换句话说，对于周期为 T 的信号，采样周期定为 $T+\Delta t$。在第1个周期采集 $t=0$ 处的数据 $x(0)$，在第2个周期的 Δt 处采集 $x(\Delta t)$，在第3个周期的 $2\Delta t$ 处采集 $x(2\Delta t)$，经过 n 个周期后在第 n 个周期的 $(n-1)\Delta t$ 处采集 $x[(n-1)\Delta t]$（其中 $n=T/\Delta t+1$）。利用 n 个采集点对信号进行重建。这样采集的效果和采样周期为 Δt 的实时采样相同。顺序等效采样采样点是按一个固定的次序进行的。采样点以时间为顺序，易于实现波形重建。

2.3 离散时间信号的相关分析

2.3.1 离散时间信号的自相关函数

1. 定义

定义自相关函数 $R_{xx}(m)$ 为

$$R_{xx}(m)=\sum_{n=-\infty}^{\infty}x(n)x(n+m) \tag{2.3.1}$$

自相关函数 $R_{xx}(m)$ 反映了信号 $x(n)$ 和其自身作了一段延迟之后的 $x(n+m)$ 的相似程度。在后面的讨论中，将 $R_{xx}(m)$ 简记为 $R_x(m)$。

由式(2.3.1)可知，$R_x(0)=\sum\limits_{n=-\infty}^{\infty}x^2(n)=E_x$，即 $R_x(0)$ 等于信号 $x(n)$ 自身的能量。如果 $x(n)$ 不是能量信号，那么，$R_x(0)$ 将趋于无穷大。因此，对功率信号，其自相关函数应定义为

$$R_x(m)=\lim_{N\to\infty}\frac{1}{2N+1}\sum_{n=-N}^{N}x(n)x(n+m) \tag{2.3.2}$$

若 $x(n)$ 是周期信号，且周期为 M，由式(2.3.2)，其自相关函数为

$$\begin{aligned}R_x(m)&=\lim_{N\to\infty}\frac{1}{2N+1}\sum_{n=-N}^{N}x(n)x(n+m)\\&=\lim_{N\to\infty}\frac{1}{2N+1}\sum_{n=-N}^{N}x(n)x(n+M+m)\\&=R_x(m+M)\end{aligned} \tag{2.3.3}$$

即周期信号的自相关函数也是周期的，且与原信号同周期。这样，在式(2.3.3)中，无限多个周期的求和平均可以用一个周期的求和平均来代替，即

$$R_x(m)=\frac{1}{M}\sum_{n=0}^{M-1}x(n)x(n+m) \tag{2.3.4}$$

例 2.3.1 令 $x(n)=\sin(\omega n)$，其周期为 N，即 $\omega=\frac{2\pi}{N}$，求 $x(n)$的自相关函数。

解 $$R_x(m)=\frac{1}{N}\sum_{n=0}^{N-1}\sin(\omega n)\sin(\omega n+\omega m)$$

$$=\cos(\omega m)\frac{1}{N}\sum_{n=0}^{N-1}\sin^2(\omega n)+\sin(\omega m)\frac{1}{N}\sum_{n=0}^{N-1}\sin(\omega n)\cos(\omega n)$$

由于在一个周期内$\langle\sin(\omega n),\cos(\omega n)\rangle=0$，所以，上式右边第二项为零。第一项的求和号中，

$$\sum_{n=0}^{N-1}\sin^2(\omega n)=\frac{1}{2}\sum_{n=0}^{N-1}[1-\cos(2\omega n)]=N/2$$

所以

$$R_x(m)=\frac{1}{2}\cos(\omega m)$$

即正弦信号的自相关函数为同频率的余弦函数。

如果 $x(n)$是复值信号，那么，其自相关函数也是复值信号，即

$$R_x(m)=\frac{1}{N}\sum_{n=0}^{N-1}x^*(n)x(n+m) \tag{2.3.5}$$

■

2. 性质

性质 1 若 $x(n)$是实信号，则 $R_x(m)$ 为实偶函数，即 $R_x(m)=R_x(-m)$；若 $x(n)$是复信号，则 $R_x(m)$满足 $R_x(m)=R_x^*(-m)$。

性质 2 $R_x(m)$ 在 $m=0$ 时取得最大值，即

$$R_x(0)\geqslant R_x(m)$$

此式说明，自相关函数 $R_x(m)$在 m 为其他值时，都不会大于它的初始值。

性质 3 若 $x(n)$是能量信号，则当 m 趋于无穷时，有

$$\lim_{m\to\infty}R_x(m)=0$$

此式说明，将 $x(n)$相对自身移至无穷远处，二者已无相关性，这从能量信号的定义不难理解。

性质 4 若 $x(n)$是周期性的，则 $R_x(m)$不收敛，也是周期性的，且频率与 $x(n)$的频率相同。

2.3.2 离散时间信号的互相关函数

1. 定义

设 $x(n)$和 $y(n)$为两个能量有限的确定性信号，其互相关函数为

$$R_{xy}(m)=\sum_{n=-\infty}^{\infty}x(n)y(n+m) \tag{2.3.6}$$

该式表示，$R_{xy}(m)$ 在时刻 m 时的值等于 $x(n)$不动、将 $y(n)$左移 m 个抽样单位后两个序列对应相乘再相加的结果。

$$R_{yx}(m)=\sum_{n=-\infty}^{\infty} y(n)x(n+m)=\sum_{n=-\infty}^{\infty} x(n)y(n-m)=R_{xy}(-m) \tag{2.3.7}$$

该式表示，$R_{yx}(m)$在时刻 m 时的值等于 $y(n)$不动、将 $x(n)$左移 m 个抽样单位后两个序列对应相乘再相加的结果。显然，这与 $R_{xy}(m)$是不同的。

设 $x(n)$和 $y(n)$为两个功率信号，则其互相关函数为

$$R_{xy}(m)=\lim_{N\to\infty}\frac{1}{2N+1}\sum_{n=-N}^{N} x(n)y(n+m) \tag{2.3.8}$$

2. 性质

性质 1　$R_{xy}(m)$不是偶函数，但是，有 $R_{xy}(m)=R_{yx}(-m)$。

性质 2　$R_{xy}(m)$满足$|R_{xy}(m)|\leqslant\sqrt{R_x(0)R_y(0)}$。

性质 3　若 $x(n)$和 $y(n)$都是能量信号，则

$$\lim_{m\to\infty} R_{xy}(m)=0$$

例 2.3.2　从含有噪声的记录中检查信号的有无。

解　设一个随机信号 $x(n)$中含有加性噪声 $u(n)$，并且可能含有某个已知其先验知识的有用信号 $s(n)$，即

$$x(n)=s(n)+u(n)$$

为了检查 $x(n)$中是否含有 $s(n)$，可以对 $x(n)$和 $s(n)$作互相关，即有

$$R_{sx}(m)=E[s(n)x(n+m)]=E[s(n)s(n+m)+s(n)u(n+m)]$$

一般认为信号和噪声是不相关的，即 $E[s(n)u(n+m)]=0$，所以

$$R_{sx}(m)=E[s(n)s(n+m)]=R_s(m)$$

这样，可以根据作互相关的结果是否与 $R_s(m)$相符合来判断 $x(n)$中是否含有 $s(n)$。

2.4　离散时间信号的 z 域分析

信号分析方法除时域分析方法外，还有变换域分析。在连续时间信号与系统分析中，通过拉普拉斯变换把时域中的微分方程转化为复频域中的代数方程。与拉普拉斯变换在连续时间系统分析中的作用一样，z 变换是研究离散时间信号与系统的重要工具，它把离散系统的差分方程转化为较简单的代数方程，使其求解大大简化。

2.4.1　z 变换及其收敛域

z 变换(z transforms，ZT)的定义可以由采样信号的拉普拉斯变换引出，也可以直接对序列进行定义。2.2 节曾讨论过连续时间信号的采样，为了推导 z 变换，首先从采样信号入手，讨论采样信号的拉普拉斯变换。连续信号 $x(t)$经单位冲激序列采

样得到信号 $x_s(t)$，由式(2.2.2)得到

$$x_s(t)=\sum_{n=-\infty}^{\infty} x(nT_s)\delta(t-nT_s) \tag{2.4.1}$$

对 $x_s(t)$ 取拉普拉斯变换得

$$X(s)=\int_{-\infty}^{\infty} x_s(t)\mathrm{e}^{-st}=\int_{-\infty}^{\infty}\left[\sum_{n=-\infty}^{\infty} x(nT_s)\delta(t-nT_s)\right]\mathrm{e}^{-st}\mathrm{d}t$$

$$=\sum_{n=-\infty}^{\infty} x(nT_s)\int_{-\infty}^{\infty}\delta(t-nT_s)\mathrm{e}^{-st}\mathrm{d}t=\sum_{n=-\infty}^{\infty} x(nT_s)\mathrm{e}^{-snT_s} \tag{2.4.2}$$

对上式引入一个新的复变量 $z=\mathrm{e}^{sT_s}$，则式(2.4.2)成为复变量 z 的函数 $X(z)$，将采样周期 T_s 归一化为 1，则 $x(nT_s)$ 可以简记为 $x(n)$，因而得到

$$X(z)=\sum_{n=-\infty}^{\infty} x(n)z^{-n} \tag{2.4.3}$$

由于 $x(n)$ 的有效范围为 $(-\infty,\infty)$，所以，上式是双边 z 变换的定义式。如果考虑 $x(n)$ 为因果信号，即 $x(n)=0(n<0)$，则可以得到单边 z 变换，即

$$X(z)=\sum_{n=0}^{\infty} x(n)z^{-n} \tag{2.4.4}$$

其次，直接对离散时间信号进行 z 变换定义，得到双边和单边 z 变换分别为

$$X(z)=Z[x(n)]=\sum_{n=-\infty}^{\infty} x(n)z^{-n} \tag{2.4.5}$$

$$X(z)=Z[x(n)]=\sum_{n=0}^{\infty} x(n)z^{-n} \tag{2.4.6}$$

由 z 变换的定义可以知道，只有当级数收敛时 z 变换才有意义。对于任意给定序列 $x(n)$，使 z 变换中的级数收敛的所有 z 值的集合称为 z 变换的收敛域(region of convergence，ROC)。根据级数求和理论，式(2.4.3)所示的级数收敛的充分必要条件是满足绝对可和的条件，即要求

$$\sum_{n=-\infty}^{\infty} |x(n)z^{-n}|=M<\infty \tag{2.4.7}$$

要满足此不等式，$|z|$ 值必须在一定范围内才行，这个范围就是收敛域，在 z 平面上它是一个环状区域，即 $R_{x-}<|z|<R_{x+}$，式中，R_{x-} 和 R_{x+} 常称为收敛半径，内半径 R_{x-} 可以小到零；外半径 R_{x+} 可以大到无限大，如图 2.4.1 所示[2]。

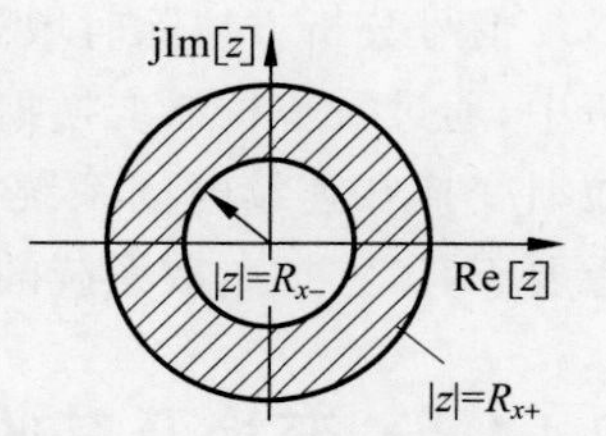

图 2.4.1 环形收敛域

有一类重要的 z 变换，其 $X(z)$ 是一个有理函数，即 $X(z)$ 为 z 的两个多项式之比。分子多项式的根是使 $X(z)=0$ 的 z 值，即 $X(z)$ 的零点；分母多项式的根是使 $X(z)$ 为无限大的 z 值，即 $X(z)$ 的极点。因为 z 变换在极点处不收敛，所以，收敛域内不能包含任何极点，收敛域是以极点来限定边界的。

讨论 z 变换的收敛域还有一个重要的意义，即只有指明 z 变换的收敛域，才能单值地确定它所对应的原序列。

序列的性质决定了其 z 变换的收敛域。下面讨论四种序列的收敛域特点。

1. 有限长度序列

有限长度序列(finite length sequence)是指在有限区间 $n_1 \leqslant n \leqslant n_2$ 内序列才具有非零的有限值，在此区间外，序列值皆为零，如图 2.4.2 所示。其 z 变换为

$$X(z)=\sum_{n=n_1}^{n_2} x(n) z^{-n} \tag{2.4.8}$$

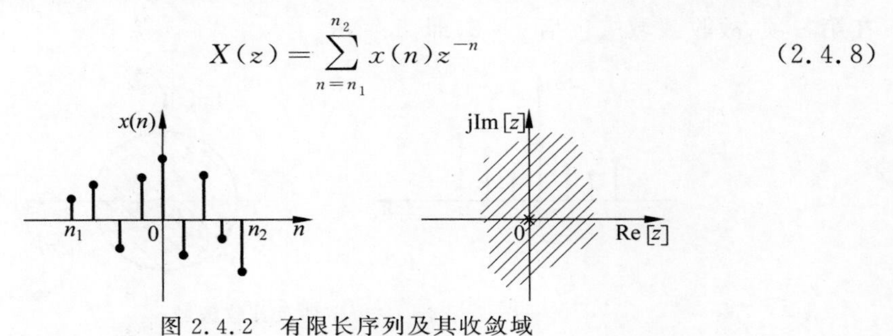

图 2.4.2　有限长序列及其收敛域

收敛域分三种情况：(1)如果 $n_1<0, n_2>0$，收敛域为 $0<|z|<\infty$(除 $|z|=0, \infty$ 点外)；(2)如果 $n_1<0, n_2 \leqslant 0$，收敛域为 $0 \leqslant |z|<\infty$（除 $|z|=\infty$ 点外）；(3)如果 $n_1 \geqslant 0, n_2>0$，收敛域为 $0<|z| \leqslant \infty$(除 $|z|=0$ 点外)。

2. 右边序列

右边序列(right-side sequence)是指只当 $n \geqslant n_1$ 时，$x(n)$ 有值；当 $n<n_1$ 时，$x(n)=0$，其 z 变换为

$$X(z)=\sum_{n=n_1}^{\infty} x(n) z^{-n}=\sum_{n=n_1}^{-1} x(n) z^{-n}+\sum_{n=0}^{\infty} x(n) z^{-n} \tag{2.4.9}$$

收敛域为 $R_{x-}<|z|<\infty$。右边序列及其收敛域如图 2.4.3 所示。因果序列是重要的一种右边序列，即 $n_1=0$ 的右边序列，

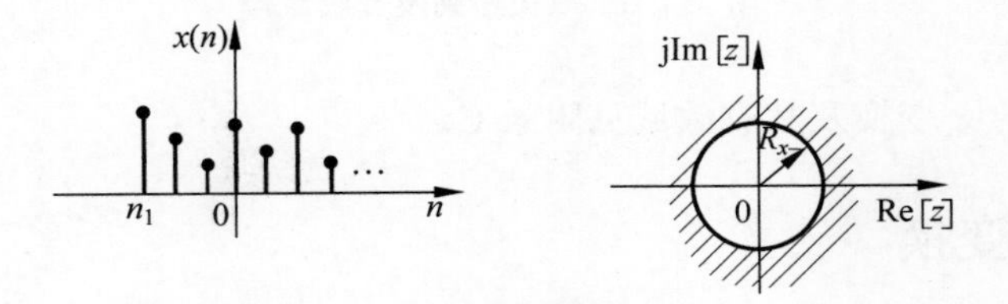

图 2.4.3　右边序列及其收敛域

$$X(z)=\sum_{n=0}^{\infty} x(n) z^{-n}, \quad R_{x-}<|z|<\infty \tag{2.4.10}$$

由此可以推论，如果序列 $x(n)$ 的 z 变换收敛域包括 ∞ 点，则该序列为因果序列。

3. 左边序列

左边序列(left-side sequence)是指只当 $n \leqslant n_2$ 时,$x(n)$有值;当 $n > n_2$ 时,$x(n)=0$,其 z 变换为

$$X(z)=\sum_{n=-\infty}^{n_2} x(n)z^{-n}=\sum_{n=-\infty}^{0} x(n)z^{-n}+\sum_{n=1}^{n_2} x(n)z^{-n} \tag{2.4.11}$$

其收敛域为 $0<|z|<R_{x+}$,如图 2.4.4 所示。如果 $n_2 \leqslant 0$,则式(2.4.11)不存在第二项,故收敛域应包括 $z=0$,即$|z|<R_{x+}$。

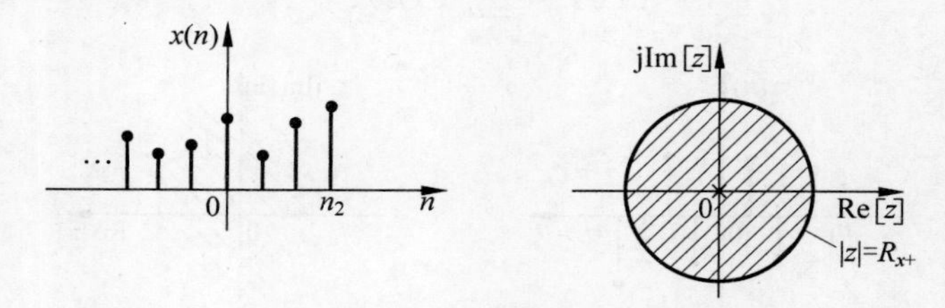

图 2.4.4 左边序列及其收敛域

4. 双边序列

双边序列(bilateral sequence)是指 n 为任意值时 $x(n)$皆有值的序列,可以把它看成一个右边序列和一个左边序列之和,即

$$X(z)=\sum_{n=-\infty}^{\infty} x(n)z^{-n}=\sum_{n=0}^{\infty} x(n)z^{-n}+\sum_{n=-\infty}^{-1} x(n)z^{-n} \tag{2.4.12}$$

其收敛域为 $R_{x-}<|z|<R_{x+}$,这是一个环状区域,如图 2.4.5 所示。

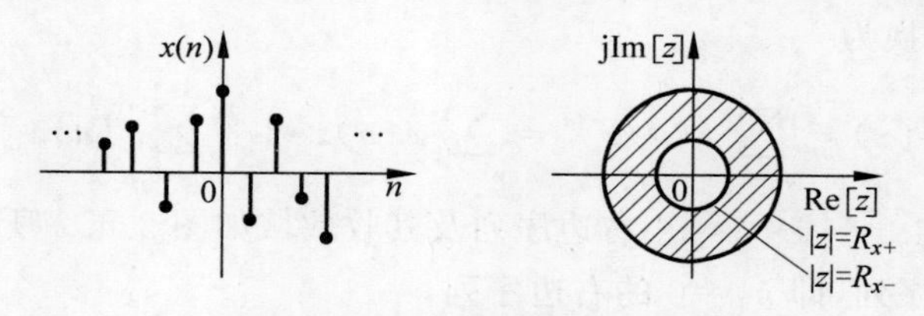

图 2.4.5 双边序列及其收敛域

常用序列的 z 变换及其收敛域见附录 C。

2.4.2 z 反变换

由已知的 z 变换及其收敛域求得原序列 $x(n)$的运算称为 z 反变换,表示为

$$x(n)=Z^{-1}[X(z)] \tag{2.4.13}$$

由此式可以看出,这实质上是求 $X(z)$的幂级数展开式。

求 z 反变换的方法通常有三种:围线积分法(留数法)、幂级数展开法(长除法)和部分分式展开法[6]。

1. 围线积分法(留数法)(contour integral method)

由围线积分给出 z 反变换，即

$$x(n)=Z^{-1}[X(z)]=\frac{1}{2\pi j}\oint_c X(z)z^{n-1}dz \tag{2.4.14}$$

式中，c 是包围 $X(z)z^{n-1}$ 所有极点的逆时针闭合积分路线，通常选择在 z 平面收敛域内以原点为中心的圆。

若 $X(z)z^{n-1}$ 在积分围线 c 内的有限个极点集合为 $\{z_i\}$，则根据留数定理有

$$x(n)=\frac{1}{2\pi j}\oint_c X(z)z^{n-1}dz=\sum_i \mathrm{Res}[X(z)z^{n-1}]_{z=z_i} \tag{2.4.15}$$

式中，Res 表示极点的留数，z_i 表示 $X(z)z^{n-1}$ 的极点。

若 $X(z)z^{n-1}$ 在 $z=z_i$ 处有 r 阶极点，则其留数由下式给出：

$$\mathrm{Res}[X(z)z^{n-1}]_{z=z_i}=\frac{1}{(r-1)!}\left\{\frac{d^{r-1}}{dz^{r-1}}[(z-z_i)^r X(z)z^{n-1}]\right\}_{z=z_i} \tag{2.4.16}$$

在利用式(2.4.15)和式(2.4.16)时，应当注意收敛域内围线所包围的极点情况，以及对于不同的 n 值，在 $z=0$ 处的极点可能具有不同的阶次。

2. 幂级数展开法(长除法)(power series expansion method)

$x(n)$ 的 z 变换定义为 z^{-1} 的幂级数，如果能将 $X(z)$在其收敛域展开成 z^{-1} 的幂级数，则对应幂级数中 z^{-n} 的系数就是序列 $x(n)$。一般情况下，$X(z)$是一个有理分式，分子分母都是 z 的多项式，则可直接用分子多项式除以分母多项式(长除法)得到幂级数展开式，从而得到 $x(n)$。但是，在进行长除前，应先根据给定的收敛域是圆外域还是圆内域，确定 $x(n)$是右边序列还是左边序列，如果 $X(z)$的收敛域是 $|z|>R_{x-}$，则 $x(n)$必然是右边序列，因此，$X(z)$的分子分母应按 z 的降幂排列；如果收敛域是 $|z|<R_{x+}$，则 $x(n)$必然是左边序列，因此，$X(z)$的分子分母应按 z 的升幂排列。

注意，幂级数展开法只适用于单边序列情况。

3. 部分分式展开法(partial-fraction expansion method)

通常序列的 z 变换是 z 的有理函数，可以表示成有理分式的形式，即

$$X(z)=\frac{N(z)}{D(z)}=\frac{b_0+b_1z+\cdots+b_{r-1}z^{r-1}+b_rz^r}{a_0+a_1z+\cdots+a_{m-1}z^{m-1}+a_mz^m} \tag{2.4.17}$$

这里的展开类似于拉普拉斯变换中部分分式的展开法，可以首先将 $X(z)$展成一些简单而常见的部分分式之和，然后，分别求出各部分分式的反变换，把各反变换相加即可得到 $x(n)$。

需要注意的是,对于因果序列,为了保证其 z 变换在 $z=\infty$ 处收敛,分母多项式的阶次不能低于分子多项式的阶次。

z 变换的最基本形式是 $z/(z-a)$,在利用部分分式展开法时,通常先将 $X(z)/z$ 展开求部分分式,然后每个分式再乘以 z,这样 $X(z)$ 既可展开成 $z/(z-a)$ 的形式;同时,又满足分母多项式的阶次不能低于分子多项式的阶次的条件。

2.4.3 z 变换的性质

z 变换的性质在离散信号分析与处理中有着很重要的作用,应认真掌握并能够运用它们解决实际问题。z 变换主要的性质参见附录D。

2.5 离散系统描述与分析

离散系统的分析方法在许多方面与连续系统的分析方法有着并行的相似性。例如,连续系统的数学模型是用微分方程来描述的,离散系统是用差分方程来表示的,而二者的求解方法在相当大的程度上一一对应;再如连续系统中,卷积方法的研究与应用有着极其重要的意义,与此类似,在离散系统的研究中,卷积和(简称卷积)的方法具有同样重要的地位,等等。但是,当我们模仿连续系统的某些方法学习离散系统理论的时候,必须注意它们之间存在着一些重要差异,正是由于这些差异的存在,才使得离散系统表现出某些独特的性能。

2.5.1 离散系统的数学模型

所谓离散时间系统,就是将输入序列变换为所要求的输出序列的系统,如图2.5.1所示,其中,$T[\cdot]$用来表示这种运算关系,即

$$y(n)=T[x(n)]$$

对 $T[\cdot]$加上不同的约束条件可定义各类离散系统。

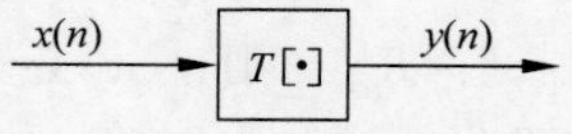

$x(n)$ → $T[\cdot]$ → $y(n)$

图2.5.1 离散系统

按离散系统的性能,可以将其划分为线性、非线性、移变、移不变等各种类型的离散系统。离散线性移不变系统在数学上的表征比较容易,并且它们可以用来实现多种有用的信号处理功能,是离散系统中最重要、最常用的系统。

1) 线性离散系统的特点

该系统满足齐次性和叠加性。

若

$$y_1(n)=T[x_1(n)],\quad y_2(n)=T[x_2(n)]$$

则当输入为 $a_1x_1(n)+a_2x_2(n)$ 时,输出为

$$\begin{aligned}T[a_1x_1(n)+a_2x_2(n)]&=a_1T[x_1(n)]+a_2T[x_2(n)]\\&=a_1y_1(n)+a_2y_2(n)\end{aligned}\tag{2.5.1}$$

式中，a_1，a_2 为任意常数。

2）移不变离散系统的特点

在同样初始状态之下，系统响应与激励施加于系统的时刻无关。

若 $T[x(n)]=y(n)$，则

$$T[x(n-m)]=y(n-m) \tag{2.5.2}$$

3）线性移不变离散系统的特点

线性移不变离散系统可用它的单位采样响应来表征。单位采样响应是指输入为单位冲激序列时系统的输出，一般用 $h(n)$ 表示，而线性移不变离散系统的输出恰恰可以表示成输入与单位采样响应的卷积和，即

$$y(n)=x(n)*h(n) \tag{2.5.3}$$

2.5.2 差分方程的描述

一个连续的线性时不变系统，其输入 $x(t)$ 和输出 $y(t)$ 之间的关系可以用一个常系数线性微分方程来描述，它反映了该系统的动态特性。而一个线性移不变离散时间系统的输入输出关系可用一个常系数线性差分方程表示，即

$$\sum_{k=0}^{N} a_k y(n-k)=\sum_{m=0}^{M} b_m x(n-m) \tag{2.5.4}$$

其中，若 $a_1,a_2,\cdots,a_N,b_1,b_2,\cdots,b_M$（决定系统特征）为常数，则为常系数差分方程；若系数中含有 n，则称为“变系数”线性差分方程；若各 $y(n-k)$ 以及各 $x(n-k)$ 项都只有一次幂，且不存在它们的相乘项，则为线性差分方程；若将非 $y(n-k)$ 型项都移到方程的右侧，且该侧等于零，则为齐次差分方程。

式(2.5.4)所示的差分方程，若无附加条件，则不能唯一地确定系统的输入输出关系。

用差分方程表示法可以直接得到系统的结构。此处我们所指的结构是将输入变换成输出的运算结构，用方框图表示。例如，一个一阶差分方程为

$$y(n)=b_0x(n)-a_1y(n-1)$$

其结构框图如图 2.5.2。

下面我们以一个实例说明如何为一个离散系统建立描述该系统的数学模型——差分方程。

例 2.5.1　一个离散系统的结构框图如图 2.5.3 所示，激励信号为 $x(n)$，响应序列为 $y(n)$，试写出描述系统工作的差分方程。

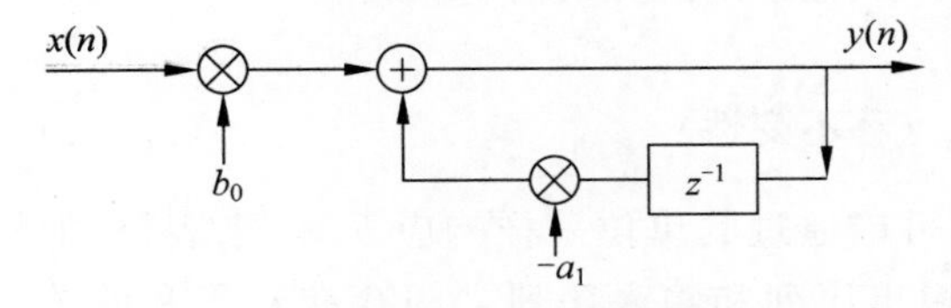

图 2.5.2　一阶差分方程的运算结构

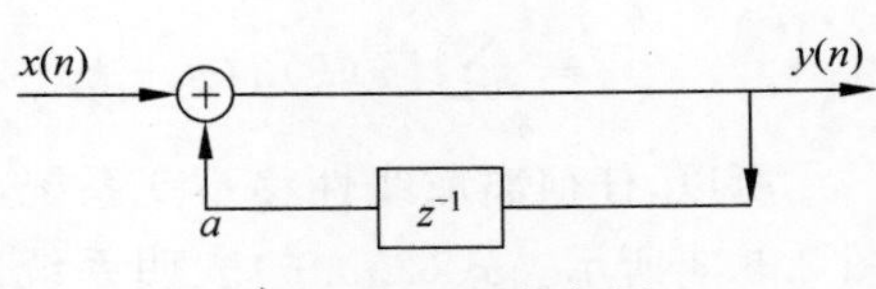

图 2.5.3　系统框图

解 $y(n)$经单位延时给出$y(n-1)$。围绕图中的相加器可以写出

$$y(n)=ay(n-1)+x(n)$$

经整理后得到

$$y(n)-ay(n-1)=x(n) \tag{2.5.5}$$

这就是一个一阶后向常系数线性差分方程式,差分方程式的阶数等于未知序列变量序号的最高与最低值之差。如果给定$x(n)$,而且知道$y(n)$的边界条件,解此差分方程即可求得响应序列$y(n)$。

一般来说,求解常系数线性差分方程的方法有以下几种:

(1) 迭代法:包括手算逐次代入求解或利用计算机求解。这种方法概念清楚,也比较简便,但只能得到其数值解,不能直接给出闭合形式(公式)解答。

(2) 时域经典法:与微分方程的时域经典法类似,先分别求齐次解与特解,然后代入边界条件求待定系数。这种方法便于从物理概念说明各响应分量之间的关系,但求解过程比较麻烦,在解决具体问题时不易采用。

(3) 分别求零输入响应和零状态响应:可以利用求齐次解的方法得到零输入响应,利用卷积和(简称卷积)的方法求零状态响应。与连续系统的情况类似,卷积方法在离散系统分析中同样占有十分重要的地位。

(4) 变换域方法:类似于连续系统分析中的拉普拉斯变换法,它利用z变换方法解差分方程,这在实际应用中是简便而有效的。

2.5.3 离散卷积的描述

我们知道,任何一个输入序列都可以表示为加权延时单位采样序列的线性组合,即

$$x(n)=\sum_{k=-\infty}^{\infty}x(k)\delta(n-k)$$

当将此任意序列加入到线性移不变系统时,系统的输出为

$$y(n)=T[x(n)]=T\left[\sum_{k=-\infty}^{\infty}x(k)\delta(n-k)\right]$$

考虑到线性移不变系统满足式(2.5.1)的齐次性与叠加性及式(2.5.2)的移不变条件,因此

$$\begin{aligned}y(n)&=\sum_{k=-\infty}^{\infty}x(k)T[\delta(n-k)] \quad \text{(线性系统的齐次性、叠加性)}\\&=\sum_{k=-\infty}^{\infty}x(k)h(n-k) \quad \text{(移不变性)}\end{aligned} \tag{2.5.6}$$

所以,任何离散线性移不变系统,均可以通过其单位采样响应$h(n)$来表征,如图2.5.4所示。式(2.5.6)表明系统的输出序列和输入序列之间存在卷积和的关系,称为离散卷积,记为$y(n)=x(n)*h(n)$。

卷积是一个非常重要的运算，它在数字信号处理过程中起着举足轻重的作用，并常常在已知系统的单位采样响应时，用它来计算相应的输入序列情况下的输出序列，所以，我们不仅要知道它的意义，还应熟练掌握其运算技巧。由式(2.5.6)可以看出，卷积计算过程应包括序列的翻转、移位、相乘、相加四个过程。

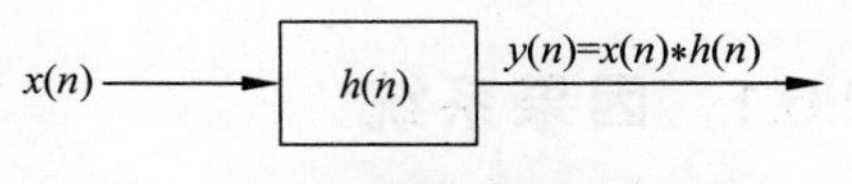

图 2.5.4　离散线性时不变系统

卷积的运算包括三种基本操作，即加法、乘法和延时，因此，可以借助计算机或数字硬件实现卷积运算；同时，我们可以很容易地证明离散卷积运算的几个基本规律。

1. 交换律

$$x(n) * h(n) = h(n) * x(n)$$

交换律表明，两个序列在次序上究竟谁对谁卷积是无关紧要的。

2. 结合律

$$\begin{aligned}[x(n) * h_1(n)] * h_2(n) &= [x(n) * h_2(n)] * h_1(n) \\ &= x(n) * [h_1(n) * h_2(n)]\end{aligned}$$

结合律表明，级联(串联)系统的变换，在合成效果上与级联的次序无关。

3. 分配律

$$x(n) * [h_1(n) + h_2(n)] = x(n) * h_1(n) + x(n) * h_2(n)$$

分配律表明，两个并联系统总的单位采样响应为各并联子系统单位采样响应之和。

4. 与单位采样序列的卷积

$$x(n) * \delta(n) = x(n)$$

5. 与移位单位采样序列的卷积

$$x(n) * \delta(n-k) = x(n-k)$$

2.6　物理可实现系统

由 2.5 节的分析我们可以看到，时域离散系统的线性和移不变的约束条件使计算系统的响应变得方便，即可以通过卷积计算来得到系统的输出。但是，对实际更为重要的约束条件是系统的因果性和稳定性，因为因果性和稳定性是保证系统的物理可实现的重要条件[7]。

2.6.1 因果系统

因果系统就是指某时刻的输出只取决于此时刻和此时刻以前时刻的输入的系统,即 $n=n_0$ 的输出 $y(n_0)$ 只取决于 $n\leqslant n_0$ 的输入 $x(n)|_{n\leqslant n_0}$。对于因果系统,如果 $n<n_0$ 时,$x_1(n)=x_2(n)$,则 $n<n_0$ 时,$y_1(n)=y_2(n)$。如果系统现在的输出还取决于未来的输入,则不符合因果关系,所以是非因果系统,是物理不可实现系统。

线性移不变系统是因果系统的充分且必要条件是

$$h(n)=0, \quad n<0 \tag{2.6.1}$$

证明　1) 充分性

若式(2.6.1)成立,则系统是因果的。

对于线性移不变系统

$$y(n)=\sum_{k=-\infty}^{\infty} x(k)h(n-k)$$

因 $n<0$ 时,$h(n)=0$,则 $k>n$ 时,$h(n-k)=0$,所以

$$y(n)=\sum_{k=-\infty}^{n} x(k)h(n-k)$$

输出 $y(n)$ 只和 $k\leqslant n$ 时的 $x(k)$ 值有关,系统的输出只取决于此时及此时以前的输入,故系统是因果的。

2) 必要性

若系统是因果的,则 $n<0$ 时,$h(n)=0$。

用反证法证。假如 $n<0$ 时,$h(n)\neq 0$,则 $k>n$ 时,$h(n-k)$就不为零,卷积

$$y(n)=\sum_{k=-\infty}^{\infty} x(k)h(n-k)=\sum_{k=-\infty}^{n} x(k)h(n-k)+\sum_{k=n+1}^{\infty} x(k)h(n-k)$$

中的和式 $\sum\limits_{k=n+1}^{\infty} x(k)h(n-k)$ 中至少有一项不等于零,$y(n)$将至少和 $k>n$ 时的一个 $x(k)$ 值有关,即输出将取决于未来的输入,因而是非因果的系统。假设不成立。

类似因果系统的定义,习惯上称 $n<0$ 时,$x(n)=0$ 的序列 $x(n)$为因果序列。一个因果系统的单位取样响应就是一个因果序列。

2.6.2 稳定系统

稳定系统就是指输入信号序列有界,并能保证输出信号序列也有界的系统。

一个线性移不变系统完全由单位取样响应 $h(n)$来表征,因此,系统的稳定性必然和 $h(n)$有关。

线性移不变系统稳定的充分且必要条件是系统的单位取样响应 $h(n)$绝对可和,即

$$S = \sum_{n=-\infty}^{\infty} |h(n)| < \infty \tag{2.6.2}$$

证明　1）充分性

若 $h(n)$满足式(2.6.2)，输入信号 $x(n)$有界，即对所有 n，$|x(n)| \leqslant M$，则输出 $y(n)$满足

$$|y(n)| = \left|\sum_{k=-\infty}^{\infty} h(k)x(n-k)\right| \leqslant \sum_{k=-\infty}^{\infty} |h(k)||x(n-k)|$$

$$\leqslant M \sum_{k=-\infty}^{\infty} |h(k)| < \infty$$

因此，输出信号 $y(n)$是有界的。

2）必要性

用反证法证。若 $h(n)$不满足式(2.6.2)，即 $S = \sum_{n=-\infty}^{\infty} |h(n)| = \infty$，则当有界输入为

$$x(n) = \begin{cases} h^*(-n)/|h(-n)|, & h(n) \neq 0 \quad (* \text{ 表示取共轭复数}) \\ 0, & h(n) = 0 \end{cases}$$

时，输出序列 $y(n)$在 $n=0$ 点的值为

$$y(0) = \sum_{k=-\infty}^{\infty} x(0-k)h(k) = \sum_{k=-\infty}^{\infty} \frac{|h(k)|^2}{|h(k)|} = S = \infty$$

即在 $n=0$ 点输出无界。假设不成立。

2.6.3　物理可实现系统

同时满足因果性、稳定性条件，即满足

$$S = \sum_{n=-\infty}^{\infty} |h(n)| < \infty, \quad h(n) = 0, \quad n < 0$$

条件的系统称为稳定的因果系统即物理可实现系统。这种系统的单位取样响应既是单边的，又是有界的，因而这种系统既是可实现的，又是稳定工作的。稳定的因果系统是设计一切数字系统的目标。

例 2.6.1　设某线性移不变系统，其单位采样响应为 $h(n) = a^n u(n)$。

(1) 讨论其因果性；

(2) 讨论其稳定性。

解　(1) $n<0$ 时，$h(n)=0$，故此系统是因果系统。

(2) $\sum_{n=-\infty}^{\infty} |h(n)| = \sum_{n=0}^{\infty} |a^n| = \begin{cases} \dfrac{1}{1-|a|}, & |a| < 1 \\ \infty, & |a| \geqslant 1 \end{cases}$

故$|a|<1$时系统是稳定系统。

■

例2.6.2　设一理想低通滤波器的单位采样响应为

$$h(n)=\frac{\sin(\omega_c n)}{n\pi}$$

(1) 讨论其因果性；

(2) 讨论其稳定性。

解　(1) $n<0$时，$h(n)\neq 0$，故此系统是非因果系统。

(2) $\sum_{n=-\infty}^{\infty}|h(n)|=\sum_{n=-\infty}^{\infty}\left|\frac{\sin(\omega_c n)}{n\pi}\right|=\infty$，故此系统是非稳定系统。

■

频率特性为理想矩形的理想低通滤波器及理想微分器等许多重要网络，都是非因果的、不可实现的系统。但是，如果不是实时处理，或即便是实时处理也允许有很大延时，则对于某一输出$y(n)$来说，可把大量的"未来"输入$x(n+1)$，$x(n+2)$，…存储在存储器中以备调用，因而可用具有很大延时的因果系统去逼近非因果系统，以获得比模拟系统更接近理想的特性，这是数字系统优于模拟系统的地方。

所以，例2.6.2所示的系统虽然它在物理上是不能实现的，但是，在理论上有极其重要的意义。

2.7　与本章内容有关的MATLAB函数

与本章内容有关的MATLAB函数很多，本节只介绍一些与信号的产生、卷积、相关计算和z变换有关的函数[7-9]。

1. rand

该函数用来产生均值为0.5、幅度在0～1均匀分布的伪随机数，在信号处理中通常用来近似均匀分布的白噪声信号$u(n)$。理想的白噪声信号的频谱在整个频率范围内都有值，而且频谱的幅度都一样。其调用格式为

```
u = rand(N)    或    u = rand(M,N)
```

前者表示u为N维向量，后者表示u为$M\times N$维的矩阵。

2. randn

该函数用来产生均值为0、方差为1、服从高斯(正态)分布的白噪声信号$u(n)$，其调用格式和rand相同。

例2.7.1　如图2.7.1所示，产生一个叠加白噪声的正弦信号。

解　MATLAB程序如下：

```
% examp2_1.m
clear all                                % 清除内存中保存的 MATLAB 变量
```

```
close all                          % 关闭所有图形窗口
clc                                % 清屏

fs = 1500;                         % 设置采样频率
N = 512;                           % 设置采样点数
n = 0:N - 1;
dt = 1/fs;
x = sin(2 * pi * 60 * n * dt) + randn(1,N);
% 叠加白噪声的正弦信号。MATLAB 中的函数 sin,cos,exp,square,sawtooth 分别用
% 来产生正弦信号、余弦信号、方波、锯齿波等
plot(n,x);                         % plot 是 MATLAB 中的绘图函数
xlabel('n');                       % 给 x 轴加标注
ylabel('x(n)');                    % 给 y 轴加标注
title('sin + randn signal');       % 给图形加题注
grid                               % 加网格
```

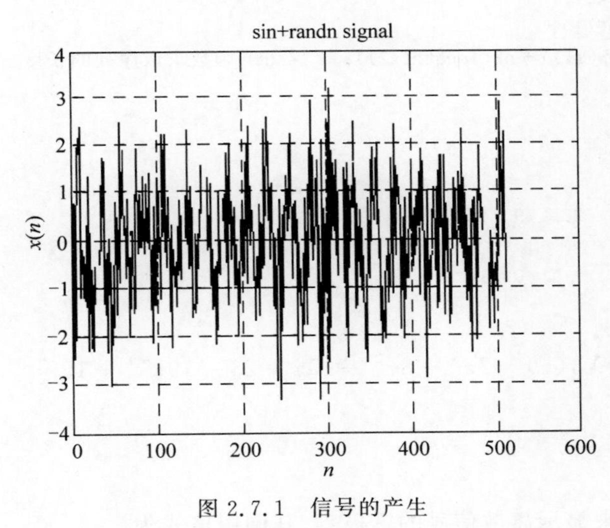

图 2.7.1 信号的产生

■

3. conv

该函数用来实现两个离散序列的线性卷积,其调用格式为

```
y = conv(x,h)
```

若 x 的长度为 N,h 的长度为 M,则 y 的长度为 $L=N+M-1$。该函数默认序列从 $n=0$ 开始,但是,如果序列从负值开始,即

$$\{x(n),s_1 \leqslant n \leqslant e_1\},\quad \{h(n),s_2 \leqslant n \leqslant e_2\}$$

其中,$s_1<0$ 或 $s_2<0$,或者两者均为负,就不能直接采用 conv 函数,其卷积序列为

$$\{y(n),s_3 \leqslant n \leqslant s_4\},\quad s_3=s_1+s_2,\quad e_3=e_1+e_2$$

例 2.7.2 设

$$X_1(z)=z+2+3z^{-1},\quad X_2(z)=2z^2+4z+3+5z^{-1}$$

求 $X_3(z)=X_1(z)X_2(z)$,并写出相应的 MATLAB 程序。

解 由 z 变换的定义可知,

$$x_1(n)=\{1,2,3\},\quad n=\{-1,0,1\}$$

$$x_2(n)=\{2,4,3,5\},\quad n=\{-2,-1,0,1\}$$

可以通过求 $x_1(n)$,$x_2(n)$的卷积,再求其 z 变换得到 $X_3(z)$。

MATLAB 程序如下:

```
% examp2_2.m
x1 = [1,2,3];
x2 = [2,4,3,5];
n1 = -1:1;
n2 = -2:1;
x3 = conv(x1,x2);
s3 = n1(1) + n2(1);
e3 = n1(length(x1)) + n2(length(x2)); % length 函数求取序列的长度
n3 = [s3:e3];
```

从而求得

```
x3 =
     2   8   17   23   19   15
n3 =
    -3   -2   -1   0   1   2
```

从而有

$$X_3(z)=2z^3+8z^2+17z+23+19z^{-1}+15z^{-2}$$

■

4. zplane

该函数可用来显示离散信号的零极点,其调用格式为

```
zplane(z,p)  或  zplane(b,a)
```

前者是在已知零极点(z,p)的情况下画出零极点图,后者是在仅知道分子(b)和分母(a)系数的情况下画出零极点图。

5. residuez

该函数用来将 z 的有理分式分解成简单的有理分式的和,实现部分分式分解求 z 逆变换

$$X(z)=\frac{B(z)}{A(z)}=\frac{\sum_{i=0}^{m}b_i z^{-i}}{1+\sum_{i=1}^{n}a_i z^{-i}}$$

调用格式为

```
[r,p,k] = residuez(b,a)
```

其中,p 为极点；r 代表相应极点处的留数；k 为分解后的余项。

6. xcorr

该函数用来求两个信号的互相关,调用格式为

```
rxy = xcorr (x,y)
rxy = xcorr (x,y,Mlag,'option')
[rxy,lags] = xcorr(x,y,Mlag,'option')
```

式中,x,y 为等长的信号序列；rxy 是序列 x,y 的互相关函数,若 x,y 的长度都是 N,则 rxy 的长度为 $2N-1$,若 x,y 的长度不等,则将短的序列补零；lags 是返回长度；option 是选择项,若 option＝biased,则表示有偏估计,将 rxy 都除以 N,若 option＝unbiased,则表示无偏估计,将 rxy 都除以（$N-\text{abs}(m)$）,若 option＝coeff,则表示序列归一化,使零延迟的自相关函数为 1,若 option 默认,则 rxy 不定标。Mlag 表示 x 和 y 的最大延迟,返回 rxy 总的长度为 2Mlag＋1,默认为 $2N-1$。

该函数也可以用来求一个信号的自相关,调用格式

```
rx = xcorr(x)
rx = xcorr(x,Mlag,'option')
```

其中,Mlag 表示 rx 的单边长度,返回 rx 总的长度为 2Mflag＋1；option 选项也用于自相关函数。

例 2.7.3　已知两个周期信号

$$x(t)=\sin(2\pi ft),\quad y(t)=0.5\sin(2\pi ft+\pi/2)$$

其中,$f=10\text{Hz}$。求互相关函数 R_{xy}。

解　MATLAB 程序如下：

```
%examp2_3.m
fs = input('the sampling frequency = ');           %设置采样频率
N = input('the sampling number = ');               %设置采样点数
n = 0:N - 1;
dt = 1/fs;
mlag = 200;
x = sin(2 * pi * 10 * n * dt);                     %产生信号
y = 0.5 * sin(2 * pi * 10 * n * dt + pi/2);
[rxy,lags] = xcorr(x,y,mlag,'unbiased');           %求互相关
plot (lags/fs,rxy);
xlabel('t'); ylabel('Rxy(t)');
```

%$f_s=500\text{Hz}$,$N=1000$ 的结果如图 2.7.2 所示。

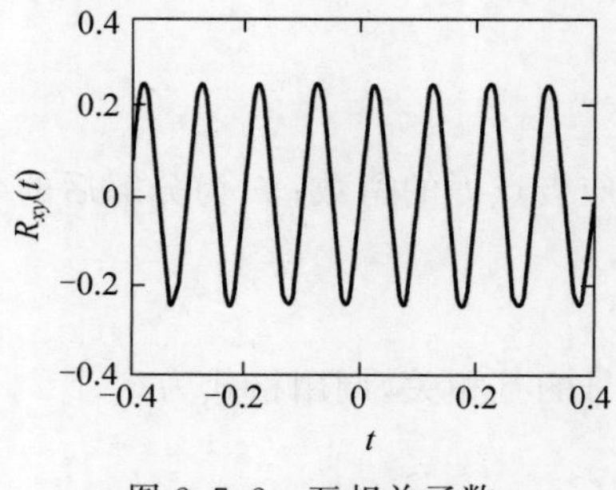

图 2.7.2 互相关函数

小结

本章主要介绍离散时间信号与系统分析的基本概念。首先介绍离散时间信号的表示、常用序列和序列的运算；接着介绍联系连续时间和离散时间的信号采样定理，离散时间信号的相关分析，序列的 z 变换、基本性质及逆 z 变换；最后给出离散系统的基本概念。

习题和上机练习

2.1 对某种模拟信号 $x(t)$，若采样时间周期 T 分别为 4ms，8ms，16ms，试求这种模拟信号的截止频率 f_c 分别应在多少赫(Hz)以内？

2.2 采样时间周期与哪些因素有关？如何选择采样周期？

2.3 考虑离散时间序列

$$x(n)=\cos\frac{n\pi}{8}$$

求两个不同的连续时间信号，使对它们以频率 $f_s=10\text{Hz}$ 采样产生上述序列。

2.4 如果 $x_a(t)$ 的奈奎斯特频率是 Ω_s，下列从 $x_a(t)$ 导出的信号的奈奎斯特频率是多少？

(1) $\dfrac{\mathrm{d}x_a(t)}{\mathrm{d}t}$；

(2) $x_a(2t)$；

(3) $x_a^2(t)$；

(4) $x_a(t)\cos(\Omega_0 t)$。

2.5 一个数据采集系统的输入包含以下的离散频率：52.5kHz，205kHz，195kHz，143kHz，243kHz。若采样频率为 100kHz，试问各频率的输出是什么？

2.6 试画出下列时域序列：

(1) $x_1(n)=\delta(n)+u(n-1)$；(2) $x_2(n)=2\delta(n-2)-\delta(n+3)$；

(3) $x_3(n)=u(-n+1)$；(4) $x_4(n)=3\sin(1.8\pi n)u(n)$；

(5) $x_5(n)=(1/2)^n u(n)$；(6) $x_6(n)=u(n)-u(n+4)$。

2.7　已知 $x(n)$ 如图题 2.7 所示，试求下面各序列：

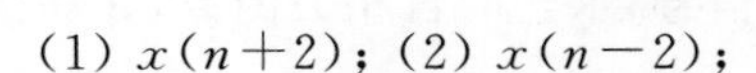

(1) $x(n+2)$；(2) $x(n-2)$；

(3) $x(-n+2)$；(4) $x(-n-2)$；(5) $x(2n)$。

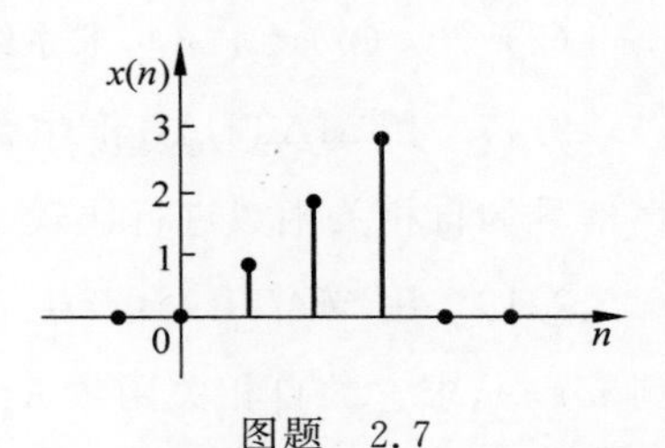

图题　2.7

2.8　试求下列正弦序列的周期：

(1) $x_1(n)=3\sin(0.05\pi n)$；

(2) $x_2(n)=-\sin(0.055\pi n)$；

(3) $x_3(n)=2\sin(0.05\pi n)+3\sin(0.12\pi n)$；

(4) $x_4(n)=5\cos(0.6n)$。

2.9　已知一非正弦周期信号为

$$x(t)=A_1\cos(\omega_1 t+\theta_1)+A_2\cos(\omega_2 t+\theta_2)$$

求其自相关函数并画出其图形。

2.10　线性移不变系统，其单位采样响应为指数序列 $h(n)=a^n u(n)$，其中 $0<|a|<1$，求其对矩形输入序列

$$R(n)=\begin{cases}1, & 0\leqslant n\leqslant N-1\\0, & \text{其他}\end{cases}$$

的输出序列。

2.11　试对相关函数与卷积进行比较和分析。

2.12　求双边序列 $x(n)=a^n u(n)-b^n u(-n-1)$ 的 z 变换及收敛域，式中 $|a|<|b|$。

2.13　确定下列序列的 z 变换并写出其收敛域：

(1) $x(n)=a^{|n|}$，($|a|<1$)；　　(2) $x(n)=(1/2)^n u(n)$；

(3) $x(n)=1/n$，($n\geqslant 1$)；　　(4) $x(n)=n\sin(\omega_0 n)$，($n\geqslant 0$)。

2.14　分别用留数法、长除法、部分分式法求以下的 $X(z)$ 的 z 反变换：

(1) $X(z)=\dfrac{1-\frac{1}{2}z^{-1}}{1-\frac{1}{4}z^{-2}}$，$|z|>\dfrac{1}{2}$；　　(2) $X(z)=\dfrac{z-a}{1-az}$，$|z|>\left|\dfrac{1}{a}\right|$；

(3) $X(z)=\dfrac{z-2}{z-\frac{1}{4}}$，$|z|<\dfrac{1}{4}$。

*2.15　列出单位冲激信号、单位阶跃信号、正弦信号的 MATLAB 表达式，并绘出信号波形。

*2.16　已知系统 $H(z)=\dfrac{-0.2z}{z^2+0.8}$。

(1) 求该系统的单位采样响应 $h(n)$,并绘出其图形;

(2) 令 $x(n)=u(n)$,求系统的单位阶跃响应,并绘出其图形。

*2.17　用 MATLAB 产生叠加白噪声的正弦信号,求它的自相关函数,并和白噪声信号的自相关函数进行比较。

*2.18　用 MATLAB 产生 $N=100$,且均值为零、方差为 $\sigma_w^2=1/12$ 的白噪声序列 $w(n)$,求它的自相关函数 $R_{ww}(m)$,$0\leqslant m\leqslant 15$。

*2.19　分别用 MATLAB 产生两个较长的白噪声序列,一个服从均匀分布,一个服从高斯分布,分别计算它们的自相关函数,并画出其图形。

*2.20　使用 MATLAB 计算有限长序列

$$x(n)=\{1,3,-2,1,2,-1,4,4,2\}$$

和

$$y(n)=\{2,-1,4,1,-2,3\}$$

的自相关函数和互相关函数,对 $x(n)$ 加一随机噪声,再计算其自相关函数,并与原自相关函数相比较。

参考文献

[1] 靳希,杨尔滨,赵玲.信号处理原理与应用[M].北京:清华大学出版社,2004.
[2] 徐科军,全书海,王建华.信号处理技术[M].武汉:武汉理工大学出版社,2001.
[3] 王世一.数字信号处理[M].北京:北京工业学院出版社,1987.
[4] 沈兰荪.高速数据采集系统的原理与应用[M].北京:人民邮电出版社,1995.
[5] 徐科军,马修水,李晓林,等.传感器与检测技术[M].5版.北京:电子工业出版社,2021.
[6] 奥本海姆,谢弗.数字信号处理[M].董士嘉,等译.北京:科学出版社,1980.
[7] 胡广书.数字信号处理理论、算法与实现[M].2版.北京:清华大学出版社,2003.
[8] 陈亚勇.MATLAB信号处理详解[M].北京:人民邮电出版社,2001.
[9] Mitra S K. 数字信号处理——基于计算机的方法(影印版)[M].北京:清华大学出版社,2001.

第3章 离散傅里叶变换和快速傅里叶变换

通过第1章的学习，我们已经知道了傅里叶变换。傅里叶变换的本质是建立以“时间”为变量的信号与以“频率”为变量的频谱函数之间的变换关系，换言之，傅里叶变换定义了时域和频域之间的一种变换，或者说映射。这里的“时间”和“频率”变量可以取连续值和离散值，从而形成几种形式的傅里叶变换对。离散傅里叶变换是有限长序列的傅里叶变换，它相当于把信号的傅里叶变换进行等间隔采样。离散傅里叶变换除了在理论上具有重要意义之外，由于存在快速算法，在数字信号处理中的应用也越来越广泛。下面首先回顾已学过的连续时间信号的傅里叶变换，然后详细介绍离散傅里叶变换和快速傅里叶变换。

3.1 连续时间信号的傅里叶变换

3.1.1 时间连续频率离散的傅里叶变换

周期为 T 的周期性连续时间函数 $x(t)$，可以展开成傅里叶级数，级数的系数为 $X(k\Omega_0)$。$x(t)$ 和 $X(k\Omega_0)$ 组成变换对，正变换为

$$X(k\Omega_0)=\frac{1}{T}\int_{-T/2}^{T/2}x(t)\mathrm{e}^{-\mathrm{j}k\Omega_0 t}\,\mathrm{d}t \qquad (3.1.1)$$

反变换为

$$x(t)=\sum_{k=-\infty}^{\infty}X(k\Omega_0)\mathrm{e}^{\mathrm{j}k\Omega_0 t} \qquad (3.1.2)$$

式中，$X(k\Omega_0)$ 是离散频率的非周期函数；$\Omega_0=2\pi/T$ 为离散频谱相邻两谱线的角频率间隔；k 为谐波序号。

式(3.1.1)表明，周期性连续时间信号 $x(t)$ 可分解为由无穷次谐波叠加而成，级数系数的绝对值 $|X(k\Omega_0)|$ 代表谐波成分的大小。

3.1.2 时间连续频率连续的傅里叶变换

时间连续的非周期信号 $x(t)$ 的傅里叶变换的结果是连续的非周期的频谱密度 $X(\mathrm{j}\Omega)$，变换公式为

$$X(\mathrm{j}\Omega)=\int_{-\infty}^{\infty} x(t)\mathrm{e}^{-\mathrm{j}\Omega t}\,\mathrm{d}t \tag{3.1.3}$$

$$x(t)=\frac{1}{2\pi}\int_{-\infty}^{\infty} X(\mathrm{j}\Omega)\mathrm{e}^{\mathrm{j}\Omega t}\,\mathrm{d}\Omega \tag{3.1.4}$$

式中，Ω 是模拟信号的角频率，简称模拟角频率，单位是 rad/s。由此可见，时域函数的连续性造成了频域函数的非周期性，而时域的非周期性造成了频谱的连续性。

3.2 离散傅里叶变换及性质

离散傅里叶变换是有限长度序列的傅里叶表示式，同时它本身也是一个序列，而不是一个连续函数，它相当于把信号的傅里叶变换进行频率间隔采样。由于发明了计算离散傅里叶变换的快速算法，所以，离散傅里叶变换在离散时间信号分析与处理中应用非常广泛。

3.2.1 序列的傅里叶变换

对于一般序列 $x(n)$，定义傅里叶变换为

$$X(\mathrm{e}^{\mathrm{j}\omega})=\sum_{n=-\infty}^{\infty} x(n)\mathrm{e}^{-\mathrm{j}\omega n} \tag{3.2.1}$$

式中，ω 为离散信号的圆周频率，简称圆周频率或数字频率，单位是 rad。它和模拟角频率 Ω 的关系在下面说明。序列的傅里叶变换也称为离散时间傅里叶变换(DTFT)。

由式(3.2.1)得

$$\begin{aligned}X(\mathrm{e}^{\mathrm{j}(\omega+2\pi)})&=\sum_{n=-\infty}^{\infty} x(n)\mathrm{e}^{-\mathrm{j}(\omega+2\pi)n}=\mathrm{e}^{-\mathrm{j}2\pi n}\sum_{n=-\infty}^{\infty} x(n)\mathrm{e}^{-\mathrm{j}\omega n}\\&=X(\mathrm{e}^{\mathrm{j}\omega})\end{aligned}$$

所以，$X(\mathrm{e}^{\mathrm{j}\omega})$ 是 ω 的周期函数，周期为 2π。

用 $\mathrm{e}^{\mathrm{j}\omega m}$ 乘以式(3.2.1)，并在 $-\pi\sim\pi$ 内对 ω 积分，并考虑到虚指函数的正交性，有

$$\begin{aligned}\int_{-\pi}^{\pi} X(\mathrm{e}^{\mathrm{j}\omega})\mathrm{e}^{\mathrm{j}\omega m}\,\mathrm{d}\omega&=\int_{-\pi}^{\pi}\Big(\sum_{n=-\infty}^{\infty} x(n)\mathrm{e}^{-\mathrm{j}\omega n}\Big)\mathrm{e}^{\mathrm{j}\omega m}\,\mathrm{d}\omega\\&=\sum_{n=-\infty}^{\infty} x(n)\int_{-\pi}^{\pi}\mathrm{e}^{\mathrm{j}\omega(m-n)}\,\mathrm{d}\omega=2\pi\sum_{n=-\infty}^{\infty} x(n)\delta(m-n)=2\pi x(m)\end{aligned}$$

所以

$$x(n)=\frac{1}{2\pi}\int_{-\pi}^{\pi}X(\mathrm{e}^{\mathrm{j}\omega})\mathrm{e}^{\mathrm{j}\omega n}\,\mathrm{d}\omega \tag{3.2.2}$$

这是 DTFT 的反变换公式。式(3.2.1)和式(3.2.2)为序列的傅里叶变换对，即离散时间信号的傅里叶变换对。

我们已经学习了模拟角频率 Ω，圆周频率 ω，它们之间的关系如下：

$$\omega=\Omega T_{\mathrm{s}}=2\pi f/f_{\mathrm{s}} \tag{3.2.3}$$

其中，T_{s} 为采样时间间隔；$f_{\mathrm{s}}=1/T_{\mathrm{s}}$ 是采样频率。如果在式(3.2.3)中令

$$f'=f/f_{\mathrm{s}} \tag{3.2.4}$$

则 $\omega=2\pi f'$，f' 称为归一化频率或相对频率。这样便可得到对离散序列作 DTFT 时频率轴定标的物理解释[1]，如图 3.2.1 所示。

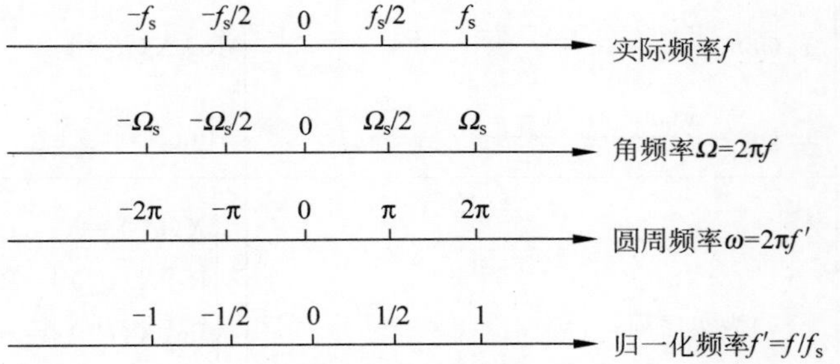

$-f_s$　$-f_s/2$　0　$f_s/2$　f_s　实际频率 f

$-\Omega_s$　$-\Omega_s/2$　0　$\Omega_s/2$　Ω_s　角频率 $\Omega=2\pi f$

-2π　$-\pi$　0　π　2π　圆周频率 $\omega=2\pi f'$

-1　-1/2　0　1/2　1　归一化频率 $f'=f/f_s$

图 3.2.1　四种频率

由于存在以下关系：

$$X(\mathrm{e}^{\mathrm{j}\omega})=X(z)\big|_{z=\mathrm{e}^{\mathrm{j}\omega}}=\sum_{n=-\infty}^{\infty}x(n)z^{-n}\Big|_{z=\mathrm{e}^{\mathrm{j}\omega}}=\sum_{n=-\infty}^{\infty}x(n)\mathrm{e}^{-\mathrm{j}\omega n}$$

所以，序列的傅里叶变换就是单位圆上($|z|=1$)的 z 变换，故序列的傅里叶变换的一切特性，皆可由 z 变换得到。表 3.2.1 是序列傅里叶变换的主要性质，其中，性质 13～性质 18 是傅里叶变换的对称性质，它有助于简化运算和求解，这里做以下说明。

表 3.2.1　序列傅里叶变换的主要性质

序　号	序　列	傅里叶变换
1	$x(n)$	$X(\mathrm{e}^{\mathrm{j}\omega})$
2	$h(n)$	$H(\mathrm{e}^{\mathrm{j}\omega})$
3	$ax(n)+bh(n)$	$aX(\mathrm{e}^{\mathrm{j}\omega})+bH(\mathrm{e}^{\mathrm{j}\omega})$
4	$x(n-m)$	$\mathrm{e}^{-\mathrm{j}\omega m}X(\mathrm{e}^{\mathrm{j}\omega})$
5	$a^{n}x(n)$	$X\left(\frac{1}{a}\mathrm{e}^{\mathrm{j}\omega}\right)$
6	$x(n)\mathrm{e}^{\mathrm{j}\omega_0 n}$	$X\left(\mathrm{e}^{\mathrm{j}(\omega-\omega_0)}\right)$
7	$nx(n)$	$\mathrm{j}\,\frac{\mathrm{d}X(\mathrm{e}^{\mathrm{j}\omega})}{\mathrm{d}\omega}$

续表

序号	序列	傅里叶变换
8	$x(n)*h(n)$	$X(e^{j\omega})H(e^{j\omega})$
9	$x(n)h(n)$	$\frac{1}{2\pi}\int_{-\pi}^{\pi}X(e^{j\theta})H(e^{j(\omega-\theta)})d\theta$
10	$x^*(n)$	$X^*(e^{-j\omega})$
11	$x(-n)$	$X(e^{-j\omega})$
12	$x^*(-n)$	$X^*(e^{j\omega})$
13	$\mathrm{Re}[x(n)]$	$X_e(e^{j\omega})=\frac{X(e^{j\omega})+X^*(e^{-j\omega})}{2}$
14	$\mathrm{jIm}[x(n)]$	$X_o(e^{j\omega})=\frac{X(e^{j\omega})-X^*(e^{-j\omega})}{2}$
15	$x_e(n)=\frac{x(n)+x^*(-n)}{2}$	$\mathrm{Re}[X(e^{j\omega})]$
16	$x_o(n)=\frac{x(n)-x^*(-n)}{2}$	$\mathrm{jIm}[X(e^{j\omega})]$
17	$x(n)$为实序列	$\begin{cases}X(e^{j\omega})=X^*(e^{-j\omega})\\ \mathrm{Re}[X(e^{j\omega})]=\mathrm{Re}[X(e^{-j\omega})]\\ \mathrm{Im}[X(e^{j\omega})]=-\mathrm{Im}[X(e^{-j\omega})]\\ \lvert X(e^{j\omega})\rvert=\lvert X(e^{-j\omega})\rvert\\ \arg[X(e^{j\omega})]=-\arg[X(e^{-j\omega})]\end{cases}$
18	$x_e(n)=\frac{x(n)+x(-n)}{2}$($x(n)$为实序列)	$\mathrm{Re}[X(e^{j\omega})]$
19	$x_o(n)=\frac{x(n)-x(-n)}{2}$($x(n)$为实序列)	$\mathrm{jIm}[X(e^{j\omega})]$
20	$\sum_{n=-\infty}^{\infty}x(n)y^*(n)=\frac{1}{2\pi}\int_{-\pi}^{\pi}X(e^{j\omega})Y^*(e^{j\omega})d\omega$(Parsval 公式)	
21	$\sum_{n=-\infty}^{\infty}\lvert x(n)\rvert^2=\frac{1}{2\pi}\int_{-\pi}^{\pi}\lvert X(e^{j\omega})\rvert^2d\omega$(Parsval 公式)	

共轭对称序列定义为满足

$$x_e(n)=x_e^*(-n) \tag{3.2.5}$$

的序列 $x_e(n)$。当共轭对称序列是实数时,条件变为 $x_e(n)=x_e(-n)$,即 $x_e(n)$ 为偶对称序列。

共轭反对称序列定义为满足

$$x_o(n)=-x_o^*(-n) \tag{3.2.6}$$

的序列 $x_o(n)$。当共轭反对称序列是实数时,条件变为 $x_o(n)=-x_o(-n)$,即

$x_o(n)$为奇对称序列。

任意一个序列$x(n)$总可以表示成一个共轭对称序列和共轭反对称序列之和，即

$$x(n)=x_e(n)+x_o(n) \tag{3.2.7}$$

其中，

$$x_e(n)=\frac{1}{2}[x(n)+x^*(-n)] \tag{3.2.8a}$$

$$x_o(n)=\frac{1}{2}[x(n)-x^*(-n)] \tag{3.2.8b}$$

同理，$x(n)$的傅里叶变换$X(e^{j\omega})$也可分解成共轭对称分量和共轭反对称分量之和，即

$$X(e^{j\omega})=X_e(e^{j\omega})+X_o(e^{j\omega}) \tag{3.2.9}$$

其中，

$$X_e(e^{j\omega})=\frac{1}{2}[X(e^{j\omega})+X^*(e^{-j\omega})] \tag{3.2.10a}$$

$$X_o(e^{j\omega})=\frac{1}{2}[X(e^{j\omega})-X^*(e^{-j\omega})] \tag{3.2.10b}$$

由以上的定义可以得到列于表3.2.1中的傅里叶变换的一些对称性质。

由第2章离散系统的基本概念可知，线性移不变系统单位采样响应$h(n)$和系统的频率响应$H(e^{j\omega})$也是一对DTFT变换对，即存在如下关系：

$$H(e^{j\omega})=\sum_{n=-\infty}^{\infty}h(n)e^{-j\omega n} \tag{3.2.11}$$

$$h(n)=\frac{1}{2\pi}\int_{-\pi}^{\pi}H(e^{j\omega})e^{j\omega n}d\omega \tag{3.2.12}$$

例3.2.1 设矩形窗

$$d(n)=\begin{cases}1, & 0\leqslant n\leqslant N-1\\0, & n\text{为其他值}\end{cases}$$

若$h(n)=d(n)$，求$N=5$时系统的频率响应[2]。

解 由式(3.2.11)得到

$$H(e^{j\omega})=\sum_{n=-\infty}^{\infty}h(n)e^{-j\omega n}=\sum_{n=0}^{N-1}e^{-j\omega n}=\frac{1-e^{-j\omega N}}{1-e^{-j\omega}}=\frac{e^{-j\omega N/2}(e^{j\omega N/2}-e^{-j\omega N/2})}{e^{-j\omega/2}(e^{j\omega/2}-e^{-j\omega/2})}$$

$$=e^{-j\omega(N-1)/2}\frac{\sin(\omega N/2)}{\sin(\omega/2)} \tag{3.2.13}$$

$$H(e^{j\omega})=H_R(e^{j\omega})+H_I(e^{j\omega})=|H(e^{j\omega})|\exp\{\varphi(\omega)\} \tag{3.2.14}$$

可见，矩形窗幅频响应和相频响应分别为

$$|H(e^{j\omega})|=|\sin(\omega N/2)/\sin(\omega/2)| \tag{3.2.15}$$

$$\varphi(\omega)=\arctan\frac{H_I(e^{j\omega})}{H_R(e^{j\omega})}=-\omega(N-1)/2 \tag{3.2.16}$$

当 $N=1$ 时，$\varphi(\omega)=0$

当 $N=2$ 时，$\varphi(\omega)=\begin{cases}-\omega/2, 0\leqslant\omega<\pi \\ -\omega/2+\pi, \pi\leqslant\omega<2\pi\end{cases}$

当 $N=3$ 时，$\varphi(\omega)=\begin{cases}-\omega, 0\leqslant\omega<\dfrac{2}{3}\pi \\ -\omega+\pi, \dfrac{2}{3}\pi\leqslant\omega<\dfrac{4}{3}\pi \\ -\omega+2\pi, \dfrac{4}{3}\pi\leqslant\omega<2\pi\end{cases}$

当 $N=4$ 时，……

所以，$\varphi(\omega)=\begin{cases}-\omega(N-1)/2, 0\leqslant\omega<\dfrac{2\pi}{N} \\ -\omega(N-1)/2+\pi, \dfrac{2\pi}{N}\leqslant\omega<\dfrac{4\pi}{N} \\ \vdots \\ -\omega(N-1)/2+(n-1)\pi, \dfrac{2(n-1)\pi}{N}\leqslant\omega<\dfrac{2n\pi}{N} \\ \vdots \\ -\omega(N-1)/2+(N-1)\pi, \dfrac{2(N-1)\pi}{N}\leqslant\omega<2\pi\end{cases}$

可见，每隔$\dfrac{2\pi}{N}$的整数倍相位翻转(频率响应由负变正或由正变负)，所以，每隔$\dfrac{2\pi}{N}$的整数倍相位要加上 π，如图 3.2.2 所示。

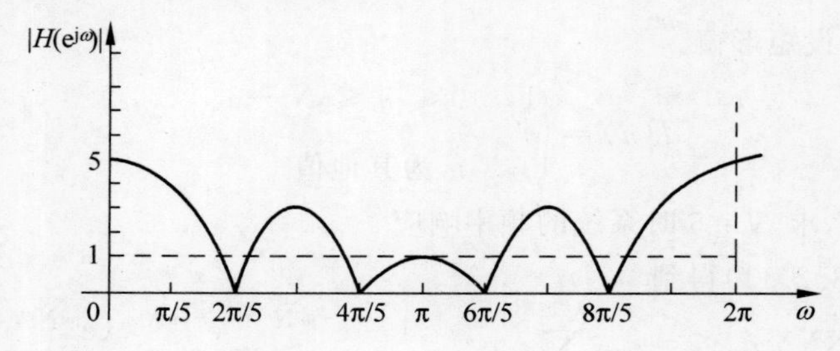

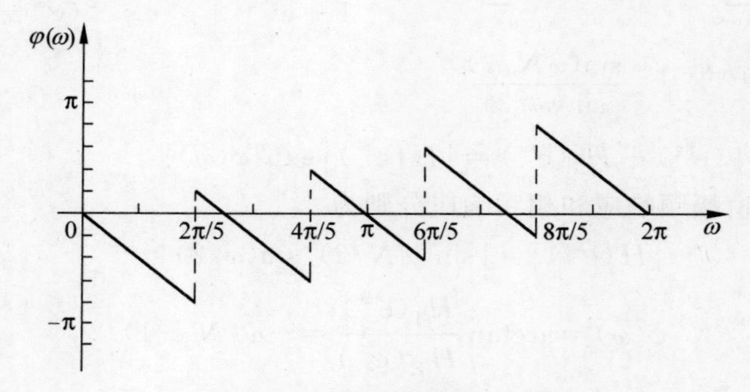

图 3.2.2 矩形窗的频率响应

3.2.2 离散傅里叶变换

有限长序列在数字信号处理中占有很重要的地位，计算机只能处理有限长序列，3.2.1节讨论的序列的傅里叶变换可以分析有限长序列，但是，无法利用计算机进行数值计算。本节以有限长度序列和周期序列之间的关系为出发点推导离散傅里叶变换(DFT)表示式，首先讨论周期序列的傅里叶级数表示式，它相当于有限长度序列的离散傅里叶变换，然后讨论可以作为周期函数一个周期的有限长序列的离散傅里叶变换。

1. 周期序列的离散傅里叶级数(DFS)

设 $\tilde{x}(n)$ 是周期为 N 的周期序列，即[3]

$$\tilde{x}(n)=\sum_{r=-\infty}^{\infty}x(n+rN),\quad r\text{ 为任意整数} \tag{3.2.17}$$

周期序列不是绝对可和的，换言之，对于 z 平面内的任意 z 值，其 z 变换都不收敛，即

$$\sum_{n=-\infty}^{\infty}|\tilde{x}(n)z^{-n}|=\sum_{n=-\infty}^{\infty}|\tilde{x}(n)||z^{-n}|=\infty$$

所以，周期序列不能用 z 变换表示。

但是，和连续时间周期信号一样，周期序列也可用离散傅里叶级数表示，也就是用周期为 N 的复指数序列表示。

周期为 N 的复指数序列的基频序列为

$$e_1(n)=\mathrm{e}^{\mathrm{j}\frac{2\pi}{N}n}$$

k 次谐波序列为

$$e_k(n)=\mathrm{e}^{\mathrm{j}\frac{2\pi}{N}kn}$$

由于存在关系

$$\mathrm{e}^{\mathrm{j}\frac{2\pi}{N}(k+rN)}=\mathrm{e}^{\mathrm{j}\frac{2\pi}{N}k},\quad r\text{ 为任意整数}$$

即

$$e_{k+rN}(n)=e_k(n)$$

所以，离散傅里叶级数的所有谐波中只有 N 个独立分量，这是和连续傅里叶级数不同之处，后者有无穷多个谐波分量。

将 $\tilde{x}(n)$展成如下的离散傅里叶级数：

$$\tilde{x}(n)=\frac{1}{N}\sum_{k=0}^{N-1}\widetilde{X}(k)\mathrm{e}^{\mathrm{j}\frac{2\pi}{N}kn} \tag{3.2.18}$$

式中，N 是常数，选取它是下面的 $\widetilde{X}(k)$表达式成立的需要； $\widetilde{X}(k)$是 k 次谐波的系数。下面求解系数 $\widetilde{X}(k)$，要利用下面的性质，即

$$\frac{1}{N}\sum_{n=0}^{N-1}\mathrm{e}^{\mathrm{j}\frac{2\pi}{N}rn}=\frac{1}{N}\frac{1-\mathrm{e}^{\mathrm{j}\frac{2\pi}{N}rN}}{1-\mathrm{e}^{\mathrm{j}\frac{2\pi}{N}r}}=\begin{cases}1, & r=mN, m\text{ 为任意整数}\\0, & r\text{ 为其他值}\end{cases} \tag{3.2.19}$$

将式(3.2.18)两边同乘以 $\mathrm{e}^{-\mathrm{j}\frac{2\pi}{N}rn}$,并对 $n=0\sim N-1$ 的一个周期内求和,则得到

$$\begin{aligned}\sum_{n=0}^{N-1}\tilde{x}(n)\mathrm{e}^{-\mathrm{j}\frac{2\pi}{N}rn}&=\frac{1}{N}\sum_{n=0}^{N-1}\sum_{k=0}^{N-1}\widetilde{X}(k)\mathrm{e}^{\mathrm{j}\frac{2\pi}{N}(k-r)n}\\&=\sum_{k=0}^{N-1}\widetilde{X}(k)\left[\frac{1}{N}\sum_{n=0}^{N-1}\mathrm{e}^{\mathrm{j}\frac{2\pi}{N}(k-r)n}\right]=\widetilde{X}(r)\end{aligned}$$

式(3.2.18)的系数 $\widetilde{X}(k)$ 为

$$\widetilde{X}(k)=\sum_{n=0}^{N-1}\tilde{x}(n)\mathrm{e}^{-\mathrm{j}\frac{2\pi}{N}kn} \tag{3.2.20}$$

由于

$$\widetilde{X}(k+mN)=\sum_{n=0}^{N-1}\tilde{x}(n)\mathrm{e}^{-\mathrm{j}\frac{2\pi}{N}(k+mN)n}=\sum_{n=0}^{N-1}\tilde{x}(n)\mathrm{e}^{-\mathrm{j}\frac{2\pi}{N}kn}=\widetilde{X}(k)$$

所以,$\widetilde{X}(k)$也是一个以 N 为周期的周期序列。时域离散周期序列的离散傅里叶级数的系数仍然是一个周期序列,因而我们把式(3.2.18)和式(3.2.20)一起称为周期序列的离散傅里叶级数(DFS)对。

习惯上采用以下符号:

$$W_N=\mathrm{e}^{-\mathrm{j}\frac{2\pi}{N}},\quad W_N^{kn}=\mathrm{e}^{-\mathrm{j}\frac{2\pi}{N}kn}$$

这样,式(3.2.18)、式(3.2.20)又可表示为

$$\widetilde{X}(k)=\mathrm{DFS}[\tilde{x}(n)]=\sum_{n=0}^{N-1}\tilde{x}(n)\mathrm{e}^{-\mathrm{j}\frac{2\pi}{N}nk}=\sum_{n=0}^{N-1}\tilde{x}(n)W_N^{kn} \tag{3.2.21}$$

$$\tilde{x}(n)=\mathrm{IDFS}[\widetilde{X}(k)]=\frac{1}{N}\sum_{k=0}^{N-1}\widetilde{X}(k)\mathrm{e}^{\mathrm{j}\frac{2\pi}{N}nk}=\frac{1}{N}\sum_{k=0}^{N-1}\widetilde{X}(k)W_N^{-kn} \tag{3.2.22}$$

其中,DFS[·]表示离散傅里叶级数的正变换;IDFS[·]表示离散傅里叶级数的反变换。

从上面的表示式可以看出,求和时都只取 N 点序列值。这一事实说明,一个周期序列虽然是无限长序列,但是,只要研究一个周期(有限长序列)的性质,其他周期的性质也就知道了,因而周期序列和有限长序列有着本质的联系。

周期序列 $\widetilde{X}(k)$可以看成是对 $\tilde{x}(n)$的一个周期 $x(n)$作 z 变换,然后将 z 变换在 z 平面单位圆上按等间隔角 $2\pi/N$ 采样而得到的。令

$$x(n)=\begin{cases}\tilde{x}(n), & 0\leqslant n\leqslant N-1\\0, & \text{其他}\end{cases}$$

则 $x(n)$的 z 变换为

$$X(z)=\sum_{n=-\infty}^{\infty}x(n)z^{-n}=\sum_{n=0}^{N-1}x(n)z^{-n} \tag{3.2.23}$$

将式(3.2.23)与式(3.2.21)比较得到

$$\widetilde{X}(k)=X(z)\big|_{z=\mathrm{e}^{\mathrm{j}\frac{2\pi}{N}k}}$$

所以,$\widetilde{X}(k)$是在 z 平面单位圆上 N 个等间隔角点上对 $X(z)$的采样值。

连同连续时间信号的傅里叶变换和傅里叶级数,到目前为止,我们已经学习了四种形式的傅里叶变换,如图3.2.3所示。总之,若信号在时域是周期的,那么其频谱一定是离散的,反之亦然;同样,若信号在时域是非周期的,其频谱一定是连续的,反之也成立。第四种周期序列的离散傅里叶级数在时域和频域都是离散的,且都是周期的,我们可以利用它引出有限长序列的离散傅里叶变换。

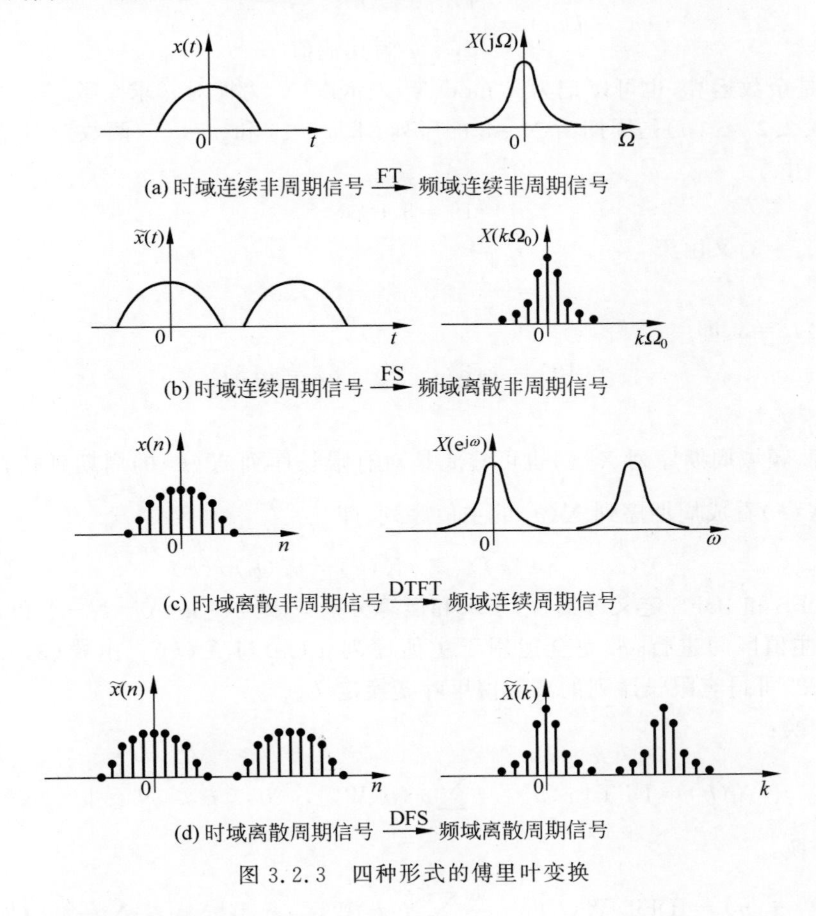

图3.2.3 四种形式的傅里叶变换

2. 离散傅里叶变换(DFT)的定义

由于周期序列只有有限个序列值有意义,因而它的离散傅里叶级数表达式也适用于有限长序列,这就是有限长序列的离散傅里叶变换。如果把长度为 N 的有限长序列 $x(n)$看成周期为 N 的周期序列的一个周期,就可以利用离散傅里叶级数计算有限长序列。

对于一个周期序列 $\tilde{x}(n)$，定义它的第一个周期的序列值为此周期序列的主值序列(principal value sequence)，用 $x(n)$ 表示，设周期为 N，则有

$$x(n)=\begin{cases}\tilde{x}(n), & 0\leqslant n\leqslant N-1\\ 0, & n\text{ 为其他值}\end{cases} \tag{3.2.24}$$

显然，$x(n)$ 是一个有限长序列，周期序列 $\tilde{x}(n)$ 可以看作将 $x(n)$ 以 N 为周期进行周期延拓(periodic delay)的结果，如式(3.2.17)所示。该式可简写为

$$\tilde{x}(n)=x((n))_N \quad 及 \quad x(n)=\tilde{x}(n)d(n) \tag{3.2.25}$$

其中，$d(n)$ 是长度为 N 的矩形序列，即

$$d(n)=\begin{cases}1, & 0\leqslant n\leqslant N-1\\ 0, & n\text{ 为其他值}\end{cases} \tag{3.2.26}$$

$((n))_N$ 是余数运算，也可以记为 $n \bmod N$，表示以 N 为模对 n 求余数。

例 3.2.2　$\tilde{x}(n)$ 是周期为 $N=8$ 的序列，求 $n=19$ 和 $n=-5$ 两数对 N 的余数。

解　由于

$$n=19=3+2\times 8$$

故 $((19))_8=3$，又由于

$$n=-5=3+(-1)\times 8$$

故 $((-5))_8=3$，即

$$\tilde{x}(19)=x(3),\quad \tilde{x}(-5)=x(3)$$

■

同理，频域周期序列 $\widetilde{X}(k)$ 也可看成是对有限长序列 $X(k)$ 的周期延拓，而有限长序列 $X(k)$ 看成周期序列 $\widetilde{X}(k)$ 的主值序列，即

$$\widetilde{X}(k)=X((k))_N,\quad X(k)=\widetilde{X}(k)d(k) \tag{3.2.27}$$

由 DFS 和 IDFS 定义可知，由于求和运算分别只限定在 $n=0\sim N-1$ 和 $k=0\sim N-1$ 的主值区间进行，故完全适用于主值序列 $x(n)$ 与 $X(k)$。由式(3.2.21)和式(3.2.22)可得有限长序列的离散傅里叶变换定义。

正变换：

$$X(k)=\mathrm{DFT}\,[x(n)]=\sum_{n=0}^{N-1}x(n)W_N^{nk},\quad 0\leqslant k\leqslant N-1 \tag{3.2.28}$$

反变换：

$$x(n)=\mathrm{IDFT}\,[X(k)]=\frac{1}{N}\sum_{k=0}^{N-1}X(k)W_N^{-nk},\quad 0\leqslant n\leqslant N-1 \tag{3.2.29}$$

或分别表示成

$$X(k)=\mathrm{DFS}[\tilde{x}(n)]d(k),\quad 0\leqslant k\leqslant N-1 \tag{3.2.30}$$

$$x(n)=\mathrm{IDFS}[\widetilde{X}(k)]d(n),\quad 0\leqslant n\leqslant N-1 \tag{3.2.31}$$

$x(n)$ 和 $X(k)$ 是一个有限长序列的离散傅里叶变换对。由于 $x(n)$ 和 $X(k)$ 都是长度为 N 的序列，都有 N 个独立值，因而已知其中一个序列，就能唯一地确定

另一序列。有限长序列的傅里叶变换是作为周期序列的一个周期表示的，也含有周期性的意义。

离散傅里叶变换和前面曾介绍的序列的傅里叶变换都是处理有限长序列的重要工具，它们之间有什么关系呢？由于序列 $x(n)$ 在单位圆上的 z 变换等于序列的傅里叶变换 $X(e^{j\omega})$，所以，$X(k)$ 是序列傅里叶变换 $X(e^{j\omega})$ 的等间隔采样值，采样间隔为 $\omega=2\pi/N$，即

$$X(k)=X(e^{j\omega})\,|_{\omega=\frac{2\pi}{N}k}=X(e^{j\frac{2\pi}{N}k}) \tag{3.2.32}$$

该式表明，序列 $x(n)$ 的离散傅里叶变换结果 $X(k)$ 是连续频谱 $X(e^{j\omega})$ 的等间隔采样。那么，这种频域的采样需要满足什么条件才能保证由 $X(k)$ 不失真地恢复 $X(e^{j\omega})$ 呢？设 $X(k)$ 的逆傅里叶变换 $x_a(n)$，则

$$\begin{aligned} x_a(n) &= \mathrm{IDFT}[X(k)]=\mathrm{IDFS}[\widetilde{X}(k)]d(n) \\ &= \left[\frac{1}{N}\sum_{k=0}^{N-1}\left(\sum_{m=0}^{N-1}x(m)W_N^{km}\right)W_N^{-nk}\right]d(n)=\tilde{x}(n+rN)d(n) \end{aligned} \tag{3.2.33}$$

该式表明，$x_a(n)$ 等于 $x(n)$ 以 N 为周期进行延拓后再取主值序列，其中，N 为绕单位圆一周采样的点数。设 $x(n)$ 长度为 M，若 $N<M$，则 $x(n)$ 在进行周期延拓时产生混叠，从而不能使上式成立，即不能恢复 $X(e^{j\omega})$。由此引出频率采样定理，即当 $N\geqslant M$ 时，才能由频率采样值 $X(k)$ 不失真地恢复 $X(e^{j\omega})$。$X(e^{j\omega})$ 可以由内插式（3.2.34）表示：

$$X(e^{j\omega})=\sum_{k=0}^{N-1}X(k)\phi\left(\omega-\frac{2\pi}{N}k\right) \tag{3.2.34}$$

其中，

$$\phi(\omega)=\frac{1}{N}\,\frac{\sin(\omega N/2)}{\sin(\omega/2)}e^{-j\omega(N-1)/2}$$

称为内插函数[4]。证明从略。

3. 离散傅里叶变换推导图解

为了进一步理解离散傅里叶变换的实质，下面给出 DFT 推导过程的图解[1]，如图 3.2.4 所示。设 $x(t)$ 是长度为 T 的连续时间信号，其傅里叶变换为 $X(j\Omega)$，理论上它是无限带宽的。如果 $x(t)$ 为无限长，则可以用长度为 T 的矩形窗截短。

(1) 通过一个周期冲激串去乘待采样的连续时间信号 $x(t)$，以实现时域采样，如图 3.2.4(a)和图 3.2.4(b)所示。

时域采样的周期冲激串 $p(t)$ 为

$$p(t)=\delta_T(t)=\sum_{n=-\infty}^{+\infty}\delta(t-nT_s) \tag{3.2.35}$$

式中，T_s 为采样周期。周期冲激串 $p(t)$ 的傅里叶变换为

$$P(j\Omega)=\frac{2\pi}{T_s}\sum_{k=-\infty}^{+\infty}\delta(\Omega-k\Omega_s) \tag{3.2.36}$$

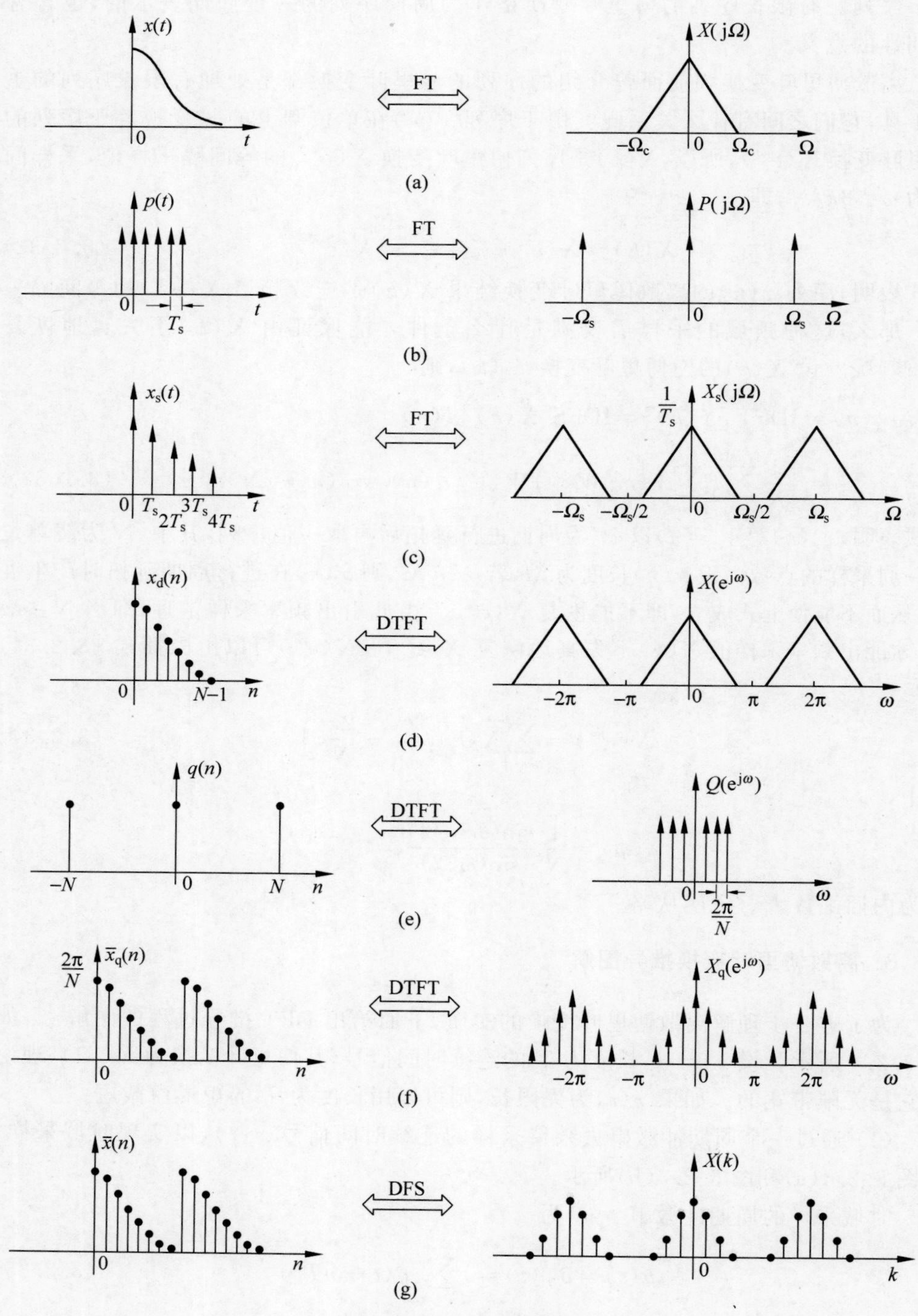

图 3.2.4 DFT 推导图解

其中，$\Omega_{s}=\dfrac{2\pi}{T_{s}}$为采样频率。此处，对周期冲激串做傅里叶变换，而不是展成傅里叶级数，目的是为了下面求解采样后信号的傅里叶变换。

采样后的信号为

$$x_{s}(t)=x(t)p(t)=x(t)\sum_{n=-\infty}^{+\infty}\delta(t-nT_{s})=\sum_{n=-\infty}^{+\infty}x(nT_{s})\delta(t-nT_{s}) \tag{3.2.37}$$

根据时域上两个信号的乘积对应于频域上两个信号频谱的卷积，再乘以$\dfrac{1}{2\pi}$，故有

$$X_{s}(\mathrm{j}\Omega)=\frac{1}{2\pi}[X(\mathrm{j}\Omega)*P(\mathrm{j}\Omega)] \tag{3.2.38}$$

式中，$X_{s}(\mathrm{j}\Omega)$为$x_{s}(t)$的傅里叶变换；$P(\mathrm{j}\Omega)$为$p(t)$的傅里叶变换。将式(3.2.36)代入式(3.2.38)，于是有

$$X_{s}(\mathrm{j}\Omega)=\frac{1}{T_{s}}\left[X(\mathrm{j}\Omega)*\sum_{k=-\infty}^{+\infty}\delta(\Omega-k\Omega_{s})\right] \tag{3.2.39}$$

因为信号与一个单位冲激函数的卷积就是该信号的移位，即

$$X(\mathrm{j}\Omega)*\delta(\Omega-\Omega_{s})=X(\mathrm{j}(\Omega-\Omega_{s})) \tag{3.2.40}$$

于是

$$X_{s}(\mathrm{j}\Omega)=\frac{1}{T_{s}}\sum_{k=-\infty}^{+\infty}X(\mathrm{j}(\Omega-k\Omega_{s})) \tag{3.2.41}$$

这就是说，$X_{s}(\mathrm{j}\Omega)$是频率为Ω_{s}的周期函数，它由一组移位的$X(\mathrm{j}\Omega)$的叠加所组成。但是，其幅度乘以$\dfrac{1}{T_{s}}$，如图3.2.4(c)所示。设$X(\mathrm{j}\Omega)$最高截止频率为Ω_{c}，只要$\Omega_{s}\geqslant 2\Omega_{c}$，采样就不会发生混叠。注意，图3.2.4(c)中左边依然是连续时间信号，右边是连续的频谱。

下面要将连续时间信号离散化，即实现

$$x_{d}(n)=x(nT_{s}) \tag{3.2.42}$$

这里我们要强调一下用周期冲激串采样后的信号$x_{s}(t)$与连续时间信号离散化后的信号$x_{d}(n)$的重要区别[4]。

(1) $x_{s}(t)$是一个连续信号，它除了在T_{s}的整数倍有冲激外，其他值全为零；而$x_{d}(n)$只在整数变量n上取值(实际上是引入了时间上的归一化)，它不再明确包含采样周期T_{s}的信息。

(2) $x_{s}(t)$对原连续信号$x(t)$的采样是用冲激强度(面积)来表示的，而$x_{d}(n)$是有限值。

那么，离散时间序列$x_{d}(n)$的傅里叶变换和采样后信号$x_{s}(t)$的傅里叶变换之间有什么关系呢？由于

$$x_s(t)=\sum_{n=-\infty}^{+\infty}x(nT_s)\delta(t-nT_s) \tag{3.2.43}$$

对式(3.2.43)做傅里叶变换,根据 $\delta(t-nT_s)$ 的傅里叶变换是 $e^{-j\Omega nT_s}$,所以,得到采样后信号的频谱为

$$X_s(j\Omega)=\sum_{n=-\infty}^{+\infty}x(nT_s)e^{-j\Omega nT_s} \tag{3.2.44}$$

现在再对 $x_d(n)$ 做离散时间序列傅里叶变换,即

$$X(e^{j\omega})=\sum_{n=-\infty}^{+\infty}x_d(n)e^{-j\omega n}=\sum_{n=-\infty}^{+\infty}x(nT_s)e^{-j\omega n} \tag{3.2.45}$$

比较式(3.2.44)和式(3.2.45)可见,$X(e^{j\omega})$ 和 $X_s(j\Omega)$ 有如式(3.2.46)所示的关系:

$$X(e^{j\omega})=X_s(j\Omega)\Big|_{\Omega=\frac{\omega}{T_s}} \tag{3.2.46}$$

根据式(3.2.41),有

$$X(e^{j\omega})=\frac{1}{T_s}\sum_{k=-\infty}^{+\infty}X(j(\omega-2\pi k)/T_s) \tag{3.2.47}$$

可以看出,$X(e^{j\omega})$ 就是 $X_s(j\Omega)$ 的重复,唯频率坐标有一个尺度变换,即 $X(e^{j\omega})$ 变成了以 2π 为周期的函数。因此,$x_d(n)$ 和 $x(t)$ 之间的频谱关系是通过先把 $x(t)$ 的频谱 $X(j\Omega)$ 按式(3.2.41)进行周期重复,然后,按式(3.2.46)的线性频率尺度变换联系起来的,如图3.2.4(d)所示。频谱周期性重复是冲激串采样转换过程中的第一步结果;而按式(3.2.46)的线性频率尺度变换,可以不严格地看成是由冲激串 $x_s(t)$ 转换到离散时间序列 $x_d(n)$ 时,所引入时间归一化的结果。根据傅里叶变换的时域尺度变换性质,时间轴上有一个 $\frac{1}{T_s}$ 的变换,一定在频率轴上引入一个 T_s 倍的变化。因此,$\omega=\Omega T_s$ 的关系就与从 $x_s(t)$ 到 $x_d(n)$ 的转换过程中,时间轴上有一个 $\frac{1}{T_s}$ 的尺度变换,在概念上是完全一致的[5]。

(2) 再进行频域采样。与时域采样相似,要在频率上乘一个冲激串,如图3.2.4(e)所示。

$$Q(\omega)=\sum_{k=-\infty}^{+\infty}\delta\left(\omega-\frac{2\pi}{N}k\right) \tag{3.2.48}$$

对应于 $Q(\omega)$ 的时域信号为

$$q(n)=\frac{N}{2\pi}\sum_{m=-\infty}^{+\infty}\delta(n-mN) \tag{3.2.49}$$

频域采样结果为

$$X_q(e^{j\omega})=X(e^{j\omega})Q(\omega)=X(e^{j\omega})\sum_{k=-\infty}^{+\infty}\delta\left(\omega-\frac{2\pi}{N}k\right)=\sum_{k=-\infty}^{+\infty}X(e^{j\frac{2\pi}{N}k})\delta\left(\omega-\frac{2\pi}{N}k\right) \tag{3.2.50}$$

根据频域乘积对应于时域卷积的性质，频域采样后所对应的时域信号为

$$\tilde{x}_{q}(n)=x_{d}(n)*q(n) \tag{3.2.51}$$

因为信号与一个单位采样序列的卷积就是该信号的移位，所以，$\tilde{x}_{q}(n)$是周期为N的周期函数，它由一组移位的$x_{d}(n)$的叠加所组成，但是，在幅度上乘以$\frac{N}{2\pi}$，如图3.2.4(f)所示。

数学表达由式(3.2.51a)给出

$$\tilde{x}_{q}(n)=x_{d}(n)*\left[\frac{N}{2\pi}\sum_{m=-\infty}^{+\infty}\delta(n-mN)\right]=\frac{N}{2\pi}\sum_{m=-\infty}^{+\infty}x_{d}(n-mN) \tag{3.2.51a}$$

可见，如果要时域上不发生混叠，那么，N不能小于原始的实际数据长度M，此即为频率采样定理。

根据频率采样定理，N要大于原始的实际数据长度M。而实际上根据前面的讨论，$x_{d}(n)$是无限长的(因为采样冲激串$p(t)$是无限长的)，所以，这里有一个矛盾。这个矛盾只能采用将$x_{d}(n)$截断来解决。设截断的$x_{d}(n)$的长度为M，那么要求$N\geqslant M$。

注意，到目前为止，频率还是连续的函数，因为采样后的频率函数为一系列冲激串的叠加。采样后的频率函数为

$$X_{q}(e^{j\omega})=\sum_{k=-\infty}^{+\infty}X(e^{j\frac{2\pi}{N}k})\delta(\omega-\frac{2\pi}{N}k) \tag{3.2.52}$$

记$x_{d}(n)$的周期重复(周期为N)信号为$\tilde{x}(n)$，根据以上分析可知

$$\tilde{x}_{q}(n)=\frac{N}{2\pi}\tilde{x}(n) \tag{3.2.51b}$$

$\tilde{x}_{q}(n)$对应的离散傅里叶变换(DTFT)为$X_{q}(e^{j\omega})$，则$\tilde{x}(n)$对应的DTFT为

$$\widetilde{X}(e^{j\omega})=\frac{2\pi}{N}X_{q}(e^{j\omega})=\sum_{k=-\infty}^{+\infty}\frac{2\pi}{N}X(e^{j\frac{2\pi}{N}k})\delta\left(\omega-\frac{2\pi}{N}k\right) \tag{3.2.53a}$$

式(3.2.53a)中的冲激串是连续信号，令

$$\widetilde{X}(k)=X(e^{j\frac{2\pi}{N}k}) \tag{3.2.53b}$$

就得到了离散频谱。

上面我们得到了周期的离散频谱式(3.2.53b)，其周期为N。可以看出，它应为某一离散周期时间序列的傅里叶级数(DFS)。那么，它对应的时域周期序列是什么呢？根据周期序列DFS和离散时间DTFT的关系，如果一个周期序列的DFS为$X(e^{j\frac{2\pi}{N}k})$，则它对应的DTFT为$\sum_{k=-\infty}^{+\infty}\frac{2\pi}{N}X(e^{j\frac{2\pi}{N}k})\delta\left(\omega-\frac{2\pi}{N}k\right)$。这与式(3.2.53a)完全吻合。

再根据信号的时域与频域有一一对应的关系，可以得到，$\widetilde{X}(k)$所对应的时域信号为$\tilde{x}(n)$，即$x_{d}(n)$的周期重复，如图3.2.4(g)所示。

以上所得到的是一对离散傅里叶级数(DFS),各取一个周期就得到离散傅里叶变换(DFT)。

3.2.3 离散傅里叶变换的性质

本节讨论 DFT 的一些性质,它们本质上和周期序列的概念有关,可以由有限长序列及 DFT 隐含的周期性得到。设有限长序列 $x_1(n)$ 与 $x_2(n)$,且

$$X_1(k)=\mathrm{DFT}[x_1(n)],\quad X_2(k)=\mathrm{DFT}[x_2(n)]$$

1. 线性

$x_1(n)$ 与 $x_2(n)$ 线性组合的离散傅里叶变换等于它们各自离散傅里叶变换的线性组合,即

$$\begin{aligned}X_3(k)&=\mathrm{DFT}[ax_1(n)\pm bx_2(n)]=a\mathrm{DFT}[x_1(n)]\pm b\mathrm{DFT}[x_2(n)]\\&=aX_1(k)\pm bX_2(k)\end{aligned}\tag{3.2.54}$$

其中,a,b 为任意常数。若 $x_1(n)$ 和 $x_2(n)$ 长度均为 N,则所得时间序列的长度也为 N;若 $x_1(n)$ 和 $x_2(n)$ 长度分别为 N_1,N_2,则所得时间序列的长度取两者中的最大者,即

$$N=\max(N_1,N_2)$$

例如,若 $N_1>N_2$,取 $N=N_1$,这时 $x_2(n)$ 需在尾部补上 N_1-N_2 个零值点,从而使其长度与 $x_1(n)$ 的长度相等,再作 $N=N_1$ 点的 DFT。

2. 选频性[6]

设复序列 $x(n)$ 是对复指数函数 $x(t)=\mathrm{e}^{\mathrm{j}r\omega t}$ 采样得到的,即

$$x(n)=\mathrm{e}^{\mathrm{j}rn\omega T}\tag{3.2.55}$$

其中,r 是整数;T 为采样周期,$\omega T=2\pi/N$。对 $x(n)$ 作傅里叶变换得

$$X(k)=\sum_{n=0}^{N-1}\mathrm{e}^{\mathrm{j}2\pi n(r-k)/N},\quad 0\leqslant k\leqslant N-1\tag{3.2.56}$$

即

$$X(k)=\sum_{n=0}^{N-1}\mathrm{e}^{\mathrm{j}\frac{2\pi}{N}(r-k)n}=\frac{1-\mathrm{e}^{\mathrm{j}\frac{2\pi}{N}(r-k)N}}{1-\mathrm{e}^{\mathrm{j}\frac{2\pi}{N}(r-k)}}=\begin{cases}N, & r=k\\0, & r\ \text{为其他值}\end{cases}$$

这说明复指数函数的采样序列的离散傅里叶变换具有正交性。也就是说,当输入频率为 $r\omega$ 的正弦波时,傅里叶变换后的离散频谱中只有一条谱线取值为 N,其余的都为零。如果输入信号是若干频率不同的正弦波的线性组合,经过离散傅里叶变换后,将在不同的谱线位置有对应的输出,因此,离散傅里叶变换算法实质上对频率具有选择性,它相当于频谱分析仪,对信号处理很有用处。

3. 循环移位

设有限长序列 $x(n)$ 位于 $0 \leqslant n \leqslant N-1$ 区间内，将其左移 m 位，得到 $x(n+m)$，这是序列的线性移位，对这两个序列求 DFT，前者的求和范围为 $0 \sim N-1$，后者则为 $-m \sim -m+N-1$，当 m 不同时，DFT 的求和范围也要改变，这给位移序列 DFT 的求解带来麻烦。为了解决这个问题，以方便 DFT 的运算，要重新定义序列的移位。首先将 $x(n)$ 周期延拓成周期序列 $\tilde{x}(n)$，然后，将 $\tilde{x}(n)$ 向左移动 m 位，再取 $\tilde{x}(n+m)$ 的主值区间（$0 \leqslant n \leqslant N-1$）上的序列值。

有限长序列 $x(n)$ 向左移动 m 位的循环移位定义为

$$x_m(n) = \tilde{x}((n+m))_N d(n) \tag{3.2.57}$$

如图 3.2.5 所示。

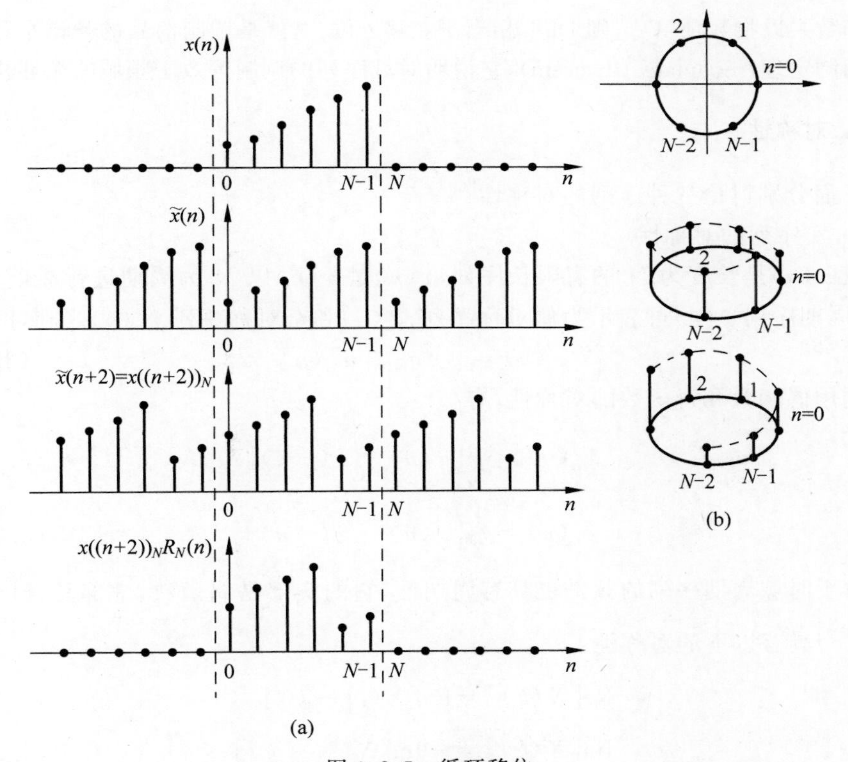

图 3.2.5　循环移位

从图 3.2.5 中可以看出，有限长序列循环移位始终局限于 $n=0 \sim N-1$ 主值区间内。当某些样本从另一端移出该区间时，需将这些样本从此区间的另一端循环移回来，如果我们想象将序列 $x(n)$ 按反时针方向排列在一个 N 等分圆周上，向左

移动 m 位的循环移位就是将该序列在圆周上顺时针旋转 m 位,如图 3.2.5(b)所示[3]。

序列循环移位后的 DFT 为

$$X_m(k)=\mathrm{DFT}[x_m(n)]=W_N^{-km}X(k) \tag{3.2.58}$$

证明

$$X_m(k)=\mathrm{DFT}[x_m(n)]=\mathrm{DFS}[x((n+m))_N]d(k)$$

$$=W_N^{-km}\mathrm{DFS}[x((n))_N]d(k)=W_N^{-km}\widetilde{X}(k)d(k)=W_N^{-km}X(k)$$

这表明,有限长序列的循环移位,在离散频域中只引入一个和频率成正比的线性相移 $W_N^{-km}=\mathrm{e}^{\mathrm{j}\frac{2\pi}{N}km}$,对频谱的幅度没有任何影响。

证毕。

同理可得频域的移位特性如下:

$$\mathrm{IDFT}[X(k+l)]=W_N^{ln}x(n) \tag{3.2.59}$$

时间函数乘以指数项 W_N^{ln},则 DFT 相当于左移 l 位,这就是调制信号的频谱平移原理,也称调制定理(modulated theorem),它说明时域序列的调制等效于频域的循环移位。

4. 对称性

下面分别讨论三种序列的对称性[6]。

1) 实序列的对称性

设 $x(n)$ 是长度为 N 的有限长序列,$\tilde{x}(n)$ 是 $x(n)$ 以 N 为周期进行周期延拓的结果,周期序列 $\tilde{x}(n)$ 可表示为偶对称序列 $\tilde{x}_\mathrm{e}(n)$ 和奇对称序列 $\tilde{x}_\mathrm{o}(n)$ 之和,即

$$\tilde{x}(n)=\tilde{x}_\mathrm{e}(n)+\tilde{x}_\mathrm{o}(n) \tag{3.2.60}$$

利用偶函数和奇函数的对称性,有

$$\tilde{x}_\mathrm{e}(n)=\frac{1}{2}[\tilde{x}(n)+\tilde{x}(-n)] \tag{3.2.61a}$$

$$\tilde{x}_\mathrm{o}(n)=\frac{1}{2}[\tilde{x}(n)-\tilde{x}(-n)] \tag{3.2.61b}$$

由于时域周期序列的频谱也具有周期性,它的实部是偶函数,虚部是奇函数,因此,$\widetilde{X}(k)$ 具有以下的对称性:

$$\mathrm{Re}[\widetilde{X}(k)]=\mathrm{Re}[\widetilde{X}(N-k)] \tag{3.2.62a}$$

$$\mathrm{Im}[\widetilde{X}(k)]=-\mathrm{Im}[\widetilde{X}(N-k)] \tag{3.2.62b}$$

$$|\widetilde{X}(k)|=|\widetilde{X}(N-k)| \tag{3.2.62c}$$

$$\arg\widetilde{X}(k)=-\arg\widetilde{X}(N-k) \tag{3.2.62d}$$

对于实序列,$\mathrm{Re}[\widetilde{X}(k)]$ 就是偶对称序列 $\tilde{x}_\mathrm{e}(n)$ 的 DFS,$\mathrm{Im}[\widetilde{X}(k)]$ 就是奇对称序列 $\tilde{x}_\mathrm{o}(n)$ 的 DFS。可以推断,$x(n)$ 的 DFT $X(k)$ 也具有类似性质。因此,利用

式(3.2.62)的对称性关系,很容易从一个序列的DFT得到两个有关序列的DFT。

2) 复序列的对称性

周期复序列 $\tilde{x}(n)=\tilde{x}_r(n)+j\tilde{x}_i(n)$,它的DFT是

$$\tilde{X}(k)=\sum_{n=0}^{N-1}[\tilde{x}_r(n)+j\tilde{x}_i(n)]e^{-j\frac{2\pi}{N}nk}=\tilde{X}_r(k)+j\tilde{X}_i(k) \tag{3.2.63}$$

其中,$\tilde{X}_r(k)=\mathrm{DFT}[\tilde{x}_r(n)]$,$\tilde{X}_i(k)=\mathrm{DFT}[\tilde{x}_i(n)]$都是复数。

式(3.2.63)两边的实部和虚部分别相等,则得到

$$\mathrm{Re}[\tilde{X}(k)]=\mathrm{Re}[\tilde{X}_r(k)]-\mathrm{Im}[\tilde{X}_i(k)] \tag{3.2.64a}$$

$$\mathrm{Im}[\tilde{X}(k)]=\mathrm{Im}[\tilde{X}_r(k)]+\mathrm{Re}[\tilde{X}_i(k)] \tag{3.2.64b}$$

因为实部 $\mathrm{Re}[\tilde{X}(k)]$具有对称性,即

$$\begin{aligned}\mathrm{Re}[\tilde{X}(N-k)]&=\mathrm{Re}[\tilde{X}_r(N-k)]-\mathrm{Im}[\tilde{X}_i(N-k)]\\&=\mathrm{Re}[\tilde{X}_r(k)]+\mathrm{Im}[\tilde{X}_i(k)]\end{aligned} \tag{3.2.65a}$$

虚部具有反对称性,即

$$\begin{aligned}\mathrm{Im}[\tilde{X}(N-k)]&=\mathrm{Im}[\tilde{X}_r(N-k)]+\mathrm{Re}[\tilde{X}_i(N-k)]\\&=-\mathrm{Im}[\tilde{X}_r(k)]+\mathrm{Re}[\tilde{X}_i(k)]\end{aligned} \tag{3.2.65b}$$

与式(3.2.64)联立求解得

$$\mathrm{Re}[\tilde{X}_r(k)]=\frac{\mathrm{Re}[\tilde{X}(k)]+\mathrm{Re}[\tilde{X}(N-k)]}{2} \tag{3.2.66a}$$

$$\mathrm{Im}[\tilde{X}_r(k)]=\frac{\mathrm{Im}[\tilde{X}(k)]-\mathrm{Im}[\tilde{X}(N-k)]}{2} \tag{3.2.66b}$$

$$\mathrm{Re}[\tilde{X}_i(k)]=\frac{\mathrm{Im}[\tilde{X}(k)]+\mathrm{Im}[\tilde{X}(N-k)]}{2} \tag{3.2.66c}$$

$$\mathrm{Im}[\tilde{X}_i(k)]=\frac{\mathrm{Re}[\tilde{X}(N-k)]-\mathrm{Re}[\tilde{X}(k)]}{2} \tag{3.2.66d}$$

因此,一个复序列的DFT可以同时变换成两个序列的DFT,利用两个频域周期序列的实部的偶对称性和虚部的反对称性,只要计算 $N/2$ 个样本点的值即可,这样运算次数可减少一半。

3) 复序列的共轭对称性

$x(n)$的共轭复序列 $x^*(n)=x_r(n)-jx_i(n)$,它的离散傅里叶变换为

$$\begin{aligned}\mathrm{DFT}[x^*(n)]&=\sum_{n=0}^{N-1}x^*(n)W_N^{kn}=\left[\sum_{n=0}^{N-1}x(n)W_N^{-kn}\right]^*\\&=\left[\sum_{n=0}^{N-1}x(n)W_N^{(N-k)n}\right]^*\\&=X^*((N-k))_N,\quad 0\leqslant k\leqslant N-1\end{aligned} \tag{3.2.67}$$

考虑到主值区间的定义,共轭复序列 $x^*(n)$ 的 DFT 可以表示成

$$\mathrm{DFT}[x^*(n)] = X^*(N-k) \tag{3.2.68}$$

复序列 $x(n)$ 或共轭复序列 $x^*(n)$ 的实部序列 $x_r(n)$ 的 DFT 为

$$\begin{aligned}\mathrm{DFT}[x_r(n)] &= \frac{1}{2}\mathrm{DFT}[x(n)+x^*(n)] \\ &= \frac{1}{2}[X(k)+X^*(N-k)] = X_e(k)\end{aligned} \tag{3.2.69}$$

虚部序列 $\mathrm{j}x_i(n)$ 的 DFT 为

$$\begin{aligned}\mathrm{DFT}[\mathrm{j}x_i(n)] &= \frac{1}{2}\mathrm{DFT}[x(n)-x^*(n)] \\ &= \frac{1}{2}[X(k)-X^*(N-k)] = X_o(k)\end{aligned} \tag{3.2.70}$$

由式(3.2.69)和式(3.2.70)还可以得到

$$\begin{aligned}X_e^*(N-k) &= \frac{1}{2}[X(N-k)+X^*(N-N+k)]^* \\ &= \frac{1}{2}[X^*(N-k)+X(k)] \\ &= X_e(k)\end{aligned} \tag{3.2.71}$$

$$-X_o^*(N-k) = X_o(k) \tag{3.2.72}$$

这表明 $X_e(k)$ 具有共轭对称特性,$X_o(k)$ 具有共轭反对称特性。如果把 $X_e(k)$ 分布在 N 等分的圆周上,以 $k=0$ 为原点,则左半圆周上的序列与右半圆周上的序列是共轭对称的,也就是模相等、幅角相反,即

$$|X_e(k)| = |X_e(N-k)|$$

$$\arg[X_e(k)] = -\arg[X_e(N-k)]$$

对 $X_o(k)$ 而言,以 $k=0$ 为原点,则左半圆周上的序列与右半圆周上的序列是共轭反对称的,也就是实部相反、虚部相等,即

$$\mathrm{Re}[X_o(k)] = -\mathrm{Re}[X_o(N-k)]$$

$$\mathrm{Im}[X_o(k)] = \mathrm{Im}[X_o(N-k)]$$

利用共轭对称性,可以用一次 DFT 运算来计算两个实数序列的 DFT,从而达到减少计算量的目的。

5. 循环卷积

前面曾介绍过线性卷积,采用翻转、移位、相乘及求和的计算过程,对于序列 $x(n)$ 和 $h(n)$,其线性卷积的表达式为

$$y(n) = x(n) * h(n) = \sum_{m=-\infty}^{\infty} x(m)h(n-m)$$

两个周期为 N 的周期序列所进行的卷积,称为周期卷积(periodic convolution),卷积的结果仍是周期为 N 的序列。对于两个周期为 N 的序列 $\tilde{x}(n)$ 和 $\tilde{h}(n)$ 的周期

卷积 $\tilde{y}(n)$，有

$$\tilde{y}(n)=\tilde{x}(n)\circledast\tilde{h}(n)=\sum_{m=0}^{N-1}\tilde{x}(m)\tilde{h}(n-m)=\sum_{m=0}^{N-1}x((m))_N h((n-m))_N$$

如果仅将周期卷积的结果截取主值序列，即

$$y(n)=\tilde{y}(n)d(n)=\left[\sum_{m=0}^{N-1}x((m))_N h((n-m))_N\right]d(n)$$

而 $\tilde{x}(n)$和 $\tilde{h}(n)$的主值序列为 $x(n)$和 $h(n)$，则 $y(n)$就称为 $x(n)$和 $h(n)$的圆周卷积(circular convolution)，表示为

$$y(n)=x(n)\circledast h(n)=\sum_{m=0}^{N-1}x((m))_N h((n-m))_N d(n) \tag{3.2.73}$$

该式所表示的卷积过程可以这样理解：把序列 $x(n)$分布在 N 等分的圆周上，而序列 $h(n)$经翻转后分布在另一个 N 等分的同心圆的圆周上，一个圆周相对于另一个圆周旋转移位，在不同的位置上两序列的对应点依次相乘求和，就得到全部卷积序列，因此圆周卷积又称为循环卷积。循环卷积与周期卷积的过程是一样的，前者仅取卷积结果的主值序列。

由以上的分析可以得知，循环卷积运算有两种方法：一种方法是，首先计算周期卷积，然后取其主值区间 $(0\leqslant n\leqslant N-1)$内的值；另一种方法是，先把 $x(n)$的序列值逆时针方向分布在一个圆周(内圆)上，$h(n)$ 按顺时针方向均匀分布在另一个同心圆(外圆)上，如图 3.2.6(a)所示，然后，求两个圆上相应序列的乘积，并把 N 项乘积累加起来作为 $n=0$ 时的循环卷积值 $y(0)$。若求 $n=1$ 时的值 $y(1)$，可将外圆 $h(n)$固定，把内圆上的序列 $x(n)$顺时针旋转一个单位(或将 $x(n)$固定，把外圆上的序列$h(n)$ 作逆时针旋转)，然后，把对应项的乘积累加起来，即为所求 $y(1)$ 值，如图 3.2.6(b)所示。这样依次将内圆序列循环移位一周，便可求得所有 $y(n)$值[2]。

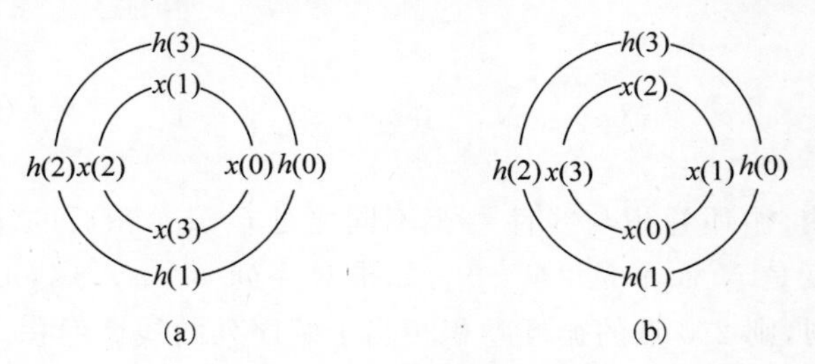

图 3.2.6　序列的循环卷积

接下来讨论时域和频域循环卷积。令 $x(n)$，$h(n)$，$y(n)$都是 N 点序列，其 DFT 分别是 $X(k)$，$H(k)$，$Y(k)$。若 $y(n)=x(n)\circledast h(n)$，则

$$Y(k)=X(k)H(k) \tag{3.2.74}$$

证明　由式(3.2.73)可得

$$\frac{1}{N}\sum_{n=0}^{N-1}Y(k)e^{j\frac{2\pi}{N}kn}=y(n)=\sum_{m=0}^{N-1}x(m)h(n-m)$$

$$=\sum_{m=0}^{N-1}\left[\frac{1}{N}\sum_{k=0}^{N-1}X(k)\mathrm{e}^{\mathrm{j}\frac{2\pi}{N}km}\right]\left[\frac{1}{N}\sum_{l=0}^{N-1}H(l)\mathrm{e}^{\mathrm{j}\frac{2\pi}{N}l(n-m)}\right]$$

$$=\frac{1}{N}\sum_{k=0}^{N-1}\sum_{l=0}^{N-1}X(k)H(l)\mathrm{e}^{\mathrm{j}\frac{2\pi}{N}ln}\frac{1}{N}\sum_{i=0}^{N-1}\mathrm{e}^{\mathrm{j}\frac{2\pi}{N}(k-l)i}$$

$$=\frac{1}{N}\sum_{k=0}^{N-1}X(k)H(k)\mathrm{e}^{\mathrm{j}\frac{2\pi}{N}kn}$$

式(3.2.74)得证,即两个时域序列的循环卷积 $y(n)$ 的DFT等于它们的DFT的乘积。

证毕。

同理可以得到频域循环卷积。

若 $y(n)=x(n)h(n)$,则

$$Y(k)=\frac{1}{N}X(k)\circledast H(k) \tag{3.2.75}$$

即两时域序列乘积的DFT等于它们的DFT的循环卷积乘以因子 $1/N$。

例3.2.3　设两个有限长序列相等,即

$$x_1(n)=x_2(n)=\begin{cases}1, & 0\leqslant n\leqslant N-1\\ 0, & \text{其他}\end{cases}$$

求此两序列的循环卷积。

解　序列的DFT为

$$X_1(k)=X_2(k)=\sum_{n=0}^{N-1}W_N^{kn}=\begin{cases}N, & k=0\\ 0, & \text{其他}\end{cases}$$

两序列的循环卷积 $y(n)$ 的DFT为

$$Y(k)=X_1(k)X_2(k)=\begin{cases}N^2, & k=0\\ 0, & \text{其他}\end{cases}$$

则卷积序列

$$y(n)=N,\quad 0\leqslant n\leqslant N-1$$

■

这个例子说明,循环卷积与线性卷积不同之处在于卷积后的序列长度不同,循环卷积的序列长度是 N 而不是 $2N-1$。如果对序列 $x_1(n)$,$x_2(n)$ 各补 N 个零值点成为 $2N$ 长序列,则 $2N$ 点的循环卷积相当于两序列的线性卷积。

对于有限长序列,存在线性卷积和循环卷积两种形式的卷积。由于循环卷积与DFT相对应,因此,在以后的讨论中可以知道,它可以采用快速傅里叶变换算法(FFT)进行运算,且在运算速度上有很大的优越性。然而,我们在实际应用中遇到的均为线性卷积,例如,信号通过线性系统,系统的输出信号 $y(n)$ 是输入信号 $x(n)$ 与系统单位抽样响应的线性卷积,即

$$y(n)=x(n)*h(n)$$

若 $x(n)$,$h(n)$ 均为有限长序列,能否用循环卷积实现线性卷积是我们颇为关心的问题。设 $x(n)$ 为 N 点有限长序列,$h(n)$ 为 M 点有限长序列,它们的线性卷积

$$y(n)=x(n)*h(n)=\sum_{m=0}^{N-1}x(m)h(n-m)=\sum_{m=0}^{M-1}h(m)x(n-m),$$
$$0\leqslant n\leqslant N+M-2$$

仍然是一个有限长序列，长度为 $N+M-1$，即

$$y(n)=\begin{cases}y(n), & 0\leqslant n\leqslant N+M-2\\0, & n\ \text{为其他值}\end{cases}$$

如果直接计算，则需 $N\times M$ 次乘法运算，$(N-1)\times(M-1)$ 次加法运算，当 N 和 M 值较大时，运算量是比较大的。

现在讨论用循环卷积实现线性卷积的条件。设循环卷积的长度为 L，要用循环卷积实现线性卷积，那么循环卷积的长度 L 必须大于或等于线性卷积的长度 $N+M-1$，即

$$L\geqslant N+M-1 \tag{3.2.76}$$

如图 3.2.7 所示，否则，循环卷积周期延拓时会产生混叠。因此，$x(n)$，$h(n)$ 必须扩展为 L 点序列，取 $L=N+M-1$，具体步骤如下。

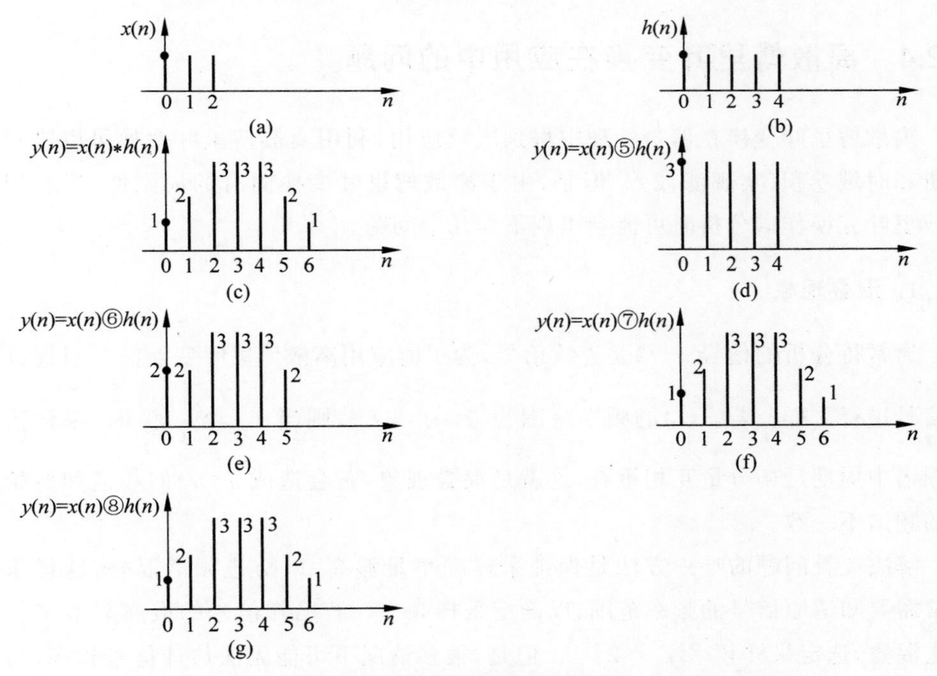

图 3.2.7　有限长序列循环卷积和线性卷积($N=3,M=5$)

(1) 将 $x(n)$，$h(n)$ 分别补零增长到 L 点，即

$$x(n)=\begin{cases}x(n), & 0\leqslant n\leqslant N-1\\0, & N\leqslant n\leqslant L-1\end{cases} \tag{3.2.77}$$

$$h(n)=\begin{cases}h(n), & 0\leqslant n\leqslant M-1\\0, & M\leqslant n\leqslant L-1\end{cases}\tag{3.2.78}$$

(2) 计算 $x(n)$,$h(n)$两序列 L 点的循环卷积即等于线性卷积:

$$y(n)=x(n)\circledast h(n)=x(n)*h(n)$$

或者用 DFT 求 $y(n)$,则

$$y(n)=\mathrm{IDFT}[X(k)H(k)]$$

其中,$X(k)$,$H(k)$分别为 $x(n)$,$h(n)$的 L 点离散傅里叶变换。用循环卷积实现线性卷积过程如图 3.2.8 所示。

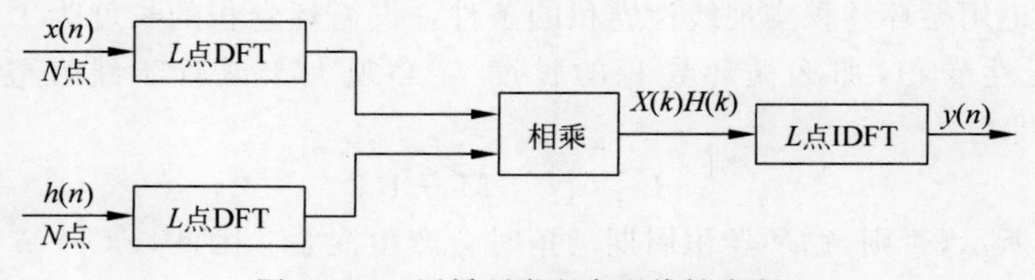

图 3.2.8 用循环卷积实现线性卷积

3.2.4 离散傅里叶变换在应用中的问题

离散傅里叶变换在信号处理中得到广泛应用,利用离散傅里叶变换可以进行谱分析和时域卷积(实现滤波)。但是,由于离散傅里叶变换固有的局限性,当利用离散傅里叶变换作谱分析时可能会出现下面几个问题。

1. 混叠现象

通常待分析的信号 $x(t)$是连续信号,为了能应用离散傅里叶变换需要对连续时间信号进行采样。若 $x(t)$的频率范围为 $0\leqslant f\leqslant f_{\mathrm{m}}$,则当 $f_{\mathrm{m}}\geqslant\frac{1}{2}f_{\mathrm{s}}$ 时,采样信号的频谱中周期延拓分量互相重叠,这就是混叠现象,它会造成 $x(n)$的频谱和原始信号的频谱不一致。

解决混叠问题的唯一方法是保证采样频率足够高,以防止频谱混叠,这意味着通常需要知道原信号的频率范围,以确定采样频率。若已知信号的最高频率 f_{m},为防止混叠,选定采样频率 $f_{\mathrm{s}}\geqslant 2f_{\mathrm{m}}$。但是,很多情况下可能无法估计信号频率,为确保无混叠现象,可在采样前利用模拟低通滤波器将原信号的上限频率 f_{m} 限制为采样频率 f_{s} 的一半,这种滤波器被称为抗混叠滤波器。

对于 DFT 的离散频谱来说,相邻谱线的频率间隔为 Δf,通常称为频率分辨率,由它可以确定模拟信号 $x(t)$的周期,也就是时间长度 T 为

$$T=\frac{1}{\Delta f}=\frac{1}{f_{\mathrm{s}}/N}=\frac{N}{f_{\mathrm{s}}}\tag{3.2.79}$$

由频率分辨率还可以确定 DFT 所需的采样点数 $N=f_s/\Delta f$。我们希望 Δf 越小越好,但是,Δf 越小,N 越大,计算量和存储量也随之增大。一般取 N 为 2 的整数次幂,以便用 FFT 计算,若已给定 N,可用补零方法使 N 为 2 的整数次幂(在实际应用中,应多采些数据,要尽量避免补零)。

2. 频谱泄漏

信号如果在频域上是带限的,则时域上信号为无限长,但是,离散傅里叶变换却是对有限长序列定义的,因此,为了作离散傅里叶变换,在时域上需要进行截断,使得采样后信号 $x(n)$在区间 $[0,N-1]$上,这相当于将 $x(n)$和矩形窗函数 $d(n)$相乘,即

$$x_1(n)=x(n)d(n) \tag{3.2.80}$$

式中,$x_1(n)$表示截断后的序列。时域上两个序列的乘积等于频域上两个序列的傅里叶变换的卷积。已知 $d(n)$的傅里叶变换

$$D(e^{j\omega})=\text{DTFT}[d(n)]=e^{-j\frac{N-1}{2}\omega}\frac{\sin(N\omega/2)}{\sin(\omega/2)} \tag{3.2.81}$$

显然,矩形窗函数的频谱为 sinc 函数。如果窗谱是 δ 函数,那么,时域窗宽应为无穷宽,实际上等于没有乘窗函数,则卷积结果仍为 $X(e^{j\omega})$。现在窗谱是 sinc 函数,有一定宽度,$X(e^{j\omega})$和 $D(e^{j\omega})$的卷积是 $x_1(n)$的 DTFT $X_1(e^{j\omega})$,从而产生了频谱变宽的泄漏现象。

泄漏现象是由截断造成的,改善泄漏可以增加采样点数 N 或采用其他形式的截断函数(通常称为窗函数),这个问题将在功率谱估计中将详细讨论。

泄漏也会引起混叠。由于泄漏使信号的频谱展宽,如果它的高频成分超过了折叠频率($f_s/2$)就造成了混叠,这种可能性在矩形窗截断时尤为明显,因为矩形窗的频谱旁瓣收敛得比较慢。

3. 栅栏效应

用 DFT 计算信号频谱,结果是离散的,即只能给出频谱的采样值,而得不到连续的频谱函数,这就像隔一个"栅栏"观看景象一样,只能在一系列离散点上看到真实的景象,而其他点处却看不到,故称这种效应为"栅栏效应"。减小栅栏效应的一个方法就是要使频域采样更密,即增加频域采样点数 N,在不改变时域数据的情况下,必然要在时域序列数据的末尾补一些零值点,使 DFT 计算周期内的点数增加,但不改变原有记录数据。频域采样为 $\frac{2\pi}{N}k$,N 增加,必然使采样点间隔更小,谱线更密,原来看不到的谱分量就有可能看到了。补零对原频谱 $X(k)$起到插值的作用,使谱的外观更加平滑。

4. 频率分辨率

分辨率是信号处理中的基本概念,频率分辨率是指所用的算法能将信号中两个靠得很近的谱峰保持分开的能力[4],即为

$$\Delta f=\frac{f_s}{N}=\frac{1}{NT_s}=\frac{1}{T} \tag{3.2.82}$$

式中,$T=NT_s$ 是模拟信号的长度。如果 Δf 不够小,可以通过增加信号的长度使其变小,该分辨率取决于数据窗的长度和形状。窗的长度指的是实际的信号长度,长度越长,分辨率越高。由 DFT 的定义可知,对一个 N 点序列进行 DFT 分析时,相邻谱线的频率间隔为

$$\Delta f=f_s/N \tag{3.2.83}$$

它也是频率分辨率的一种定义,如果 Δf 不够小,可以通过补零的方法改变谱线的间距。但是,补零不能提高真实的频率分辨能力,由于没有增加有效数据长度,原数据的新的信息没有增加,因此,仍不能将信号中靠得很近的谱峰分开。

例 3.2.4 设 $x(t)$的最高频率 f_m 不超过 3Hz,由采样定理可知,用 $f_s=10\text{Hz}$,即 $T_s=0.1\text{s}$ 对其采样,不应发生混叠问题。设 $T=25.6\text{s}$,即采样所得的 $x(n)$的点数为 256,那么,对 $x(n)$作 DFT 时,能得到最大频率分辨率[1],即有

$$\Delta f=\frac{f_s}{N}=\frac{10}{256}=0.0390625\text{Hz}$$

如果信号 $x(t)$由三个正弦信号组成,其频率分别是 $f_1=2\text{Hz}$,$f_2=2.02\text{Hz}$,$f_3=2.07\text{Hz}$,即

$$x(t)=\sin(2\pi f_1 t)+\sin(2\pi f_2 t)+\sin(2\pi f_3 t)$$

用 DFT 求其频谱,其幅频特性如图 3.2.9(a)所示。

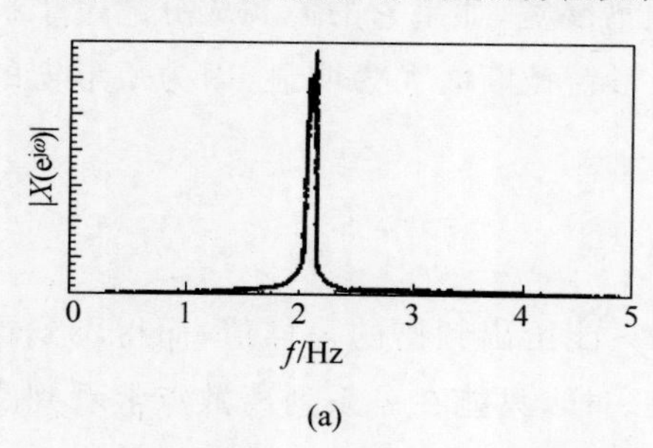

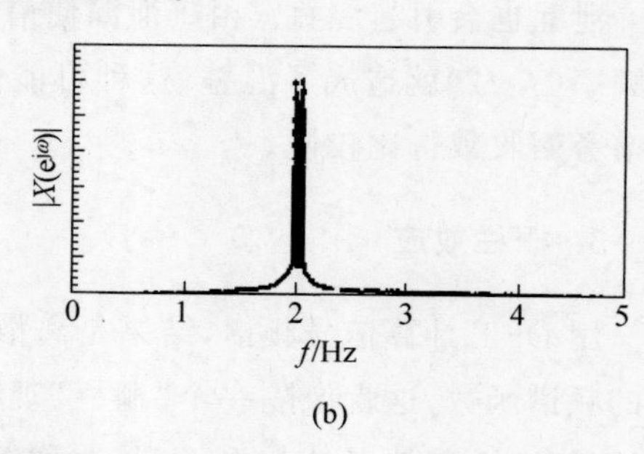

图 3.2.9 幅频特性

显然,由于 $f_2-f_1=0.02<\Delta f$,所以,不能分辨出由 f_2产生的正弦分量。由于 $f_3-f_1>\Delta f$,所以,能分辨由 f_3 产生的正弦分量。

如果增加点数 N,即增加数据的长度 N,如令 $N=1024$,这时

$$T=1024\times 0.1\text{s}=102.4\text{s}$$

其幅频特性如图 3.2.9(b)所示。

3.3　快速傅里叶变换

3.3.1　FFT 的基本思想

FFT 不是一种新的变换，而是 DFT 的快速算法。由于 DFT 的计算量很大，在应用上受到很大限制，FFT 的出现使 DFT 的运算大大简化，从而使 DFT 在实际中得到广泛应用。

现在分析直接计算 DFT 的运算量。对 N 点有限长序列 $x(n)$的 DFT 变换为

$$X(k)=\sum_{n=0}^{N-1}x(n)W_N^{nk},\quad k=0,1,\cdots,N-1 \tag{3.3.1}$$

假设 $x(n)$是复序列，则 $X(k)$也是复数，$X(k)$共有 N 个点，所以，整个 DFT 运算需要 N^2 次复数乘法和 $N(N-1)$次复数加法。

快速傅里叶变换能减少运算量的根本原因在于，它不断地把长序列的离散傅里叶变换变为短序列的离散傅里叶变换，再利用系数 W_N^{nk} 的对称性和周期性，即

$$W_N^{(nk+N/2)}=-W_N^{nk} \tag{3.3.2}$$

$$W_N^{kn}=W_N^{n(N+k)}=W_N^{k(n+N)} \tag{3.3.3}$$

将 DFT 运算中的有些项加以合并，达到减少运算工作量的效果。FFT 的算法很多，且有专用的芯片和许多免费程序，在实际应用中，读者可以查阅有关数字信号处理的教材及有关文献。本章只介绍时间抽取(decimation-in-time，DIT)基-2FFT 算法和频率抽取(decimation-in-frequency，DIF)基-2FFT 算法。

3.3.2　时间抽取基-2FFT 算法

对式(3.3.1)，令 $N=2^M$，M 为正整数，则可将 $x(n)$按奇偶分成两组，即令 $n=2r$ 及 $n=2r+1$，$r=0,1,\cdots,N/2-1$，于是

$$\begin{aligned}X(k)&=\sum_{r=0}^{N/2-1}x(2r)W_N^{2rk}+\sum_{r=0}^{N/2-1}x(2r+1)W_N^{(2r+1)k}\\&=\sum_{r=0}^{N/2-1}x(2r)(W_N^2)^{rk}+W_N^k\sum_{r=0}^{N/2-1}x(2r+1)(W_N^2)^{rk}\end{aligned} \tag{3.3.4}$$

式中，$W_N^2=\mathrm{e}^{-\mathrm{j}\frac{2\pi}{N}2}=\mathrm{e}^{-\mathrm{j}\frac{2\pi}{N/2}}=W_{N/2}$。于是，有

$$X(k)=\sum_{r=0}^{N/2-1}x(2r)W_{N/2}^{rk}+W_N^k\sum_{r=0}^{N/2-1}x(2r+1)W_{N/2}^{rk}=A(k)+W_N^kB(k) \tag{3.3.5}$$

式中，$A(k)=\sum\limits_{r=0}^{N/2-1}x(2r)W_{N/2}^{rk}$，$B(k)=\sum\limits_{r=0}^{N/2-1}x(2r+1)W_{N/2}^{rk}$，$k=0,1,\cdots,N/2-1$。

这样一个 N 点的 DFT 已被分解成两个 $N/2$ 点的 DFT。如果利用 $A(k)$，$B(k)$表达全部的 $X(k)$，必须要利用系数 W_N^{nk} 的周期性，即式(3.3.2)及 $A\left(k+\frac{N}{2}\right)=A(k)$，$B\left(k+\frac{N}{2}\right)=B(k)$，从而得到

$$X\left(k+\frac{N}{2}\right)=A\left(k+\frac{N}{2}\right)+W_N^{k+\frac{N}{2}}B\left(k+\frac{N}{2}\right)=A(k)-W_N^kB(k),$$
$$k=0,1,\cdots,N/2-1 \tag{3.3.6}$$

当 $N=8$ 时，$A(k)$，$B(k)$及 $X(k)$的关系如图 3.3.1 所示。

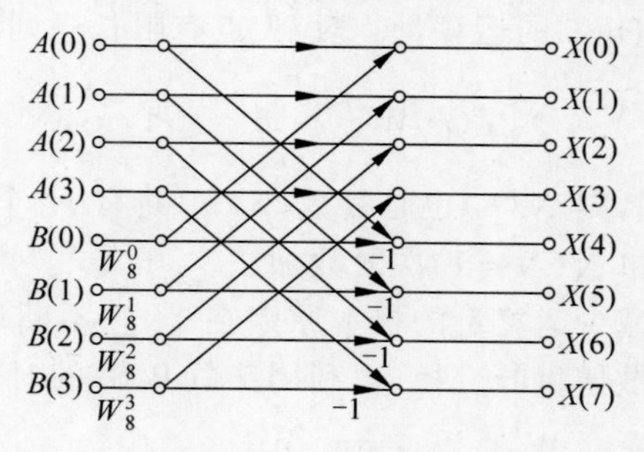

图 3.3.1　$N=8$ 时 $A(k)$，$B(k)$及 $X(k)$之间关系

当 $A(k)$，$B(k)$仍是高复合数($N/2$)的 DFT 时，可按上述方法继续加以分解，N 点 DFT 可分成 M 级。令 $r=4l$ 及 $r=4l+2$，$l=0,1,\cdots,N/4-1$，则 $A(k)$表示为

$$\begin{aligned}A(k)&=\sum_{l=0}^{N/4-1}x(4l)W_{N/2}^{2lk}+\sum_{l=0}^{N/4-1}x(4l+2)W_{N/2}^{(2l+1)k}\\&=\sum_{l=0}^{N/4-1}x(4l)W_{N/4}^{lk}+W_{N/2}^{k}\sum_{l=0}^{N/4-1}x(4l+2)W_{N/4}^{lk}\\&=C(k)+W_{N/2}^kD(k)\end{aligned} \tag{3.3.7}$$

$$A\left(k+\frac{N}{4}\right)=C\left(k+\frac{N}{4}\right)+W_{N/2}^{k+\frac{N}{4}}D\left(k+\frac{N}{4}\right)=C(k)-W_{N/2}^kD(k),$$
$$k=0,1,\cdots,N/4-1 \tag{3.3.8}$$

同理，$B(k)$表示为

$$\begin{aligned}B(k)&=\sum_{l=0}^{N/4-1}x(4l+1)W_{N/2}^{2lk}+\sum_{l=0}^{N/4-1}x(4l+3)W_{N/2}^{(2l+1)k}\\&=\sum_{l=0}^{N/4-1}x(4l+1)W_{N/4}^{lk}+\sum_{l=0}^{N/4-1}x(4l+3)W_{N/4}^{lk}\\&=E(k)+W_{N/2}^kF(k)\end{aligned} \tag{3.3.9}$$

$$B\left(k+\frac{N}{4}\right)=E(k)-W_{N/2}^{k}F(k) \quad k=0,1,\cdots,N/4-1 \tag{3.3.10}$$

若 $N=8$,这时 $C(k)$,$D(k)$,$E(k)$,$F(k)$都是 2 点的 DFT,无须再分,即

$$C(0)=x(0)+x(4),E(0)=x(1)+x(5);$$
$$C(1)=x(0)-x(4),E(1)=x(1)-x(5)$$
$$D(0)=x(2)+x(6),F(0)=x(3)+x(7);$$
$$D(1)=x(2)-x(6),F(1)=x(3)-x(7)$$

以上算法是将时间下标 n 按奇、偶不断进行分组,故称时间抽取算法。上述过程如图 3.3.2 所示,其基本运算单元如图 3.3.3 所示,由于运算单元呈蝴蝶形,又称蝶形运算单元(butterfly computation unit)图,图中 p,q 为第 m 级蝶形运算单元上、下节点序号,且 $q-p=2^{m-1}$。一个蝶形单元可以将运算量减少至一次复数乘法和两次复数加法,即输入端先与 W_N^r 相乘,再与另一输入端分别作加减。第 $m-1$ 级运算($m=1,2,\cdots,M$)中,序号为 p,q 两点只参与这一个蝶形单元的运算,其输出在第 m 级,且这一蝶形单元也不再涉及别的点,这一特点称为"同址运算"。由图 3.3.2 可见,按 FFT 同址运算的特点,FFT 输出的 $X(k)$按自然顺序排列在存储单元中,即按 $X(0)$,$X(1)$,$\cdots$,$X(7)$的顺序排列,而输入 $x(n)$却不是按正常顺序存储的,而是按 $x(0)$,$x(4)$,$x(2)$,$\cdots$,$x(7)$次序排序,服从所谓的"码位倒置"的规律,也叫倒位序。分级运算、同址运算和倒位序也是时间抽取基-2FFT 算法,简称 DIT 基-2FFT 算法的主要特点。

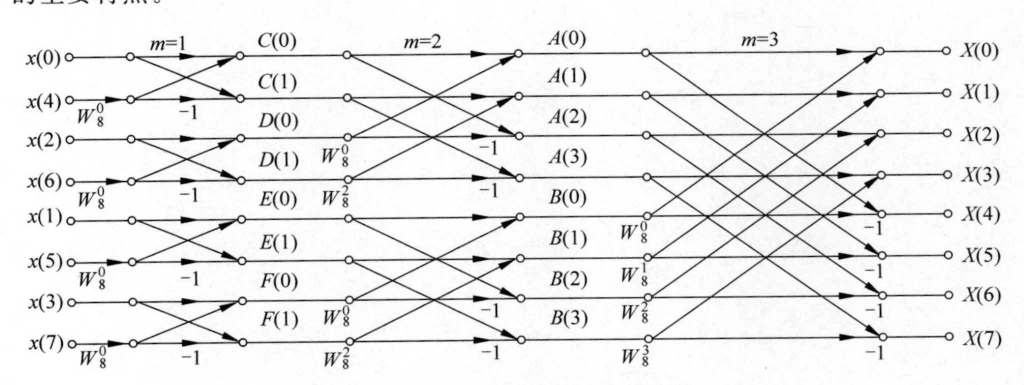

图 3.3.2 8 点 FFT 时间抽取流图

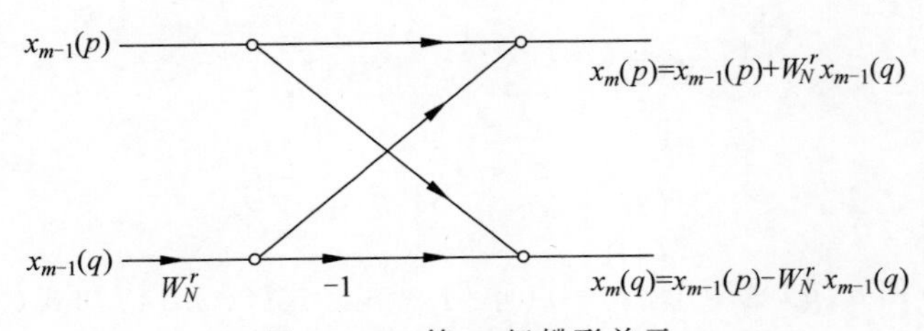

图 3.3.3 第 m 级蝶形单元

从上面的分析中可以看出,DIT 基-2FFT 共有 M 级运算,每一级都含有 $N/2$ 个蝶形单元,每一个蝶形单元又需要一次复数乘、两次复数加运算,那么,完成 $M=\log_2 N$ 级共需要 $\frac{N}{2}\log_2 N$ 次复数乘法和 $N\log_2 N$ 次复数加法。DIT 算法所需的运算量与 $N\log_2 N$ 成正比,而直接运算 DFT 的运算量与 N^2 成正比,显然,DIT 基-2FFT 算法大大减少了运算量。

3.3.3　频率抽取基-2FFT 算法

3.3.2 节讨论的 DIT 基-2FFT 算法将输入序列 $x(n)$按时间下标 n 的奇偶分解为短序列,还有一种 FFT 算法是将代表频域输出序列的 $X(k)$按频率下标 k 的奇偶分解成短序列,称为按频率抽取基-2FFT 算法。下面给出算法的简单推导,仍讨论长度为 $N=2^M$ 的序列 $x(n)$。首先将 $x(n)$按序号分成前后两部分,得

$$\begin{aligned}X(k)&=\sum_{n=0}^{N-1}x(n)W_N^{nk}\\&=\sum_{n=0}^{N/2-1}x(n)W_N^{nk}+\sum_{n=N/2}^{N-1}x(n)W_N^{nk}\\&=\sum_{n=0}^{N/2-1}x(n)W_N^{nk}+\sum_{n=0}^{N/2-1}x\left(n+\frac{N}{2}\right)W_N^{nk}W_N^{Nk/2}\\&=\sum_{n=0}^{N/2-1}[x(n)+W_N^{Nk/2}x(n+N/2)]W_N^{nk}\end{aligned}\tag{3.3.11}$$

式中,$W_N^{Nk/2}=(-1)^k$。令 $k=2r,k=2r+1,r=0,1,\cdots,N/2-1$,则

$$X(2r)=\sum_{n=0}^{N/2-1}\left[x(n)+x\left(n+\frac{N}{2}\right)\right]W_{N/2}^{nr}\tag{3.3.12}$$

$$X(2r+1)=\sum_{n=0}^{N/2-1}\left[x(n)-x\left(n+\frac{N}{2}\right)\right]W_{N/2}^{nr}W_N^n\tag{3.3.13}$$

令 $g(n)=x(n)+x\left(n+\frac{N}{2}\right),h(n)=\left[x(n)-x\left(n+\frac{N}{2}\right)\right]W_N^n$,则

$$X(2r)=\sum_{n=0}^{N/2-1}g(n)W_{N/2}^{nr}\tag{3.3.14}$$

$$X(2r+1)=\sum_{n=0}^{N/2-1}h(n)W_{N/2}^{nr}\tag{3.3.15}$$

由于 $g(n)$和 $h(n)$是两个 $N/2$ 点序列,所以,式(3.3.14)和式(3.3.15)表示的是 $N/2$ 点 DFT 运算。N 点 DFT 按频率 k 的奇偶分解为两个 $N/2$ 点的 DFT。频率抽取法和时间抽取法一样,由于 $N=2^M$,$N/2$ 仍是一个偶数,所以,可以把每个

$N/2$ 点的 DFT 的输出再进一步分解为奇数组与偶数组，这样把一个 $N/2$ 点 DFT 分解为两个 $N/4$ 点的 DFT。这两个 $N/4$ 点 DFT 输入也是将 $N/2$ 点 DFT 输入的前一半和后一半分开，再通过蝶形运算而形成，类似的分解可以一直进行下去，直到第 M 次（$M=\log_2 N$）分解。第 M 次分解实际上作 2 点 DFT，2 点 DFT 运算包含一次乘法和二次加法运算。$N=8$ 时的频率抽取 FFT 如图 3.3.4 所示，图中每一蝶形运算如图 3.3.5 所示，其中，p，q 为第 m 级蝶形运算单元的上、下节点序号，且 $q-p=N/2^m$。

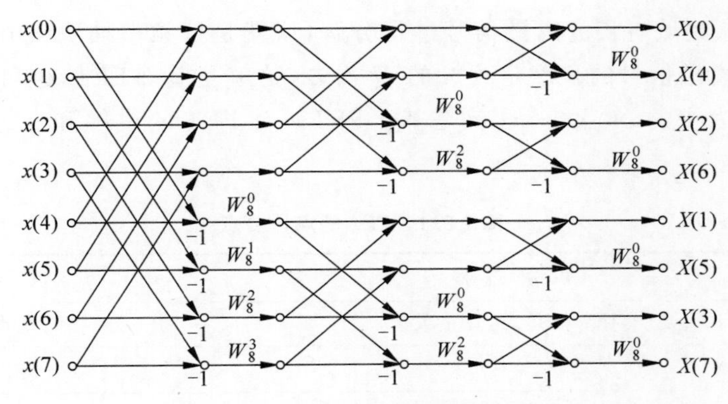

图 3.3.4　8 点 FFT 频率抽取结构图

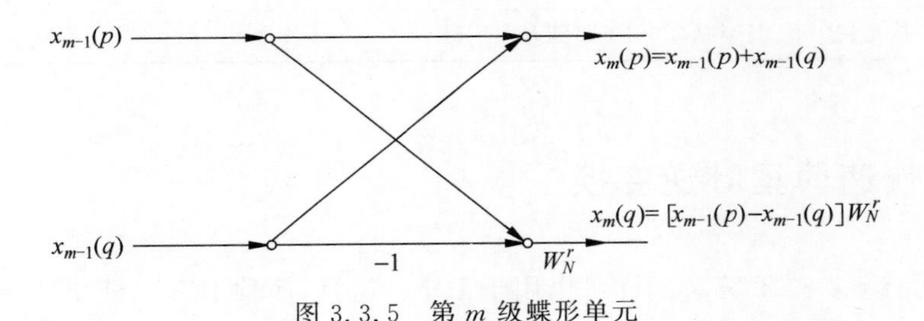

图 3.3.5　第 m 级蝶形单元

由以上的讨论可知，频率抽取 FFT 算法的运算量与时间抽取 FFT 算法的运算量相同。频率抽取 FFT 算法也具有同址运算的优点，不过其输入 $x(n)$是正序排列，而输出 $X(k)$是倒位序。

前面介绍了两种基本的快速傅里叶变换算法，下面对它作一些讲解和点评。

FFT 是实现离散傅里叶变换的快速算法，是一种非常重要的工具。仔细分析 FFT 算法提出的过程，我们可以发现，这是一个发现问题、分析问题和解决问题的过程，是一个不断创新的过程。傅里叶变换可以把时域的信号变换到频域，也可以把频域的信号变换到时域，以便从不同的角度更好地观察和分析信号。但是，必须知道被分析信号的解析表达式。由于在实际应用中，一般不知道被分析信号的解析表达式，所以，只能对实际信号进行采样，得到离散的信号；同时，分析信号的工具是数字计算机，且只能处理有限长的离散信号，为此，人们提出了离散傅里叶变换

(DFT)。DFT 架起了时域与频域之间的桥梁,是信号分析的有力工具。但是,DFT 涉及复数的乘法和加法,其运算量比实数的大;当离散信号的点数多时,运算量将更大,不能满足在实际应用对信号处理实时性的要求。对 DFT 运算量大的问题进行分析发现,运算量与点数的平方成正比。为此,将长度为 N 的离散信号分成两个 $N/2$ 长度的离散信号,再分成四个 $N/4$ 长度的离散信号……以减少计算量;再利用系数的固有特性,对运算过程中的有些项进行合并,从而实现了 DFT 的快速运算,即 FFT。可以从时域对离散信号进行分解,这就是按照时间抽取(DIT)的 FFT 算法;也可以从频域对长的离散信号进行分解,这就是按频率抽取(DIF)的 FFT 算法。可以将离散信号的长度定为 2 的 N 次方,这就是基 2-FFT,也可以将离散信号的长度定为 4 的 N 次方,这就是基 4-FFT。对 FFT 的讲解和点评如表 3.3.1 所示[13]。

表 3.3.1 FFT 的点评要点

讲解过程	进行点评
DFT 重要、有用;但是,运算量大	发现问题
与 N^2 有关	分析问题
将 N 分解,再利用系数的固有特性进行合并	解决问题
输入乱序、输出顺序,进行倒序	寻找规律
从 DIT 到 DIF;从基-2FFT 到基-4FFT	不断突破

3.3.4 快速傅里叶逆变换

上面讨论的 FFT 算法同样可以用于 IDFT 运算,简称 IFFT,即快速傅里叶逆变换。将 IDFT 的定义公式

$$x(n)=\frac{1}{N}\sum_{k=0}^{N-1}X(k)W_N^{-kn}$$

与 DFT 公式

$$X(k)=\sum_{n=0}^{N-1}x(n)W_N^{kn}$$

比较可以看出,只要把 DFT 运算中的每一系数 W_N^{kn} 改为 W_N^{-kn},并在最后再乘以常数 $1/N$,那么前面所讨论的 FFT 算法就可用来计算 IDFT。当把频率抽取 FFT 算法用于计算 IDFT 时,由于输出变量变成 $x(n)$,相当于按 $x(n)$ 的下标的奇偶来分组,因而改称为按时间抽取 IFFT 算法。同样,当把时间抽取 FFT 算法应用于 IDFT 时,输入变为 $X(k)$,是按 $X(k)$ 的奇偶分组的,故改称为按频率抽取 IFFT 算法。例如,将频率抽取 FFT 算法用于计算 IDFT,作如下修改:把 W_N^{nk} 换成 W_N^{-nk};每级运

算中都乘以因子 1/2(将常量 $1/N$ 分解成 M 个 1/2 连乘,可以防止溢出,有利于减小量化误差);输入序列改为自然顺序的 $X(k)$,输出序列改为倒位序的 $x(n)$,就可以得到图 3.3.6 所示的 IFFT 结构图。

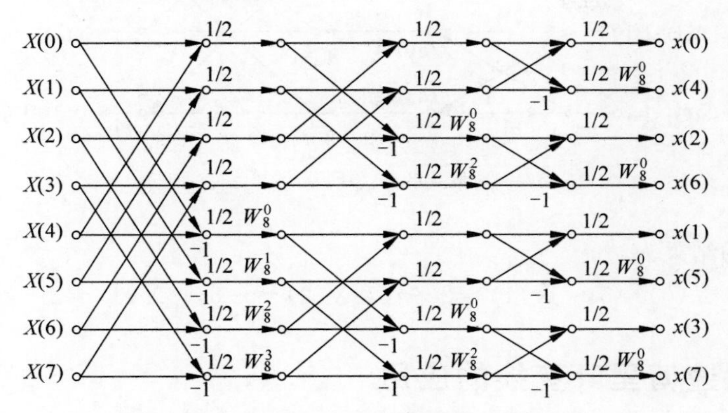

图 3.3.6　按时间抽取的 IFFT 结构($N=8$)

另外,还有一种完全不改变 FFT 计算程序就可以计算 IFFT 的方法。对 IDFT 公式取共轭运算,有

$$x^*(n)=\frac{1}{N}\Big[\sum_{k=0}^{N-1}X(k)W_N^{-nk}\Big]^*=\frac{1}{N}\sum_{k=0}^{N-1}X^*(k)W_N^{nk} \tag{3.3.16}$$

式(3.3.16)两边再取共轭,有

$$x(n)=\frac{1}{N}\Big[\sum_{k=0}^{N-1}X^*(k)W_N^{nk}\Big]^*=\frac{1}{N}\{\mathrm{DFT}[X^*(k)]\}^* \tag{3.3.17}$$

式(3.3.17)说明,只要先将输入序列 $X(k)$ 取共轭,然后,直接利用 FFT 子程序,最后,把运算结果取一次共轭,并乘以系数 $1/N$,就可以得到 $x(n)$ 的结果。

例 3.3.1　已知有限长序列

$$x(n)=\delta(n)+2\delta(n-1)-\delta(n-2)+3\delta(n-3)$$

按 FFT 运算流图求 $X(k)$,再用所得的 $X(k)$ 按 IFFT 反求 $x(n)$[7]。

解　求 DFT 的过程如图 3.3.7 所示,求 IDFT 的过程如图 3.3.8 所示。

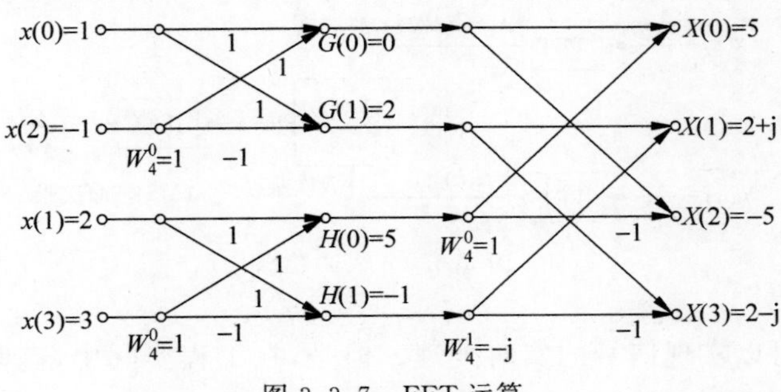

图 3.3.7　FFT 运算

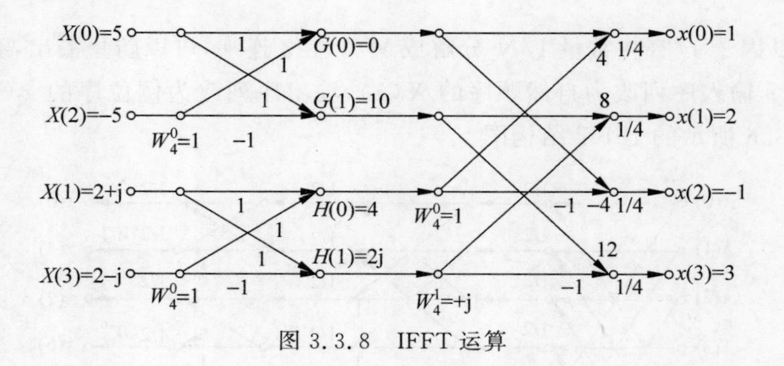

图 3.3.8 IFFT 运算

$X(k)$的结果为

$$X(0)=5,\quad X(1)=2+\mathrm{j},\quad X(2)=-5,\quad X(3)=2-\mathrm{j}$$

3.3.5 快速傅里叶变换的应用

1. 快速卷积

若长度为 N_1 的序列 $x(n)$和长度为 N_2 的序列 $h(n)$作线性卷积,得

$$y(n)=x(n)*h(n)=\sum_{m=-\infty}^{\infty}x(m)h(n-m)$$

$y(n)$也是有限长序列,长度为 N_1+N_2-1,此卷积运算需要 N_1N_2 次乘法,当 $N_1=N_2=N$ 时,需要 N^2 次乘法。

如果用循环卷积实现线性卷积,需要将两序列补零加长至 N_1+N_2-1,这时,利用 FFT 技术可以大大减少求卷积所需要的运算工作量,这种快速卷积运算如图 3.3.9 所示。由图可见,在快速卷积中需要两次 FFT、一次 IFFT 运算。在一般的数字滤波器中,由 $h(n)$求 $H(k)$是预先计算好的,故实际只需要两次 FFT 运算。若 $N_1=N_2=N$,所需乘法运算次数为

$$2\times(N/2)\times M+N=N(M+1)$$

显然,N 值越大,式中乘法运算次数比 N^2 越小。

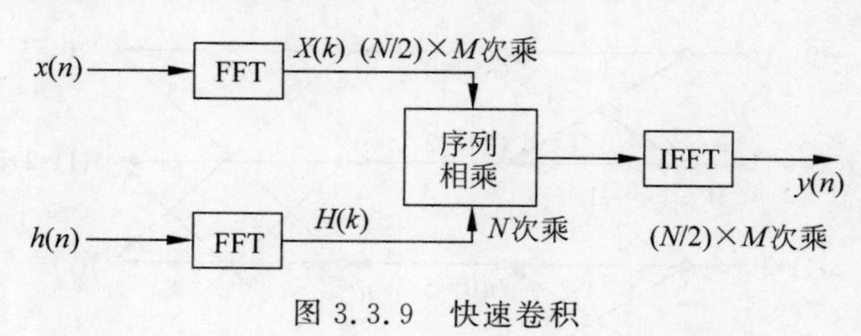

图 3.3.9 快速卷积

快速卷积可以实现信号的实时处理。但是,在工程实际中,有时遇到要处理的信号很长,对于这类信号只能采用分段卷积的方法。

一般代表滤波器特性的 $h(n)$是有限长序列,其长度为 N,信号 $x(n)$的长度 N_1

很大，且 $N_1 \gg N$，将 N_1 分成若干小段，每段长 M，以 $x_i(n)$ 表示第 i 小段。为完成 $x_i(n)$ 和 $h(n)$ 之间的循环卷积，将 $x_i(n)$ 补零，使其长度达到 $N+M-1$，输入序列为

$$x(n)=\sum_{i=0}^{m} x_i(n)$$

其中，

$$x_i(n)=\begin{cases} x(n), & iM \leqslant n \leqslant (i+1)M-1 \\ 0, & \text{其他} \end{cases}, \quad m=\frac{N_1}{M}$$

输出序列为

$$y(n)=x(n)*h(n)=\left[\sum_{i=0}^{m} x_i(n)\right]*h(n)=\sum_{i=0}^{m}\left[x_i(n)*h(n)\right]=\sum_{i=0}^{m} y_i(n)$$

其中，$y_i(n)=x_i(n)*h(n)$。由于 $y_i(n)$ 的长度为 $N+M-1$，$x_i(n)$ 的非零值长度为 M，故相邻的 $x_i(n)$ 必有 $N-1$ 长度的重叠。将 $y_i(n)$ 求和得 $y(n)$，其重叠部分必然相加，这种分段卷积再相加求和的方法称为重叠相加法[7]，如图 3.3.10 所示。

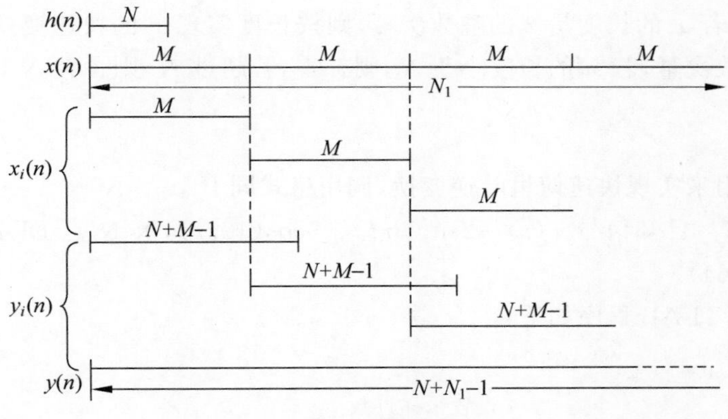

图 3.3.10　重叠相加法

2. 快速相关

快速相关的原理和快速卷积类似，也是借助于 FFT 技术实现。相关运算通常用来确定隐含在可加性噪声中的信号，在时域分析中将进一步讨论。利用相关计算还可以求序列的功率谱。快速相关的实现如图 3.3.11 所示。

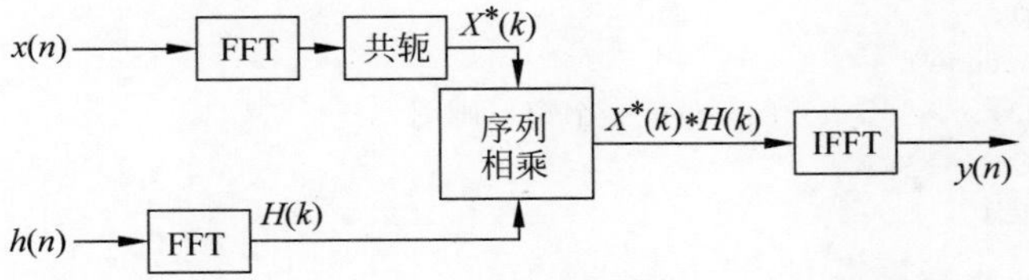

x(n) → FFT → 共轭 → $X^*(k)$ → 序列相乘 → $X^*(k)*H(k)$ → IFFT → y(n)

h(n) → FFT → $H(k)$ → 序列相乘

图 3.3.11　快速相关

3.4 与本章内容有关的MATLAB函数

本节介绍与傅里叶变换有关的MATLAB函数[8]。

1. fftfilt

该函数用DFT实现长序列的卷积,采用重叠相加法,其调用格式为

```
y = fftfilt(h,x)
```

其中,$x(n)$的长度为N;$h(n)$的长度为M;将$x(n)$分成L段,程序自动确定对$x(n)$分段的长度。

2. fft

该函数用来实现快速傅里叶变换,其调用格式为

```
X = fft(x)   或   X = fft(x,N)
```

对前者,若x的长度是2的整数次幂,则按长度实现x的快速变换;对后者,N应为2的整数次幂,若x的长度小于N,则补零,若超过N,则舍弃N以后的数据。

3. ifft

该函数用来实现快速傅里叶逆变换,调用格式同fft。

例3.4.1 已知信号$x(t)=2\sin(5\pi t)+5\cos(18\pi t)$,求$N$点DFT的幅值谱和相位谱($N=64$)。

解 MATLAB程序如下:

```
% examp3_1.m
N = 64;                       %设置采样点数
fs = 100;                     %设置采样频率
dt = 1/fs;
n = 0:N - 1;
x = 2 * sin(5 * pi * n * dt) + 5 * cos(18 * pi * n * dt);
y = fft(x,N);                 %N点傅里叶变换
mag = 2 * abs(y)/N;           %计算信号幅值,abs函数用来求信号的模
pha = angle(y);               % angle函数用来求相角
f = n * fs/N;                 %计算频率,fs/N为频率间隔
subplot(121);      %设置绘图窗口,在一幅图中产生两个窗口1×2,在第一个窗口画图
plot(f,mag);
title('Magnitude')
subplot(122);                 %在第二个窗口画图
plot(f,pha);
title('Phase')
```

N点DFT的幅值谱和相位谱如图3.4.1所示。

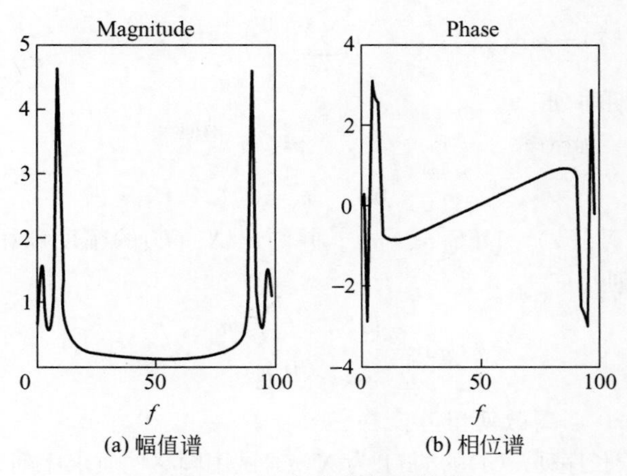

(a) 幅值谱　(b) 相位谱

图 3.4.1　幅值谱与相位谱

小结

本章主要介绍离散时间信号分析的重要工具——傅里叶变换。首先回顾了连续时间信号的傅里叶级数和傅里叶变换，然后，从序列的傅里叶变换入手，重点阐述离散傅里叶变换的产生及物理意义，详细介绍了离散傅里叶变换的一些性质，如线性、对称性、循环移位、循环卷积等，利用循环卷积性质可简化线性卷积的运算；进一步分析了 DFT 在实际应用中存在的问题，给出了解决的办法。由于离散傅里叶变换计算量很大，难以实时处理信号，其快速算法——FFT 能大大提高运算速度，因此，本章又介绍了时间抽取基-2FFT 算法和频率抽取基-2FFT 算法的原理、基本实现及 FFT 算法的应用；最后介绍相关的 MATLAB 函数，给出相应的例程。

习题和上机练习

3.1　求序列

$$h(n)=\begin{cases}\alpha^n, & 0\leqslant n<N\\ 0, & \text{其他}\end{cases},\quad x(n)=\begin{cases}\beta^{n-n_0}, & n_0\leqslant n\\ 0, & n_0>n\end{cases}$$

的卷积。

3.2　序列 $x(n)$的傅里叶变换为 $X(\mathrm{e}^{\mathrm{j}\omega})$，求下列各序列的傅里叶变换：

(1) $\mathrm{e}^{\mathrm{j}\omega_0 n}x(n)$；　(2) $nx(n)$；　(3) $x(-n)$；　(4) $x^*(n)$；

(5) $x(n-k)$；　(6) $x^2(n)$；　(7) $\mathrm{jIm}[x(n)]$。

3.3　计算下列信号的傅里叶变换：

(1) $2^n u(-n)$；　(2) $a^{|n|}u(n)\sin(\omega_0 n)$，$|a|<1$；

(3) $\left(\frac{1}{2}\right)^n[u(n+3)-u(n-2)]$；

(4) $\cos(18\pi n/7)+\sin(2n)$；　(5) $\sum_{k=0}^{\infty}\left(\frac{1}{4}\right)^{n}\delta(n-3k)$。

3.4 已知周期序列

$$x_{\mathrm{p}}(n)=\begin{cases}10, & 2\leqslant n\leqslant 6\\ 0, & n=0,1,7,8,9\end{cases}$$

周期 $N=10$,试求 $X_{\mathrm{p}}(k)=\mathrm{DFS}[x_{\mathrm{p}}(n)]$,并画出 $X_{\mathrm{p}}(k)$的幅度和相位特性。

3.5 已知序列

$$x(n)=\begin{cases}a^{n}, & 0\leqslant n\leqslant 9\\ 0, & 其他\end{cases}$$

分别求其10点和20点离散傅里叶变换。

3.6 已知有限长序列 $x(n)$的DFT为 $X(k)$,试用频移性质求序列 $x(n)\sin(2\pi rn/N)$的DFT。

3.7 对于有限长序列 $x(n)$,若 $X(k)=\mathrm{DFT}[x(n)]$,试证明：

(1) 若 $x(n)$满足 $x(n)=-x(N-1-n)$,则 $X(0)=0$;

(2) 若 N 为偶数,且有 $x(n)=x(N-1-n)$,则 $X\left(\frac{N}{2}\right)=0$。

3.8 已知有限长序列 $x(n)$和 $h(n)$如图题3.8所示,试画出：

(1) $x(n)$和 $h(n)$的线性卷积;

(2) $x(n)$和 $h(n)$的5点循环卷积;

(3) $x(n)$和 $h(n)$的8点循环卷积。

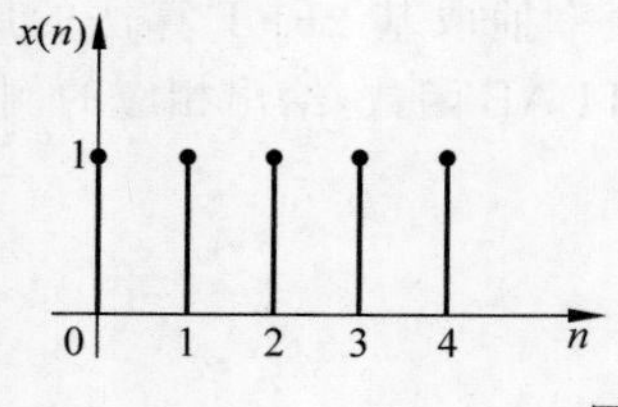

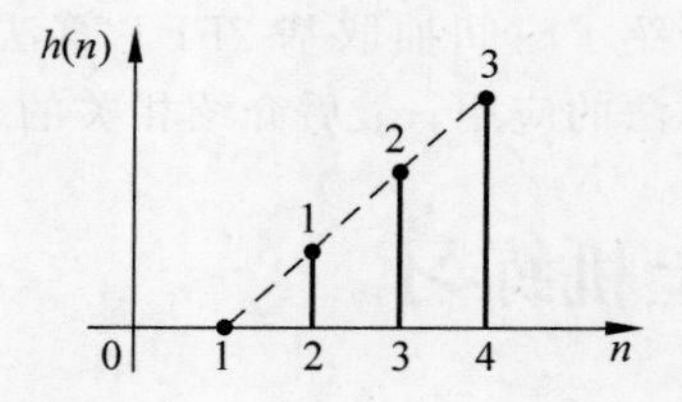

图题 3.8

3.9 设序列 $x(n)$的DFT为 $X(k)$,将它分解为实部和虚部,即

$$X(k)=X_{\mathrm{R}}(k)+\mathrm{j}X_{\mathrm{I}}(k)$$

证明：

(1) 若序列 $x(n)$是实序列,则 $X_{\mathrm{R}}(k)$是偶函数,$X_{\mathrm{I}}(k)$是奇函数;

(2) 若序列 $x(n)$是纯虚序列,则 $X_{\mathrm{R}}(k)$是奇函数,$X_{\mathrm{I}}(k)$是偶函数。

3.10 设 N 点序列 $x(n)$的DFT为 $X(k)$,再按 k 对 $X(k)$作DFT运算,得到

$$x_{1}(n)=\sum_{k=0}^{N-1}X(k)W_{N}^{kn}$$

试求 $x_{1}(n)$与 $x(n)$的关系。

3.11 已知 $x(n)$是长度为 N 的有限长序列,$X(k)=\mathrm{DFT}[x(n)]$,现将长度扩

大 r 倍(补零增长),得到长度为 rN 的有限长序列

$$y(n)=\begin{cases}x(n), & 0\leqslant n\leqslant N-1\\ 0, & N\leqslant n\leqslant rN-1\end{cases}$$

求 DFT[$y(n)$]与 $X(k)$的关系。

3.12　已知序列 $x(n)=a^n u(n)$,$0<a<1$,令对其 z 变换 $X(z)$在单位圆上 N 等分点采样,采样值为 $X(k)=X(z)|_{z=W_N^{-k}}$,求有限长序列 IDFT[$X(k)$]。

3.13　已知有限长序列 $x(n)=\delta(n-2)+3\delta(n-4)$。

(1) 求它的 8 点离散傅里叶变换 $X(k)$;

(2) 已知序列 $y(n)$的 8 点离散傅里叶变换 $Y(k)=W_8^{4k}X(k)$,求序列 $y(n)$;

(3) 已知序列 $m(n)$的 8 点离散傅里叶变换 $M(k)=X(k)Y(k)$,求序列 $m(n)$。

3.14　在离散傅里叶变换中产生泄漏和混叠效应的原因是什么? 怎样才能减小这种效应?

3.15　简略推导按时间抽取基 2-FFT 算法的蝶形公式,并画出 $N=8$ 时的算法流图,说明该算法的同址运算特点。

*3.16　已知两序列

$$x(n)=\begin{cases}(0.9)^n, & 0\leqslant n\leqslant 16\\ 0, & \text{其他}\end{cases},\quad h(n)=\begin{cases}1, & 0\leqslant n\leqslant 8\\ 0, & \text{其他}\end{cases}$$

编写程序以实现序列的线性卷积和 N 点循环卷积。

*3.17　对下面信号进行频谱分析,求幅度谱 $|X(k)|$ 和相位谱 $\theta(k)$。

(1) $x_1(t)=a^t$,$a=0.8$,$0\leqslant t\leqslant 4\text{ms}$,$f_{\max}=400\text{Hz}$;

(2) $x_2(t)=\sin t/t$,$T=0.125\text{s}$,$N=16$。

*3.18　给定信号 $x(t)=\sin(2\pi f_1 t)+2\sin(2\pi f_2 t)$,$f_1=15\text{Hz}$,$f_2=18\text{Hz}$,现在对 $x(t)$采样,采样点数 $N=16$,采样频率 $f_s=50\text{Hz}$,设采样序列为 $x(n)$。

(1) 编写程序计算 $x(n)$的频谱,并绘图;

(2) 改变采样频率,得到序列 $x_1(n)$,计算 $x_1(n)$的频谱,并绘图;

(3) 增大采样点数,得到序列 $x_2(n)$,计算 $x_2(n)$的频谱,并绘图;

(4) 采样点数 $N=64$,采样频率 $f_s=300\text{Hz}$,在采样点后补零得到新序列 $x_3(n)$,计算 $x_3(n)$的频谱,并绘图。

参考文献

[1]　胡广书.数字信号处理理论、算法与实现[M].2 版.北京:清华大学出版社,2003.

[2]　徐科军,全书海,王建华.信号处理技术[M].武汉:武汉理工大学出版社,2001.

[3]　程佩青.数字信号处理教程[M].2 版.北京:清华大学出版社,2002.

[4]　Oppenheim A V,Schafer R W. Discrete-Time Signal Processing[M]. 3rd ed. Publishing House of Electronics Industry,2011.

[5]　Oppenheim A V,Willsky A S. Signal and Systems[M]. 2nd ed. Prentice Hall,1997.

[6] 何振亚. 数字信号处理的理论与应用(上)[M]. 北京：人民邮电出版社,1983.
[7] 靳希,杨尔滨,赵玲. 信号处理原理与应用[M]. 北京：清华大学出版社,2004.
[8] 楼顺天,李博菡. 基于 MATLAB 的系统分析与设计——信号处理[M]. 西安：西安电子科技大学出版社,1998.
[9] 姚天任. 数字信号处理学习指导与题解[M]. 武汉：华中科技大学出版社,2002.
[10] 谢红梅,赵健. 数字信号处理常见题型解析及模拟试题[M]. 西安：西北工业大学出版社,2001.
[11] 程佩青. 数字信号处理教程习题分析与解答[M]. 2版. 北京：清华大学出版社,2002.
[12] 高西全,丁玉美. 数字信号处理学习指导[M]. 2版. 西安：西安电子科技大学出版社,2001.
[13] 徐科军. 以能力为导向讲授研究生信号处理课[J]. 电气电子教学学报,2019,41(2)：56-59,76.

第4章 数字滤波器的设计

在工程实际中遇到的信号经常伴有噪声。为了消除或减弱噪声，提取有用信号，必须进行滤波。能实现滤波功能的系统称为滤波器。严格地讲，滤波器可以定义为：对已知的激励提供规定响应的系统，响应的要求可以在时域或频域内给定。按处理信号的不同，滤波器可分为模拟滤波器与数字滤波器两大类。模拟滤波器是用来处理模拟信号或连续时间信号。数字滤波器是用来处理离散的数字信号，它是以数值计算的方法或用数字器件(通常称为数字信号处理器)，来实现对离散信号的处理；或者说，它是按照某些预先编制的程序，利用计算机，将一组输入的数字序列转换为另一组输出的数字序列，从而改变信号的性质，达到滤波或处理的目的。与模拟滤波器相比，数字滤波器具有稳定性好、精度高和灵活等优点。随着计算机的普及，数字滤波器的应用将越来越广泛。

本章首先讨论滤波器的基本原理及其技术要求，然后介绍模拟滤波器的设计，最后重点介绍数字滤波器的工作原理、特点、主要的设计方法和实际应用中的考虑。

4.1 滤波器概述

4.1.1 基本原理

假定输入信号 $x(n)$中的有用成分和希望除去的成分各自占不同的频带，则当 $x(n)$通过一个线性系统 $h(n)$(即滤波器)后可将欲去除的成分有效去除。对于一个线性移不变系统，其时域的输入 $x(n)$和输出 $y(n)$的关系为

$$y(n)=x(n)*h(n) \tag{4.1.1a}$$

若 $x(n)$和 $y(n)$的傅里叶变换存在，则输入、输出的频域关系为

$$Y(\mathrm{e}^{\mathrm{j}\omega})=X(\mathrm{e}^{\mathrm{j}\omega})H(\mathrm{e}^{\mathrm{j}\omega}) \tag{4.1.1b}$$

再假定 $|X(\mathrm{e}^{\mathrm{j}\omega})|$如图 4.1.1 (a)所示，图 4.1.1(b)为理想滤波器的幅频特性 $|H(\mathrm{e}^{\mathrm{j}\omega})|$。图中，$\omega_c$ 为截止频率。根据式(4.1.1b)，则$|Y(\mathrm{e}^{\mathrm{j}\omega})|$如图 4.1.1(c)所示[1]。

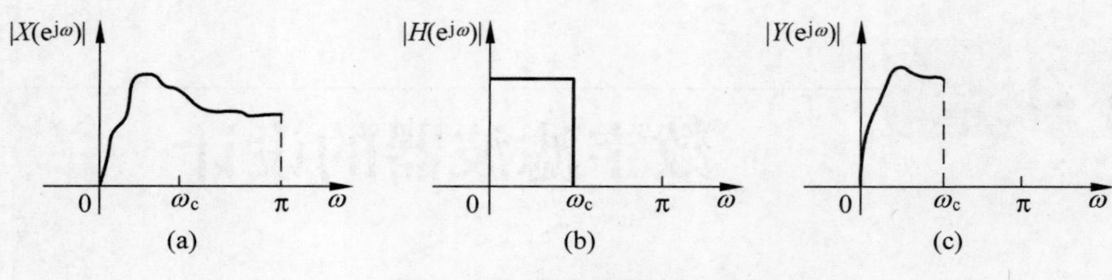

图 4.1.1　滤波的基本原理

这样,$x(n)$ 通过系统 $h(n)$,其输出 $y(n)$ 中不再含有 $|\omega|>\omega_c$ 的频率成分,而"不失真"地保留 $|\omega|<\omega_c$ 的成分。因此,设计出不同形状的 $|H(e^{j\omega})|$,可以得到不同的滤波结果。

若滤波器的输入、输出都是离散时间信号,那么,该滤波器的冲激响应,即单位采样响应 $h(n)$也必然是离散的,我们称这样的滤波器为数字滤波器(digital filter, DF)。当用硬件实现时,所需的元件是延迟器、乘法器和加法器;当在计算机上用软件实现时,它就是一段线性卷积的程序。

4.1.2　滤波器的分类

滤波器的种类很多,分类方法也不同,可以从功能上分,也可以从实现方法上分,或从设计方法上分。滤波器从功能上可分为四种,即低通(LP)、高通(HP)、带通(BP)和带阻(BS)滤波器,而每一种滤波器又有模拟滤波器(AF)和数字滤波器(DF)两种形式。图 4.1.2 和图 4.1.3 分别给出了 AF 及 DF 的四种滤波器的理想幅

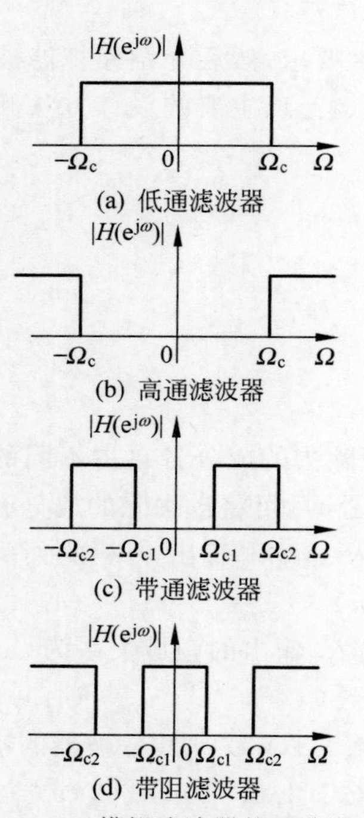

图 4.1.2　模拟滤波器的四种类型

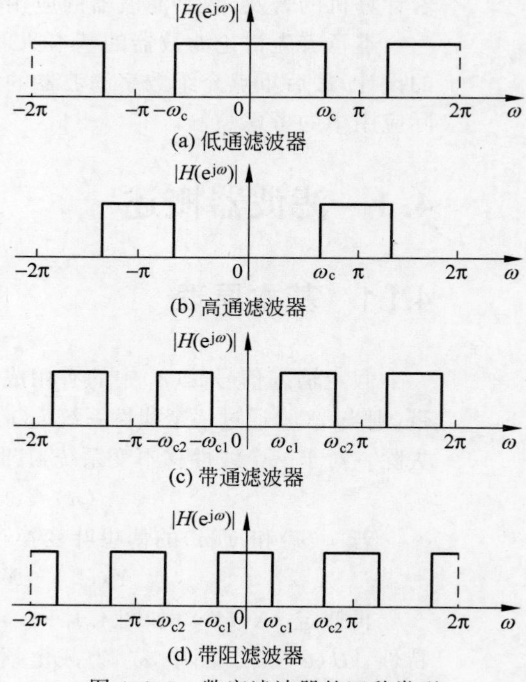

图 4.1.3　数字滤波器的四种类型

频特性，这些幅频特性在实际上是不可能实现的。例如，对于低通滤波器，其采样响应 $h(n)$或冲激响应 $h(t)$是 sinc 函数，其幅频特性从 $-\infty$ 至$+\infty$均有值，是无限长的非因果系统。在实际工作中，我们设计出的滤波器都是在某些准则下对理想滤波器的近似，且要保证滤波器是物理可实现的和稳定的[2]。

对数字滤波器而言，从实现方法上有 IIR 滤波器和 FIR 滤波器之分，其系统函数 $H(z)$分别为

$$H(z)=\frac{\sum_{r=0}^{M} b_r z^{-r}}{1+\sum_{k=0}^{N-1} a_k z^{-k}} \tag{4.1.2a}$$

$$H(z)=\sum_{n=0}^{N-1} h(n) z^{-n} \tag{4.1.2b}$$

这两类滤波器无论是在性能上还是在设计方法上都有着很大的区别。FIR 滤波器可以根据给定的频率特性直接进行设计，而 IIR 滤波器最常用的是利用成熟的模拟滤波器的设计方法进行设计。模拟滤波器的设计方法又有巴特沃斯(Butterworth，BW)滤波器和切比雪夫(Chebyshev，CB)(Ⅰ型、Ⅱ型)滤波器等不同的设计方法。

4.1.3 滤波器的技术要求

一般来说，滤波器的技术要求往往以频率响应的幅度特性的允许误差来表征。以低通滤波器为例，频率响应有通带、过渡带及阻带三个范围(而不是理想的突变的通带和阻带两个范围)，如图 4.1.4 所示。在通带内，幅度响应以误差 δ_1 逼近 1，即

$$1-\delta_1 \leqslant |H(e^{j\omega})| \leqslant 1, \quad |\omega| \leqslant \omega_p \tag{4.1.3a}$$

在阻带中，幅度响应以误差小于 δ_2 而逼近零，即

$$|H(e^{j\omega})| \leqslant \delta_2, \quad \omega_s \leqslant |\omega| \leqslant \pi \tag{4.1.3b}$$

其中，ω_p 和 ω_s 分别为通带截止频率和阻带截止频率，它们都是数字域频率。为了逼近理想低通滤波器特性，还必须有一个非零宽度为 $\omega_s-\omega_p$ 的过渡带，在这个过渡带内的频率响应平滑地从通带下降到阻带。

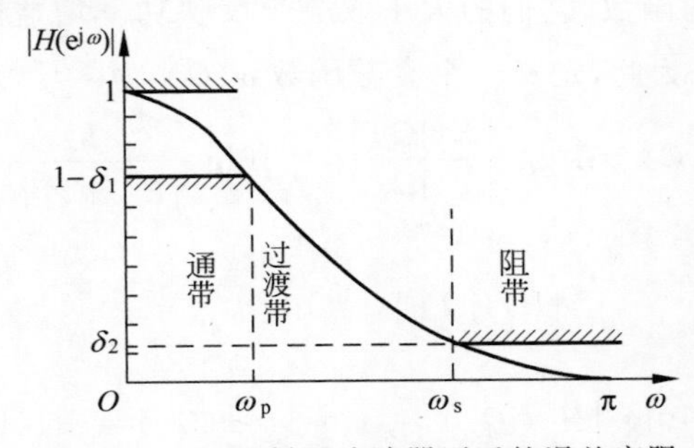

图 4.1.4 理想低通滤波器逼近的误差容限

虽然给出了通带的容限 δ_1 及阻带容限 δ_2,但是,在具体技术指标中往往使用通带允许的最大衰减 α_p 及阻带应达到的最小衰减 α_s。α_p 和 α_s 分别定义为

$$\alpha_p = 20\lg \frac{|H(e^{j0})|}{|H(e^{j\omega_p})|} = -20\lg |H(e^{j\omega_p})| \tag{4.1.4a}$$

$$\alpha_s = 20\lg \frac{|H(e^{j0})|}{|H(e^{j\omega_s})|} = -20\lg |H(e^{j\omega_s})| \tag{4.1.4b}$$

式中,假定 $|H(e^{j0})|$ 已被归一化。例如,当 $|H(e^{j\omega})|$ 在 ω_p 处下降到 0.707 时,$\alpha_p=3\text{dB}$;在 ω_s处降到 0.01 时,$\alpha_s=40\text{dB}$。

在数字滤波器中,由于频率响应的周期性,频率变量以数字频率 ω 来表示($\omega=\Omega T=\Omega/f_s$,$\Omega$ 为模拟角频率,T 为抽样时间间隔,f_s 为抽样频率),所以,在数字滤波器设计中必须给出抽样频率。

不论是 IIR 滤波器还是 FIR 滤波器的设计都包括以下三个步骤:

(1) 给出所需要的滤波器的技术指标;

(2) 设计一个 $H(z)$使其逼近所需要的技术指标;

(3) 实现所设计的 $H(z)$。

4.2 典型模拟滤波器的设计

4.1 节已经指出,目前 IIR 数字滤波器最常用的设计方法是先进行模拟滤波器的设计再转换成数字滤波器。模拟滤波器的设计已经有了非常成熟的方法,它不但有完整的设计公式,而且有比较完整的图表可供查询。为了方便讨论数字滤波器的设计问题,本章首先简要介绍模拟滤波器的设计。

在工程中,设计一个滤波器,给定技术指标通常是 $\alpha_p,\Omega_p,\alpha_s,\Omega_s$。其中,$\alpha_p$ 为通带允许的最大衰减,α_s 为阻带应达到的最小衰减,α_p,α_s 的单位均为 dB,Ω_p 为通带上限角频率,Ω_s 为阻带下限角频率。现希望设计一个低通滤波器 $H_a(s)$为

$$H_a(s) = \frac{d_0 + d_1 s + \cdots + d_{N-1} s^{N-1} + d_N s^N}{c_0 + c_1 s + \cdots + c_{N-1} s^{N-1} + c_N s^N} \tag{4.2.1}$$

使其对数幅频响应 $10\lg|H_a(j\Omega)|^2$ 在 Ω_p,Ω_s 处分别达到 α_p,α_s的要求。

α_p 和 α_s 都是 Ω 的函数,它们的大小取决于反映功率增益的幅度平方函数或称模方函数$|H_a(j\Omega)|^2$。为此,定义一个衰减函数 $\alpha(\Omega)$ 为

$$\alpha(\Omega) = 10\lg \left|\frac{X(j\Omega)}{Y(j\Omega)}\right|^2 = 10\lg \frac{1}{|H_a(j\Omega)|^2} \tag{4.2.2}$$

或

$$|H_a(j\Omega)|^2 = 10^{-\alpha(\Omega)/10} \tag{4.2.3}$$

显然,

$$\alpha_p = \alpha(\Omega_p) = -10\lg |H_a(j\Omega_p)|^2, \quad \alpha_s = \alpha(\Omega_s) = -10\lg |H_a(j\Omega_s)|^2$$

这样,式(4.2.2)把低通模拟滤波器的四项技术指标和滤波器的幅度平方特性

联系了起来。我们所设计的滤波器的冲激响应一般都为实数，所以，又有

$$H_a(s)H_a^*(s)=H_a(s)H_a(-s)\big|_{s=j\Omega}=\left|H_a(j\Omega)\right|^2 \tag{4.2.4}$$

这样，如果能由 α_p，Ω_p，α_s 和 Ω_s 求出 $|H_a(j\Omega)|^2$，那么，由 $|H_a(j\Omega)|^2$ 就很容易得到所需要的 $H_a(s)$，因此，幅度平方特性 $|H_a(j\Omega)|^2$ 在模拟滤波器的设计中起到了重要的作用。

对于式(4.2.1)，因为 $H_a(j\Omega)$ 的分子与分母都是 Ω 的有理多项式，所以，$|H_a(j\Omega)|^2$ 的分子与分母也是 Ω^2 的有理多项式。从给定的指标设计一个模拟滤波器，其核心是如何寻找一个恰当的近似函数 $|H_a(j\Omega)|^2$ 来逼近理想特性。目前，人们已给出了几种不同类型的 $|H_a(j\Omega)|^2$ 的表达式，它们代表了几种不同类型的滤波器。

4.2.1　巴特沃斯低通滤波器

巴特沃斯滤波器的幅度响应在通带内具有最平坦的特性，并且在通带和阻带内的幅度特性是单调变化的。模拟巴特沃斯滤波器的幅度平方函数为

$$\left|H_a(j\Omega)\right|^2=\frac{1}{1+\varepsilon^2(j\Omega/j\Omega_c)^{2N}},\quad N=1,2,3,\cdots \tag{4.2.5}$$

如图 4.2.1 所示，其中 ε 是一个与通带衰减有关的参数，Ω 为角频率，Ω_c 为截止频率或取通带衰减 α_p 等于 3dB 时的带宽，在 Ω_c 处幅度响应为 $1/\sqrt{1+\varepsilon^2}$，通常取 $\Omega_p=\Omega_c$，则

$$\alpha_p=-10\lg\frac{1}{1+\varepsilon^2} \tag{4.2.6}$$

在 Ω_s 处幅度响应为 $1/\sqrt{1+\lambda^2}$，则

$$\alpha_s=-10\lg\frac{1}{1+\lambda^2}=-10\lg\frac{1}{1+\varepsilon^2(\Omega_s/\Omega_c)^{2N}} \tag{4.2.7}$$

式中，N 是滤波器的阶数。由式(4.2.6)和式(4.2.7)得

$$N\geqslant\frac{\lg\sqrt{\dfrac{10^{0.1\alpha_s}-1}{10^{0.1\alpha_p}-1}}}{\lg(\Omega_s/\Omega_c)}\quad 或\quad N\geqslant\frac{\lg(\lambda/\varepsilon)}{\lg(\Omega_s/\Omega_c)}$$

当 $\Omega=0$ 时，幅度响应为 1。

在模拟滤波器设计过程中，为了使其具有通用性，幅度平方函数往往用归一化形式表示。对 BW 型取 $\varepsilon=1$，$\Omega_c=1$，则式(4.2.5)为

$$\left|H_a(j\Omega)\right|^2=\frac{1}{1+\Omega^{2N}},\quad N=1,2,3,\cdots \tag{4.2.8}$$

式(4.2.8)表示归一化的幅度平方函数如图 4.2.2 所示，随着 N 的增加，通带越平坦，其幅度特性越接近理想特性，当 $N\to\infty$ 幅度则逼近矩形。

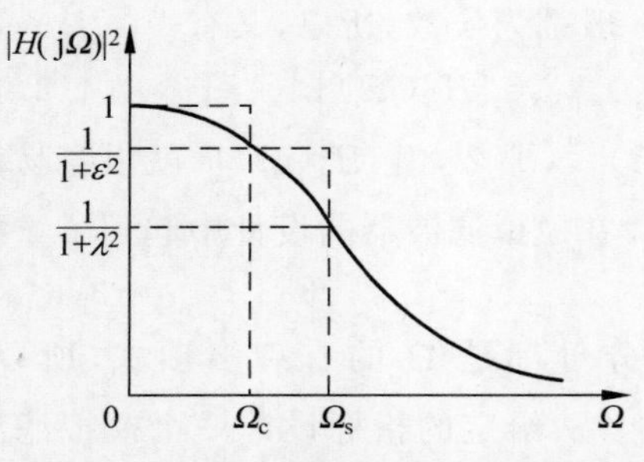

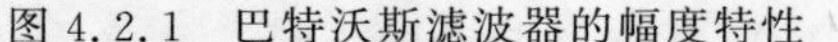
图 4.2.1　巴特沃斯滤波器的幅度特性

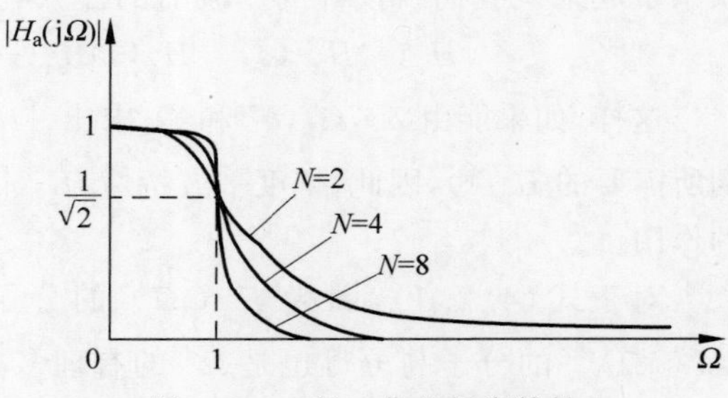

图 4.2.2　归一化的幅度特性

幅度平方函数确定后,要通过选取恰当的零、极点来满足指标要求的 $H_a(s)$。考虑到阶次高时,因子分解比较麻烦,根据式(4.2.5)巴特沃斯滤波器只有极点、没有有限零点的特点,找出极点分布规律,从而达到简化运算的目的。如果将 $s=\mathrm{j}\Omega$ 代入式(4.2.5),则有

$$H_a(s)H_a(-s)=\frac{1}{1+\varepsilon^2(s/\mathrm{j}\Omega_c)^{2N}} \tag{4.2.9}$$

令 $1+\varepsilon^2(s/\mathrm{j}\Omega_c)^{2N}=0$,得到极点

$$s_k=\varepsilon^{-1/N}\Omega_c\mathrm{e}^{\mathrm{j}(2k+N-1)\pi/2N},\quad k=0,1,\cdots,2N-1 \tag{4.2.10}$$

由此可见,巴特沃斯滤波器的极点分布有如下特点:巴特沃斯滤波器在 s 平面上共有 $2N$ 个极点等角距地分布在半径为 $\Omega_c\varepsilon^{-1/N}$ 的圆上,这些极点对称于虚轴,而虚轴上无极点;N 为奇数时,实轴上有两个极点,N 为偶数时,实轴上无极点;各极点间的间隔为 π/N。

若考虑的是归一化巴特沃斯低通滤波器,则极点应均匀地分布在单位圆上,即

$$s_k=\mathrm{e}^{\mathrm{j}(2k+N-1)\pi/2N},\quad k=0,1,\cdots,2N-1 \tag{4.2.11}$$

由 s 左半平面的极点构成传递函数 $H_a(s)$。现将式(4.2.9)重写为

$$H_a(s)H_a(-s)=\frac{1}{1+\varepsilon^2(s/\mathrm{j}\Omega_c)^{2N}}=\frac{A}{\prod_{k=1}^{N}(s-s_k)}\cdot\frac{B}{\prod_{r=1}^{N}(s-s_r)} \tag{4.2.12}$$

式中,s_k 为 s 平面左半平面的极点;s_r 为右半平面的极点;A 和 B 都为常数。因为巴特沃斯滤波器有 $2N$ 个极点,且对称于虚轴,所以,将左半平面的极点分配给 $H_a(s)$,以便得到一个稳定的系统,而把右半平面的极点分配给 $H_a(-s)$,这样就有

$$H_a(s)=\frac{A}{\prod_{k=1}^{N}(s-s_k)}=\frac{A}{\prod_{k=1}^{N/2}(s-s_k)(s-s_k^*)} \tag{4.2.13}$$

式中,s_k 为左半平面的极点;s_k^* 是 s_k 的共轭极点;且设 N 为偶数;A 由滤波器在 $\Omega=0$ 处的幅度响应确定,即

$$H_a(0)=\frac{A}{\prod_{k=1}^{N/2} s_k s_k^*}=1$$

其中

$$A=\prod_{k=1}^{N/2} |s_k|^2=\Omega_c^N \varepsilon^{-1}$$

当 N 为奇数时,也可得到同样的结果。

这样,就得到模拟巴特沃斯滤波器传递函数 $H_a(s)$的公式为

$$H_a(s)=\frac{\Omega_c^N \varepsilon^{-1}}{\prod_{k=1}^{N/2}(s-s_k)(s-s_k^*)},\quad N\text{ 为偶数} \tag{4.2.14a}$$

$$H_a(s)=\frac{\Omega_c^N \varepsilon^{-1}}{\prod_{k=1}^{(N-1)/2}(s-s_k)(s-s_k^*)(s-s_p)},\quad N\text{ 为奇数} \tag{4.2.14b}$$

式中,s_k 为左半平面极点; s_k^* 为 s_k 的共轭极点; s_p 为实轴上的极点。

现在将设计模拟巴特沃斯滤波器的步骤归结如下:

(1) 根据实际需要规定滤波器在临界频率 Ω_p 和 Ω_s 处的衰减(单位为 dB);

(2) 确定巴特沃斯滤波器的阶数 N 和截止频率 Ω_c;

(3) 求滤波器的极点,并由 s 左半平面的极点构成传递函数 $H_a(s)$;

(4) 取 $\Omega_c=1,\varepsilon=1$,则得归一化巴特沃斯滤波器的系统函数为

$$H_a(s)=\frac{1}{\prod_{k=1}^{N/2}(s-s_k)(s-s_k^*)},\quad N\text{ 为偶数} \tag{4.2.15a}$$

$$H_a(s)=\frac{1}{\prod_{k=1}^{(N-1)/2}(s-s_k)(s-s_k^*)(s-s_p)},\quad N\text{ 为奇数} \tag{4.2.15b}$$

式中,s_k 是 $\Omega_c=1$ 时求得的极点。

4.2.2 切比雪夫低通滤波器

切比雪夫滤波器是一种全极型滤波器,它是由切比雪夫多项式的正交函数 $V_N(j\Omega)$推导出来的。切比雪夫滤波器可分为Ⅰ型和Ⅱ型这两种形式。切比雪夫Ⅰ型滤波器采用在通带内等波纹、在通带外衰减单调递增的准则去逼近理想特性,因此,它比巴特沃斯滤波器在通带内具有更均匀的特性,是在所有全极型滤波器中过渡带最窄的最优滤波器。

Ⅰ型 N 阶切比雪夫低通滤波器的幅度平方函数可表示为

$$|H_a(j\Omega)|^2=\frac{1}{1+\varepsilon^2V_N^2(j\Omega/j\Omega_c)} \tag{4.2.16}$$

式中,$V_N(j\Omega)$ 是 N 阶切比雪夫多项式,用复三角函数定义为

$$V_N(j\Omega)=\cos(N\arccos\Omega) \tag{4.2.17a}$$

或

$$V_N(j\Omega)=\cosh(N\operatorname{arccosh}\Omega) \tag{4.2.17b}$$

ε 称为纹波参数,它与通带纹波有关;Ω_c 为通带截止频率;N 为滤波器的阶数。图4.2.3给出了 N 为偶数和奇数时的切比雪夫滤波器的幅度响应。

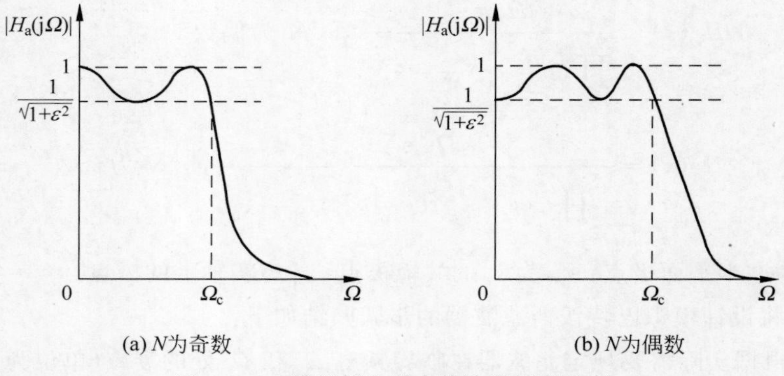

图4.2.3 模拟切比雪夫滤波器幅度响应

取通带等波纹带宽作为截止频率 Ω_c,则归一化的幅度平方函数为

$$|H_a(j\Omega)|^2=\frac{1}{1+\varepsilon^2V_N^2(j\Omega)} \tag{4.2.18}$$

切比雪夫滤波器要确定3个参数:ε,Ω_c 和 N。从图4.2.3可以看出,在通带内,切比雪夫滤波器的幅度响应在 $1\sim\frac{1}{\sqrt{1+\varepsilon^2}}$ 起伏变化,而阻带是单调下降的;当 N 为奇数时,滤波器在 $\Omega=0$ 处幅度响应为1,N 为偶数时,滤波器在 $\Omega=0$ 处的幅度响应为 $\frac{1}{\sqrt{1+\varepsilon^2}}$;切比雪夫滤波器幅度平方函数也是全极型的,只有极点没有零点。

现在来确定模拟切比雪夫滤波器的极点位置。将式(4.2.16)重写为

$$|H_a(j\Omega)|^2=\frac{1}{1+\varepsilon^2V_N^2(\Omega/\Omega_c)}=\frac{1}{1+\varepsilon^2V_N^2(s/j\Omega_c)}$$

为了求极点,令

$$1+\varepsilon^2V_N^2(s/j\Omega_c)=0$$

解上列方程,得到Ⅰ型切比雪夫滤波器极点的位置公式为

$$s_k=-\Omega_c a\sin\left(\frac{\pi}{2N}+\frac{k\pi}{N}\right)+j\Omega_c b\cos\left(\frac{\pi}{2N}+\frac{k\pi}{N}\right),\quad k=0,1,\cdots,2N-1 \tag{4.2.19}$$

其中，

$$a=\frac{1}{2}(\alpha^{\frac{1}{N}}-\alpha^{-\frac{1}{N}}),\quad b=\frac{1}{2}(\alpha^{\frac{1}{N}}+\alpha^{-\frac{1}{N}}),\quad \alpha=\varepsilon^{-1}+\sqrt{\varepsilon^{-2}+1}$$

下面确定参量 ε，Ω_c 和滤波器阶数 N。

(1) ε

ε 由允许的通带波纹来确定。如果在 Ω_c 处允许的通带衰减波动为 α_p，那么

$$\alpha_p=-10\lg\left[\frac{1}{1+\varepsilon^2 V_N^2\left(\frac{\Omega_c}{\Omega_c}\right)}\right]=10\lg(1+\varepsilon^2) \tag{4.2.20}$$

因此

$$\varepsilon=(10^{\frac{\alpha_p}{10}}-1)^{\frac{1}{2}}$$

按式(4.2.20)可以求得如表 4.2.1 所示的数值关系，作为参考。

表 4.2.1　通带衰减波动与波纹参数的关系

α_p/dB	0.5	1	2	3
ε	0.34931	0.50885	0.76478	0.99762

(2) Ω_c

Ω_c 是切比雪夫滤波器的通带截止频率，在此频率内，滤波器的幅度被限制在两常数间波动。Ω_c 常常是给定的。当 ε 为 1 时，Ω_c 通常为 3dB，这与巴特沃斯滤波器的 3dB 截止频率对应。

(3) 滤波器阶数 N

切比雪夫滤波器阶数 N 是由阻带允许的衰减来确定。设在阻带截止频率 Ω_s 处的允许衰减为 α_s，即

$$\alpha_s\geqslant-10\lg\left(\frac{1}{1+\varepsilon^2 V_N^2(\Omega_s/\Omega_c)}\right)$$

由此得到计算滤波器阶数 N 的公式为

$$N\geqslant\frac{\operatorname{arccosh}[(10^{0.1\alpha_s}-1)^{\frac{1}{2}}/\varepsilon]}{\operatorname{arccosh}(\Omega_s/\Omega_c)} \tag{4.2.21}$$

模拟切比雪夫滤波器的设计步骤归纳如下。

(1) 根据滤波器的指标确定参数 Ω_c，ε 和 N。

Ω_c 为通带截止频率，常常是给定的，ε 和 N 分别由式(4.2.20)和式(4.2.21)求出。

(2) 确定常量 α，a 和 b，并求出极点 s_k。

根据 Ω_c，ε 和 N 可以确定 α，a 和 b，且

$$\alpha=\varepsilon^{-1}+\sqrt{\varepsilon^{-2}+1},\quad a=\alpha^{\frac{1}{N}}-\alpha^{-\frac{1}{N}},\quad b=\alpha^{\frac{1}{N}}+\alpha^{-\frac{1}{N}}$$

因此，由下式可以求出 s_k：

$$s_k=-\Omega_c a\sin\left(\frac{\pi}{2N}+\frac{k\pi}{N}\right)+\mathrm{j}\Omega_c b\cos\left(\frac{\pi}{2N}+\frac{k\pi}{N}\right),\quad k=0,1,\cdots,2N-1$$

(3) 根据 s 左半平面的极点构成传递函数 $H_a(s)$,即有

$$H_a(s)=\frac{B}{\prod_{k=1}^{N/2}(s-s_k)(s-s_k^*)},\quad N\text{为偶数}\tag{4.2.22a}$$

$$H_a(s)=\frac{B}{\prod_{k=1}^{(N-1)/2}(s-s_k)(s-s_k^*)(s-s_p)},\quad N\text{为奇数}\tag{4.2.22b}$$

式中,s_k 为左半平面的极点;s_k^* 是 s_k 的共轭极点;s_p 是实轴上的极点。系数 B 由 $s=0$ 时的滤波器的幅度响应值确定。当 N 为奇数时,$|H_a(0)|=1$,当 N 为偶数时,$|H_a(0)|=\frac{1}{\sqrt{1+\varepsilon^2}}$。

4.2.3 模拟滤波器的频率变换

4.2.1节和4.2.2节主要介绍了两种类型归一化低通(即所谓低通原型)滤波器的设计,这是因为它的设计过程比较简便,且具有通用性,在工程实际中,高通、带通、带阻滤波器设计的常用方法是借助对应的低通原型滤波器,经频率变换(frequency transform)得到的。所谓频率变换是指其他各类型的滤波器与低通原型滤波器中的频率自变量之间的变换关系。通过这种频率变换关系,高通、带通、带阻等滤波器的综合设计问题就转化为一个低通滤波器设计问题,其设计流程如图4.2.4所示。

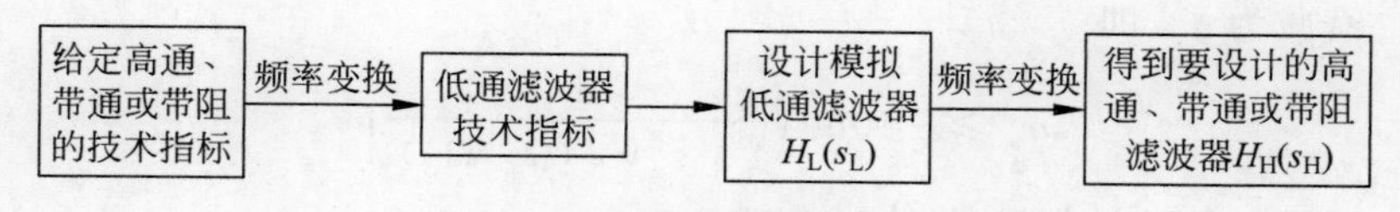

图4.2.4　模拟滤波器设计流程

可见,目前模拟高通、带通和带阻滤波器的设计方法都是先将要设计的滤波器的技术指标(主要是通带截止频率 Ω_p,阻带截止频率 Ω_s 和截止频率 Ω_c)通过某种频率转换关系转换成模拟低通滤波器的技术指标,并根据这些指标设计出低通滤波器的转移函数;然后,再根据频率转换关系变换成所要设计的滤波器的转移函数[2]。

1. 由归一化的模拟低通到模拟低通的变换

将式(4.2.15)中的 s 代以 s/Ω_c 就可以从归一化的模拟低通滤波器(或称低通原型)变换成所需要的实际模拟低通滤波器。

2. 由归一化的模拟低通到模拟高通的变换

将归一化的模拟低通滤波器变换成实际的模拟高通滤波器，首先要将归一化低通变换到归一化高通，然后，再把归一化高通变换到实际高通。即以 $s_{nL}=1/s_{nH}$，$s_{nH}=s_H/\Omega_c$ 代入相关公式，或将式(4.2.15)中的 s 直接代以 Ω_c/s，就能实现从归一化低通到实际高通的变换。由于当归一化低通系统函数中的复变量 s_{nL} 代以 $1/s_{nH}$ 以后，它们之间存在以下的频率关系：

$$\Omega_{nL}=-\frac{1}{\Omega_{nH}} \quad 或 \quad \Omega_H=-\frac{1}{\Omega_L} \tag{4.2.23}$$

式中，Ω_L 和 Ω_H 分别表示低通和高通的频率变量。所以，当 Ω_L 从 $0\to 1$ 时，Ω_H 从 $-\infty\to -1$；Ω_L 从 $1\to\infty$ 时，Ω_H 从 $-1\to 0$。

这时低通的通带变换到高通的通带，而低通的阻带变换到高通的阻带。考虑到频率变换只对幅度频率响应的频率轴进行变换，对幅度响应没有任何影响，所以，当低通特性变换为其他特性时，仅仅是相应的频率位置产生了变化[3]。

3. 由归一化的模拟低通到模拟带通的变换

从归一化低通到带通的频率变换最常用的关系为

$$s_L=\frac{s_B^2+\Omega_0^2}{Bs_B} \tag{4.2.24}$$

将 s 代以 $j\Omega$，得

$$\Omega_L=\frac{\Omega_B^2-\Omega_0^2}{B\Omega_B} \tag{4.2.25}$$

式中，Ω_L、Ω_B 分别表示低通和带通的频率变量；Ω_0、B 分别表示带通通带的中心频率和通带宽度，即

$$\Omega_0=\sqrt{\Omega_1\Omega_2}, \quad B=\Omega_2-\Omega_1$$

式中，Ω_2，Ω_1 分别表示通带上限和下限的截止频率。从式(4.2.25)得到

$$\Omega_B^2-\Omega_L B\Omega_B-\Omega_0^2=0 \tag{4.2.26}$$

解得

$$\Omega_B=\frac{\Omega_L B}{2}\pm\frac{\sqrt{\Omega_L^2B^2+4\Omega_0^2}}{2}$$

可见，低通中的一个频率 Ω_L 对应于带通中的两个频率 Ω_{B1} 和 Ω_{B2}，当 Ω_L 从 $0\to 1$ 时，有

$$\Omega_B\ 从\begin{cases}\Omega_0\to\Omega_{B2}=\dfrac{B}{2}+\dfrac{\sqrt{B^2+4\Omega_0^2}}{2}=\Omega_2\\[2ex]-\Omega_0\to\Omega_{B1}=\dfrac{B}{2}-\dfrac{\sqrt{B^2+4\Omega_0^2}}{2}=-\Omega_1\end{cases}$$

当 Ω_L 从 $1\to\infty$ 时，有

$$\Omega_B \text{ 从}\begin{cases}\Omega_2 \to \infty \\ -\Omega_1 \to 0\end{cases}$$

这说明，带通的中心频率 Ω_0 通过频率变换变成低通的原点，它们之间的通带、阻带有着对应的关系。同理，由于带阻和带通的幅频特性互为颠倒，所以，从归一化低通变换到带阻的公式为

$$s_L = \frac{Bs_R}{s_R^2 + \Omega_0^2} \tag{4.2.27}$$

式中，s_L，s_R 分别表示低通和带阻的频率变量；Ω_0，B 分别表示带阻阻带的中心频率和阻带宽度。

为了便于查找，将频率变换关系式列于表4.2.2。表4.2.2变换式中箭头左边的 s 表示归一化低通滤波器系统函数的复变量，变换式中箭头右边的 s 表示所要求的滤波器系统函数的复变量。

表4.2.2　从归一化模拟低通滤波器到实际滤波器的变换

变换类型	变换关系式	说明
低通原型→低通	$s\to s/\Omega_c$	Ω_c 表示要求的低通截止频率 (一般指通带宽度)
低通原型→高通	$s\to\Omega_c/s$	Ω_c 表示要求的高通截止频率 (一般指阻带宽度)
低通原型→带通	$s\to\dfrac{s^2+\Omega_0^2}{s(\Omega_H-\Omega_L)}$	Ω_H 表示通带的上限截频 Ω_L 表示通带的下限截频 $\Omega_0=\sqrt{\Omega_H\Omega_L}$ 表示带通通带的中心频率
低通原型→带阻	$s\to\dfrac{s(\Omega_H-\Omega_L)}{s^2+\Omega_0^2}$	Ω_0 表示阻带的中心频率 Ω_H 表示阻带的上限截频 Ω_L 表示阻带的下限截频

由以上对频率变换的讨论可知，一旦给出归一化低通滤波器的系统函数，就能很快地求得其他类型滤波器的系统函数。

4.3　IIR数字滤波器的设计

4.3.1　IIR滤波器设计的基本条件

数字滤波器设计的关键就是如何根据给定的技术指标来得到可以实现的系统函数。如同连续系统，离散系统的系统函数不仅描述了系统从输入到输出的传输特性(频率特性和时间特性)，而且它是直接实现的依据。由于数字滤波器是离散系统，其频率响应 $H(e^{j\omega})$ 是一个以 2π 为周期的连续函数，这与模拟滤波器是不同的。

对一般具有实系数可实现的系统函数来说，其幅度响应是数字频率的偶函数，相位响应是数字频率的奇函数，即

$$|H(e^{j\omega})| = |H(e^{-j\omega})|, \quad \theta(\omega) = -\theta(-\omega)$$

因此，数字滤波器的幅频特性只要考虑 $\omega=0\sim\pi$ 就可以了，它的最高数字频率等于折叠频率 $\omega_s/2=\pi$。

1）物理可实现性

一个物理上可实现的离散系统，必须是因果的和稳定的，因此，系统的单位脉冲响应要满足下列条件：

① $h(n)=0, \quad n<0$；

② $\sum\limits_{n=0}^{\infty}|h(n)|<\infty$， 或 $\lim\limits_{n\to\infty}h(n)=0$。

根据 IIR 滤波器系统函数的特点，要满足条件①，$H(z)$有理函数分母多项式的阶次必须大于或等于分子多项式的阶次，只有这样，才能使与它相应的差分方程代表因果系统。要满足稳定条件②，$H(z)$的极点必须分布在 z 平面的单位圆内，同时为了便于序列延迟单元、相加器和乘法器等硬件的实现，还要求 $H(z)$ 是一个具有实系数的有理分式。

2）从模拟到数字的转换

模拟滤波器系统函数的可实现性与上述条件是类似的，只不过一个在 s 域，一个在 z 域，所以，如果在一定条件下将连续变量 s 代以离散变量 z，则模拟滤波器的系统函数 $H(s)$就有可能变换成 IIR 数字滤波器的系统函数 $H(z)$。因此，在实际设计 IIR 数字滤波器时，常常采用间接的方法，即首先根据实际要求设计一个模拟滤波器，然后把它数字化，转换成数字滤波器，即为了逼近所给的频率特性，把离散系统看成是连续系统的近似。由于模拟滤波器设计理论已经发展得很成熟，因此，许多常用的模拟滤波器不仅有简单而严格的设计公式，而且设计参数也已经表格化，从而使设计变得很方便。从模拟到数字的转换方法很多，常用的有双线性变换法和冲激响应不变法。用冲激响应不变法设计的 IIR 数字滤波器的幅度响应易产生混叠失真，本章仅介绍双线性变换法。

4.3.2 双线性变换法

本节首先介绍双线性变换的定义，然后讨论双线性变换的频率特性，最后分析这种变换是否是一种稳定的变换。

双线性变换也是一种由 s 平面到 z 平面的映射过程，其变换式定义为

$$s=\frac{2}{T}\frac{1-z^{-1}}{1+z^{-1}} \tag{4.3.1}$$

因此

$$H(z)=H_a(s)\Big|_{s=\frac{2}{T}\frac{1-z^{-1}}{1+z^{-1}}}=H_a\left(\frac{2}{T}\frac{1-z^{-1}}{1+z^{-1}}\right) \tag{4.3.2}$$

式中,T 是采样周期。由式(4.3.1)确定的映射是一种从 s 平面到 z 平面的简单映射。请注意,变换式(4.3.2)中的实常数因子 $2/T$ 不是主要参量,在实际设计中常常令 $T=1$。

为了说明双线性变换的频率特性,令 $z=\mathrm{e}^{sT}$,$s=\mathrm{j}\Omega$,并将它们代入式(4.3.1),得

$$\mathrm{j}\Omega=\frac{2}{T}\frac{1-\mathrm{e}^{-\mathrm{j}\omega}}{1+\mathrm{e}^{-\mathrm{j}\omega}}=\frac{2}{T}\mathrm{j}\ \tan\frac{\omega}{2}$$

所以,

$$\omega=2\ \arctan\frac{T\Omega}{2} \tag{4.3.3}$$

式(4.3.3)表明,数字域频率 ω 与模拟频率 Ω 之间的关系是非线性关系,如图4.3.1所示。可见,当 Ω 从0变到 $+\infty$ 时,ω 从0变到 π,这意味着模拟滤波器的全部频率特性被压缩成等效于数字滤波器在频率 $0<\omega<\pi$ 时的特性。

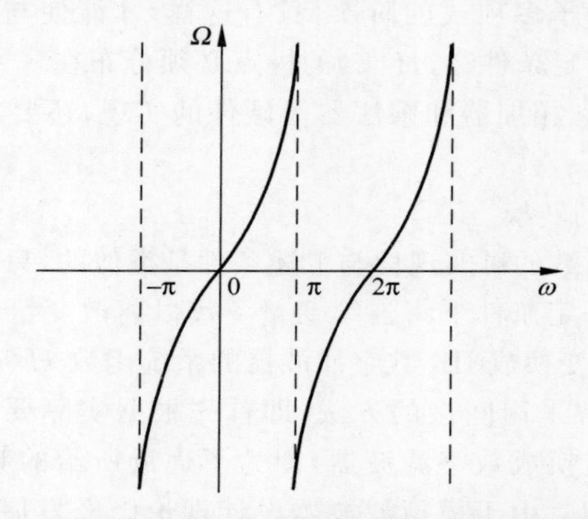

图4.3.1　双线性变换模拟频率和数字频率之间的关系

从图4.3.1中还可看出,这种频率标度之间的非线性畸变在频率的高频段较为严重,而在频率较低的区域内接近于线性,因此,数字滤波器的频率特性能模拟滤波器的频率特性。

双线性变换的频率标度的非线性失真可以通过预畸变的方法来补偿,如图4.3.2所示。设我们所求的数字滤波器的通带和阻带的截止频率分别为 ω_{p} 和 ω_{s},如果按式(4.3.4)的频率变换求出对应的模拟滤波器的临界频率 Ω_{p} 和 Ω_{s},即

$$\begin{cases}\Omega_{\mathrm{p}}=\dfrac{2}{T}\ \tan\dfrac{\omega_{\mathrm{p}}}{2}\\[2ex]\Omega_{\mathrm{s}}=\dfrac{2}{T}\ \tan\dfrac{\omega_{\mathrm{s}}}{2}\end{cases} \tag{4.3.4}$$

而模拟滤波器就按这两个预畸变了的频率 Ω_{p} 和 Ω_{s} 来设计,这样,用双线性变换所得到的数字滤波器便具有所希望的截止频率特性。

双线性变换是一种稳定的变换。由式(4.3.1)可以得到

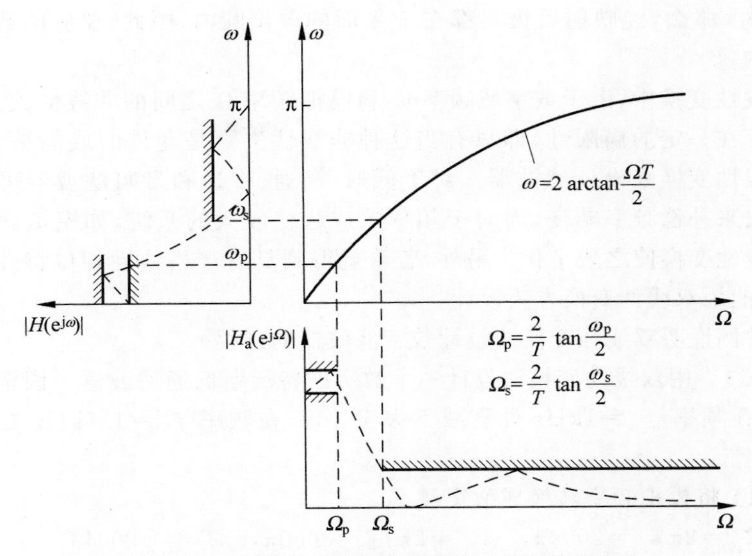

图 4.3.2　双线性变换频率非线性畸变的补偿方法

$$z=\frac{1+sT/2}{1-sT/2}$$

令 $s=\sigma+j\Omega$，代入上式得

$$|z|=\sqrt{\frac{\left(1+\frac{\sigma T}{2}\right)^2+\left(\frac{\Omega T}{2}\right)^2}{\left(1-\frac{\sigma T}{2}\right)^2+\left(\frac{\Omega T}{2}\right)^2}} \tag{4.3.5}$$

由式(4.3.5)可以看出，当 $\sigma=0$ 时，$|z|=1$；$\sigma<0$ 时，$|z|<1$；$\sigma>0$ 时，$|z|>1$。这就说明 s 平面的 $j\Omega$ 轴映射成了 z 平面的单位圆周，左半平面映射成单位圆内部，右半平面映射成单位圆外部，如图 4.3.3 所示。这种映射是简单的代数映射，因此，变换后的数字滤波器在幅度响应方面不存在混叠失真。从双线性变换的这种映射关系可以得出，如果模拟滤波器是稳定的，即 $H_a(s)$的所有极点都在 s 平面的

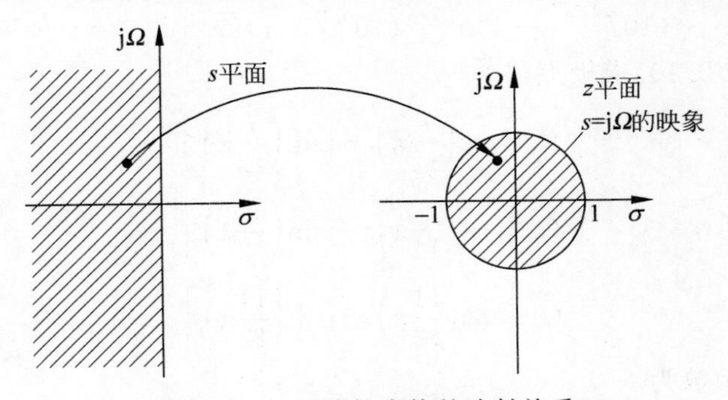

图 4.3.3　双线性变换的映射关系

左半平面内，那么，经映射后极点都在 z 平面的单位圆内，因此，相应的数字滤波器也是稳定的。

在双线性变换中，由于数字域频率 ω 和模拟频率 Ω 之间的非线性关系，因而使它的使用存在一定的局限性，即只有当这种非线性失真是允许的或能被补偿时，才能采用双线性变换来设计滤波器。对于低通、高通、带通和带阻滤波器可以采用预畸变的方法来补偿频率畸变，而对于频率响应起伏较大的系统，如模拟微分器就不能使用双线性变换使之数字化。另外，若希望得到具有严格线性相位特性的数字滤波器，就不能用双线性变换方法设计。

下面举例说明双线性变换法设计数字滤波器的过程。

例 4.3.1　用双线性变换法设计一个数字巴特沃斯低通滤波器。假定采样频率为10kHz，在频率 $f_{\mathrm{p}}=1\mathrm{kHz}$ 处衰减不大于1dB，在频率 $f_{\mathrm{s}}=1.5\mathrm{kHz}$ 处衰减不小于15dB。

解　(1) 将模拟频率转换成数字频率

$$\Omega_{\mathrm{p}}=2\pi f_{\mathrm{p}}=2000\pi,\quad \Omega_{\mathrm{s}}=2\pi f_{\mathrm{s}}=3000\pi,\quad T=0.0001$$

$$\omega_{\mathrm{p}}=T\Omega_{\mathrm{p}}=0.2\pi,\quad \omega_{\mathrm{s}}=T\Omega_{\mathrm{s}}=0.3\pi,\quad \alpha_{\mathrm{p}}=1\mathrm{dB},\quad \alpha_{\mathrm{s}}=15\mathrm{dB}$$

(2) 由滤波器的指标求 N 和 Ω_{c}

由于使用双线性变换，因此必须对模拟频率 Ω_{p}、Ω_{s} 预畸变：

$$\begin{cases}\Omega'_{\mathrm{p}}=\dfrac{2}{T}\tan\dfrac{\omega_{\mathrm{p}}}{2}=\dfrac{2}{T}\tan\dfrac{\pi}{10}\\[2ex]\Omega'_{\mathrm{s}}=\dfrac{2}{T}\tan\dfrac{\omega_{\mathrm{s}}}{2}=\dfrac{2}{T}\tan\dfrac{3\pi}{20}\end{cases}$$

确定阶数

$$N\geqslant \lg\sqrt{\frac{10^{0.1\alpha_{\mathrm{s}}}-1}{10^{0.1\alpha_{\mathrm{p}}}-1}}\Big/\lg\frac{\Omega'_{\mathrm{s}}}{\Omega'_{\mathrm{p}}}=5.8858$$

取 $N=6$。

$$\Omega_{\mathrm{c}}=\frac{\Omega'_{\mathrm{p}}}{(10^{0.1\times\alpha_{\mathrm{p}}}-1)^{\frac{1}{2N}}}=\frac{2\times10^{4}\tan\dfrac{\omega_{\mathrm{p}}}{2}}{(10^{0.1}-1)^{\frac{1}{2\times6}}}=7.0321\times10^{3}$$

(3) 由式(4.2.10)求极点得

$$\Omega_{\mathrm{c}}\left[\cos\left(\frac{7}{12}\pi\right)\pm \mathrm{j}\sin\left(\frac{7}{12}\pi\right)\right]$$

$$\Omega_{\mathrm{c}}\left[\cos\left(\frac{9}{12}\pi\right)\pm \mathrm{j}\sin\left(\frac{9}{12}\pi\right)\right]$$

$$\Omega_{\mathrm{c}}\left[\cos\left(\frac{11}{12}\pi\right)\pm \mathrm{j}\sin\left(\frac{11}{12}\pi\right)\right]$$

因此，传递函数为

$$H_{\mathrm{a}}(s)=\frac{120923.14\times10^{18}}{(s^{2}+3.64\times10^{3}s+49.45\times10^{6})(s^{2}+9.94\times10^{3}s+49.45\times10^{6})(s^{2}+13.58\times10^{3}s+49.45\times10^{6})}$$

(4) 使用双线性变换求数字巴特沃斯低通滤波器的系统函数

$$H(z)=H_{\mathrm{a}}(s)\big|_{s=\frac{2}{T}\cdot\frac{1-z^{-1}}{1+z^{-1}}}=\frac{0.09036+0.18072z^{-1}+0.09036z^{-2}}{(1-1.2686z^{-1}+0.7051z^{-2})}\times$$

$$\frac{0.09036+0.18072z^{-1}+0.09036z^{-2}}{1-1.0106z^{-1}+0.3583z^{-2}}\times\frac{0.09036+0.18072z^{-1}+0.09036z^{-2}}{1-0.9044z^{-1}+0.2155z^{-2}}$$

4.3.3 用频率变换法设计其他类型的数字滤波器

前面讨论了低通 IIR 数字滤波器的设计方法，然而，如何设计高通、带通和带阻 IIR 数字滤波器呢？有两种方法：方法 1 是首先设计一个模拟原型低通，然后通过频率变换把这个滤波器变换成需要的模拟高通、带通或带阻滤波器，最后再使用双线性变换法或冲激响应不变法变换成相应的数字高通、带通或带阻滤波器；方法 2 是先设计一个模拟原型低通，然后采用双线性变换法或冲激响应不变法将它转换成数字原型低通、带通或带阻滤波器，如图 4.3.4 所示。在方法 1 中，用模拟频率变换法设计其他类型的滤波器已经介绍过，本节主要讨论方法 2。注意，由于方法 1 中的冲激响应不变法具有频率响应混叠失真效应，因此方法 1 只对设计严格带限的数字低通、带通滤波器才能应用，对于数字高通和带阻滤波器则不能直接使用。在方法 2 中，从模拟低通到数字低通的转换前面已经讨论过了，下面着重讨论数字低通到数字高通、带通和带阻的转换。

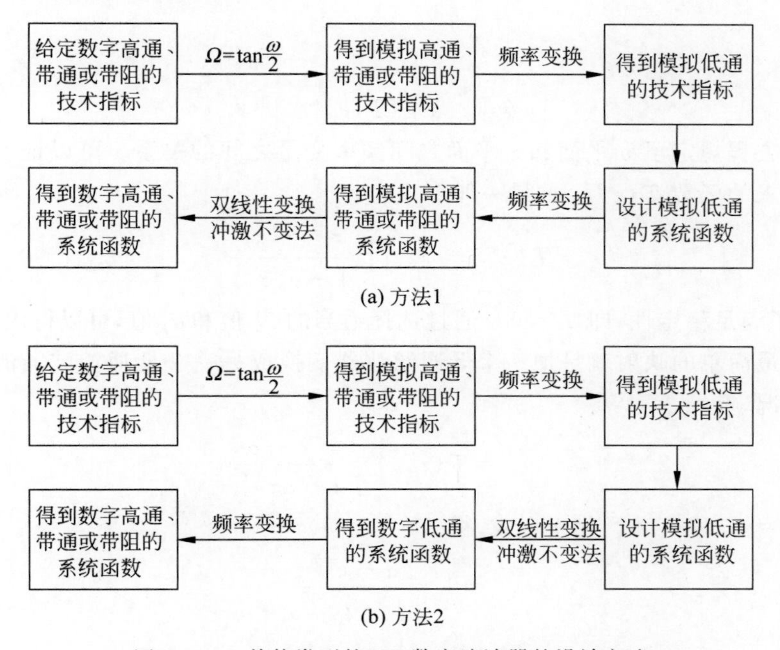

图 4.3.4　其他类型的 IIR 数字滤波器的设计方法

从数字低通原型变换到数字高通、带通或带阻滤波器的设计过程类似于双线性变换。下面给定数字低通原型滤波器的系统函数 $H_L(v)$,通过一定的变换来设计其他类型的滤波器系统函数 $H_d(z)$,这样,把从 v 平面到 z 平面的映射定义为

$$v^{-1}=T(z^{-1}) \tag{4.3.6}$$

因此,所求的系统函数为

$$H_d(z)=H_L(v)\big|_{v^{-1}=T(z^{-1})} \tag{4.3.7}$$

式中,$T^{-1}()$表示逆映射,即

$$z^{-1}=T^{-1}(v^{-1}) \tag{4.3.8}$$

显然,这一映射应该具有下述特性:如果 $H_L(v)$是稳定和因果的低通数字滤波器的有理系统函数,那么,经变换后得到的 $H_d(z)$仍应是稳定和因果的数字滤波器的有理系统函数。因此,从 v 平面到 z 平面的映射必须满足下列要求[4]:

(1) 系统函数 $F(z^{-1})$必须是 z^{-1} 的有理函数;

(2) 频率响应要满足一定的变换要求,v 平面的单位圆必须映射到 z 平面的单位圆上;

(3) 从因果稳定性角度看,v 平面的单位圆内部映射到 z 平面的单位圆内部。

如果 θ 和 ω 分别表示 v 平面和 z 平面的频率变量,也就是使 $v=e^{j\theta}$,$z=e^{j\omega}$,则

$$e^{-j\theta}=\left|T(e^{-j\omega})\right|e^{j\arg[T(e^{-j\omega})]}$$

因而要求

$$\left|T(e^{-j\omega})\right|=1$$

和

$$\theta=-\arg[T(e^{-j\omega})]$$

上述方程规定了 v 平面和 z 平面之间频率变量之间的关系。可以证明,满足以上全部要求的函数 $T(z^{-1})$的最一般形式为[4]

$$T(z^{-1})=\pm\prod_{k=1}^{N}\frac{z^{-1}-\alpha_k}{1-\alpha_k z^{-1}} \tag{4.3.9}$$

式中,为了满足稳定性,即 $\alpha_k<1$。通过选择适当的 N 值和 α_k 值,可以得出各种各样的映射。最简单的映射就是把一个低通滤波器变换成另一个低通滤波器的映射,对于这种情况,有

$$v^{-1}=T(z^{-1})=\frac{z^{-1}-\alpha}{1-\alpha z^{-1}} \tag{4.3.10}$$

将 $z=e^{j\omega}$ 和 $v=e^{j\theta}$ 代入上式,得

$$e^{-j\omega}=\frac{\alpha+e^{-j\theta}}{1+\alpha e^{-j\theta}} \tag{4.3.11}$$

因此

$$\omega=\arctan\left[\frac{(1-\alpha)^2\sin\theta}{2\alpha+(1+\alpha^2)\cos\theta}\right] \tag{4.3.12}$$

对于不同的 α 值，ω 和 θ 之间的关系如图 4.3.5 所示。由此可见，除了 $\alpha=0$ 外，频率标度有明显的扭曲。但是，对低通滤波器来说，只用变换曲线的下端，因此，如果原始系统的低通频率特性是分段为常数的，且具有截止频率 θ_p，那么，变换后的系统将具有类似的低通特性，其截止频率 ω_p 可以通过选择 α 来确定。由式(4.3.12)可解出用 θ_p 和 ω_p 表达的 α，即

$$\alpha=\frac{\sin\left[(\theta_p-\omega_p)/2\right]}{\sin\left[(\theta_p+\omega_p)/2\right]}$$

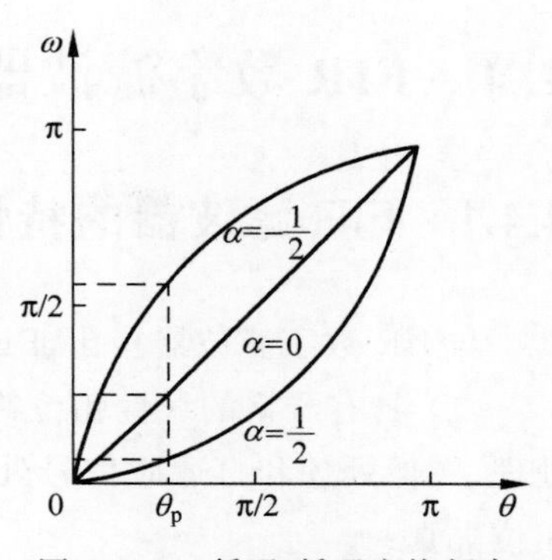

图 4.3.5　低通-低通变换频率标度畸变

这样，α 值确定之后，便可获得所需求的低通滤波器的系统函数，即为

$$H_d(z)=H_L(v)\Big|_{v^{-1}=(z^{-1}-\alpha)/(1-\alpha z^{-1})}$$

可以用类似的方法导出其他一些变换式，从而由低通滤波器获得高通、带通或带阻滤波器，这些变换式列于表 4.3.1 中。

表 4.3.1　从低通原型滤波器到实际滤波器的变换

变换类型	变换式	有关的设计公式
低通原型→低通	$z^{-1}\to\frac{z^{-1}-\alpha}{1-\alpha z^{-1}}$	$\alpha=\frac{\sin[(\theta_p-\omega_p)/2]}{\sin[(\theta_p+\omega_p)/2]}$ $\omega_p=$所需的截止频率
低通原型→高通	$z^{-1}\to-\frac{z^{-1}+\alpha}{1+\alpha z^{-1}}$	$\alpha=-\frac{\cos[(\omega_p-\theta_p)/2]}{\cos[(\omega_p+\theta_p)/2]}$ $\omega_p=$所需的截止频率
低通原型→带通	$z^{-1}\to-\frac{z^{-2}-\frac{2\alpha k}{k+1}z^{-1}+\frac{k-1}{k+1}}{\frac{k-1}{k+1}z^{-2}-\frac{2\alpha k}{k+1}z^{-1}+1}$	$\alpha=-\frac{\cos[(\omega_2+\omega_1)/2]}{\cos[(\omega_2-\omega_1)/2]}$ $k=\cot[(\omega_2-\omega_1)/2]\tan\frac{\theta_p}{2}$ $\omega_2,\omega_1=$所需的高端和低端截止频率
低通原型→带阻	$z^{-1}\to\frac{z^{-2}-\frac{2\alpha k}{k+1}z^{-1}+\frac{1-k}{1+k}}{\frac{1-k}{1+k}z^{-2}-\frac{2\alpha k}{1+k}z^{-1}+1}$	$\alpha=\frac{\cos[(\omega_2+\omega_1)/2]}{\cos[(\omega_2-\omega_1)/2]}$ $k=\tan[(\omega_2-\omega_1)/2]\tan\frac{\theta_p}{2}$ $\omega_2,\omega_1=$所需的高端和低端截止频率

4.4 FIR 数字滤波器的设计

4.4.1 FIR 滤波器的特性

与 IIR 数字滤波器相比,FIR 滤波器有如下优点。

(1) 具有严格的线性相位特性,这在工程实际中有非常重要的意义,如语音信号处理、图像处理和自适应信号处理等领域,都要求信号在传输过程中不能有明显的相位失真;

(2) FIR 滤波器的冲激响应 $h(n)$ 是有限长序列,其系统函数为一个多项式,它所包含的极点都位于原点,所以,FIR 滤波器永远是稳定的;

(3) FIR 滤波器还可以用 FFT 来实现,从而大大提高滤波器的运算效率。

正是这些优点使 FIR 滤波器越来越被人们所重视,其应用也越来越广泛。但是,FIR 数字滤波器也有不足之处,即要满足相同的技术指标,FIR 数字滤波器所需的阶数要比 IIR 数字滤波器高得多,因而计算量也要大得多。

FIR 数字滤波器的设计方法与 IIR 数字滤波器的设计方法不同,FIR 滤波器不能利用模拟滤波器的设计技术来设计。FIR 滤波器常用的设计方法有窗口法和切比雪夫一致逼近法等。在具体介绍它的设计方法之前,先讨论线性相位 FIR 滤波器的基本性质。

线性相位表示一个系统的相频特性与频率成正比,信号通过它产生的时间延迟等于常数 τ,所以不出现相位失真,对一个数字系统来说,即为

$$\varphi(\omega) = -\tau\omega \tag{4.4.1}$$

这里给出相时延 τ_p 和群时延 τ_g 的定义:

$$\tau_\mathrm{p} = -\frac{\varphi(\omega)}{\omega}, \quad \tau_\mathrm{g} = -\frac{\mathrm{d}\varphi(\omega)}{\mathrm{d}\omega} \tag{4.4.2}$$

所以,当要求滤波器具有严格线性相位时,应有

$$\tau_\mathrm{p} = \tau_\mathrm{g} = \tau = \text{常数} \tag{4.4.3}$$

设 FIR 滤波器的系统函数为

$$H(z) = \sum_{n=0}^{N-1} h(n) z^{-n} \tag{4.4.4}$$

频率响应为

$$H(\mathrm{e}^{\mathrm{j}\omega}) = H(z)\big|_{z=\mathrm{e}^{\mathrm{j}\omega}} = \sum_{n=0}^{N-1} h(n)\mathrm{e}^{-\mathrm{j}\omega n} \tag{4.4.5}$$

根据线性相位条件:

$$\varphi(\omega)=\arctan\frac{-\sum_{n=0}^{N-1}h(n)\sin(\omega n)}{\sum_{n=0}^{N-1}h(n)\cos(\omega n)}=-\tau\omega \quad 或 \quad \tan(\omega\tau)=\frac{\sum_{n=0}^{N-1}h(n)\sin(\omega n)}{\sum_{n=0}^{N-1}h(n)\cos(\omega n)} \tag{4.4.6}$$

将式(4.4.6)交叉相乘得到

$$\sum_{n=0}^{N-1}h(n)\sin[(\tau-n)\omega]=0 \tag{4.4.7}$$

式(4.4.7)的解为

$$\tau=\frac{N-1}{2} \tag{4.4.8}$$

$$h(n)=h(N-1-n),\quad 0\leqslant n\leqslant N-1 \tag{4.4.9}$$

式(4.4.9)就是FIR滤波器具有严格线性相位的充要条件[5]。满足这个条件的滤波器通常称为第一类线性相位滤波器，它要求单位冲激响应的 $h(n)$ 序列以 $n=(N-1)/2$ 为偶对称中心，此时，时间延时 τ 等于 $h(n)$ 长度 $N-1$ 的一半，即 τ 为 $(N-1)/2$ 个抽样周期。N 为奇数时，延时为整数；N 为偶数时，延时为整数加半个抽样周期。不管 N 为奇数还是偶数，此时 $h(n)$ 都应满足关于 $n=(N-1)/2$ 轴呈偶对称。

如上所述，线性相位滤波器要求滤波器既有恒定的群时延，又有恒定的相时延。但是，在工程实际中往往要求具有恒定的群时延，所以，相频特性还可写成

$$\varphi(\omega)=\omega_0-\tau\omega \tag{4.4.10}$$

式中，ω_0 是一个常数。这时系统函数表示为

$$H(\mathrm{e}^{\mathrm{j}\omega})=|H(\mathrm{e}^{\mathrm{j}\omega})|\mathrm{e}^{\mathrm{j}(\omega_0-\tau\omega)} \tag{4.4.11}$$

采用上述类似的方法可以证明，当

$$h(n)=-h(N-1-n) \tag{4.4.12}$$

即 $h(n)$ 以 $n=(N-1)/2$ 为奇对称中心时，

$$\varphi_0=\pm\frac{\pi}{2},\quad \tau=\frac{N-1}{2}$$

这时信号通过滤波器不仅有 $(N-1)/2$ 个采样周期的群延时，而且还要产生90°的相移，这种滤波器通常称为第二类线性相位滤波器。

根据滤波器冲激响应的奇偶对称性质，以及 N 是奇数还是偶数等特点，线性相位FIR滤波器的幅频特性存在以下四种不同情况。

(1) $h(n)=h(N-1-n)$，且 N 为奇数

$$\begin{aligned}H(\mathrm{e}^{\mathrm{j}\omega})&=\sum_{n=0}^{N-1}h(n)\mathrm{e}^{-\mathrm{j}\omega n}\\&=\sum_{n=0}^{(N-3)/2}h(n)\mathrm{e}^{-\mathrm{j}\omega n}+h\left(\frac{N-1}{2}\right)\mathrm{e}^{-\mathrm{j}(N-1)\omega/2}+\sum_{n=(N+1)/2}^{N-1}h(n)\mathrm{e}^{-\mathrm{j}\omega n}\end{aligned}$$

令 $m=N-1-n$,则有

$$H(\mathrm{e}^{\mathrm{j}\omega})=\sum_{n=0}^{(N-3)/2}h(n)\mathrm{e}^{-\mathrm{j}\omega n}+h\left(\frac{N-1}{2}\right)\mathrm{e}^{-\mathrm{j}(N-1)\omega/2}+\sum_{m=0}^{(N-3)/2}h(N-1-m)\mathrm{e}^{-\mathrm{j}\omega(N-1-m)}$$

$$=\mathrm{e}^{-\mathrm{j}(N-1)\omega/2}\left\{2\sum_{m=0}^{(N-3)/2}h(m)\cos\left[\left(\frac{N-1}{2}-m\right)\omega\right]+h\left(\frac{N-1}{2}\right)\right\}$$

令 $n=(N-1)/2-m$ 得

$$H(\mathrm{e}^{\mathrm{j}\omega})=\mathrm{e}^{-\mathrm{j}(N-1)\omega/2}\left[2\sum_{n=1}^{(N-1)/2}h\left(\frac{N-1}{2}-n\right)\cos(n\omega)+h\left(\frac{N-1}{2}\right)\right] \tag{4.4.13}$$

令

$$a(n)=\begin{cases}h\left(\dfrac{N-1}{2}\right), & n=0\\ 2h\left(\dfrac{N-1}{2}-n\right), & n=1,2,\cdots,(N-1)/2\end{cases} \tag{4.4.14}$$

则

$$H(\mathrm{e}^{\mathrm{j}\omega})=\mathrm{e}^{-\mathrm{j}(N-1)\omega/2}\sum_{n=0}^{(N-1)/2}a(n)\cos(n\omega) \tag{4.4.15}$$

N 为奇数时,偶对称单位冲激响应及其幅频特性如图 4.4.1 所示。

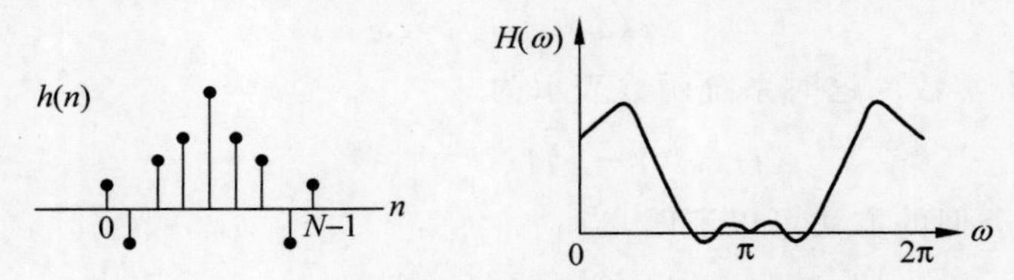

图 4.4.1 N 为奇数,偶对称单位冲激响应及其幅频特性

同理,可以证明以下三种情况。

(2) $h(n)=h(N-1-n)$,且 N 为偶数

$$H(\mathrm{e}^{\mathrm{j}\omega})=\sum_{n=0}^{N-1}h(n)\mathrm{e}^{-\mathrm{j}\omega n}=\sum_{n=0}^{N/2-1}h(n)\mathrm{e}^{-\mathrm{j}\omega n}+\sum_{n=N/2}^{N-1}h(n)\mathrm{e}^{-\mathrm{j}\omega n}$$

$$=\mathrm{e}^{-\mathrm{j}(N-1)\omega/2}\sum_{n=0}^{N/2-1}2h(n)\cos\left[\left(\frac{N-1}{2}-n\right)\omega\right]$$

令 $m=N/2-n$,则有

$$H(\mathrm{e}^{\mathrm{j}\omega})=\mathrm{e}^{-\mathrm{j}(N-1)\omega/2}\sum_{m=1}^{N/2}2h\left(\frac{N}{2}-m\right)\cos[(m-1/2)\omega] \tag{4.4.16}$$

以 n 替换 m,同时令

$$b(n)=2h\left(\frac{N}{2}-n\right),\quad n=1,2,\cdots,N/2 \tag{4.4.17}$$

则有

$$H(\mathrm{e}^{\mathrm{j}\omega})=\mathrm{e}^{-\mathrm{j}(N-1)\omega/2}\sum_{n=1}^{N/2}b(n)\cos[(n-1/2)\omega] \tag{4.4.18}$$

N 为偶数时，偶对称单位冲激响应及其幅频特性如图 4.4.2 所示。

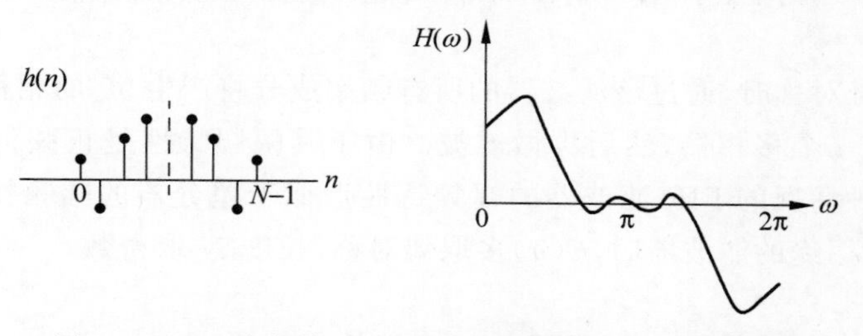

图 4.4.2　N 为偶数，偶对称单位冲激响应及其幅频特性

(3) $h(n)=-h(N-1-n)$，且 N 为奇数

$$H(\mathrm{e}^{\mathrm{j}\omega})=\exp\left[\mathrm{j}\left(\frac{\pi}{2}-\frac{N-1}{2}\omega\right)\right]\sum_{n=1}^{(N-1)/2}c(n)\sin(n\omega) \tag{4.4.19}$$

其中，

$$c(n)=2h\left(\frac{N-1}{2}-n\right),\quad n=1,2,\cdots,\frac{N-1}{2}$$

单位冲激响应及其幅频特性如图 4.4.3 所示。

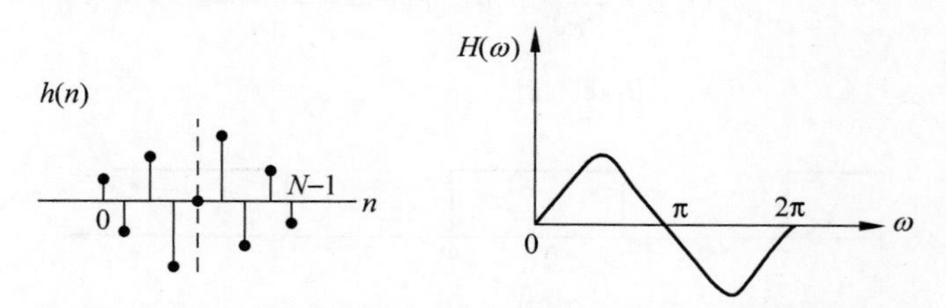

图 4.4.3　N 为奇数，奇对称单位冲激响应及其幅频特性

(4) $h(n)=-h(N-1-n)$，且 N 为偶数

$$H(\mathrm{e}^{\mathrm{j}\omega})=\exp\left[\mathrm{j}\left(\frac{\pi}{2}-\frac{N-1}{2}\omega\right)\right]\sum_{n=1}^{N/2}d(n)\sin[(n-1/2)\omega] \tag{4.4.20}$$

其中，

$$d(n)=2h\left(\frac{N-1}{2}-n\right),\quad n=1,2,\cdots,\frac{N}{2}$$

单位冲激响应及其幅频特性如图 4.4.4 所示。

由上面的讨论可知，当 FIR 滤波器的抽样响应满足对称时，该滤波器具有线性相位。显然，(1)、(2)两种情况 $h(n)$ 满足偶对称，(3)、(4)两种情况 $h(n)$ 满足奇对

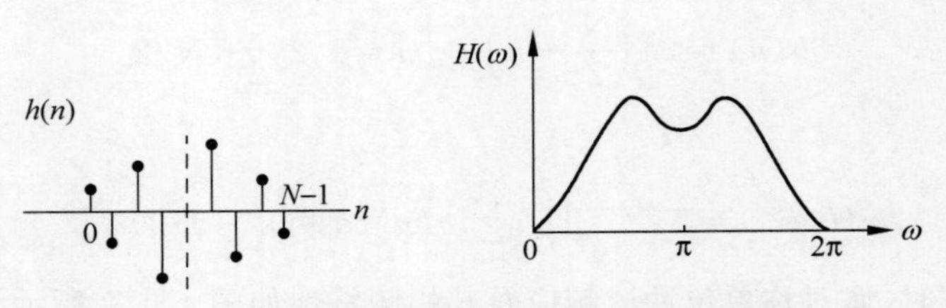

图 4.4.4 N 为偶数，奇对称单位冲激响应及其幅频特性

称。当 $h(n)$ 奇对称时，通过该滤波器的所有频率成分将产生 90°的相移，这相当于将该信号先通过一个移相器，然后再做滤波。由于其幅频特性是正弦信号的组合，所以(3)、(4)两种情况的 FIR 滤波器的幅频特性近似于差分器的幅频特性。因此，当我们设计一般用途的滤波器时，$h(n)$ 多取偶对称，长度 N 取奇数。

4.4.2 FIR 滤波器设计的窗口法

本节将讨论线性相位 FIR 滤波器的常用设计方法——窗口法。首先来看一个例子。图 4.4.5(a)和图 4.4.5(b)表示理想低通滤波器的频率响应，即

$$H_{\mathrm{d}}(\mathrm{e}^{\mathrm{j}\omega})=\begin{cases}1, & |\omega|\leqslant\omega_{\mathrm{c}}\\0, & \omega_{\mathrm{c}}<|\omega|<\pi\end{cases}$$

其冲激响应序列为

$$h_{\mathrm{d}}(n)=\frac{1}{2\pi}\int_{-\omega_{\mathrm{c}}}^{\omega_{\mathrm{c}}}\mathrm{e}^{\mathrm{j}\omega n}\,\mathrm{d}\omega=\frac{\sin(\omega_{\mathrm{c}}n)}{\pi n}\tag{4.4.21}$$

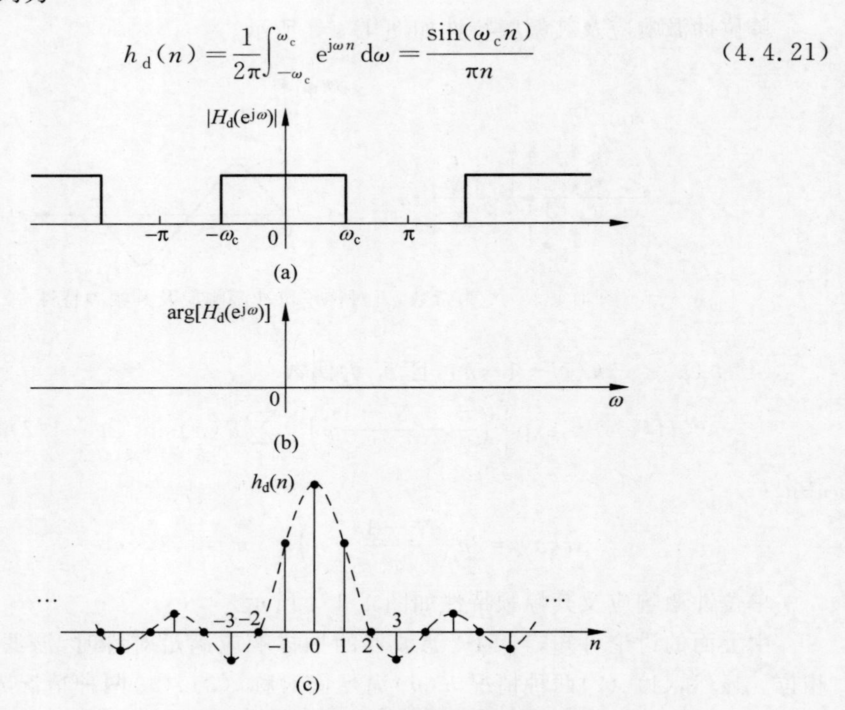

图 4.4.5 理想低通滤波器的频率响应和冲激响应

$h_d(n)$如图 4.4.5(c)所示。从式(4.4.21)和图 4.4.5(c)中可以看出,理想低通滤波器的冲激响应序列 $h_d(n)$是无限长的,且是非因果的。可以证明 $\sin(\omega_c n)/(\pi n)$不是绝对可积的,因而理想低通滤波器是不稳定的,也是不可实现的。但是,可以对理想低通滤波器进行逼近,方法是截断无限持续时间冲激响应序列得到一个有限长序列,也就是用有限长的冲激响应来逼近无限长的冲激响应序列,这就是窗口法设计 FIR 数字滤波器的基本思想。

在上例中,没有考虑理想低通滤波器的时延。现在,设一个截止频率为 ω_c、时延 α 的理想低通滤波器,即

$$H_d(e^{j\omega}) = \begin{cases} e^{-j\alpha\omega}, & |\omega| \leqslant \omega_c \\ 0, & \omega_c < |\omega| < \pi \end{cases}$$

于是

$$h_d(n) = \frac{1}{2\pi}\int_{-\omega_c}^{\omega_c} e^{-j\omega\alpha} e^{j\omega n} d\omega = \frac{\sin[\omega_c \pi(n-\alpha)]}{\pi(n-\alpha)} \tag{4.4.22}$$

显然,$h_d(n)$是以 α 为中心的无限长非因果序列,如图 4.4.6 所示。现在我们需要寻找一个有限长序列 $h(n)$来逼近 $h_d(n)$,这个有限长序列 $h(n)$应满足 FIR 滤波器的基本条件:$h(n)$应为偶对称或奇对称序列以满足线性相位的要求;$h(n)$应为因果序列。因此,可用下面的序列来逼近 $h_d(n)$:

$$h(n) = \begin{cases} h_d(n), & 0 \leqslant n \leqslant N-1 \\ 0, & \text{其他} \end{cases} \tag{4.4.23}$$

其时延为 $\alpha = \dfrac{N-1}{2}$,显然,$\alpha = \dfrac{N-1}{2}$ 是为了满足偶对称。其实,$h(n)$可以看作 $h_d(n)$与一矩形序列 $w_R(n)$(如图 4.4.6(b)所示)相乘的结果,即

$$h(n) = h_d(n) w_R(n) \tag{4.4.24}$$

其中,

$$w_R(n) = \begin{cases} 1, & 0 \leqslant n \leqslant N-1 \\ 0, & \text{其他} \end{cases} \tag{4.4.25}$$

如图 4.4.6(c)所示。$w_R(n)$ 像一个窗口一样,因而也称为窗函数,可以说 $h(n)$是 $h_d(n)$加窗的结果。一般来说,窗函数并不一定采用矩形窗函数,可以采用其他窗函数,通常表示为

$$h(n) = h_d(n) w(n)$$

$w(n)$ 为窗函数。根据傅里叶变换的卷积性质,$h(n)$的频谱为

$$H(e^{j\omega}) = \frac{1}{2\pi} H_d(e^{j\omega}) * W(e^{j\omega}) \tag{4.4.26}$$

该式表明,FIR 数字滤波器的频谱是理想低通滤波器的频谱与窗函数的频谱的卷积。采用不同的窗函数,$H(e^{j\omega})$就有不同的形状,对此,我们必须首先考察窗函数的频谱。现以矩形窗来加以说明。

矩形窗 $w_R(n)$ 的频谱表示为

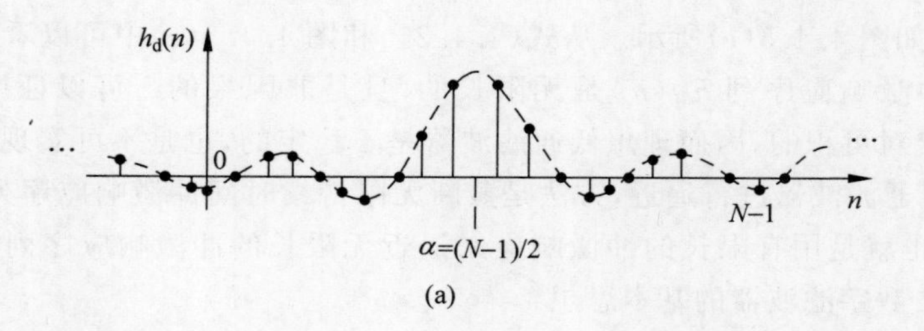

(a)

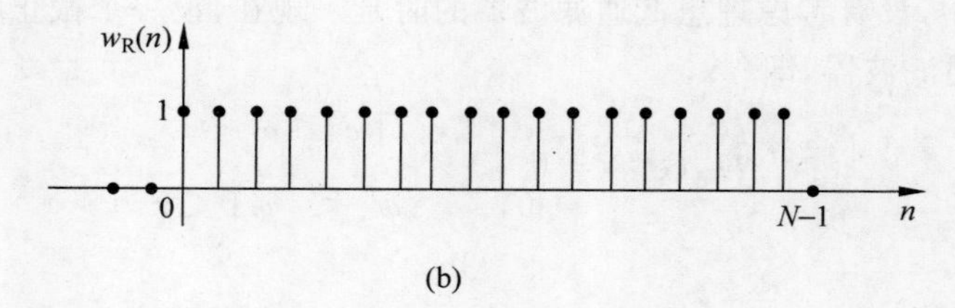

(b)

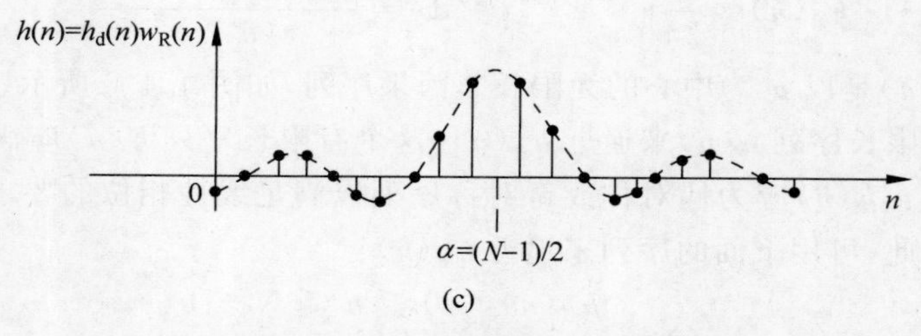

(c)

图 4.4.6 理想冲激响应的直接截取

$$W_R(e^{j\omega})=\sum_{n=0}^{N-1}e^{-j\omega n}=\frac{\sin(\omega N/2)}{\sin(\omega/2)}e^{-j\omega\left(\frac{N-1}{2}\right)}=W_R(\omega)e^{-j\omega\alpha}$$

因此

$$W_R(\omega)=\frac{\sin(\omega N/2)}{\sin(\omega/2)},\quad \alpha=\frac{N-1}{2} \tag{4.4.27}$$

$W_R(\omega)$ 的图形如图 4.4.7 所示。图中 $-2\pi/N$ 到 $2\pi/N$ 之间的部分为窗函数频谱的主瓣,主瓣两侧呈衰减振荡部分称为旁瓣。下面我们来看一看主瓣和旁瓣的作用。

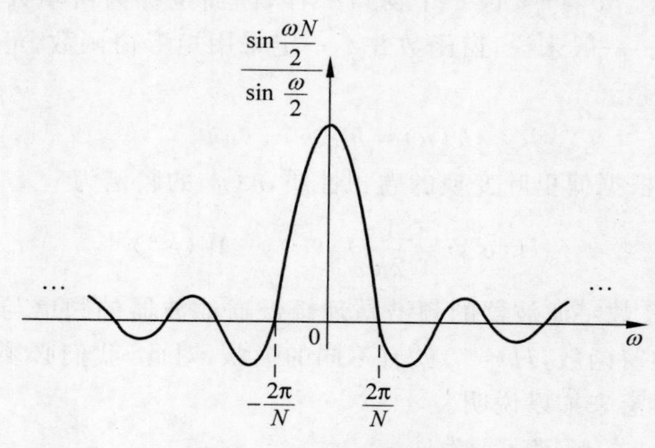

图 4.4.7 矩形窗的频谱

理想低通滤波器的频率响应可表示为

$$H_{\mathrm{d}}(\mathrm{e}^{\mathrm{j}\omega})=H_{\mathrm{d}}(\omega)\mathrm{e}^{-\mathrm{j}\omega\alpha}$$

其幅度函数 $H_{\mathrm{d}}(\omega)$ 为

$$H_{\mathrm{d}}(\omega)=\begin{cases}1, & |\omega|\leqslant\omega_{\mathrm{c}}\\0, & \omega_{\mathrm{c}}<|\omega|<\pi\end{cases}$$

FIR 数字滤波器的频率响应表示为

$$\begin{aligned}H(\mathrm{e}^{\mathrm{j}\omega})&=\frac{1}{2\pi}H_{\mathrm{d}}(\mathrm{e}^{\mathrm{j}\omega})*W_{\mathrm{R}}(\mathrm{e}^{\mathrm{j}\omega})=\frac{1}{2\pi}\int_{-\pi}^{\pi}H_{\mathrm{d}}(\mathrm{e}^{\mathrm{j}\theta})W_{\mathrm{R}}(\mathrm{e}^{\mathrm{j}(\omega-\theta)})\mathrm{d}\theta\\&=\mathrm{e}^{-\mathrm{j}\omega\alpha}\left[\frac{1}{2\pi}\int_{-\pi}^{\pi}H_{\mathrm{d}}(\theta)W_{\mathrm{R}}(\omega-\theta)\mathrm{d}\theta\right]\end{aligned}$$

因此，FIR 滤波器的幅度函数为

$$H(\omega)=\frac{1}{2\pi}\int_{-\pi}^{\pi}H_{\mathrm{d}}(\theta)W_{\mathrm{R}}(\omega-\theta)\mathrm{d}\theta \tag{4.4.28}$$

该式表明，由理想低通滤波器的时间函数加窗后所得到的 FIR 滤波器的幅度函数是理想低通滤波器的幅度函数与窗函数的幅度函数的周期卷积，卷积过程如图 4.4.8 所示。可见，理想低通滤波器通过加窗处理后，主要产生两方面的影响：第一，使滤波器的频率响应在不连续点处出现了过渡带，它主要是由窗函数的主瓣引起的，其宽度取决于主瓣的宽度，而主瓣的宽度与 N 成反比；第二，使滤波器在通带和阻带产生了一些起伏振荡的波纹，这种现象称为吉布斯(Gibbs)现象，它们主要是由窗函数的旁瓣造成的。因此，窗函数频谱的主瓣和旁瓣是使滤波器频谱产生"变形"的主要因素。对于不同的窗函数，它的频谱主瓣和旁瓣是不同的，对滤波器频响的影响也不一样。在一般的情况下，对窗函数的要求是：

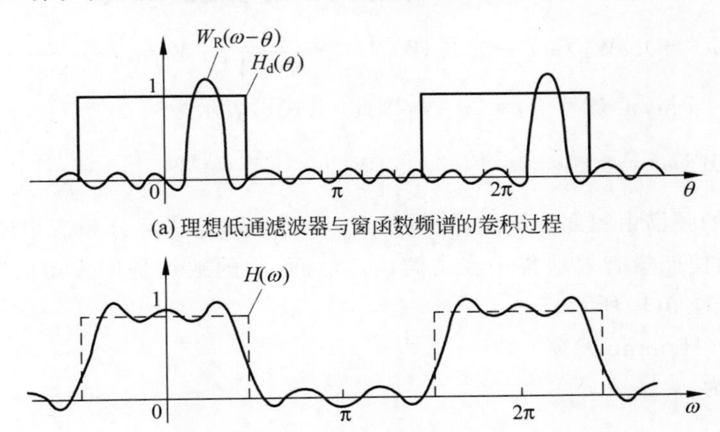

图 4.4.8 卷积过程

(1) 尽量减少窗函数频谱的旁瓣高度，也就是使能量集中在主瓣中，这样要减少通带和阻带的波纹；

(2) 主瓣的宽度尽量窄,以便获得较陡的过渡带。

但是,以上两点要求是相互矛盾的,因为增加主瓣的宽度,旁瓣才能变低;反之,若使主瓣变窄变高,旁瓣也将增高[6]。

从图4.4.7可以看出,增大窗函数的长度 N,主瓣变窄,幅度增高。但是,旁瓣幅度也增高,即它们之间的相对比例无多大变化,只是振荡加快而已,也就是,增大 N 虽然使过渡带变窄,但是,没有减少通带和阻带中的波纹。这是因为

$$W_{\mathrm{R}}(\omega)=\frac{\sin(\omega N/2)}{\sin(\omega/2)}\approx\frac{\sin(\omega N/2)}{\omega/2}=N\frac{\sin(\omega N/2)}{N\omega/2}$$
$$=N\frac{\sin x}{x}$$

这说明窗函数长度 N 的改变只能改变 ω 坐标的比例和 $W_{\mathrm{R}}(\omega)$ 的绝对值大小,而不能改变主瓣和旁瓣的相对比例,这个相对比例是由 $\sin x/x$ 决定的,与 N 无关。

采用矩形窗截取无限长序列 $h_{\mathrm{d}}(n)$ 而获得有限长序列 $h(n)$ 作为FIR滤波器的冲激响应,也就是用有限长序列 $h(n)$ 逼近无限长序列 $h_{\mathrm{d}}(n)$,所形成的FIR滤波器的频响的波纹幅度是相当大的,为了减少波纹振幅,一方面可以加长窗的长度 N,但是效果不明显;另一方面是采用不同的窗函数来截取 $h_{\mathrm{d}}(n)$,从而改善不均匀收敛性。为此,介绍一些常用的窗函数。

1) 汉宁(Hanning)窗(升余弦窗)

其定义为

$$w(n)=\frac{1}{2}\left(1-\cos\frac{2\pi n}{N-1}\right),\quad 0\leqslant n\leqslant N-1$$

可以利用矩形窗的幅度函数 $W_{\mathrm{R}}(\omega)$ 来表示其频谱幅度函数,其中

$$W(\omega)=0.5W_{\mathrm{R}}(\omega)+0.25\left[W_{\mathrm{R}}\left(\omega-\frac{2\pi}{N-1}\right)+W_{\mathrm{R}}\left(\omega+\frac{2\pi}{N+1}\right)\right]$$

当 $N\geqslant 1$ 时,$2\pi/(N-1)\approx 2\pi/N$,因此,上式可表示为

$$W(\omega)=0.5W_{\mathrm{R}}(\omega)+0.25\left[W_{\mathrm{R}}\left(\omega-\frac{2\pi}{N}\right)+W_{\mathrm{R}}\left(\omega+\frac{2\pi}{N}\right)\right]$$

汉宁窗的频谱由三部分组成,如图4.4.9(a)所示,这三部分频谱相加,使旁瓣大大抵消,从而使能量有效地集中在主瓣内。然而,它的缺点是使主瓣的宽度增加了一倍,如图4.4.9(b)所示。

2) 哈明(Hamming)窗

其定义为

$$w(n)=\left(0.54-0.46\cos\frac{2\pi n}{N-1}\right)w_{\mathrm{R}}(n)$$

其频谱幅度函数为

$$W(\omega)=0.54W_{\mathrm{R}}(\omega)+0.23\left[W_{\mathrm{R}}\left(\omega-\frac{2\pi}{N-1}\right)+W_{\mathrm{R}}\left(\omega+\frac{2\pi}{N-1}\right)\right]$$

由此可见,哈明窗对汉宁窗做了一点调整,从而可以进一步抑制旁瓣。

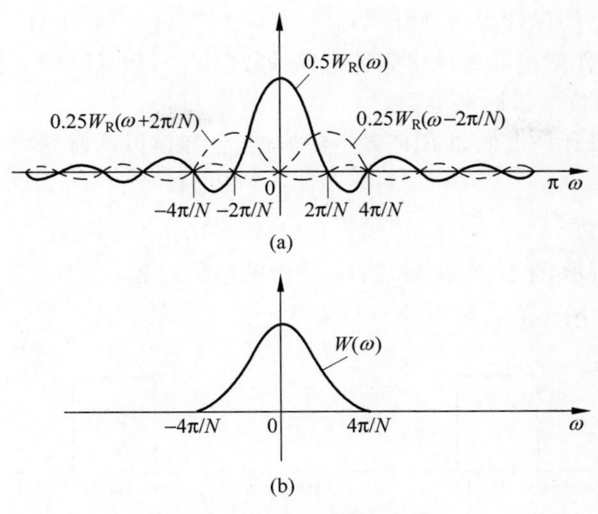

图 4.4.9　汉宁窗的频谱

3）凯泽(Kaiser)窗

其定义为

$$\omega(n)=\frac{I_0\beta\sqrt{1-\left(\frac{2n}{N-1}-1\right)^2}}{I_0(\beta)}$$

式中，$I_0(x)$是第一类修正零阶贝塞尔函数，它可用以下级数计算：

$$I_0(x)=1+\sum_{k=1}^{\infty}\left[\frac{(x/2)k}{k!}\right]^2$$

$k=1\sim15$ 或 $k=1\sim25$。在实际应用中，取 15～25 项就可以达到足够的精度。β 是一个可选参数。它可以同时调整主瓣宽度和最大旁瓣比值，β 越大，则旁瓣越小，但是，主瓣宽度也相应增加。一般选取 $4<\beta<9$。以上四种窗的主要特性列于表 4.4.1 中。

表 4.4.1　窗函数特性及加窗后 FIR 滤波器特性

窗　函　数	窗谱性能指标		加窗后滤波器性能指标	
	旁瓣峰值(dB)	主瓣宽度($2\pi/N$)	过渡带宽($2\pi/N$)	最小阻带衰减(dB)
矩形窗	−13	2	0.9	−21
汉宁窗	−31	4	3.1	−44
哈明窗	−41	4	3.3	−53
凯泽窗(β=7.845)	−57	5	5.0	−80

现在，把窗口法设计 FIR 数字滤波器的步骤归纳如下：

(1) 给出希望的滤波器的频率响应函数 $H_d(e^{j\omega})$；

(2) 根据允许的过渡带宽度及阻带衰减确定所采用的窗函数和 N 值；

(3) 对 $H_d(e^{j\omega})$作逆傅里叶变换得 $h_d(n)$；

(4) 对 $h_{\mathrm{d}}(n)$ 加窗处理得到有限长序列 $h(n)=h_{\mathrm{d}}(n)w(n)$；

(5) 对 $h(n)$ 作傅里叶变换得到频率响应 $H(\mathrm{e}^{\mathrm{j}\omega})$，用 $H(\mathrm{e}^{\mathrm{j}\omega})$ 作为 $H_{\mathrm{d}}(\mathrm{e}^{\mathrm{j}\omega})$ 的逼近，并用给定的技术指标来检验。

例 4.4.1　设计一个低通 FIR 数字滤波器，已知模拟低通滤波器的幅度响应为

$$|H_{\mathrm{a}}(\mathrm{j}\Omega)|=\begin{cases}1, & |f|\leqslant 125\mathrm{Hz}\\ 0, & 125\mathrm{Hz}<|f|<500\mathrm{Hz}\end{cases}$$

如图 4.4.10(a)所示，采样频率为 1kHz，冲激响应的时延 $\alpha=10$。

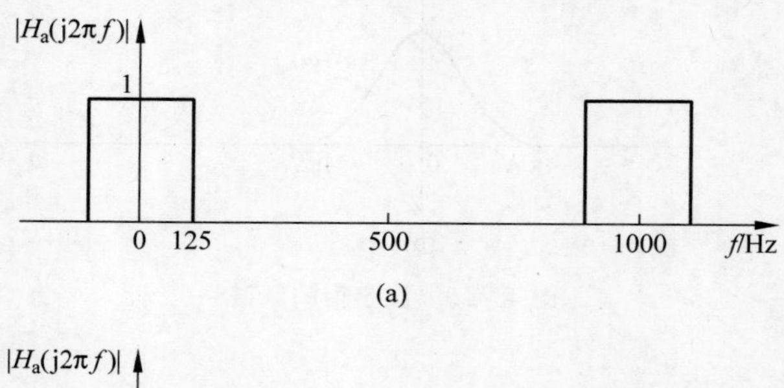

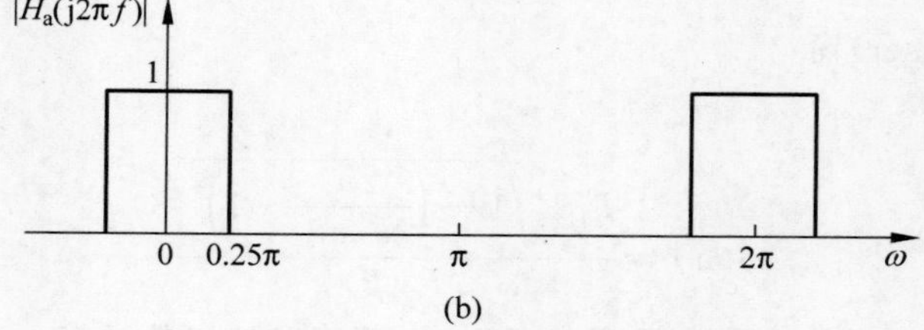

图 4.4.10　幅频响应

解　首先将模拟理想低通滤波器的截止频率 $f_{\mathrm{c}}=125\mathrm{Hz}$ 转换成数字理想低通滤波器的截止频率 ω_{c}，则有

$$\omega_{\mathrm{c}}=T\Omega_{\mathrm{c}}=2\pi f_{\mathrm{c}}T=\frac{2\pi\times 125}{1\times 10^{3}}=0.25\pi$$

因此

$$H_{\mathrm{d}}(\mathrm{e}^{\mathrm{j}\omega})=\begin{cases}\mathrm{e}^{-\mathrm{j}\omega\alpha}, & |\omega|\leqslant 0.25\pi\\ 0, & 0.25\pi<|\omega|\leqslant\pi\end{cases}$$

如图 4.4.10(b)所示，因为时延 $\alpha=10$，所以，窗函数的长度 $N=21$。数字理想低通滤波器的冲激响应为

$$h_{\mathrm{d}}(n)=\frac{1}{2\pi}\int_{-0.25\pi}^{0.25\pi}\mathrm{e}^{-\mathrm{j}\alpha\omega}\,\mathrm{e}^{\mathrm{j}\omega n}\,\mathrm{d}\omega=\frac{\sin[0.25\pi(n-\alpha)]}{\pi(n-\alpha)}$$

$$=\frac{\sin[0.25\pi(n-10)]}{\pi(n-10)},\quad 0\leqslant n\leqslant 20$$

所要求的 FIR 滤波器的冲激响应为

$$h(n)=h_{\mathrm{d}}(n)w(n)=\frac{\sin[0.25\pi(n-10)]}{\pi(n-10)}w(n)\tag{4.4.29}$$

其傅里叶级数表示式为

$$H(e^{j\omega})=\sum_{n=0}^{N-1}h(n)e^{-j\omega n}$$

以 $e^{j\omega}=z$ 代入上式得到系统的传输函数为

$$H(z)=\sum_{n=0}^{20}h(n)z^{-n}=\sum_{n=0}^{20}a_n z^{-n}$$

如果窗函数 $w(n)$分别采用矩形窗、汉宁窗和哈明窗函数代入式(4.4.29)，则系统函数的系数的计算结果如表 4.4.2 所示。

表 4.4.2　例 4.4.1 的数字滤波器系数

系数 \ 窗函数	矩形窗	汉宁窗	哈明窗
$a_0 a_{20}$	0.0318	0	0.0025
$a_1 a_{19}$	0.0250	0.0004	0.0024
$a_2 a_{18}$	0	0	0
$a_3 a_{17}$	−0.0322	−0.0044	−0.0087
$a_4 a_{16}$	−0.0531	−0.0183	−0.0211
$a_5 a_{15}$	−0.0450	−0.0225	−0.0243
$a_6 a_{14}$	0	0	0
$a_7 a_{13}$	0.0750	0.0594	0.0408
$a_8 a_{12}$	0.1592	0.1440	0.1452
$a_9 a_{11}$	0.2251	0.2194	0.2200
a_{10}	0.2500	0.2500	0.2500

4.4.3　FIR 滤波器设计的切比雪夫逼近法

前面介绍了设计 FIR 滤波器的窗口法，该方法以达到给定技术指标为原则，并通过对理想滤波器的冲激响应加窗来进行设计。显然这样设计出来的滤波器不可能是最佳的，而且很难设计出满足任意频率响应指标的滤波器。后来有些学者应用切比雪夫逼近理论提出了一种 FIR 滤波器切比雪夫一致逼近设计方法，这种方法不但能准确地指定通带和阻带的边缘，而且还能在一致意义上实现对所期望的频率响应 $H_d(e^{j\omega})$作最佳逼近。当希望的频率响应是

$$H_d(e^{j\omega})=\begin{cases}1, & 0\leqslant\omega\leqslant\omega_p\\ 0, & \omega_s\leqslant\omega\leqslant\pi\end{cases}\tag{4.4.30}$$

所设计的频率响应 $H(e^{j\omega})$ 在逼近 $H_d(e^{j\omega})$时，通带波纹峰值为 δ_1，阻带波纹峰值为 δ_2，如图 4.4.11 所示[7]。

系统冲激响应 $h(n)$的长度应为 N。为了保证 $H(e^{j\omega})$具有线性相位，$h(n)$应满足式(4.4.15)及式(4.4.18)～式(4.4.20)的条件。例如，当 N 为奇数，$h(n)$偶对

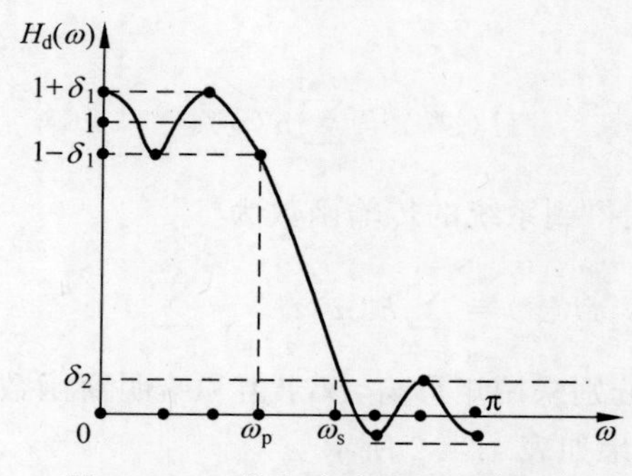

图 4.4.11 数字滤波器的最佳逼近

称时，

$$H(e^{j\omega})=e^{-j\omega\frac{N-1}{2}}H_a(e^{j\omega}) \tag{4.4.31}$$

式中，

$$H_a(e^{j\omega})=\sum_{n=0}^{M}a(n)\cos(nw),$$

$$M=\frac{N-1}{2} \tag{4.4.32}$$

$$a(n)=\begin{cases}h\left(\dfrac{N-1}{2}\right), & n=0\\ 2h\left(\dfrac{N-1}{2}-n\right), & n=1,2,\cdots,\dfrac{N-1}{2}\end{cases} \tag{4.4.33}$$

如果在设计滤波器时要求通带和阻带滤波器具有不同的逼近精度，就要对误差函数进行加权，这种逼近称为加权切比雪夫一致逼近，它可表示为

$$\begin{aligned}E(\omega)&=W(e^{j\omega})\left|H_a(e^{j\omega})-H_d(e^{j\omega})\right|\\&=W(e^{j\omega})\left|\sum_{n=0}^{M}a(n)\cos(n\omega)-H_d(e^{j\omega})\right|\end{aligned} \tag{4.4.34}$$

其中，加权函数 $W(e^{j\omega})$ 可以假设为

$$W(e^{j\omega})=\begin{cases}1/k, & 0\leqslant\omega\leqslant\omega_p, k=\delta_1/\delta_2\\ 1, & \omega_s\leqslant\omega\leqslant\pi\end{cases} \tag{4.4.35}$$

切比雪夫逼近法要求式(4.4.34)表示的加权误差的最大值为最小，即

$$\delta=\min\max_{0\leqslant\omega\leqslant\pi}|E(\omega)|=\min\max_{0\leqslant\omega\leqslant\pi}\left[W(e^{j\omega})\left|\sum_{n=0}^{M}a(n)\cos(n\omega)-H_d(e^{j\omega})\right|\right] \tag{4.4.36}$$

切比雪夫“交错点组定理”指出，如果 $H_a(e^{j\omega})$ 是 M 个余弦函数的组合，即

$$H_a(\omega)=\sum_{n=0}^{M}a(n)\cos(n\omega)$$

那么，$H_a(e^{j\omega})$是 $H_d(e^{j\omega})$的最佳一致逼近的充要条件是：ω 在$[0,\pi]$区间内至少应存在 $M+1$ 个交错点，即 $0\leqslant\omega_0<\omega_1<\omega_2<\cdots<\omega_M\leqslant\pi$，使得

$$E(\omega_i)=-E(\omega_i),\quad i=1,2,\cdots,M \tag{4.4.37}$$

并且使

$$|E(\omega_i)|=\max E(\omega_i),\quad 0\leqslant\omega\leqslant\pi \tag{4.4.38}$$

因此，交错点组定理本身就说明了切比雪夫最佳逼近的条件满足误差沿频率轴作等纹波分布的要求。

交错点组定理的证明如下。

证明　因为 $\cos(n\omega)$可以改写成 $\cos\omega$ 的 n 阶多项式，即

$$H_a(\omega)=\sum_{n=0}^{M}a(n)\cos(n\omega)=\sum_{n=0}^{M}a(n)\cos^n\omega$$

将该式对 ω 求一阶导数，并令其为零，即可得

$$\frac{d}{d\omega}H_a(\omega)=0=-\sin\omega\sum_{n=0}^{M}na(n)\cos^{n-1}\omega$$

其中，除当 $\omega=0,\pi$ 时 $\sin\omega=0$ 外，$M-1$ 阶多项式可以有 $M-1$ 个根，因此，上述一阶导数为零的次数为 $M-1+2=M+1$，从而得证。

证毕。

图 4.4.11 为长度 $N=13$ 的滤波器频率响应，如果过渡带边缘 ω_p 和 ω_s 为两个交错点，则极值频率点为 8 个。

如果已知在 ω 轴上有 $M+2$ 个交错频率 $\omega_0,\omega_1,\omega_2,\cdots,\omega_M,\omega_{M+1}$，则由式(4.4.36)可得

$$\max_{0\leqslant\omega\leqslant\pi}\left[W(\omega_i)\left|\sum_{n=0}^{M=1}a(n)\cos(n\omega_i)-H_d(\omega_i)\right|\right]=-(-1)^i\delta \tag{4.4.39}$$

其中 $\delta=\max|E(\omega)|$。将式(4.4.39)改写成如下矩阵形式：

$$\begin{bmatrix} 1 & \cos\omega_0 & \cos(2\omega_0) & \cdots & \cos(M\omega_0) & \dfrac{1}{W(\omega_0)} \\ 1 & \cos\omega_1 & \cos(2\omega_1) & \cdots & \cos(M\omega_1) & \dfrac{1}{W(\omega_1)} \\ 1 & \cos\omega_2 & \cos(2\omega_2) & \cdots & \cos(M\omega_2) & \dfrac{1}{W(\omega_2)} \\ \vdots & \vdots & \vdots & & \vdots & \vdots \\ 1 & \cos\omega_M & \cos(2\omega_M) & \cdots & \cos(M\omega_M) & \dfrac{1}{W(\omega_M)} \\ 1 & \cos\omega_{M+1} & \cos(2\omega_{M+1}) & \cdots & \cos(M\omega_{M+1}) & \dfrac{1}{W(\omega_{M+1})} \end{bmatrix} \begin{bmatrix} a(0) \\ a(1) \\ a(2) \\ \vdots \\ a(M) \\ \delta \end{bmatrix} = \begin{bmatrix} H_d(\omega_0) \\ H_d(\omega_1) \\ H_d(\omega_2) \\ \vdots \\ H_d(\omega_M) \\ H_d(\omega_{M+1}) \end{bmatrix} \tag{4.4.40}$$

式(4.4.40)所示的矩阵是非奇异矩阵，解此矩阵，可唯一地求得系数 $a(0),a(1),\cdots,a(M)$和误差 δ，从而可按式(4.4.33)构成最佳滤波器的冲激响应序列 $h(n)$。

但是,在实际求解式(4.4.33)时还存在两个困难:一是交错点组 $\omega_0,\omega_1,\omega_2,\cdots,\omega_M,\omega_{M+1}$ 事先并不知道;二是直接求解方程并非易事。为此,J. H. MoClellan 等人利用数值分析中的 Remez 算法,通过一次次的迭代来求得交错频率组。该算法的步骤归纳如下。

第一步:在 $0\leqslant\omega\leqslant\pi$ 内等间隔地选取 $M+2$ 个频率点 $\omega_0,\omega_1,\omega_2,\cdots,\omega_M,\omega_{M+1}$ 作为交错点组的初始猜测值,计算相对第一次指定的交错频率点处产生的偏差,即有

$$\delta=\frac{\sum_{k=0}^{M+1}a_kH_{\mathrm{d}}(\omega_k)}{\sum_{k=0}^{M+1}(-1)^k a_k/W(\omega_k)} \tag{4.4.41}$$

其中,

$$a_k=(-1)^k\prod_{\substack{i=0\\i\neq k}}^{M+1}\frac{1}{(\cos\omega_i-\cos\omega_k)}$$

然后,利用拉格朗日插值公式得到 $H_{\mathrm{a}}(\omega)$:

$$H_{\mathrm{a}}(\omega)=\frac{\sum_{k=0}^{M}\frac{a_k}{\cos\omega-\cos\omega_k}c_k}{\sum_{k=0}^{M}\frac{a_k}{\cos\omega-\cos\omega_k}} \tag{4.4.42}$$

其中,

$$c_k=H_{\mathrm{d}}(\omega_k)-(-1)^k\frac{\delta}{W(\omega_k)},\quad k=0,1,\cdots,M$$

把 $H_{\mathrm{a}}(\omega)$代入式(4.4.34),求得误差函数 $E(\omega)$。如果对于所有频率 ω 都满足 $|E(\omega)|\leqslant|\delta|$,说明初始设定值恰好是交错频率组,设计工作可以结束;如果在某些频率点处 $|E(\omega)|>|\delta|$,说明初始设定值偏离了真正的交错频率组,修改上次猜测的频率点,并进入第一次迭代运算。

第二步:在所有 $|E(\omega)|>|\delta|$ 频率点附近选定新的极值频率,利用式(4.4.41)和式(4.4.42),分别得到新的 δ,$H_{\mathrm{a}}(\omega)$和 $E(\omega)$。由于这一次的频率点更接近极值频率点,即真正的交错频率组,所以,这次在交错点上求出的 δ 将增大,然后再检查所有频率处的 $E(\omega)$。

第三步:如果仍出现 $|E(\omega)|>|\delta|$,则利用第二步的方法,把 $|E(\omega)|>|\delta|$ 的各频率点作为新的可能的极值频率点,进入第二次迭代运算。

重复上述步骤,因为求出的新的交错点都是作为每一次求出的 $E(\omega)$的局部极值点,因此,在迭代中,每次迭代的 δ 都是递增的,直至收敛到自己的上限,也即 $H_{\mathrm{a}}(\omega)$最佳一致逼近到 $H_{\mathrm{d}}(\omega)$。若再一次迭代计算,误差曲线 $E(\omega)$的峰值不大于 δ,迭代结束。将 $H_{\mathrm{a}}(\omega)$作逆变换,便可得到滤波器的冲激响应 $h(n)$。这就是用 Remez 算法实现 FIR 滤波器的等波纹逼近的步骤。

4.5　滤波器设计中的实用问题

前面介绍了 IIR 滤波器、FIR 滤波器的主要特点以及常用的设计方法。然而，在设计滤波器时，不仅需要考虑滤波器的频率特性，还要根据具体需求，选择合适的滤波器形式。

4.5.1　模拟滤波器与数字滤波器

首先要考虑的是使用模拟滤波器还是数字滤波器。从性能指标、灵活性、可靠性、成本等多方面，数字滤波器都有明显的优势。但是，在某些场合，模拟滤波器有其特点，是不可替代的。

(1) 抗混叠滤波：前面提到，连续信号只有经过抗混叠滤波，才能保证信号采样后不发生频率混叠。因此，抗混叠滤波器必然是模拟滤波器。

(2) 高频信号处理：数字系统要先经过 A/D 过程、数值计算、D/A 过程来完成对模拟信号的处理，它的最高速度显然受到元器件性能的限制。例如，光学信号处理中，无论数字信号处理系统如何强大，进行图像低通滤波的速度也不可能超过最简单的模拟低通光学系统(一个小孔)。在一段时间内，高频技术中模拟信号处理仍然处于强势地位。

(3) 幅值动态范围：系统能通过的最大信号与系统内在噪声之比。例如，一个 12 位的模数转换器的最大值是 4095，RMS 量化噪声一般为数字量的 0.29 倍，故该器件的动态范围大约为 14000。而一个标准的运算放大器饱和电压为 20V，内部噪声约为 2μV，其动态范围为一千万[8]。

(4) 频率动态范围：设计一个能连续工作在 0.01Hz 到 100kHz(7 个数量级)的运放电路很容易。而同级别的数字系统则需要处理大量的数据。例如，抽样率为 200kHz，对于 0.01Hz 的信号，获取一个完整的周期就需要 2000 万个点[8]。

4.5.2　FIR 与 IIR 滤波器

在使用计算机辅助设计数字滤波器时，需要选择设计 FIR 滤波器，还是 IIR 滤波器。这要根据两类滤波器的特性来选择。表 4.5.1 中列出两类滤波器的主要区别。

先看稳定性。由于非递归实现，FIR 滤波器总是稳定的，有限精度的计算也不会产生振荡。而 IIR 滤波器中，舍入误差可能造成极限环振荡现象，而系数量化效应甚至可能使系统不稳定[2]。在实际中，应尽量避免使用高阶 IIR 滤波器，这时应考虑切比雪夫或椭圆 IIR 滤波器，以更低阶数实现滤波器，或直接使用 FIR 滤波器。

表 4.5.1 FIR 滤波器和 IIR 滤波器的简要比较[9]

比较项目	有限冲激响应(FIR)	无限冲激响应(IIR)
稳定性	始终稳定	有时不稳定
线性相位	容易实现	只能非因果实现
群时延	大。对于线性相位滤波器,与频率无关	小。随频率改变
滤波器阶数	大	小
系数量化的影响	小	大
干扰的影响	短时间作用	有时长时间作用
常用结构	横向结构	二阶滤波器级联

再看时域特性。FIR 滤波器很容易具有精确的线性相位特性,能够保证不会给信号带来相位失真。而因果 IIR 滤波器总是非线性相位的,并且选频特性越好(过渡带越窄)则相位失真越严重,切比雪夫滤波器的相位失真就比同样阶数的巴特沃斯滤波器的大,而椭圆滤波器的情况则更严重。线性相位特性对于保持信号时域特征是非常重要的,如果我们需要滤波后的信号波形特征,就必须考虑使用 FIR 滤波器。如果条件不允许使用 FIR 滤波器,则应使用相位失真比较小的巴特沃斯 IIR 滤波器。

最后看延迟时间。对于同样的过渡带和衰减率指标,FIR 滤波器的阶数会比 IIR 滤波器高 5～10 倍,上千阶的 FIR 滤波器并不少见。这意味着信号处理过程中,FIR 的延迟时间要相对长很多,这对于某些应用是不利的。例如,当 FIR 滤波器是控制系统反馈环节的一部分,延迟时间长会使相位裕度变小,从而造成系统稳定性降低。

总体上说,如果系统没有特殊要求,建议先考虑采用 FIR 滤波器。如果系统对延迟的要求(即滤波器阶数的限制)比较苛刻,但是,允许有相位失真,则考虑采用 IIR 滤波器;反之,如果在应用中需要准确具有线性相位的滤波器,则 FIR 滤波器是唯一选择。

需要补充的是,虽然 FIR 滤波器的阶数更高,但是,在 DSP 芯片上执行速度未必比 IIR 滤波器慢。DSP 芯片增加了控制循环的硬件结构,可以做到零开销循环;具有硬件乘法器和累加器,加速了 FIR 滤波器的乘与累加运算程序的执行[10]。

IIR 滤波器系数的计算一般是根据已知的模拟滤波器的特性转换到等价的数字滤波器。常用的基本方法是双线性变换法。该方法生成的滤波器非常有效,适合于频率选择型的滤波器系数的计算。它允许利用已知的典型特性,例如巴特沃斯、切比雪夫和椭圆来设计数字滤波器。从双线性变换法得到的数字滤波器,一般来说保留了模拟滤波器的幅度响应特性,但是,时域特性没有保留。

FIR 滤波器有多种设计方法。本书中介绍了窗口法和切比雪夫逼近法。窗口法提供了一种简单、灵活的计算 FIR 滤波器系数的方法,可以满足一般需要。但是,这种方法不能很好地控制滤波器的边界特性,一般需要多次调节滤波器阶数才能完成。鉴于滤波器设计 CAD 手段的普及,滤波器设计中的计算量问题不必考虑,而切比雪夫逼近法等优化设计法对于滤波器通带、阻带和边缘特性的控制都非常好，因此，在实践中得到了广泛应用。

4.5.3　简单形式的时域滤波器

对采集到的实际信号往往是先进行滤波预处理，再进行相应的信号分析。此时，可以采用频域滤波的方法，也可以采用时域滤波的方法。所谓频域滤波方法，就是采用无限冲激响应滤波器或者有限冲激响应滤波器进行滤波。此类滤波器的特点是基于噪声和信号之间在频率特性上的差异。所谓时域滤波方法，就是指平滑滤波(包括算术平均滤波和滑动平均滤波法等)、限幅滤波(包括中位值滤波)和复合滤波方法等。这些又称为简单滤波。此类滤波器的特点是基于噪声和信号统计特性之间的差异。与频域滤波器相比，时域滤波具有算法简单、运行速度快的优点，更加适用于信号的实时处理。当被处理的信号中不存在周期分量，其频带较宽，与噪声没有明显分界时，一般就应该采用时域滤波器进行处理。若此时采用频域滤波器，则滤波器的截止频率不易确定：若将截止频率设置得过低，将导致有用信号被滤波；若将截止频率设置得过高，则滤波效果较差。

下面介绍四种有代表性的简单滤波器：算术平均滤波器、滑动平均滤波器、低通整系数差分滤波器和中位值滤波器。

1)算术平均滤波器

算术平均滤波器的输出是若干输入的平均，即

$$y=\frac{1}{N}\sum_{n=1}^{N}x_n$$

它的冲激响应为

$$h(n)=\begin{cases}1/N, & n=0,1,\cdots,N-1\\0, & \text{其他}\end{cases}$$

它的频率响应为

$$H(\mathrm{e}^{\mathrm{j}\omega})=\frac{1}{N}\mathrm{e}^{-\mathrm{j}\omega(N-1)/2}\ \frac{\sin(\omega N/2)}{\sin(\omega/2)}$$

算术平均滤波器的幅频响应如图 4.5.1 所示。显然，这是一个 FIR 低通滤波器，且截止频率随 N 增加而降低。但是，它的选频性能并不太好。然而，算术平均滤波器在解决一类问题中表现卓越：保持陡峭的阶跃响应的同时减少随机噪声，这使得它成为时域编码信号的首选滤波器[9]。

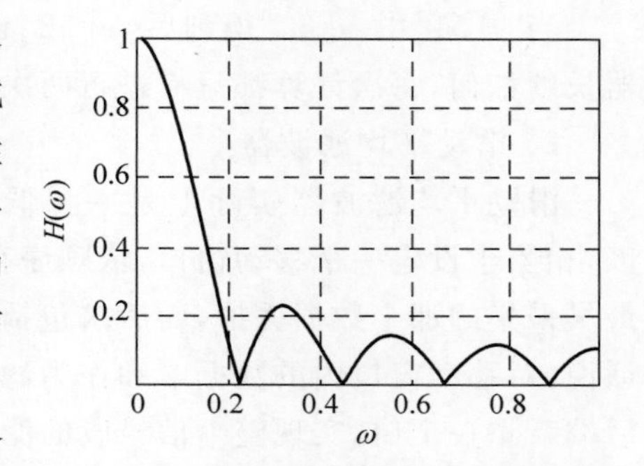

图 4.5.1　9 点平均滤波器的幅频响应

假设将阶跃响应的上升沿指定为 N 个点，这要求滤波器有 N 个系数。那么，如何选

取滤波器这些系数,使输出噪声最小化?既然对于随机噪声,没有一个点是特殊的,那么,任何一个系数值特殊都没有意义,只有对所有输入样点一致处理才会使噪声减弱到最小,即采用均值形式[9]。设第 n 次测量的测量值中包含信号成分SIG_n 和噪声成分NOI_n,则进行 N 次测量的信号成分之和为

$$\sum_{n=1}^{N}\mathrm{SIG}_n = N\cdot\overline{\mathrm{SIG}}$$

式中,$\overline{\mathrm{SIG}}$ 是进行 N 次测量后的信号的平均幅值。

噪声的强度是用均方根来衡量的,当噪声为随机信号时,进行 N 次测量的噪声强度之和为

$$\sqrt{\sum_{n=1}^{N}\mathrm{NOI}_n^2} = \sqrt{N}\cdot\overline{\mathrm{NOI}}$$

式中,$\overline{\mathrm{NOI}}$ 为进行 N 次测量后噪声的平均幅值。

对 N 次测量进行算术平均后的信噪比为

$$\frac{N\cdot\overline{\mathrm{SIG}}}{\sqrt{N}\cdot\overline{\mathrm{NOI}}} = \sqrt{N}\cdot\frac{\mathrm{SIG}}{\mathrm{NOI}}$$

式中,$\dfrac{\mathrm{SIG}}{\mathrm{NOI}}$是求算术平均值前的信噪比。因此,采用算术平均值后,信噪比提高了 $\sqrt{N}$ 倍[11]。因此,只要有足够大的 N,就可以获得足够大的信噪比。但是,N 过大会使滤波器具有过大的延迟,而且会使带宽过低,可能使有用信号受到损失。因此,N 的取值要综合考虑。

相对于一般形式的 FIR 滤波器,平均滤波器可以采用递推算法得到一个最快的数字滤波器,因为它不需要进行卷积运算[9]。假设一个 9 点的平均滤波器,对于相邻的 $y[50]$和 $y[51]$两点,有

$$y[50] = x[42] + x[43] + x[44] + \cdots + x[48] + x[49] + x[50]$$
$$y[51] = x[43] + x[44] + x[45] + \cdots + x[49] + x[50] + x[51]$$

若 $y[50]$已经计算出来了,则两式联立可得

$$y[51] = y[50] + x[51] - x[42]$$

当 $y[51]$由 $y[50]$得到后,$y[52]$也可由 $y[51]$得到,以此类推。不论平均滤波器长度如何,每次计算都只需进行两次加(减)法。

2) 滑动平均滤波器

滑动平均滤波器实际上是一种低通滤波器,其工作原理是建立一个数据缓冲区,相当于设定一个移动窗口,依顺序存放 N 个采样数据,每采进一个新数据,就将最早采集的那个数据丢掉,而后求包括新数据在内的 N 个数据的算术平均值。换句话说,对移动窗口内的数据求和作为滤波结果。通过移动窗口,即前端去掉一个值,后端新添一个值,实现整个信号段的滤波。这样,每进行一次采样,就可以计算出一个新的平均值,从而加快了数据处理的速度。计算公式为

$$y(n)=\frac{x(n)+x(n-1)+x(n-2)+\cdots+x(n-N-1)}{N}=\frac{1}{N}\sum_{i=0}^{N-1}x(n-i)$$

式中，$y(n)$为滤波后的值；$x(n)$为原始值；N 为移动窗口大小，通常为奇数。

在 MATLAB 中，滑动平均滤波可以直接利用函数 smooth 来实现。

3）低通整系数差分滤波器

在信号处理过程中，微分运算可以求出信号在不同时刻的变化率。对于数字信号，则使用差分滤波器来逼近理想差分器的频率响应 $\mathrm{j}\omega$。当然，理想差分器的带宽是无限的，而数字系统的带宽是有限的。与信号相比，噪声一般处在高频段，因此，希望使用具有低通性质的差分滤波器，即通带内的频率特性是线性增长的，而通带以外频率响应为零。

$$H_{\mathrm{d}}(\mathrm{e}^{\mathrm{j}\omega})=\begin{cases}\mathrm{j}\omega, & |\omega|\leqslant\omega_0\\ 0, & \text{其他}\end{cases}$$

前面介绍的方法都可以用来设计性能很好的差分滤波器。当运算精度要求不高，例如，只是用来突出信号变化部分，那么，就可以采用一些简单的设计，例如，两点中心差分。这种差分器的输入输出关系是

$$y(n)=\frac{[x(n+1)-x(n-1)]}{2}$$

其频率响应为 $H(\mathrm{e}^{\mathrm{j}\omega})=\mathrm{j}\sin\omega$。当 ω 较小时，$H(\mathrm{e}^{\mathrm{j}\omega})$近似于 $\mathrm{j}\omega$，其高频段衰减。但是，截止特性不太好，可以应用于精度要求不高的场合。

采用牛顿-柯特斯差分、多项式拟合差分等方法，可以获得更好的效果[12]。

4）中值滤波器

中值滤波也称中位值滤波，它是对某一信号连续采样 N 次（一般 N 取为奇数），然后，把 N 次采样值按大小排列，取中间值为本次采样值。中位值滤波能有效地克服偶然因素引起的波动。

中值滤波器的操作如下：对输入的点 $x(n)$，用其邻域$\{x(n-M),\cdots,x(n),\cdots,x(n-M)\}$中各点排序后的中间值代替，$M$ 为自然数。例如，对一个序列{0.5,1.8,−2.3,0.8,0.3,−1.4,−0.5,0.3,3.5,2.7}做中值滤波，$M=1$。则对于数值 1.8，其邻域为{0.5,1.8,−2.3}，中间值为 0.5，故用 0.5 代替原数值 1.8。而对于数值 0.3，其邻域为{−0.5,0.3,3.5}，中间值为 0.3，故仍保留原值。

中值滤波器特别适合用来滤除脉冲噪声，可以消除宽度不大于 M 的脉冲噪声。如图 4.5.2 所示，上面的信号是一个受到严重脉冲噪声干扰的矩形波，使用中值滤波后，脉冲干扰基本消除，如下面的信号所示。中值滤波的最大优点在于滤除脉冲噪声的同时保持波形边沿信息，而使用常规的低通滤波器，虽然能抑制脉冲噪声，但同时也会使信号高频部分损失，如中间的信号所示。

不过中值滤波对于抑制一般随机噪声的能力不强，所以，在实际应用中通常将中值滤波与滑动平均滤波结合起来使用，先使用中值滤波抑制脉冲噪声，然后使用滑动平均滤波器。

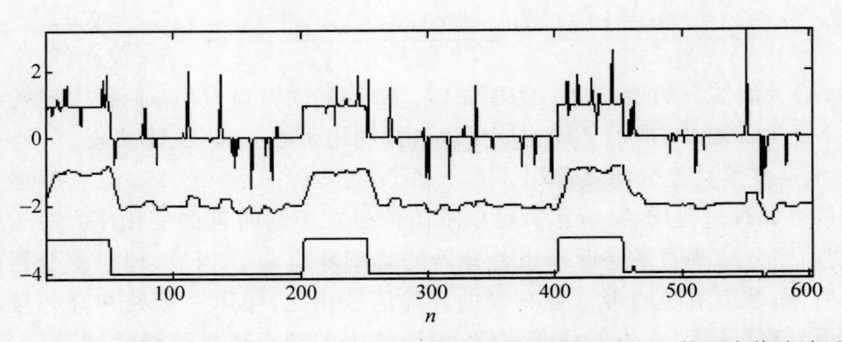

图 4.5.2　(上)含脉冲噪声的矩形波；(中)使用均值滤波后的效果；(下)使用中值滤波后的效果

4.6　与本章内容有关的 MATLAB 函数

4.6.1　与 IIR 数字滤波器设计相关的 MATLAB 函数

以设计一个高通的巴特沃斯滤波器 $H(z)$为例，其步骤包括从 ω 到 Ω 的频率转换，模拟低通原型 $G(s)$的设计，$G(s)$到模拟高通 $H(s)$的转换，$H(s)$到数字高通滤波器 $H(z)$的转换。下面将介绍实现这一过程的 MATLAB 函数[2,13,14]。

1. buttord

此函数用来确定数字低通或模拟低通滤波器的阶次，其调用格式分别为

```
① [N,Wn] = buttord(Wp,Ws,Rp,Rs)
② [N,Wn] = buttord(Wp,Ws,Rp,Rs,'s')
```

格式①对应数字滤波器，式中 Wp 和 Ws 分别是通带和阻带的截止频率，实际上它们是归一化频率，其值为 0～1，1 对应采样频率的一半；Rp 和 Rs 分别是通带和阻带的衰减，单位为 dB；N 是要求的低通滤波器的阶次；Wn 是要求的 3dB 频率。格式②对应模拟滤波器，式中各变量的含义和格式①的相同，但是，Wp，Ws 和 Wn 是模拟频率，单位为 rad/s。

2. buttap

此函数用来设计模拟低通原型滤波器 $G(s)$，其调用格式是

```
[z,p,k] = buttap(N)
```

N 是要求设计的低通原型滤波器的阶次，z，p，k 分别是设计出的 $G(s)$的零点、极点及增益。利用程序[b,a]=zp2tf(z,p,k)可以把传递函数 $G(s)$由零极点形式转化为分子分母多项式形式，其中 b 和 a 分别为 $G(s)$的分子和分母多项式的系数向量。

3. lp2lp,lp2hp,lp2bp,lp2bs

以上四个MATLAB函数具有实现频率变换的功能,它们分别将模拟低通原型滤波器$G(s)$转换为实际的低通、高通、带通和带阻滤波器,其调用格式分别为

```
① [B,A] = lp2lp (b,a,W0)
② [B,A] = lp2hp (b,a,W0)
③ [B,A] = lp2bp (b,a,W0,Bw)
④ [B,A] = lp2bp (b,a,W0,Bw)
```

式中,b和a分别是模拟低通原型滤波器$G(s)$的分子和分母多项式的系数向量;B和A分别是转换后的$H(s)$的分子和分母多项式的系数向量;在①和②中,W0是低通或高通滤波器的截止频率,在③和④中,W0是带通或带阻滤波器的中心频率,Bw是带宽。

4. bilinear

此函数用来实现双线性变换,并由模拟滤波器$H(s)$得到数字滤波器$H(z)$,其调用格式是

```
[Bz,Az] = bilinear (B,A,Fs)
```

式中,B和A分别是$H(s)$的分子和分母多项式的系数向量;Bz和Az分别是$H(z)$的分子和分母多项式的系数向量;Fs是采样频率。

5. butter

此函数可用来直接设计巴特沃斯滤波器,实际上它包含buttap、lp2lp和bilineat等函数,它能使设计过程更简洁,其调用格式是

```
① [B,A] = butter(N,Wn)
② [B,A] = butter(N,Wn,'high')
③ [B,A] = butter(N,Wn,'stop')
④ [B,A] = butter(N,Wn,'s')
```

格式①~③用来设计数字滤波器,B和A分别是$H(z)$的分子和分母多项式的系数向量;Wn是通带截止频率,范围为0~1,1对应采样频率的一半。若Wn是标量,则格式①用来设计数字低通滤波器,若Wn是1×2的向量,则格式①用来设计数字带通滤波器;格式②用来设计数字高通滤波器;格式③用来设计数字带阻滤波器;格式④用来设计模拟滤波器。

例4.6.1 设计一低通数字滤波器,数字采样频率为1000Hz,给定技术指标通带截止频率$f_p=100$Hz,阻带截止频率$f_s=300$Hz,通带最大衰减$\alpha_p=3$dB,阻带最小衰减$\alpha_s=20$dB。

解 MATLAB程序如下:

```
% examp4_1.m
```

```
wp = 0.2 * pi;
ws = 0.6 * pi;
fs = 1000;
rp = 3;rs = 20;
[n,wn] = buttord(wp/pi,ws/pi,rp,rs);  % 确定滤波器阶次
[bz,az] = butter(n,wp/pi)             % 利用 butter 函数设计滤波器
[h,w] = freqz(bz,az,128,fs);          % 计算幅频响应
plot(w,abs(h));
xlabel('f');ylabel('H');
grid
```

结果如图 4.6.1 所示。

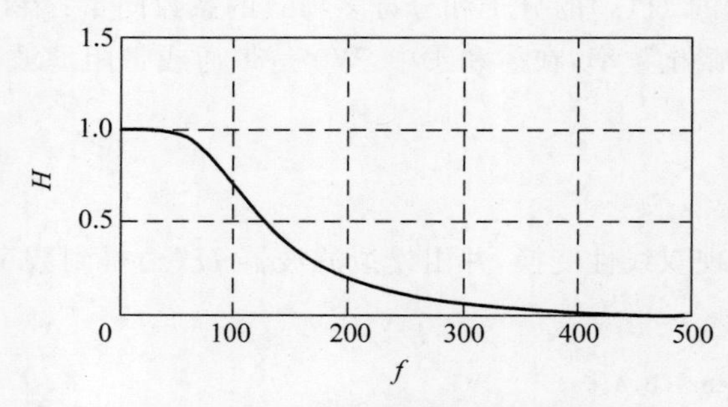

图 4.6.1　滤波器的幅频响应

4.6.2　与 FIR 数字滤波器设计相关的 MATLAB 函数

以窗口法设计 FIR 数字滤波器为例,相关的 MATLAB 函数分为两类:一类用于产生窗函数;另一类用于 FIR 数字滤波器的设计。

常用产生窗函数的 m 函数有以下 4 个:

boxcar(矩形窗),hamming(哈明窗),hanning(汉宁窗),kaiser(凯泽窗)

它们所对应的 m 函数调用格式也非常简单,只要给出窗函数的长度 N 即可,如 w=boxcar(N)。

下面介绍采用窗口法设计 FIR 数字滤波器的函数。

1. fir1

其调用格式为

```
① b = fir1 (N,Wn)
② b = fir1 (N,Wn,'high')
③ b = fir1 (N,Wn,'stop')
```

式中,N 为滤波器的阶次,因此滤波器的长度为 N+1;Wn 是通带截止频率,其值为 0~1,1 对应采样频率的一半;b 是设计好的滤波器系数 h(n)。若 Wn 是标量,则格式①用来设计数字低通滤波器,若 Wn 是 1×2 的向量,则格式①用来设计数字带通

滤波器；格式②用来设计数字高通滤波器；格式③用来设计数字带阻滤波器。在上述的格式中，若不指定窗函数的类型，则 fir1 将自动选择哈明窗。如果要使用特殊的窗函数，可以在 fir1 中加入一个特定的窗函数列向量。

2. fir2

该函数也是采用窗函数来设计具有任意幅频响应的 FIR 数字滤波器，其调用格式是

```
b = fir2 (N,F,M)
```

式中，F 是频率向量，其值为 0～1；M 是和 F 相对应的所希望的幅频响应，默认时自动选择哈明窗。

利用 MATLAB 函数完成滤波器的设计后，可以绘制其幅频响应，验证是否满足设计要求。

例 4.6.2　设计满足例 4.4.1 要求的 FIR 低通滤波器，并绘制幅频响应图。冲激响应的长度 $N=11$，并采用矩形窗函数进行设计[7]。

解　MATLAB 程序设计如下：

```
% examp4_2.m
N = 10;
b1 = fir1(N,0.25,boxcar(N + 1)); % 用矩形窗作为冲激响应的窗函数
M = 128;
h1 = freqz(b1,1,M);                % freqz 函数得到幅频响应

t = 0:10;
subplot(221)
stem(t,b1);                        % 绘制冲激响应,stem 函数绘制火柴杆图
hold on;                           % 保持图形窗口
plot(t,zeros(1,11));               % 产生横坐标,zeros(n,m)函数产生 n×m 零矩阵
xlabel('n');ylabel('h(n)');
grid;
f = 0:1/M:1 - 1/M;
M1 = M/4;
for k = 1:M1
     hd(k) = 1;
     hd(k + M1) = 0;
     hd(k + 2 * M1) = 0;
     hd(k + 3 * M1) = 0;
end
subplot(222)
plot(f,abs(h1),'b - ',f,hd,' - '); % 绘制幅频响应图
xlabel('f');ylabel('|H(e^{jw})|')
grid;
```

冲激响应如图 4.6.2(a)所示，$h(n)$已经归一化，幅频响应如图 4.6.2(b)所示，横坐标为归一化的频率。

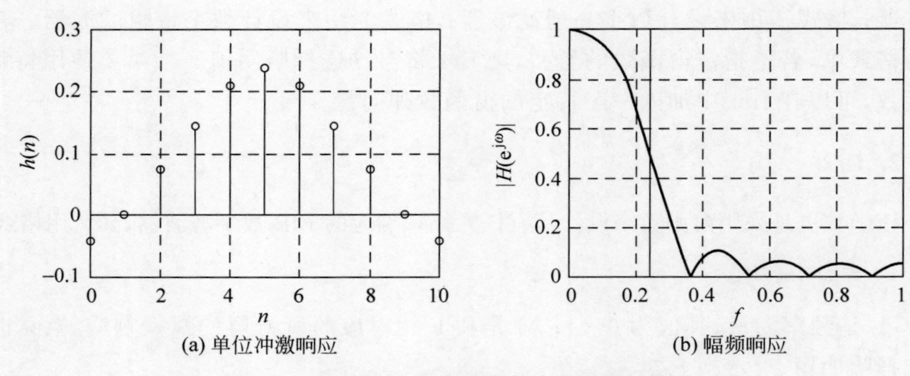

(a) 单位冲激响应 (b) 幅频响应

图 4.6.2 FIR 滤波器的冲激响应和幅频响应

■

3. remez. m

该函数用来设计切比雪夫最佳一致逼近 FIR 滤波器,其调用格式为

```
① b = remez (N,F,A)
② b = remez (N,F,A,W)
```

式中,N 为滤波器的阶次,因此滤波器的长度为 N+1; b 是 FIR 滤波器系数 $h(n)$; F 是频率向量,是归一化的频率,对应范围为 0~1; A 是对应 F 的各频段上的理想频率响应; W 是各频段上的加权向量。为了避免设计高通和带阻滤波器时出现错误,最好保证 N 为偶数[2]。

例 4.6.3 利用切比雪夫一致逼近法设计一个具有线性相位的 FIR 等波纹低通滤波器,要求通带截止频率 $f_p=800\text{Hz}$,阻带截止频率 $f_s=1000\text{Hz}$,通带最大衰减 $\alpha_p=0.5\text{dB}$,阻带最小衰减 $\alpha_s=40\text{dB}$,采样频率为 4000Hz。

MATLAB 程序设计如下:

```
 % examp4_3.m
clear all; close all; clc
frequency = [800 1000];              % 输入通带截止频率、阻带截止频率
amplitude = [1 0];                   % 通带、阻带所需幅度值
data = [0.0559  0.01];               % 利用通带最大衰减和阻带最小衰减计算波纹
                                     % αp = - 20lg(1 - δ1)dB,αs = - 20lg(δ2)dB
fs = 4000;
[N,F,A,W] = remezord(frequency, amplitude, deta, fs);      % 确定参数
hn = remez(N,F,A,W);
M = 512;
f = 0:1/M:1 - 1/M;
hw = freqz(hn,1,512);
plot(f,abs(hw));
xlabel('f');ylabel('|H(e^{jw})|') ;   grid;
```

如图 4.6.3 所示利用 remez 算法实现了阶数 $N=28$ 的 FIR 滤波器,这时进一步

计算通带波纹 0.0676，通带最大衰减 0.6dB；阻带最小衰减为 38.3dB，它们并不满足给定的指标。如果将滤波器阶数 N 增加为 30，发现通带最大衰减和阻带最小衰减分别为 0.5dB 和 40dB，满足设计要求。

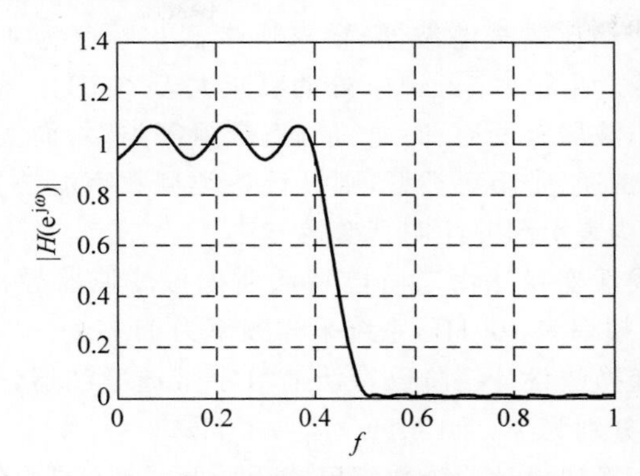

图 4.6.3　FIR 等波纹低通滤波器（$N=28$）

小结

本章首先介绍了滤波器的定义、基本原理，以及滤波器的分类与技术指标；接着叙述巴特沃斯和切比雪夫Ⅰ型模拟低通滤波器的设计方法，以及由低通到高通、带通及带阻滤波器的频率变换方法；然后重点阐述无限冲激响应数字滤波器和有限冲激响应数字滤波器的设计方法，包括利用双线性变换将模拟滤波器的技术指标转变成数字滤波器的技术指标，设计出所需要的 IIR 数字滤波器；利用窗口法和切比雪夫一致逼近法设计出具有线性相位的 FIR 数字滤波器；最后介绍了滤波器在实际应用中要考虑的问题。本章还给出用于滤波器设计的 MATLAB 函数及例程。

习题和上机练习

4.1　已知滤波器幅度平方函数为

(1) $H(\omega^2)=\dfrac{25(4-\omega^2)^2}{(9+\omega^2)(16+\omega^2)}$　　(2) $H(\omega^2)=\dfrac{4(1-\omega^2)^2}{6+5\omega^2+\omega^4}$

(3) $H(\omega^2)=\dfrac{1}{1-\omega^2+\omega^4}$

求传递函数 $H(s)$，并画出零极点分布图。

4.2　巴特沃斯滤波器的幅度平方函数为 $A(\omega^2)=\dfrac{1}{1+\omega^6}$，求传递函数 $H(s)$ 并画出极点分布图。

4.3　已知一模拟滤波器的传递函数为

$$H_a(s)=\frac{1}{s^2+s+1}$$

采用双线性变换法将它转换成数字滤波器的系统函数 $H(z)$，设 $T=2$。

4.4　设计一低通巴特沃斯滤波器，其通带截止频率 $\Omega_c=10^5\,\text{rad/s}$ 处的衰减不大于3dB，阻带截止频率 $\Omega_p=4\times10^5\,\text{rad/s}$ 处的衰减不小于35dB。

4.5　设计一低通切比雪夫滤波器，要求通带截止频率为40rad/s，通带内波纹起伏不大于2dB，阻带截止频率52rad/s处的衰减大于20dB。

4.6　已知模拟滤波器有低通、高通、带通、带阻等类型，而实际应用中的数字滤波器也有低通、高通、带通、带阻等类型，则设计各类型数字滤波器可以有哪些方法，试画出这些方法的结构表示图并注明其变换方法。

4.7　要求用双线性变换法由二阶巴特沃斯模拟滤波器导出低通数字滤波器，已知幅度3dB处截止频率为100Hz，系统采样频率为1kHz。

4.8　用双线性变换法设计三阶巴特沃斯数字带通滤波器，采样频率为500Hz，上下边带的截止频率分别为 $f_2=150\text{Hz}$，$f_1=30\text{Hz}$。

4.9　用双线性变换法设计一个数字巴特沃斯低通滤波器，在 0.5π 通带频率范围内，通带幅度波动小于 -3.01dB，在 $0.75\pi\sim\pi$ 阻带频率范围内，衰减大于15dB。

4.10　用双线性变换设计一切比雪夫高通数字滤波器，假定采样频率为2.4kHz，在频率 $f_p=160\text{Hz}$ 处衰减不大于3dB，在频率 $f_s=40\text{Hz}$ 处衰减不小于48dB。

4.11　用窗函数法设计FIR滤波器时，滤波器的过渡带宽度和阻带衰减各与哪些因素有关？

4.12　用矩形窗设计一个FIR线性相位低通数字滤波器。已知 $\omega_c=0.5\pi$，$N=21$，

$$H_d(e^{j\omega})=\begin{cases}e^{-j\omega\alpha}, & |\omega|\leqslant\omega_c\\0, & \omega_c<|\omega|\leqslant\pi\end{cases}$$

求 $h(n)$。

4.13　用汉宁窗设计一个线性相位高通滤波器，其频率响应为

$$H_d(e^{j\omega})=\begin{cases}e^{-j(\omega-\pi)\alpha}, & \pi-\omega_c\leqslant\omega\leqslant\pi\\0, & 0\leqslant\omega<\pi-\omega_c\end{cases},\quad \omega_c=0.5\pi, N=51$$

求 $h(n)$ 的表达式，确定 α 与 N 的关系。

4.14　如果一个线性相位带通滤波器的频率响应为

$$H_B(e^{j\omega})=H_B(\omega)e^{j\varphi(\omega)},\quad 0\leqslant\omega\leqslant\pi$$

试证明：(1) 一个线性相位带阻滤波器的频率响应为

$$H_R(e^{j\omega})=[1-H_B(\omega)]\,e^{i\varphi(\omega)},\quad 0\leqslant\omega\leqslant\pi$$

(2) 试用带通滤波器的冲激响应 $h_B(n)$ 来表达带阻滤波器的冲激响应 $h_R(n)$。

*4.15　请选择合适的窗函数及 N 来设计一个线性相位低通滤波器，该滤波器的频率响应为

$$H_d(e^{j\omega})=\begin{cases}e^{-j\omega\alpha}, & 0\leqslant\omega\leqslant\omega_c\\0, & \omega_c\leqslant\omega\leqslant\pi\end{cases}$$

要求其最小阻带衰减为 -45dB，过渡带宽为 $8\pi/51$。

(1) 已知 $\omega_c=0.5\pi$,求出 $h(n)$并画出 $20\lg|H(e^{j\omega})|$曲线;

(2) 保留原有轨迹,画出由满足所给条件的其他几种窗函数设计出的 $20\lg|H(e^{j\omega})|$曲线。

*4.16　希望设计一个巴特沃斯低通数字滤波器,其 3dB 带宽为 0.2π,阻带边缘频率为 0.5π,阻带衰减大于 30dB,给定采样间隔 $T_s=10\mu s$。用双线性变换法设计该低通数字滤波器,给出它的 $H(z)$及对数幅频响应。

*4.17　给定待设计的数字高通和带通滤波器的技术指标如下。

(1) HP:$f_p=400Hz, f_s=300Hz, F_s=1000Hz, \alpha_p=3dB, \alpha_s=35dB$。

(2) BP:$f_{sl}=200Hz, f_1=300Hz, f_2=400Hz, f_{sh}=500Hz, F_s=2000Hz, \alpha_p=3dB, \alpha_s=40dB$。

试用双线性变换分别设计满足上述要求的巴特沃斯滤波器和切比雪夫滤波器,给出其系统函数、对数幅频及相频曲线。

*4.18　给定一理想低通 FIR 滤波器的频率特性:

$$H_a(e^{j\omega})=\begin{cases}1, & |\omega|\leqslant\frac{\pi}{4}\\ 0, & \pi/4<|\omega|<\pi\end{cases}$$

希望用窗函数(矩形窗和哈明窗)法设计该滤波器,要求具有线性相位。假定滤波器系数的长度为 29,即 $M/2=14$。

参考文献

[1]　徐科军,全书海,王建华.信号处理技术[M].武汉:武汉理工大学出版社,2001.

[2]　胡广书.数字信号处理——理论、算法与实现[M].2 版.北京:清华大学出版社,2003.

[3]　吴湘淇.信号、系统与信号处理(下)[M].北京:电子工业出版社,1996.

[4]　奥本海姆,谢弗.数字信号处理[M].董士嘉,等译.北京:科学出版社,1980.

[5]　王世一.数字信号处理[M].北京:北京工业出版社,1987.

[6]　程佩青.数字信号处理教程[M].2 版.北京:清华大学出版社,2002.

[7]　俞卞章.数字信号处理[M].北京:西北工业大学出版社,2002.

[8]　Meyer M.信号处理——模拟与数字信号、系统及滤波器(原书第 3 版)[M].马晓军,肖晖,熊其求,译.北京:机械工业出版社,2011.

[9]　Smith S W.实用数字信号处理:从原理到应用[M].张瑞峰,詹敏晶,等译.北京:人民邮电出版社,2010.

[10]　Lyons R G.数字信号处理(原书第 2 版)[M].朱光明,等译.北京:机械工业出版社,2006.

[11]　徐科军,马修水,李晓林,等.传感器与检测技术[M].5 版.北京:电子工业出版社,2021.

[12]　胡广书.数字信号处理导论[M].北京:清华大学出版社,2005.

[13]　Mitra S K.数字信号处理——基于计算机的方法(影印版)[M].北京:清华大学出版社,2001.

[14]　陈亚勇,等.MATLAB 信号处理详解[M].北京:人民邮电出版社,2001.

[15]　姚天任.数字信号处理学习指导与题解[M].武汉:华中科技大学出版社,2002.

[16]　程佩青.数字信号处理教程习题分析与解答[M].2 版.北京:清华大学出版社,2002.

第5章 随机信号分析

前面几章介绍的信号都是确定性信号，本章主要介绍的是随机信号。随机信号和确定性信号不同，它不能通过一个确切的数学公式来描述，也不能被准确地预测。因此，我们只能在统计的意义上来研究随机信号。随机信号的分析和处理方法与确定性信号有较大的差异。

本章首先简单介绍随机信号的定义和分类，然后重点讨论随机信号的相关分析和功率谱估计，最后介绍随机信号通过线性移不变系统的响应。

5.1 随机信号简介

反映随机物理现象的信号不能用精确的数学关系式来描述，因为对这种现象的每一次观测都是不一样的，即任意一次观测只代表许多可能产生的结果之一，这种数据就是随机信号。表示随机现象的单个时间历程，称为样本函数，在有限时间区间上观测时，称为样本记录。随机现象可能产生的全部样本函数的集合，称为随机过程。

随机过程可分为平稳过程和非平稳过程两类，平稳随机过程可进一步分为各态遍历和非各态遍历两类；非平稳随机过程又可进一步分为一般非平稳随机过程和瞬变随机过程。

5.1.1 平稳随机过程

若把某种物理现象看作一个随机过程，这种现象在任何时刻的特性就可以用随机过程样本函数集合的平均值来描述。例如，图5.1.1表示一随机过程的样本函数集合(也称总体)，则随机过程在某一时刻 t_1 的均值，就是将总体中 t_1 时刻的各样本函数的瞬时值相加，然后除以样本函数的个数，这就是以后经常用到的总体平均概念。类似地，随机过程两个不同时刻之值的相关性也称为自相关函数，可以由 t_1 和 $t_1+\tau$ 两时刻瞬时值乘积的总体平均得到[1]。

我们一般用符号{}表示样本函数的总体。于是，随机过程$\{x(t)\}$的均

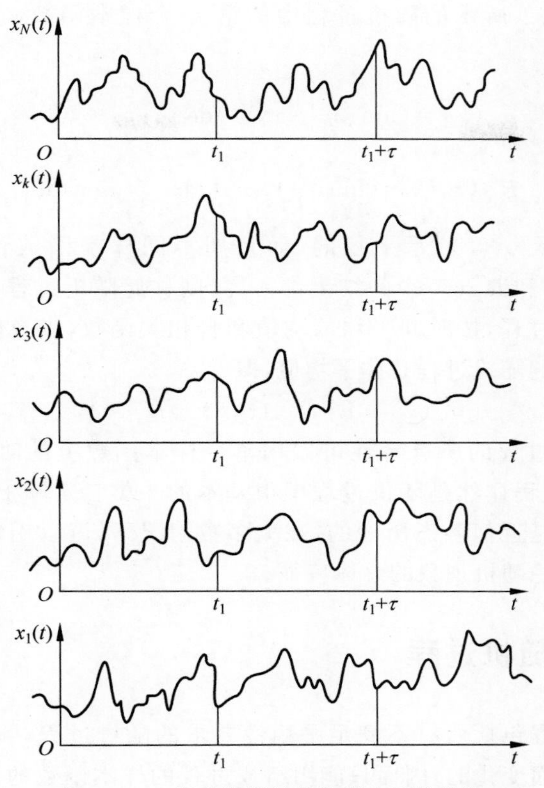

图 5.1.1　组成随机过程的样本函数总体

值 $\mu_x(t_1)$ 和自相关函数 $R_x(t_1,t_1+\tau)$ 分别为

$$\mu_x(t_1)=\lim_{N\to\infty}\frac{1}{N}\sum_{k=1}^{N}x_k(t_1) \tag{5.1.1}$$

$$R_x(t_1,t_1+\tau)=\lim_{N\to\infty}\frac{1}{N}\sum_{k=1}^{N}x_k(t_1)x_k(t_1+\tau) \tag{5.1.2}$$

其中，在最后求和时，假定各样本函数都有等可能性。

在一般情况下，$\mu_x(t_1)$ 和 $R_x(t_1,t_1+\tau)$ 都随 t_1 改变而变化，此时随机过程 $\{x(t)\}$ 为非平稳的。在特殊情况下，若 $\mu_x(t_1)$ 和 $R_x(t_1,t_1+\tau)$ 不随 t_1 改变而变化，则称随机过程 $\{x(t)\}$ 为弱平稳的或广义平稳的。对于弱平稳过程，均值是常数，自相关函数仅与时间位移 τ 有关，即

$$\mu_x(t_1)=\mu_x \tag{5.1.3}$$

$$R_x(t_1,t_1+\tau)=R_x(\tau) \tag{5.1.4}$$

5.1.2　各态遍历随机过程

在大多数情况下，可以用总体中某样本函数的时间平均来确定平稳随机过程的

特性。例如,图5.1.1所示的随机过程中的第 k 个样本函数,它的均值 $\mu_x(k)$ 和 $R_x(\tau,k)$ 分别为

$$\mu_x(k)=\lim_{T\to\infty}\frac{1}{T}\int_0^T x_k(t)\mathrm{d}t \tag{5.1.5}$$

$$R_x(\tau,k)=\lim_{T\to\infty}\frac{1}{T}\int_0^T x_k(t)x_k(t+\tau)\mathrm{d}t \tag{5.1.6}$$

如果随机过程 $\{x(t)\}$ 是平稳的,而且用不同样本函数计算式(5.1.5)和式(5.1.6)中 $\mu_x(k)$ 和 $R_x(\tau,k)$ 的结果都一样,则称此随机过程为各态遍历的。对于各态遍历的随机过程,按时间平均的均值和自相关函数,以及所有其他按时间平均的量都等于相应的随机过程总体平均值,即

$$\mu_x(k)=\mu_x, R_x(\tau,k)=R_x(\tau)$$

各态遍历随机过程的所有特性可以用单个样本函数上的时间平均来描述,因此,各态遍历随机过程显然是随机过程中很基本的一类。实际上,表示平稳物理现象的随机信号一般是近似各态历经的,在大多数情况下,可以用单个观测到的时间历程记录来测定平稳随机现象的总体特征。

5.1.3 非平稳随机过程

非平稳随机过程包括所有不满足平稳性要求的随机过程。非平稳随机过程的特性一般是随时间而变化的,因而只能用组成过程的样本函数的总体瞬时平均来确定。在实际中,由于不容易得到足够数量的样本记录来精确地测量总体平均性质,因此,对非平稳随机过程的测试和分析是比较困难的。

5.2 随机信号的相关分析

5.2.1 随机信号的自相关函数及其应用

1. 定义

1) 一般随机信号

若 $X(t)$ 为连续随机信号,当 t 为固定值时,则其概率分布函数 $P_X(x,t)$ 为

$$P_X(x,t)=\int_{-\infty}^{x} p_X(x;t)\mathrm{d}x \tag{5.2.1}$$

概率密度 $p_X(x,t)$ 为

$$p_X(x;t)=\partial P_X(x,t)/\partial x \tag{5.2.2}$$

均值 $\mu_X(t)$ 为

$$\mu_X(t)=\mathrm{E}\{X(t)\}=\int_{-\infty}^{\infty} x p_X(x;t)\mathrm{d}x \tag{5.2.3}$$

$\mu_X(t)$也称为随机过程的数学期望，它是一个随机过程各个实现的平均函数，随机过程就在它的附近起伏变化。均方值 $D_X^2(t)$为

$$D_X^2(t)=\mathrm{E}\{X^2(t)\}=\int_{-\infty}^{\infty}|x|^2 p_X(x;t)\mathrm{d}x \tag{5.2.4}$$

式中，E{ · }表示求均值运算。$D_X^2(t)$也称为随机变量 $X(t)$的二阶原点矩。方差 $\sigma_X^2(t)$为

$$\sigma_X^2(t)=\mathrm{E}\{[X(t)-\mu_X(t)]^2\} \tag{5.2.5}$$

$\sigma_X^2(t)$也可以表示为

$$\sigma_X^2(t)=\mathrm{E}\{X^2(t)\}-\mu_X^2(t) \tag{5.2.6}$$

$\sigma_X^2(t)$也称为随机变量的二阶中心矩，它描述了随机过程中诸样本函数围绕数学期望 $\mu_X(t)$的分散程度。

定义自相关函数为

$$R_X(t_1,t_2)=\mathrm{E}\{X(t_1)X(t_2)\}=\int_{-\infty}^{\infty}\int_{-\infty}^{\infty}x_1x_2p_X(x_1,x_2;t_1,t_2)\mathrm{d}x_1\mathrm{d}x_2 \tag{5.2.7}$$

自相关函数就是用来描述随机过程 $X(t)$任意两个不同时刻状态之间相关性的重要数字特征，也是 $X(t)$在两个不同时刻的状态之间的混和矩，它反映了 $X(t)$在两个不同时刻的状态之间的统计关联程度。

当 $t_1=t_2=t$ 时，$R_X(t,t)=\mathrm{E}\{X^2(t)\}$。由式(5.2.6)可得

$$R_X(t,t)=\sigma_X^2(t,t)+\mu_X^2(t) \tag{5.2.8}$$

若 $X(n)$为离散随机信号，其中每一次的实现为 $x(n,i)$，$i=1,2,\cdots,N$，$N\rightarrow\infty$，则 $X(n)$的均值 $\mu_X(n)$为

$$\mu_X(n)=\mathrm{E}\{X(n)\}=\lim_{N\rightarrow\infty}\frac{1}{N}\sum_{i=1}^{N}x(n,i) \tag{5.2.9}$$

方差 $\sigma_X^2(n)$为

$$\sigma_X^2(n)=\mathrm{E}\{|X(n)-\mu_X(n)|^2\}=\lim_{N\rightarrow\infty}\frac{1}{N}\sum_{i=1}^{N}|x(n,i)-\mu_X(n)|^2 \tag{5.2.10}$$

均方值 D_X^2为

$$D_X^2=\mathrm{E}\{|X(n)|^2\}=\lim_{N\rightarrow\infty}\frac{1}{N}\sum_{i=1}^{N}|x(n,i)|^2 \tag{5.2.11}$$

定义 $X(n)$的自相关函数为

$$R_X(n_1,n_2)=\mathrm{E}\{X^*(n_1)X(n_2)\}=\lim_{N\rightarrow\infty}\sum_{i=1}^{N}x^*(n_1,i)x(n_2,i) \tag{5.2.12}$$

随机信号的自相关函数 $R_X(n_1,n_2)$描述了信号 $X(n)$在 n_1，n_2这两个时刻的互相关系，它是一个重要的统计量。若 $n_1=n_2=n$，则

$$R_X(n_1,n_2)=\mathrm{E}\{|X(n)|^2\}=D_X^2(n) \tag{5.2.13}$$

2）广义平稳随机信号

若 $X(n)$为广义平稳随机信号，其均值与时间 n 无关，自相关函数 $R_X(n_1,n_2)$和 n_1,n_2的起点无关，而仅与 n_1,n_2之差有关，即其均值为

$$\mu_X(n)=\mu_X=\mathrm{E}\{X(n)\} \tag{5.2.14}$$

自相关函数为

$$R_X(n_1,n_2)=R_X(m)=\mathrm{E}\{X^*(n)X(n+m)\},\quad m=n_2-n_1 \tag{5.2.15}$$

广义平稳随机信号是一类重要的随机信号。在实际中，大多数的随机信号都可以认为是广义平稳随机信号，这样，也可使问题得以简化[2]。

例 5.2.1 设随机相位正弦序列为

$$X(n)=A\sin(2\pi fnT_s+\Phi)$$

式中，A 和 f 均为常数；T_s是采样时间间隔；Φ 是一个随机变量，在 $0\sim 2\pi$ 内服从均匀分布，即

$$p(\varphi)=\begin{cases}\dfrac{1}{2\pi}, & 0\leqslant\varphi\leqslant 2\pi\\ 0, & \text{其他}\end{cases}$$

显然，对应 Φ 的一个取值，可以得到一条正弦曲线，因为 Φ 在 $0\sim 2\pi$ 内的取值是随机的，所以，其每一个样本 $x(n)$都是一个正弦信号。求其均值及其自相关函数，并判断其平稳性[3]。

解 根据随机信号的定义，$X(n)$的均值和自相关函数分别是

$$\mu_X(n)=\mathrm{E}\{A\sin(2\pi fnT_s+\Phi)\}=\int_0^{2\pi}A\sin(2\pi fnT_s+\varphi)\frac{1}{2\pi}\mathrm{d}\varphi=0$$

$$\begin{aligned}R_X(n_1,n_2)&=\mathrm{E}\{A^2\sin(2\pi fn_1T_s+\Phi)\sin(2\pi fn_2T_s+\Phi)\}\\&=\frac{A^2}{2\pi}\int_0^{2\pi}\sin(2\pi fn_1T_s+\varphi)\sin(2\pi fn_2T_s+\varphi)\mathrm{d}\varphi\\&=\frac{A^2}{2}\cos[2\pi f(n_2-n_1)T_s]\end{aligned}$$

由于

$$\mu_X(n)=\mu_X=0$$

及

$$R_X(n_1,n_2)=R_X(n_2-n_1)=R_X(m)=\frac{A^2}{2}\cos(2\pi fmT_s)$$

所以，随机相位正弦波是广义平稳的。

■

3）各态遍历随机信号

随机信号的均值和自相关函数等都是建立在集合平均的意义上的，为了精确地求出自相关函数需要知道 $x(n,i)$，$i=1,2,\cdots,\infty$，这在实际中是不现实的。我们在实际工作中往往只能得到 $X(n)$的一次实验记录，即一个样本函数，对于一部分平稳信号可以用一次实验记录来代替一族记录计算 $X(n)$的自相关函数。对一平稳信号

$X(n)$，如果它的所有样本函数在某一固定时刻的一阶和二阶统计特性与单一样本函数在长时间内的统计特性是一致的，则称 $X(n)$ 为各态遍历信号，其意义是，单一样本函数随时间变化的过程可以包括该信号所有样本函数的取值经历。这样我们可以重新定义均值和自相关函数如下：

$$\mu_X = \mathrm{E}\{X(n)\} = \lim_{N\to\infty}\frac{1}{2N+1}\sum_{n=-N}^{N} x(n) = \mu_x \tag{5.2.16}$$

$$\begin{aligned} R_X(m) &= \mathrm{E}\{X(n)X(n+m)\} \\ &= \lim_{N\to\infty}\frac{1}{2N+1}\sum_{n=-N}^{N} x(n)x(n+m) = R_x(m) \end{aligned} \tag{5.2.17}$$

上面两式右边都是使用的单一样本函数 $x(n)$ 来求出 μ_x 和 $R_x(m)$ 的，因此，称为时间平均。对各态遍历信号，其一阶和二阶的集合平均等于相应的时间平均。

例 5.2.2　讨论例 5.2.1 随机相位正弦波的各态遍历性。

解　对 $X(n)=A\sin(2\pi fnT_s+\Phi)$，其单一的时间样本为

$$x(n) = A\sin(2\pi fnT_s+\varphi)$$

φ 为一常数，对 $X(n)$ 进行时间平均得

$$\mu_x = \lim_{N\to\infty}\frac{1}{2N+1}\sum_{n=-N}^{N} A\sin(2\pi fnT_s+\varphi) = 0 = \mu_X$$

$$\begin{aligned} R_x(m) &= \lim_{N\to\infty}\frac{1}{2N+1}\sum_{n=-N}^{N} A^2\sin(2\pi fnT_s+\varphi)\sin[2\pi f(n+m)T_s+\varphi] \\ &= \lim_{N\to\infty}\frac{1}{2N+1}\sum_{n=-N}^{N}\frac{A^2}{2}\{\cos(2\pi fmT_s)-\cos[2\pi f(n+n+m)T_s]\} \end{aligned}$$

由于上式是对 n 求和，故求和号中的第一项与 n 无关，而第二项应等于 0，所以

$$R_x(m) = \frac{A^2}{2}\cos(2\pi fmT_s) = R_X(m)$$

这与例 5.2.1 按集合平均求出的结果一样，所以，随机相位正弦波既是平稳的，也是各态遍历的。

■

2. 性质

下面给出一些平稳随机信号的自相关函数的性质。

性质 1　若 $X(n)$ 是实信号，则 $R_X(m)$ 是偶函数，即满足

$$R_X(m) = R_X(-m) \tag{5.2.18}$$

若 $X(n)$ 是复信号，则

$$R_X(-m) = R_X^*(m) \tag{5.2.19}$$

下面以实信号为例证明。

证明　利用自相关函数的定义式(5.2.17)，并令 $n+m=k$，则 $n=k-m$，代入公式得

$$R_X(m)=\mathrm{E}\{X(n)X(n+m)\}=\mathrm{E}\{X(n+m)X(n)\}=R_X(-m)$$

性质2
$$R_X(0)\geqslant|R_X(m)|$$

即当 $m=0$ 时,平稳过程的相关函数具有最大值,其物理意义是,同一时刻随机过程自身的相关性最强。

性质3 周期平稳过程的自相关函数必是周期函数,且与过程的周期相同。

若平稳过程 $X(n)$满足条件 $X(n)=X(n+N)$,则称它为周期平稳过程,其中 N 为过程的周期。

性质4
$$R_X(0)=\mathrm{E}\{X^2(n)\}$$

即平稳过程的均方值可以令自相关函数中 $m=0$ 得到。$R_X(0)$代表了平稳过程的"总平均功率"。

性质5 不包含任何周期分量的非周期平稳过程满足

$$\lim_{m\to\infty}R_X(m)=R_X(\infty)=\mu_X^2 \tag{5.2.20}$$

从物理意义上讲,当 m 增大时,$X(n)$与 $X(n+m)$之间的相关性会减弱,在 $m\to\infty$ 的极限情况下,两者互相独立,于是有

$$\lim_{m\to\infty}R_X(m)=\lim_{m\to\infty}\mathrm{E}\{X(n)X(n+m)\}=\lim_{m\to\infty}\mathrm{E}\{X(n)\}\mathrm{E}\{X(n+m)\}=\mu_X^2$$

故有

$$R_X(\infty)=\mu_X^2$$

3. 估计方法

在实际应用中,我们所遇到的信号大都是实际的物理信号,因此是因果性的,即当 $n<0$ 时,$x(n)\equiv0$,且 $x(n)$是实信号,其自相关为

$$R_X(m)=\lim_{N\to\infty}\frac{1}{N}\sum_{n=0}^{N-1}x(n)x(n+m) \tag{5.2.21}$$

在实验中,只能得到 N 个观测值。如何由这 N 个值估计出 $x(n)$的自相关函数?下面介绍自相关函数估计的直接法和快速计算法。

1) 自相关函数的直接估计

若观测数据的点数 N 为有限值,根据式(5.2.21),估计 $R_X(m)$的一种方法是

$$\hat{R}_x(m)=\frac{1}{N}\sum_{n=0}^{N-1}x(n)x(n+m)$$

由于 $x(n)$只有 N 个观测值,因此对于每一个固定的延迟 m,可以利用的数据只有$(N-1-|m|)$个,在 $0\sim N-1$ 的范围内,上式变为

$$\hat{R}_x(m)=\frac{1}{N}\sum_{n=0}^{N-1-|m|}x(n)x(n+|m|) \tag{5.2.22}$$

$\hat{R}_x(m)$的长度为 $2N-1$,它是以 $m=0$ 为偶对称的。对于一个固定的 N,只有当$|m|\ll N$ 时,$\hat{R}_x(m)$的均值才接近真值 $R_X(m)$;当$|m|$越接近于 N 时,估计的偏差越大。

对 $R_X(m)$ 的另一种直接估计方法是对式(5.2.22)稍做修改,即为

$$\hat{R}_x(m)=\frac{1}{N-|m|}\sum_{n=0}^{N-1-|m|}x(n)x(n+m) \tag{5.2.23}$$

该式是对 $R_X(m)$ 的无偏估计,也是一致估计。

2) 自相关函数的快速计算

利用式(5.2.22)和式(5.2.23)计算 $\hat{R}_x(m)$ 时,如果 m 和 N 都比较大,则需要的乘法次数太多,运算量太大,因此,其应用受到限制。可以利用 FFT 来实现 $\hat{R}_x(m)$ 的快速计算,式(5.2.20)可以写成

$$\hat{R}_x(m)=\frac{1}{N}\sum_{n=0}^{N-1}x_N(n)x_N(n+m) \tag{5.2.24}$$

式中,$x_N(n)$ 表示由在 $x(n)$ 中的 N 个观测值所组成的序列。对 $\hat{R}_x(m)$ 求傅里叶变换得

$$\begin{aligned}\sum_{m=-(N-1)}^{N-1}\hat{R}_x(m)\mathrm{e}^{-\mathrm{j}\omega m}&=\frac{1}{N}\sum_{m=-(N-1)}^{N-1}\sum_{n=0}^{N-1}x_N(n)x_N(n+m)\mathrm{e}^{-\mathrm{j}\omega m}\\&=\frac{1}{N}\sum_{n=0}^{N-1}x_N(n)\sum_{m=-(N-1)}^{N-1}x_N(n+m)\mathrm{e}^{-\mathrm{j}\omega m}\end{aligned}$$

因为两个长度为 N 的序列的线性卷积,其结果是一个长度为 $2N-1$ 点的序列,因此,为了能用 DFT 来计算线性卷积,需要把这两个序列的长度扩充到 $2N-1$ 点,利用 DFT 计算相关时,也是如此。为此,把 $x_N(n)$ 补 N 个零,得 $x_{2N}(n)$,即有

$$x_{2N}(n)=\begin{cases}x_N(n), & n=0,1,\cdots,N-1\\0, & N\leqslant n\leqslant 2N-1\end{cases} \tag{5.2.25}$$

记 $x_{2N}(n)$ 的傅里叶变换为 $X_{2N}(\mathrm{e}^{\mathrm{j}\omega})$,则

$$\sum_{m=-(N-1)}^{N-1}\hat{R}_x(m)\mathrm{e}^{-\mathrm{j}\omega m}=\frac{1}{N}\sum_{n=0}^{2N-1}x_{2N}(n)\mathrm{e}^{\mathrm{j}\omega n}\sum_{m=-(N-1)}^{N-1}x_{2N}(n+m)\mathrm{e}^{-\mathrm{j}\omega(n+m)} \tag{5.2.26}$$

令 $l=n+m$,由于 $x_{2N}(n+m)=x_{2N}(l)$ 的取值范围是 $0\sim 2N-1$,所以,l 的变化范围也应是 $0\sim 2N-1$。这样,式(5.2.26)右边为

$$\frac{1}{N}\sum_{n=0}^{2N-1}x_{2N}(n)\mathrm{e}^{\mathrm{j}\omega n}\sum_{l=0}^{2N-1}x_{2N}(l)\mathrm{e}^{-\mathrm{j}\omega l}=\frac{1}{N}|X_{2N}(\mathrm{e}^{\mathrm{j}\omega})|^2$$

所以,

$$\sum_{m=-(N-1)}^{N-1}\hat{R}_x(m)\mathrm{e}^{-\mathrm{j}\omega m}=\frac{1}{N}|X_{2N}(\mathrm{e}^{\mathrm{j}\omega})|^2 \tag{5.2.27}$$

式中,$|X_{2N}(\mathrm{e}^{\mathrm{j}\omega})|^2$ 是有限长信号 $x_{2N}(n)$ 的能量谱,除以 N 后即为功率谱。这说明,由式(5.2.22)估计出的自相关函数 $\hat{R}_x(m)$ 和 $x_{2N}(n)$ 的功率谱是一对傅里叶变换。$X_{2N}(\mathrm{e}^{\mathrm{j}\omega})$ 可以用 FFT 快速计算,所以,用 FFT 计算自相关函数的一般步骤[3]如下:

① 对 $x_N(n)$ 补 N 个0,得 $x_{2N}(n)$,对 $x_{2N}(n)$ 进行DFT,得 $X_{2N}(k)$,0,1,…,$2N-1$;

② 求 $X_{2N}(k)$ 的幅值平方,然后,除以 N,得 $\frac{1}{N}|X_{2N}(k)|^2$;

③ 对 $\frac{1}{N}|X_{2N}(k)|^2$ 作逆变换,得 $\hat{R}_0(m)$;

④ 将 $\hat{R}_0(m)$ 中的 $N \leqslant m \leqslant 2N-1$ 的部分向左平移 $2N$ 点后形成 $\hat{R}_x(m)$。

4. 自相关函数的应用

1) 检测淹没在随机噪声中的周期信号

设正弦信号 $x(t)=x_0\sin(\Omega t+\phi)$,则有

$$R_x(\tau)=\lim_{T\to\infty}\frac{1}{T}\int_{-T/2}^{T/2}x_0^2\sin(\Omega t+\phi)\sin[\Omega(t+\tau)+\phi]\mathrm{d}t \tag{5.2.28}$$

令 $\Omega t+\phi=\alpha$,则 $\mathrm{d}t=\frac{1}{\Omega}\mathrm{d}\alpha$,且 $\Omega T=2\pi$,故得

$$R_x(\tau)=\frac{x_0^2}{2\pi}\int_{-\pi}^{\pi}\sin\alpha[\sin\alpha\cos(\Omega\tau)+\sin(\Omega\tau)\cos\alpha]\mathrm{d}\alpha=\frac{x_0^2}{2}\cos(\Omega\tau) \tag{5.2.29}$$

可见,正弦信号的自相关函数是余弦函数,两者频率相同,而随机噪声随时间滞后增加,其前后相似程度迅速减弱,自相关函数趋于0。因此,在一定延时后,自相关函数的周期性反映了原信号中含有的周期成分。

例如,在水域中探索有无潜艇通过。潜水艇的发动机发出的是周期性信号,而海浪是随机的,如果经过相关分析发现有周期性峰值,就可以得知可能有潜艇通过。又如,汽车在砂石路上行驶时,测出车桥上的振动加速度十分杂乱。但是,通过自相关分析,可以看出车桥的振动有一定的周期性。图5.2.1是北京越野车在某砂石路上以20km/h车速行驶的试验结果。从图中可以看出,延迟0.1s就有峰值,汽车车速20km/h(5.55m/s),而在路面上大概相隔0.55m就有一个起伏。汽车行驶时,1s中大概通过了10个起伏。自相关函数的分析结果证实了这一点[4]。

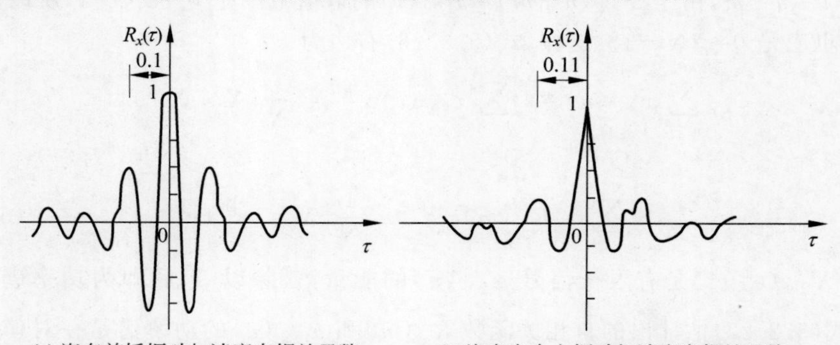

(a) 汽车前桥振动加速度自相关函数　　(b) 汽车车身上振动加速度自相关函数

图5.2.1　汽车前桥和车身上振动加速度自相关函数

(采样间隔为5ms,采样10段数据,压电式加速度传感器)

2）检测信号的回声

若信号中存在有时间延时 τ_0 的回声或反射，那么自相关函数将在 $\tau=\tau_0$ 处达到峰值，而且归一化自相关函数 $R_x(\tau)/R_x(0)$ 的大小将给出回声的相对强度的量度。当信号是宽频带信号或在空中发射的雷达信号时，经目标反射产生回波，对回波做相关分析，就可确定目标的距离、方位和速度。

5.2.2　随机信号的互相关函数及其应用

1. 定义

1）一般随机信号

互相关函数是用来描述两个随机过程 $X(t)$ 和 $Y(t)$ 之间统计关联特性的数字特征，其定义为

$$R_{XY}(t_1,t_2)=\mathrm{E}\{X(t_1)Y(t_2)\}=\int_{-\infty}^{\infty}\int_{-\infty}^{\infty}xyp_{X,Y}(x,y;t_1,t_2)\mathrm{d}x\mathrm{d}y \tag{5.2.30}$$

式中，$p_{X,Y}(x,y;t_1,t_2)$ 是两个随机过程 $X(t)$ 和 $Y(t)$ 的联合概率密度。

若 $X(n)$ 和 $Y(n)$ 为两个离散随机信号，则互相关函数定义为

$$R_{XY}(n_1,n_2)=\mathrm{E}\{X^*(n_1)Y(n_2)\} \tag{5.2.31}$$

2）广义平稳随机信号

设两个广义平稳随机信号 $X(t)$ 和 $Y(t)$，则其互相关函数为

$$R_{XY}(t_1,t_2)=\mathrm{E}\{X(t_1)Y(t_2)\}=R_{XY}(\tau),\tau=t_2-t_1$$

若是离散信号 $X(n)$ 和 $Y(n)$，则互相关函数为

$$R_{XY}(n_1,n_2)=\mathrm{E}\{X^*(n)Y(n+m)\} \tag{5.2.32}$$

3）各态遍历随机信号

互相关函数为

$$R_{xy}(\tau)=\mathrm{E}[x(t)y(t+\tau)]=\lim_{T\to\infty}\frac{1}{2T}\int_{-T}^{T}x(t)y(t+\tau)\mathrm{d}t \tag{5.2.33}$$

$$R_{xy}(m)=\mathrm{E}\{x(n)y(n+m)\}=\lim_{N\to\infty}\frac{1}{2N+1}\sum_{n=-N}^{N}x(n)y(n+m) \tag{5.2.34}$$

例 5.2.3　从含有噪声的记录中检查信号的有无。

设一个随机信号 $x(n)$ 中含有加性噪声 $u(n)$，并且可能含有某个已知其先验知识的有用信号 $s(n)$，即

$$x(n)=s(n)+u(n)$$

为了检查 $x(n)$ 中是否含有 $s(n)$，可以对 $x(n)$ 和 $s(n)$ 作互相关，因此有

$$R_{sx}(m)=\mathrm{E}\{s(n)x(n+m)\}=\mathrm{E}\{s(n)s(n+m)+s(n)u(n+m)\}$$

一般认为信号和噪声是不相关的，即 $\mathrm{E}\{s(n)u(n+m)\}=0$，所以

$$R_{sx}(m)=\mathrm{E}\{s(n)s(n+m)\}=R_s(m)$$

这样,可以根据作互相关的结果是否与 $R_s(m)$ 相符合来判断 $x(n)$ 中是否含有 $s(n)$。

■

例 5.2.4 测定系统的频率响应。

为了测定一个未知参数的线性系统的频率响应,对它输入一个功率为1的白噪声序列 $u(n)$,记其输出为 $y(n)$,计算输入和输出的互相关为

$$R_{uy}(m)=\mathrm{E}\{u(n)y(n+m)\}=R_u(m)*h(n)$$

因为 $R_u(m)$ 为一 δ 函数,所以 $R_{uy}(m)=h(n)$。

对 $R_{uy}(m)$ 作傅里叶变换,便可以得到 $P_{uy}(\mathrm{e}^{\mathrm{j}\omega})=H(\mathrm{e}^{\mathrm{j}\omega})$。

■

2. 性质

互相关函数具有下列性质。

(1) 互相关函数与均值 μ、标准差 σ 有如下关系:

$$-\sigma_x\sigma_y+\mu_x\mu_y\leqslant R_{xy}(\tau)\leqslant\sigma_x\sigma_y+\mu_x\mu_y \tag{5.2.35}$$

式中,μ_x,μ_y 和 σ_x,σ_y 分别是 $x(t)$,$y(t)$ 的均值和标准差,如图5.2.2所示[1]。

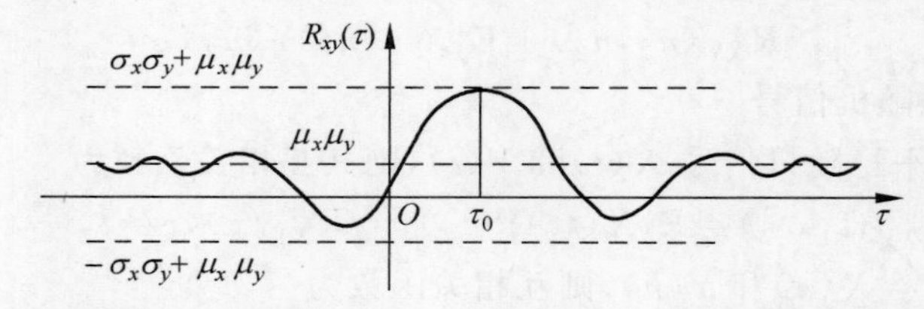

图5.2.2 两个平稳随机过程 $x(t)$ 和 $y(t)$ 的互相关函数的性质图示

(2) $R_{xy}(\tau)$ 不是偶函数,是不对称的,与自相关函数不同。另外,

$$R_{xy}(\tau)=R_{yx}(-\tau)$$

(3) 如果 $x(t)$ 与 $y(t)$ 是两个完全独立无关的零均值信号,则 $R_{xy}(\tau)=0$,所以互相关函数能够捡拾隐藏在外界噪声中的规律性信号。

(4) $R_{xy}(\tau)$ 的最大峰值一般不在 $\tau=0$ 处。图5.2.3是一随机时间历程记录互相关函数 $R_{xy}(\tau)$ 与时间位移 τ 之间的关系。如果 $x(t)$ 是对一系统的输入信号,而 $y(t)$ 是系统的输出信号,则由最高峰处读出的 τ 就是该系统的滞后时间。互相关函数的这一主要特性在工程上得到了广泛的应用。

(5) 与自相关分析一样,在进行互相关分析时,关键问题是选择 Δt,最好对峰值出现的位置要有估计,使之不要出现在互相关图以外,当然,也不要过分靠近纵轴线,这样测出的 τ 值精度不高。一般可以先选较大的 T_s 做一次,以便看清 $R_{xy}(\tau)$ 的全貌,然后,再选择适当的 T_s 进行分析。

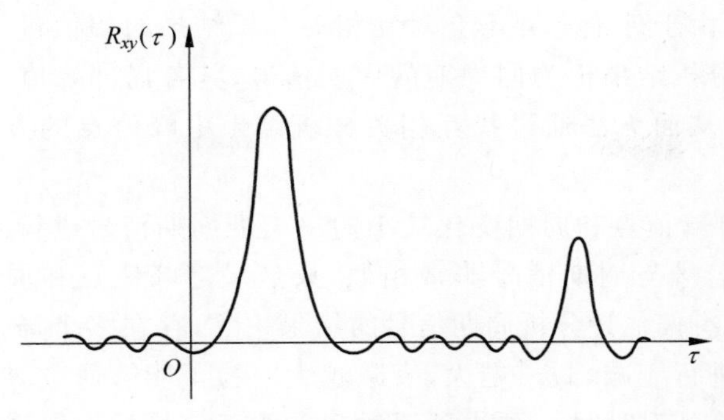

图 5.2.3　典型互相关图

3. 估计方法

如同自相关函数一样，互相关函数也有两种估计方法，即直接方法和间接方法。

1）直接方法

互相关函数的无偏估计定义为

$$\hat{R}_{xy}(m)=\frac{1}{N-|m|}\sum_{n=0}^{N-1-|m|}x(n)y(n+m) \tag{5.2.36a}$$

$$\hat{R}_{yx}(m)=\frac{1}{N-|m|}\sum_{n=0}^{N-1-|m|}y(n)x(n+m) \tag{5.2.37a}$$

互相关函数的有偏估计定义为

$$\hat{R}_{xy}(m)=\frac{1}{N}\sum_{n=0}^{N-1-|m|}x(n)y(n+m) \tag{5.2.36b}$$

$$\hat{R}_{yx}(m)=\frac{1}{N}\sum_{n=0}^{N-1-|m|}y(n)x(n+m) \tag{5.2.37b}$$

式(5.2.36a)～式(5.2.37b)表明，随着$|m|$的增加，互相关分析中的相乘相加的数据量逐渐减少。但是，在有偏估计中，分母 N 保持不变；而在无偏估计中，分母 $N-|m|$ 也在同步地减小。因此，互相关分析的有偏估计和无偏估计存在明显的差异，即在互相关分析的有偏估计中，随着$|m|$的增加，理论上会对互相关分析结果的幅值进行衰减，且$|m|$越大，衰减越大。而在互相关分析的无偏估计中，并不会对互相关分析结果的幅值进行衰减。互相关分析的有偏估计和无偏估计的这一特点，使得其应用在延迟时间 T 的计算中具有不同的适用范围[5]。

(1) 当对周期信号进行互相关分析时，在有偏估计中，随着$|m|$的增加，理论上会对互相关分析结果的幅值进行衰减，且$|m|$越大，衰减越大。此外，周期信号的互相关分析结果为同周期的周期信号。因此，在有偏估计的结果中，存在多个相距 T_m（T_m 为信号周期）的局部峰值点，且局部峰值点的幅值逐渐衰减。这样，第一个局部峰值点即为互相关分析结果的峰值点。因此，要想通过找到互相关分析结果的峰值点所对应的时间，来计算两个周期信号之间的延迟时间 T，就必须保证 τ 小于 T_m，以保证 τ 所对应的局部峰值点为第一个局部峰值点，即互相关分析结果的峰值点。

而在无偏估计中,由于理论上并不会对互相关分析结果的幅值进行衰减。因此,周期信号的互相关分析结果仍为同周期的周期信号,其各局部峰值点的幅值相等,没有单个的峰值点,从而无法通过找互相关分析结果中峰值点的方法来计算延迟时间 τ。

(2) 当对局部峰值点和周期变化较小的一类准周期信号进行互相关分析时,由于这一类准周期信号与周期信号非常相似,只是局部峰值点和周期存在较小的变化。因此,与采用有偏估计分析周期信号的结果一样,存在多个局部峰值点,且对局部峰值点的幅值进行衰减,$|m|$越大,衰减越大。为了能够通过寻找互相关分析结果的峰值点来计算延迟时间 τ,要求延迟时间 τ 小于信号的近似周期 T_m,以保证第一个局部峰值点所对应的时间即为延迟时间 τ。

对于无偏估计,由于这一类准周期信号的周期不完全相等,各局部峰值点也不完全相同。因此,其互相关分析结果中的各局部峰值点的幅值不完全相等。所以,无论延迟时间 τ 是否小于信号的近似周期 T_m,只要当$|m|$的取值所对应的时间等于延迟时间 τ 时,互相关分析结果的幅值最大。所以,可以通过寻找互相关分析结果峰值点来计算延迟时间 τ。但是,该方法要求两信号完全相似,即两个信号之间除了存在一定的相位差外,只有幅值上的按比例衰减。这是因为无偏估计不对互相关分析结果进行衰减,导致其结果中虽然峰值点所对应的时间为延迟时间 τ,但是,各局部峰值点的幅值基本相同。若有干扰存在,就将导致其中一路信号受到干扰,可能造成互相关分析结果中某个局部峰值点的幅值变大,超过延迟时间 τ 所对应的峰值点的幅值。此时,通过寻找互相关分析结果的峰值点来计算延迟时间 τ,就会产生较大的误差。由于在实际应用中很难保证两路输出信号完全相似,所以,这种方法的抗干扰能力较差。

(3) 当对冲激信号进行互相关分析时,由于冲激信号在大部分时间内幅值为0(或白噪声),其有用信号仅占其中一小部分时,只有当$|m|$的取值所对应的时间等于两信号间的延迟时间 τ 时,非零点的相乘相加量最多,互相关分析结果取最大值。因此,无论采用有偏估计还是无偏估计,均可以通过寻找互相关分析结果峰值点来计算延迟时间 τ,且对延迟时间 τ 的大小没有要求。

2) 间接方法

假定 $x(n)$与 $y(n)$的初始采样容量为 $N=2^p$,用FFT方法计算互相关函数时的过程是:先通过FFT求得互功率谱函数,然后计算互功率谱函数的逆傅里叶变换,它包括两个独立的FFT运算,一个是对 $x(n)$的计算,另一个是对 $y(n)$的计算;然后计算FFT逆变换,就可得到互相关函数。

4. 互相关函数的应用

互相关分析的主要应用如下。

1) 测量滞后时间

若系统是线性的,则计算输入和输出之间的互相关,就可以得到滞后时间。当系统的输出与输入之间有一定的时间差时，互相关函数在时间差等于信号通过系统所需时间值时将出现峰值。实际上，互为线性关系的两个信号，其平均乘积在信号间的时间差为零时总是取得最大值。因此，可以采用输入输出互相关图中峰值的时间差来确定系统的时间滞后。

当信号由 a 点传播到 b 点时，两点上的信号 $x_a(t)$ 与 $x_b(t)$ 之间的互相关函数 $R_{ab}(\tau)$ 将在 $\tau=\tau_L$ 处出现峰值。

设信号传播速度为 V，a 和 b 两点距离 L，则信号由 a 点传播到 b 点的时间延迟 τ_L 为

$$\tau_L=\frac{L}{V} \tag{5.2.38}$$

式(5.2.38)中的三个参数，已知任两个参数，便可确定第三个参数，这在工程实践中有很多应用。图 5.2.4 是测定热轧钢运动速度的示意图。已知两光电接收器的距离为 d，则可得出两个光电信号的互相关峰值处的时延 τ_{d}，因此，钢带运动速度为

$$V=d/\tau_{\mathrm{d}}$$

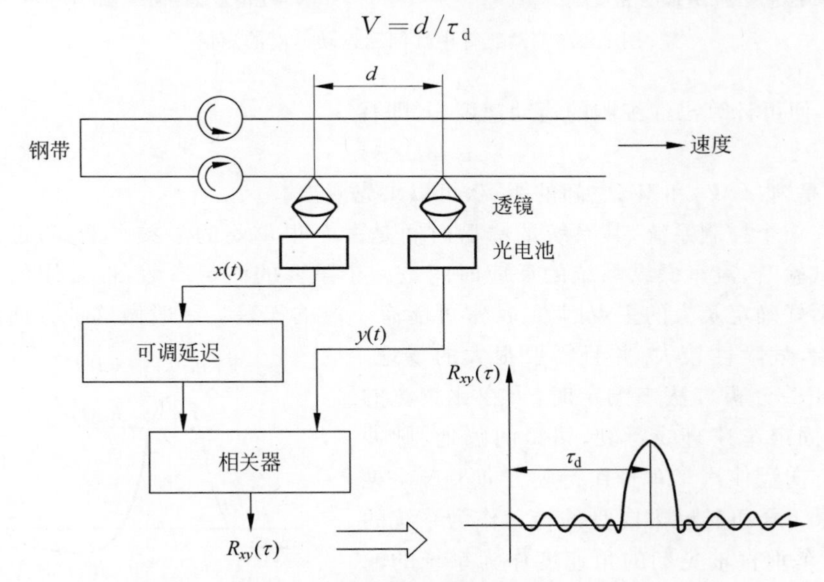

图 5.2.4　热轧钢运动速度的测定示意图

又如，微血管中红细胞运动速度的测量，见图 5.2.5[6]。利用微循环血流仪可以方便地把手指尖部微血管中红细胞运动的状态显示在屏幕上。为了测量红细胞的运动速度，在屏幕上所显示的微血管的上、下游设置了两个窗口 W_1 和 W_2，当红细胞经过这两个窗口时，将产生两个光密度信号 $x_1(t)$ 和 $x_2(t)$。若假定红细胞在血管中运动时不变形，在其他情况下亦保持不变，则 $x_1(t)$ 和 $x_2(t)$ 应完全相似。由于信号是在一段有限长时间内提取的，可以计算其互相关函数为

$$R_{12}(\tau)=\int_{-\infty}^{\infty}x_1(t)x_2(t+\tau)\mathrm{d}t \tag{5.2.39}$$

$R_{12}(\tau)$ 取得极大值时的延迟 τ_0 便是红细胞从窗口 W_1 运动到 W_2 时所需要的时间，

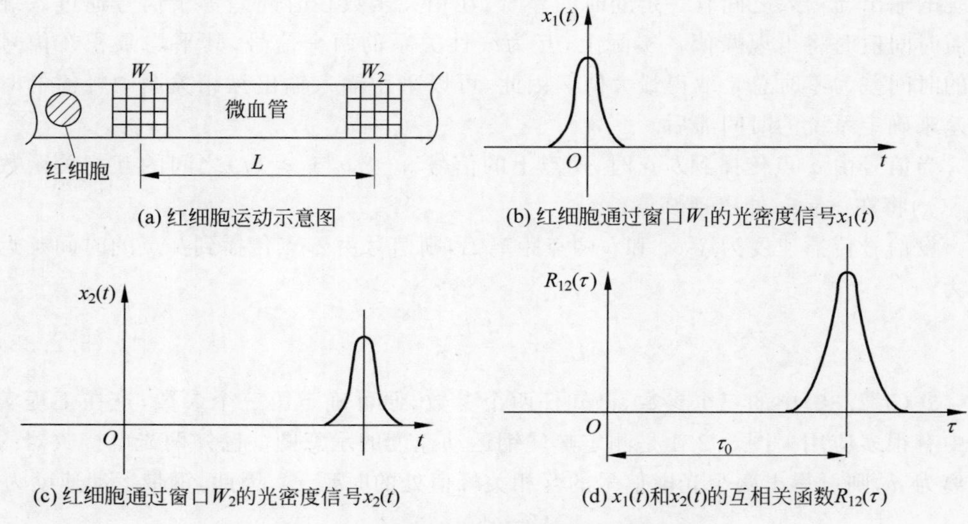

(a) 红细胞运动示意图

(b) 红细胞通过窗口W_1的光密度信号$x_1(t)$

(c) 红细胞通过窗口W_2的光密度信号$x_2(t)$

(d) $x_1(t)$和$x_2(t)$的互相关函数$R_{12}(\tau)$

图 5.2.5 微血管中红细胞运动速度的测量

求出 τ_0,便可计算出红细胞的运动速度 v,即有

$$v=L/\tau_0 \tag{5.2.40}$$

式中,L 是窗口 W_1 和 W_2之间的距离,可以事先测出。

研究一个控制系统,其系统的滞后时间是一个很重要的参数。例如,进行汽车操纵性试验时,汽车操纵系统的反应时间是一个重要的测定参数,但采用的方法由于起点不好确定及人的主观因素,常常可能有 1/3 的误差。一般做这种方向盘阶跃响应试验,危险性较大,并且需要很大的场地。改用互相关分析方法来测定时,可在比较宽的路段上,固定车速直线行驶,司机间隔地、脉冲地转动方向盘使汽车车身在行驶方向上产生晃动。记录下司机转动方向盘的转角作为系统的输入,汽车垂直轴晃动的角速度作为系统的输出,进行互相关分析,得出的结果如图 5.2.6 所示。峰值偏离轴线的距离 τ,即为汽车操纵系统的滞后时间,可以用于评价汽车执行司机转动方向盘指令的反应快慢。用互相关分析方法,可以排除人为因素的影响,精度较高,实验安全,不需要很大的场地。

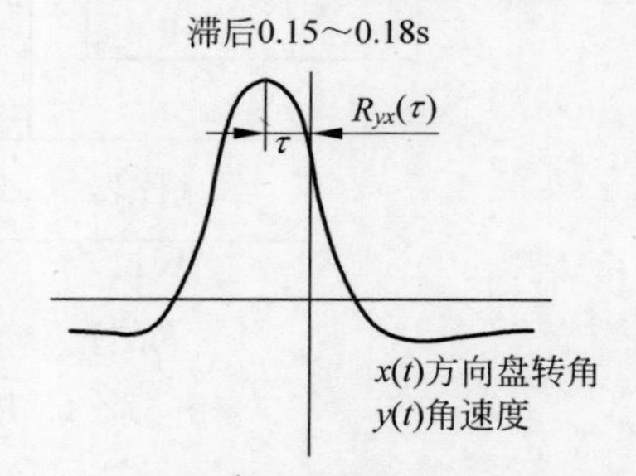

图 5.2.6 汽车脉冲试验互相关函数
(车速为 60km/h,采样间隔为 30ms)

用互相关方法测定深埋地下的输油管和水管的裂损位置,见图 5.2.7。由于漏损处液体流动发生声源向两端传播,因此,在管道两端上分别放有传感器 x 和 y。因为漏损处离两端点距离不等,因此,声响传到传感器处有时差。在互相关图上分析出其时差为 τ',则漏损处离两端点的中心线距离 $s=\frac{1}{2}v\tau'$,其中,v 为声响通过管

道的传播速度。如果 v 为未知,也可在一测点处敲击,用互相关分析就可以测出声响从一端到另一端所需的时间,如果测得 $\tau'=0$,则说明漏损处正好是两测点的中点。用这方法可以避免全线开挖,从而节省了巨大的工作量。

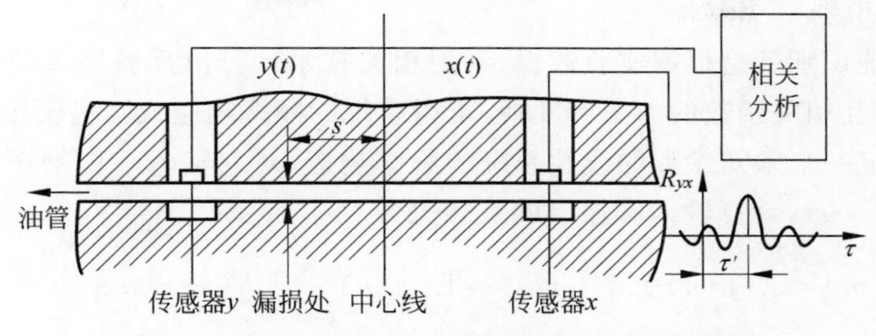

图 5.2.7 用互相关法测定油管裂损位置示意图

2)确定传递通道

互相关函数可用来确定传递通道。例如,重型机械的运转,常会引起噪声和振动,其能量可由几个通道建筑物结构传递,在有效地控制噪声和振动之前,必须精确地测出传递通道,这就可用系统输入和输出之间的互相关性来解决。由于每一条通道一般都具有不同的滞后时间,因此,在互相关图中将出现各自的峰值。如果通过另外的方法计算出各个通道的滞后时间,则这些滞后时间就可以与从互相关中峰值得到的滞后时间进行对比,从而就可确定对输出有显著影响的通道。

又如,测试车辆振动传递通道,其测试框图如图 5.2.8 所示,用以检查汽车司机座位的振动是由发动机引起的,还是由车轮引起的。测试方法是:在发动机、司机座位和后轮轴上布置加速度计,经分析,发现发动机与司机座位之间的相关性较弱,而司机座位与后轮之间的相关函数则出现明显的相关。因此可以认为,司机座位的振动主要由后轮传递来的[1]。

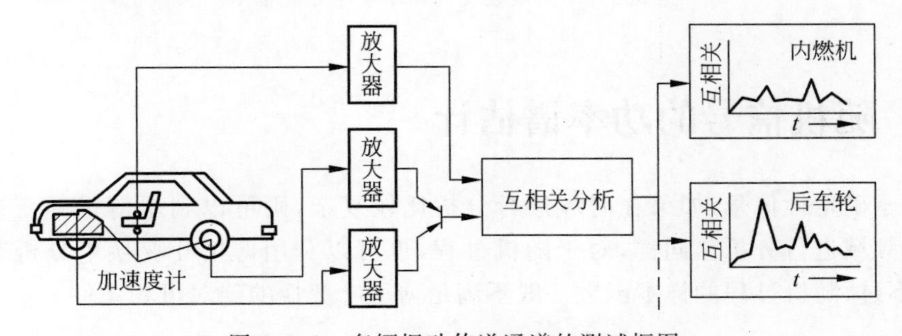

图 5.2.8 车辆振动传递通道的测试框图

3)检测噪声中的信号

互相关函数也可以用来检测隐藏在外界噪声中的信号,而且信号可以不是周期形式的。由于自相关分析不能从外界噪声中分离出随机信号,因此,需要用互相关函数。具体地讲,假定已有一个需要测定的无噪声信号(随机的或周期的),则从信号和噪声的互相关性可得到信号的互相关函数。另外,对于周期信号,在任一给定的输入信噪比和样本记录长度的条件下,由互相关函数得到的输出信噪比,要比用自相关函数得到的输出的信噪比大。

4)系统识别

所谓系统识别就是根据实验数据,利用相关技术计算出反映系统特性的频率响应函数,即由互相关函数的傅里叶变换,求得系统的频率响应或互谱密度函数。

为了测定一个未知参数的线性系统的频率响应,对它输入一白噪声序列 $x(n)$,记录其输出 $y(n)$,计算输入和输出的互相关为

$$\begin{aligned} R_{xy}(m) &= \mathrm{E}\{x(n)y(n+m)\} = \mathrm{E}\left\{x(n)\sum_{k=-\infty}^{\infty} h(k)x(n+m-k)\right\} \\ &= \sum_{k=-\infty}^{\infty} h(k)\mathrm{E}\{x(n)x(n+m-k)\} \\ &= \sum_{k=-\infty}^{\infty} h(k)R_{xx}(m-k) = R_{xx}(m) * h(m) \end{aligned} \tag{5.2.41}$$

因为 $x(n)$ 的自相关函数 $R_{xx}(m)$ 为一 δ 函数,所以

$$R_{xy}(m) = h(m) \tag{5.2.42}$$

对 $h(m)$ 作离散傅里叶变换,便可求出系统的频率响应 $H(k)$。该过程的原理框图如图5.2.9所示。

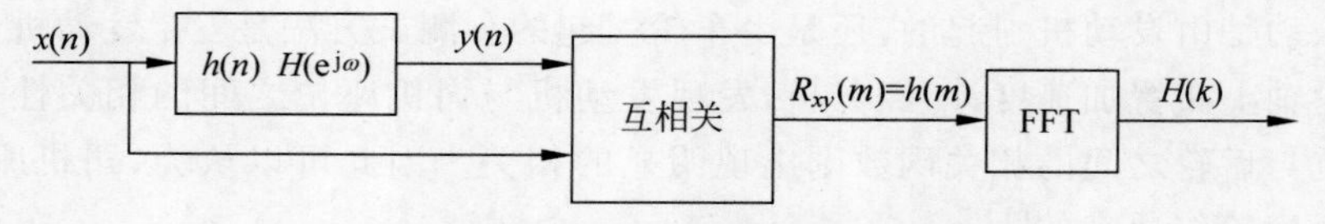

图5.2.9 测定系统的频率响应原理框图

5.3 随机信号的功率谱估计

对于确定性信号,如果在时域进行分析比较复杂,则可以利用傅里叶变换将其转换到频域进行分析。同样,对于随机过程,也可以利用傅里叶变换来分析其频谱结构,不过,随机过程的样本函数一般不满足傅里叶变换的绝对可积条件

$$\int_{-\infty}^{+\infty} |x(t)|\,\mathrm{d}t < \infty \tag{5.3.1}$$

而且随机过程的样本函数往往不具有确定的形状。一般,平稳随机过程的单个样本的平均功率是有限的,即

$$G_{\xi} = \lim_{T\to\infty} \frac{1}{2T}\int_{-T}^{T} |x(t)|^2\,\mathrm{d}t < \infty \tag{5.3.2}$$

式中,ξ 表示某个实验结果。若 $x(t)$ 为随机过程 $X(t)$ 的样本函数,$X(t)$ 代表噪声电

流或电压，则 G_ξ 表示 $x(t)$ 消耗在 1Ω 电阻上的平均功率。这样，对于随机过程的样本函数而言，研究它的频谱没有意义，研究其平均功率随频率的分布才有意义。

5.3.1 随机信号的功率谱密度

首先把随机过程 $X(t)$ 的样本函数 $x(t)$ 任意截取一段，长度为 $2T$，记作 $x_T(t)$，

$$x_T(t)=\begin{cases}x(t), & |t|\leqslant T\\ 0, & |t|>T\end{cases}\tag{5.3.3}$$

称为截断函数，如图 5.3.1 所示。

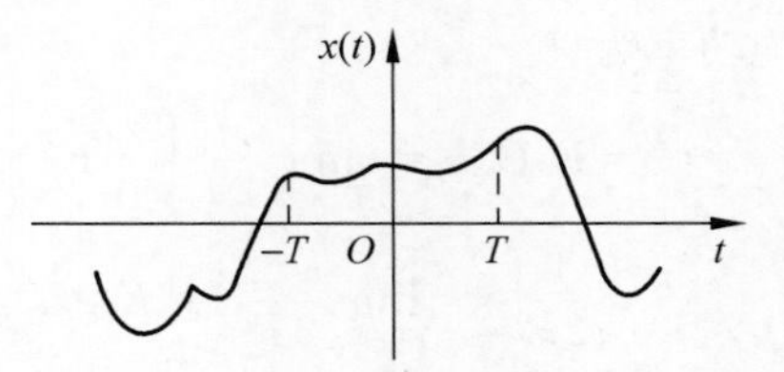

图 5.3.1　$x(t)$ 及其截断函数

对于有限持续时间的 $x_T(t)$ 而言，傅里叶变换是存在的，所以有

$$X_T(\Omega)=\int_{-\infty}^{\infty}x_T(t)\mathrm{e}^{-\mathrm{j}\Omega t}\mathrm{d}t=\int_{-T}^{T}x_T(t)\mathrm{e}^{-\mathrm{j}\Omega t}\mathrm{d}t\tag{5.3.4}$$

$$x_T(t)=\frac{1}{2\pi}\int_{-\infty}^{\infty}X_T(\Omega)\mathrm{e}^{\mathrm{j}\Omega t}\mathrm{d}\Omega\tag{5.3.5}$$

$X_T(\Omega)$ 即为 $x_T(t)$ 的频谱函数[2]。

由于 $x(t)$ 是随机过程 $X(t)$ 的一个样本函数，取哪一个样本函数取决于实验结果 ξ，且是随机的，因此 $X_T(\Omega)$ 和 $x_T(t)$ 也都是实验结果 ξ 的随机函数，最好写成 $X_T(\Omega,\xi)$ 和 $x_T(t,\xi)$。

现将式(5.3.5)代入式(5.3.2)，并考虑到讨论的是实随机过程，$x(t)$ 是实函数，可得某个样本函数的平均功率 G_ξ 为

$$\begin{aligned}G_\xi&=\lim_{T\to\infty}\frac{1}{2T}\int_{-T}^{T}|x_T(t,\xi)|^2\mathrm{d}t\\&=\lim_{T\to\infty}\frac{1}{2T}\int_{-T}^{T}x_T(t,\xi)\left[\frac{1}{2\pi}\int_{-\infty}^{\infty}X_T(\Omega,\xi)\mathrm{e}^{\mathrm{j}\Omega t}\mathrm{d}\Omega\right]\mathrm{d}t\\&=\lim_{T\to\infty}\frac{1}{2T}\int_{-T}^{T}\frac{1}{2\pi}X_T(\Omega,\xi)\left[\int_{-T}^{T}x_T(t,\xi)\mathrm{e}^{\mathrm{j}\Omega t}\mathrm{d}t\right]\mathrm{d}\Omega\\&=\lim_{T\to\infty}\frac{1}{2T}\int_{-\infty}^{\infty}\frac{1}{2\pi}|X_T(\Omega,\xi)|^2\mathrm{d}\Omega\\&=\frac{1}{2\pi}\int_{-\infty}^{\infty}\lim_{T\to\infty}\frac{1}{2T}|X_T(\Omega,\xi)|^2\mathrm{d}\Omega\end{aligned}\tag{5.3.6}$$

如果频率函数满足以下两个条件，则为信号的功率谱密度函数。一是当在整个频率范围内对它进行积分以后，就给出信号的总功率；二是它描述了信号功率在各个不同频率上分布的情况。式(5.3.6)的被积函数 $\lim\limits_{T\to\infty}\frac{1}{2T}|X_T(\Omega,\xi)|^2$ 具备了上述特性，它表示随机过程的某一个样本函数 $x(t,\xi)$ 在单位频带内、消耗在 1Ω 电阻上的平均功率，因此，称它为样本函数的功率谱密度函数，记作 $P_X(\Omega,\xi)$。

$$P_X(\Omega,\xi)=\lim_{T\to\infty}\frac{1}{2T}|X_T(\Omega,\xi)|^2 \tag{5.3.7}$$

如果对所有实验结果 ξ 取统计平均,得

$$P_X(\Omega)=\mathrm{E}\{P_X(\Omega,\xi)\}=\mathrm{E}\left\{\lim_{T\to\infty}\frac{1}{2T}|X_T(\Omega,\xi)|^2\right\}=\lim_{T\to\infty}\frac{1}{2T}\mathrm{E}\{|X_T(\Omega,\xi)|^2\} \tag{5.3.8}$$

这里的 $P_X(\Omega)$是 Ω 的确定函数,不再具有随机性,它表示随机过程 $X(t)$在单位频带内在 1Ω 电阻上消耗的平均功率。因此,$P_X(\Omega)$被称为随机过程 $X(t)$的功率谱密度函数,简称功率谱密度。

如果将式(5.3.6)对所有的实验结果 ξ 取统计平均,则得到随机过程 $X(t)$的平均功率为

$$\begin{aligned}G&=\mathrm{E}\{G_\xi\}=\lim_{T\to\infty}\frac{1}{2T}\int_{-T}^{T}\mathrm{E}\{|x(t,\xi)|^2\}\,\mathrm{d}t=\lim_{T\to\infty}\frac{1}{2T}\int_{-T}^{T}\mathrm{E}\{|X(t)|^2\}\,\mathrm{d}t\\&=\frac{1}{2\pi}\int_{-\infty}^{\infty}\lim_{T\to\infty}\frac{1}{2T}\mathrm{E}\{|X_T(\Omega,\xi)|^2\}\,\mathrm{d}\Omega=\frac{1}{2\pi}\int_{-\infty}^{\infty}P_X(\Omega)\mathrm{d}\Omega\end{aligned} \tag{5.3.9}$$

可见,随机过程的平均功率可以由它的均方值的时间平均得到,也可以由它的功率谱密度在整个频率域上积分得到。

若 $X(t)$为平稳过程时,此时均方值为常数,于是,式(5.3.9)可以写成

$$G=\mathrm{E}\{G_\xi\}=\mathrm{E}\{X^2(t)\}=\frac{1}{2\pi}\int_{-\infty}^{\infty}\lim_{T\to\infty}\frac{1}{2T}\mathrm{E}\{|X_T(\Omega)|^2\}\,\mathrm{d}\Omega \tag{5.3.10}$$

或

$$G=\mathrm{E}\{X^2(t)\}=R_X(0)=\frac{1}{2\pi}\int_{-\infty}^{\infty}P_X(\Omega)\mathrm{d}\Omega \tag{5.3.11}$$

该式说明,平稳过程的平均功率等于该过程的均方值,它可以由随机过程的功率谱密度在全频域上的积分得到。

若 $X(t)$为各态历经过程,则有

$$P_X(\Omega)=\lim_{T\to\infty}\frac{1}{2T}|X_T(\Omega,\xi)|^2 \tag{5.3.12}$$

$P_X(\Omega)$是从频率角度描述 $X(t)$的统计特性的重要数字特征的,但是,$P_X(\Omega)$仅表示 $X(t)$的平均功率在频域上的分布情况,不包含 $X(t)$的相位信息。

例 5.3.1 随机过程 $X(t)$为

$$X(t)=a\cos(\Omega_0 t+\Phi)$$

式中,a 和 Ω_0 是常数;Φ 是在$(0,\pi/2)$上均匀分布的随机变量,求随机过程 $X(t)$的平均功率 G。

解

$$\begin{aligned}\mathrm{E}\{X^2(t)\}&=\mathrm{E}\{a^2\cos^2(\Omega_0 t+\Phi)\}=\mathrm{E}\left\{\frac{a^2}{2}+\frac{a^2}{2}\cos(2\Omega_0 t+2\Phi)\right\}\\&=\frac{a^2}{2}+\frac{a^2}{2}\int_0^{\pi/2}\frac{2}{\pi}\cos(2\Omega_0 t+2\varphi)\mathrm{d}\varphi=\frac{a^2}{2}-\frac{a^2}{\pi}\sin(2\Omega_0 t)\end{aligned}$$

显然，这个过程不是平稳过程，所以，必须做一次时间平均，由下式求其平均功率，得

$$G=\lim_{T\to\infty}\frac{1}{2T}\int_{-T}^{T}\mathrm{E}\{|X(t)|^2\}\mathrm{d}t=\lim_{T\to\infty}\frac{1}{2T}\int_{-T}^{T}\left[\frac{a^2}{2}-\frac{a^2}{\pi}\sin(2\Omega_0 t)\right]\mathrm{d}t=\frac{a^2}{2}$$

5.3.2 功率谱密度的性质

功率谱密度有如下的性质。

性质1 非负性，即

$$P_X(\Omega)\geqslant 0 \tag{5.3.13}$$

根据功率谱密度的定义式(5.3.8)，考虑到其中的 $|X_T(\Omega)|^2$ 必然非负，故其数学期望值也是非负的，因而得证。

性质2 $P_X(\Omega)$是实函数。

因为 $|X_T(\Omega)|^2$ 是实函数，所以它的数学期望必然是实的。

性质3 当随机信号是实过程时，其功率谱 $P_X(\Omega)$是偶函数，即

$$P_X(\Omega)=P_X(-\Omega) \tag{5.3.14}$$

因为 $|X_T(\Omega)|^2=X_T(\Omega)X_T(-\Omega)$，所以 $|X_T(\Omega)|^2$ 是偶函数，故它的数学期望也必然是偶函数。

5.3.3 功率谱密度与自相关函数的关系

功率谱密度从频率角度描述过程统计特性的数字特征，而相关函数则从时间角度描述过程统计特性的最主要的数字特征，两者描述的是同一个对象，因此，它们之间必然有一定的关系。下面将证明，平稳过程在一定的条件下，其自相关函数 $R_X(\tau)$和功率谱密度 $P_X(\Omega)$构成傅里叶变换对。

证明 从式(5.3.8)出发，并考虑到

$$\begin{aligned}X_T(\Omega,\xi)&=\int_{-\infty}^{\infty}x_T(t,\xi)\mathrm{e}^{-\mathrm{j}\Omega t}\mathrm{d}t=\int_{-T}^{T}x_T(t,\xi)\mathrm{e}^{-\mathrm{j}\Omega t}\mathrm{d}t\\|X_T(\Omega,\xi)|^2&=X_T(\Omega,\xi)X_T(-\Omega,\xi)\end{aligned} \tag{5.3.15}$$

于是，式(5.3.8)可以写成

$$\begin{aligned}P_X(\Omega)&=\lim_{T\to\infty}\mathrm{E}\left\{\frac{1}{2T}\int_{-T}^{T}x_T(t_1,\xi)\mathrm{e}^{\mathrm{j}\Omega t_1}\mathrm{d}t_1\int_{-T}^{T}x_T(t_2,\xi)\mathrm{e}^{-\mathrm{j}\Omega t_2}\mathrm{d}t_2\right\}\\&=\lim_{T\to\infty}\frac{1}{2T}\int_{-T}^{T}\int_{-T}^{T}\mathrm{E}[X_T(t_1)X_T(t_2)]\mathrm{e}^{-\mathrm{j}\Omega(t_2-t_1)}\mathrm{d}t_1\mathrm{d}t_2\end{aligned} \tag{5.3.16}$$

现交换积分次序，并引入下面相关函数的表示：

$$R_{X_T}(t_1,t_2)=\mathrm{E}\{X_T(t_1)X_T(t_2)\},\quad -T<(t_1,t_2)<T \tag{5.3.17}$$

注意，有上述时间限制，式(5.3.17)与 $X(t)$的相关函数是一样的，则式(5.3.16)改

写为

$$P_X(\Omega)=\lim_{T\to\infty}\frac{1}{2T}\int_{-T}^{T}\int_{-T}^{T}R_X(t_1,t_2)\mathrm{e}^{-\mathrm{j}\Omega(t_2-t_1)}\mathrm{d}t_1\mathrm{d}t_2 \tag{5.3.18}$$

在式中作积分变量替换,则有

$$t=t_1,\quad \mathrm{d}t=\mathrm{d}t_1$$

$$\tau=t_2-t_1=t_2-t,\quad \mathrm{d}\tau=\mathrm{d}t_2$$

于是,式(5.3.18)可改写为

$$P_X(\Omega)=\lim_{T\to\infty}\frac{1}{2T}\int_{-T-t}^{T-t}\int_{-T}^{T}R_X(t,t+\tau)\mathrm{d}t\,\mathrm{e}^{-\mathrm{j}\Omega\tau}\mathrm{d}\tau$$

将极限符号写入,得

$$P_X(\Omega)=\int_{-\infty}^{\infty}\left[\lim_{T\to\infty}\frac{1}{2T}\int_{-T}^{T}R_X(t,t+\tau)\mathrm{d}t\right]\mathrm{e}^{-\mathrm{j}\Omega\tau}\mathrm{d}\tau \tag{5.3.19}$$

其中,括号里的量可以看作是非平稳过程自相关函数的时间平均,即为

$$\overline{R}_X(\tau)=\lim_{T\to\infty}\frac{1}{2T}\int_{-T}^{T}R_X(t,t+\tau)\mathrm{d}t \tag{5.3.20}$$

于是,式(5.3.19)改写为

$$P_X(\Omega)=\int_{-\infty}^{\infty}\overline{R}_X(\tau)\mathrm{e}^{-\mathrm{j}\Omega\tau}\mathrm{d}\tau \tag{5.3.21}$$

即时间平均自相关函数与功率谱密度为傅里叶变换对。现假设 $X(t)$为平稳过程,则时间平均自相关函数等于集合平均自相关函数,式(5.3.19)为

$$P_X(\Omega)=\int_{-\infty}^{\infty}R_X(\tau)\mathrm{e}^{-\mathrm{j}\Omega\tau}\mathrm{d}\tau \tag{5.3.22}$$

可见,平稳过程的功率谱密度就是其自相关函数的傅里叶变换。若进行傅里叶反变换,则有

$$R_X(\tau)=\frac{1}{2\pi}\int_{-\infty}^{\infty}P(\Omega)\mathrm{e}^{\mathrm{j}\Omega\tau}\mathrm{d}\Omega \tag{5.3.23}$$

证毕。

式(5.3.22)和式(5.3.23)是平稳过程统计特性频域描述(功率谱密度)和时域描述(相关函数)之间的重要关系式。这对关系式在实际中有着广泛的应用价值。由于这对关系式是由美国学者维纳(Wiener)和苏联学者辛钦(ΧИНЧин)得出的,因此也常被称为维纳-辛钦定理或维纳-辛钦公式。

在式(5.3.23)中,当 $\tau=0$,则可得式(5.3.11)。实际上,当满足$\int_{-\infty}^{\infty}P(\Omega)\mathrm{d}\Omega<\infty$,或者说平均功率有限时,式(5.3.23)才能成立。这个条件在实际应用中通常是满足的。

在以上的介绍中,$P_X(\Omega)$应分布在$-\infty\sim+\infty$ 的频率范围内,实际上,负频率是不存在的。在公式中,频率从负到正,纯粹只有数学上的意义和为了运算方便。有时也采用另一种功率谱密度,即“单边”谱密度,也称作“物理”功率谱密度,记作$F_X(\Omega)$。$F_X(\Omega)$只分布在$\Omega\geqslant0$ 的频率范围内,$F_X(\Omega)$与 $P_X(\Omega)$的关系是

$$F_X(\Omega)=\begin{cases}2P_X(\Omega), & \Omega \geqslant 0 \\ 0, & \Omega < 0\end{cases} \tag{5.3.24}$$

还需要指出的是，以上所介绍的功率谱密度都属于连续的情况，这意味着相应的随机过程不能含有直流成分或者周期性成分，这也是式(5.3.22)傅里叶变换要求 $R_X(\tau)$ 绝对可积的条件。这是因为，功率谱密度是指"单位带宽上的平均功率"，而任何直流分量和周期性分量，在频域上都表现为频率轴上某点的零带宽内的有限平均功率，都会在频域的相应位置上产生离散谱线，而且在零带宽上的有限功率等效于无限的功率谱密度。于是，当平稳包含有直流成分时，其功率谱密度在零频率上应是无限的，而在其他频率上是有限的。换句话说，该过程的功率谱密度函数曲线将在相应的零频率点上存在 δ 函数。同理，若平稳过程含有某个周期成分，则其功率谱密度函数曲线将在相应的离散频率点上存在 δ 函数。借助于 δ 函数，维纳-辛钦公式就可推广应用到这种含有直流或周期性成分的平稳过程中来。具体来说，一是当平稳过程有非零均值时，正常意义下的傅里叶变换不存在。但是，非零均值可以用频域原点处的 δ 函数表示，该 δ 函数的权重即为直流分量的功率。二是当平稳过程含有对应于离散频率的周期分量时，该成分就在频域的相应频率上产生 δ 函数。

δ 函数的基本而重要的性质是筛选特性，即对任一连续函数 $f(t)$ 有

$$\int_0^{\infty}\delta(t)f(t-\tau)\mathrm{d}t=f(\tau) \tag{5.3.25}$$

由此可以写出下面重要的傅里叶变换对

$$\frac{1}{2\pi}\int_{-\infty}^{\infty}\mathrm{e}^{-\mathrm{j}\Omega\tau}\mathrm{d}\tau=\delta(\Omega)\Leftrightarrow\frac{1}{2\pi}=\frac{1}{2\pi}\int_{-\infty}^{\infty}\delta(\Omega)\mathrm{e}^{\mathrm{j}\Omega\tau}\mathrm{d}\Omega \tag{5.3.26}$$

$$\int_{-\infty}^{\infty}\delta(\tau)\mathrm{e}^{\mathrm{j}\Omega\tau}\mathrm{d}\tau=1\Leftrightarrow\delta(\tau)=\frac{1}{2\pi}\int_{-\infty}^{\infty}\mathrm{e}^{-\mathrm{j}\Omega t}\mathrm{d}\Omega \tag{5.3.27}$$

例 5.3.2　已知随机过程 $X(t)$ 的自相关函数为

$$R_X(\tau)=\frac{1}{2}\cos(\Omega_0\tau)$$

求功率谱密度。

解

$$P_X(\Omega)=\int_{-\infty}^{\infty}\frac{1}{2}\mathrm{e}^{-\mathrm{j}\Omega\tau}\cos(\Omega_0\tau)\mathrm{d}\tau=\frac{1}{2}\int_{-\infty}^{\infty}\frac{1}{2}(\mathrm{e}^{\mathrm{j}\Omega_0\tau}+\mathrm{e}^{-\mathrm{j}\Omega_0\tau})\mathrm{e}^{-\mathrm{j}\Omega\tau}\mathrm{d}\tau$$

$$=\frac{1}{4}\int_{-\infty}^{\infty}\mathrm{e}^{\mathrm{j}(\Omega-\Omega_0)\tau}\mathrm{d}\tau+\frac{1}{4}\int_{-\infty}^{\infty}\mathrm{e}^{\mathrm{j}(\Omega+\Omega_0)\tau}\mathrm{d}\tau=\frac{\pi}{2}[\delta(\Omega-\Omega_0)+\delta(\Omega+\Omega_0)]$$

$P_X(\Omega)$ 的图形如图 5.3.2 所示。

■

上述维纳-辛钦定理不仅适用于连续时间随机信号，而且也适用于离散时间随机序列，即对具有零均值实平稳随机序列的功率谱密度 $P_X(\omega)$ 与序列的自相关函数 $R_X(m)$ 是一对离散时间傅里叶变换对。

设 $X(n)$为一具有零均值的平稳随机序列信号,其自相关函数为

$$R_X(m)=\mathrm{E}\{X(n)X(n+m)\} \tag{5.3.28}$$

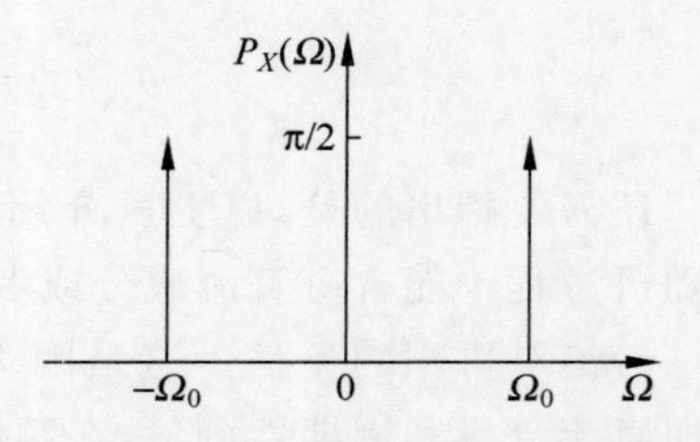

图 5.3.2 例 5.3.2 的 $P_X(\Omega)$的图形

当$R_X(m)$满足绝对可积条件时,把均匀间隔的离散时间信号的自相关函数作离散时间傅里叶变换,便得到其功率谱为

$$P_X(\omega)=\sum_{m=-\infty}^{\infty} R_X(m)\mathrm{e}^{-\mathrm{j}m\omega} \tag{5.3.29}$$

同时,有

$$R_X(m)=\frac{1}{2\pi}\int_{-\pi}^{\pi} P_X(\omega)\mathrm{e}^{\mathrm{j}m\omega}\mathrm{d}\omega \tag{5.3.30}$$

离散时间信号的功率谱主要有以下特点。

(1) 功率谱是周期性的,因此可以作傅里叶级数分解,而$R_X(m)$正是分解出的各次谐波的系数。

(2) 反演变换的积分区间是$[-\pi,\pi]$。

计算式(5.3.29)时,可以先对$R_X(m)$两边做 z 变换,得

$$P_X(z)=\sum_{m=-\infty}^{\infty} R_X(m)z^{-m} \tag{5.3.31}$$

再令 $z=\mathrm{e}^{\mathrm{j}\omega}$,便得到功率谱。

例 5.3.3 设$R_X(m)=a^{|m|}$,$|a|<1$,$m=0,\pm1,\pm2,\cdots$,求功率谱 $P_X(\omega)$。

解 根据式(5.3.31),有

$$\begin{aligned}P_X(z)&=\sum_{m=-\infty}^{\infty} R_X(m)z^{-m}=\sum_{m=0}^{\infty}a^m z^{-m}+\sum_{m=-1}^{-\infty}a^{-m}z^{-m}=\frac{1}{1-az^{-1}}+\sum_{m'=1}^{\infty}a^{m'}z^{m'}\\&=\frac{1}{1-az^{-1}}+\frac{az}{1-az}=\frac{1-a^2}{1+a^2-a(z^{-1}+z)}\end{aligned}$$

因此,其功率谱为

$$P_X(\omega)=\frac{1-a^2}{1+a^2-2a\cos\omega}$$

■

注意,为了书写的方便,我们有时把 $\mathrm{e}^{\mathrm{j}\omega}$ 的函数写成ω 的函数,例如将 $P_X(\mathrm{e}^{\mathrm{j}\omega})$写成 $P_X(\omega)$,将 $\hat{P}_X(\mathrm{e}^{\mathrm{j}\omega})$写成 $\hat{P}_X(\omega)$。

5.3.4 功率谱估计的方法

在生产和工程中,人们所要分析和处理的实际信号往往具有随机性,即使是确定信号,在传输的过程中也不可避免地会受到噪声的干扰。为了排除噪声的干扰,

提取有用的信号，利用在有限的时间范围内的观测数据来计算离散随机信号的统计特性。但是，由于观测数据的长度 N 只能取有限值，因此，所计算出的数字特征只能是 $N\to\infty$时所得的相应真值的估计。功率谱的估计在随机信号处理中有着极其广泛的应用，其主要目的是用来揭示一些看来杂乱无章、无规律可循的事物中所蕴含的周期性。目前，功率谱估计的方法很多，大致可分为以下两种。

(1) 经典法(线性估计法)：即用传统的傅里叶变换分析方法求功率谱的方法。它又可分为间接法(相关估计法)和直接法(周期图法)。间接法是由数据的自相关序列求功率谱的方法；直接法是由数据直接用离散傅里叶变换求功率谱的方法。

(2) 现代法(非线性估计法)：即用参量信号模型来估计功率谱的方法。参量模型又可分为自回归信号模型(AR 模型)、滑动平均模型(MA 模型)和自回归滑动平均模型(ARMA 模型)。

本书仅介绍两种经典功率谱估计方法。我们知道，傅里叶变换是揭示周期性的有力工具，功率谱估计的经典法就是建立在傅里叶变换的基础上的。另外，在下面的讨论中，假设随机信号是各态历经的，所以，集合平均可以由单一样本的时间平均来实现，故将原来功率谱密度和自相关函数符号中大写字母的下标换成小写字母的下标。

1. 自相关法

自相关法是根据维纳-辛钦定理来计算功率谱的。这种方法是 Blackman(布莱克曼)与 Tukey(图基)两人于 1958 年提出的，所以，也称为 BT 法。具体做法是，先根据样本 $x(m)$的 N 个观测值 $x_N(m)$估计出自相关函数 $\hat{R}_x(m)$，然后求 $\hat{R}_x(m)$的傅里叶变换，即得 $x_N(m)$的功率谱。现在考虑零均值平稳遍历随机信号，并利用 FFT 算法来计算功率谱。随机信号 $x_N(m)$的自相关函数为

$$\hat{R}_x(m)=\frac{1}{N}[x(m)*x(-m)],\quad -(N-1)\leqslant m\leqslant N-1 \tag{5.3.32}$$

序列 $x(m)$的长度为 N，故 $\hat{R}_x(m)$的长度为 $2N-1$，因此，应将此线性卷积等同为长度为 $2N-1$ 的循环卷积，用 $2N-1$ 点的 FFT 算法来进行计算功率谱。

$\hat{R}_x(m)$算出后，根据离散信号的傅里叶变换式即可求得功率谱估计为

$$\hat{P}(\omega)=\sum_{m=-\infty}^{\infty}\hat{R}_x(m)\mathrm{e}^{-\mathrm{j}\omega m}=\sum_{m=-(N-1)}^{N-1}\hat{R}_x(m)\mathrm{e}^{-\mathrm{j}\omega m} \tag{5.3.33}$$

将数字频率 ω 离散化得

$$\hat{P}_x(k)=\hat{P}_x(\omega)\bigg|_{\omega=\frac{2\pi}{N}k}=\sum_{m=-(N-1)}^{N-1}\hat{R}_x(m)\mathrm{e}^{-\mathrm{j}\frac{2\pi}{N}km} \tag{5.3.34}$$

2. 周期图法

周期图法是把随机信号 $x(n)$的 N 点观测数据 $x_N(n)$视为一能量有限信号，

对其直接进行傅里叶变换，得到 $X_N(e^{j\omega})$，然后对谱的模进行平方运算求得功率谱，即

$$\hat{P}_x(e^{j\omega})=\frac{1}{N}|X_N(e^{j\omega})|^2 \tag{5.3.35}$$

将 ω 在单位圆上等间隔取值，得

$$\hat{P}_x(k)=\frac{1}{N}|X_N(k)|^2,\quad k=0,1,\cdots,N-1 \tag{5.3.36}$$

由于 $X_N(k)$可以用 FFT 快速计算，所以，$\hat{P}_x(k)$也可被方便地求出。周期图这一概念是由 Schuster 于 1899 年首先提出的，因为它是直接由傅里叶变换得到的，所以，人们习惯上称为直接法。它是一种非常古老的方法，被广泛采用。在 1958 年维纳-辛钦定理被提出之后，BT 法由于算法简捷而取代了周期图法。但是，在 1965 年 Cooly-Tukey(库利-图基)创造性地提出了 FFT 算法后，周期图法又成为应用最为广泛的功率谱估计方法。

周期图法虽然简便，但是，它只是随机序列功率谱密度的估计值，因此，与功率谱密度 $P_x(e^{j\omega})$真值之间还存在着误差。若当序列长度 N 趋于无限时，周期图与统计平均值的偏差或 $\hat{P}_x(e^{j\omega})$的方差趋近于零，则认为是满意的估计。因此，实际中在信号处理技术上往往采取措施，对周期图法进行修改，以达到尽量减少估计误差(数学期望与方差)的目的，其方法有以下两种。

1) 采取窗处理减少功率泄漏

用有限长序列来估计功率谱，实质上等于加矩形窗截断随机序列，因此，必然会出现吉布斯(Gibbs)效应，使信号原来集中在小范围的功率扩散到较大的频带内。这种因截断而扩散到主瓣以外的功率称为泄漏功率，它使谱估计值与真值之间的误差加大。为此，采取窗处理的办法，先将序列 $x(n)$乘以适当的窗函数 $w(n)$，即

$$X_N(k)=\mathrm{DFT}[x(n)w(n)] \tag{5.3.37}$$

然后，再利用 FFT 算法来求出相应的功率谱值。在时域加窗可以促使频域收敛得快一些，其物理含义是对功率谱给予平滑滤波，减少功率泄漏。

2) 采取平均化处理减小统计变异性

在实际中，对于平稳随机信号都是通过一次观测求出其全部统计特性。但是，这只有当观测时间趋于无限长时，才能得到正确的结果。因此，对有限长数据的处理，其统计特性一定存在着误差，这就是所谓的统计变异性。减小这种变异性的方法有两种：一是加长观测时间，处理大量数据，其结果必然对设备提出过高的要求；二是对同一现象独立观测多次，然后对结果进行平均化处理。例如，观察总长度为 T_1，则可把它分为等长的 K 段，每段长度为 T_r，然后利用 FFT 算法分别求出每段的功率谱密度估值 $P_m(k)$，其中，$m=1,2,\cdots,K$。于是，经平均化处理后的功率谱估计值为

$$\hat{P}_x(k)=\frac{1}{K}\sum_{m=1}^{K}\hat{P}_m(k) \tag{5.3.38}$$

故得极限的频谱分辨率为

$$\Delta f=\frac{1}{T_{\mathrm{r}}}=\frac{K}{T_1} \tag{5.3.39}$$

即分辨率减弱为原值的 $1/K$。由概率论可知，K 个相同的独立随机变量的平均方差应等于单独方差的 $1/K$。所以，若假设各段周期图彼此互相独立无关，则经平均化处理后，将使估计的方差大约减小 K 倍。换句话说，这种方法是用降低分辨率来换取估计方差的减小的。

为了减小方差，同时考虑到分辨率的改善，Welch 根据估值理论于 1967 年提出了一种改进的周期图平均法。该法的基本思想是，为使分段数增加而每段的长度又不减少，所以，在分段处理过程中，采用 2∶1 覆盖的分段。在这种方法中，由于分段的数量增加，因而方差进一步减小。例如，有一长度 $N=500$ 的数据，原分为 5 段，每段 100 个数据，现若覆盖 50%，则段数将增加到 10 段，而每段仍为 100 个数据，这样既保持了一定的分辨率，又有利于估值偏差的减小。虽然由于覆盖使数据的依赖性有所增加，但是，总的方差仍然有显著的降低[8]。

可以将加窗和平均化处理技术结合起来，其求解步骤如下：

(1) 将原始实序列长度为 N 的原始序列按 2∶1 覆盖分段；

(2) 选用适当的时窗函数对每段进行窗处理；

(3) 利用 FFT 算法估计每段功率谱；

(4) 通过求每段功率谱之和进行平均化处理。

这种改进的周期图法的流程图如图 5.3.3 所示。

图 5.3.3　改进的周期图法流程

3. 经典谱估计法的优缺点

(1) 经典谱估计，无论是周期图法还是自相关法，都可以用 FFT 算法计算功率谱，且计算速度快，物理概念明确，因而仍是目前较常用的谱估计方法。

(2) 在实际应用中，存在两个不符合实际的假设：其一，自相关法利用有限的观测数据 N 做自相关估计，假设 N 个数据之外的 $x(n)$ 为 0，即假设当 $|m|\geqslant N$ 时，$R_X(m)=0$；其二，周期图法假设数据是以 N 为周期的周期性延拓。这些不合理的假设，将一些不真实的信息附加在随机过程之上，限制了频率分辨率的提高和功率谱估计的质量指标，使其谱估计的均值不等于真值，而是真值功率谱与窗频谱的卷积，因而估计是有偏的；且谱估计方差当 $N\to\infty$ 并不为零，不是一致估计。

(3) 谱的分辨率正比于 $2\pi/N$，N 是所使用的数据的长度，或者说正比于被分析数据的总的时间采样长度。

(4) 由于不可避免窗函数的影响，因而使得真正的谱 $P(\omega)$ 在窗口主瓣内的功率向边瓣部分“泄漏”，从而降低了分辨率。较大的边瓣有可能掩盖 $P(\omega)$ 中较弱的成分，或者产生假的峰值。当分析较短数据时，这些影响更为突出。

(5) 方差性能不好,不是 $P(\omega)$ 的一致估计,且 N 增大时,谱曲线起伏加剧。

(6) 可以通过采用不同的窗函数和频谱校正方法来改善频谱估计的性能。

5.3.5 功率谱估计的应用

1. 从含有噪声的信号中确定主频率[7]

涡街流量计是一种应用比较广泛的测量气体、液体和蒸汽流量的仪表,其工作原理是卡门涡街原理。在流动的流体中放置一个阻挡物体(旋涡发生体),就会在阻挡物体的下游两侧产生两列有规律的旋涡,在满足一定条件时,产生的旋涡是稳定的,称为卡门涡街。涡街的脱离频率与流量存在对应关系。当在旋涡发生体右(或左)下方产生一个旋涡以后,在旋涡发生体上产生一个升力,在旋涡发生体内部安装的压电式传感器,将作用在旋涡发生体上的升力转换为电荷信号,电荷的变化频率与旋涡的脱离频率一致。通过检测压电传感器输出信号的变化频率,就可以得到旋涡的脱离频率,从而得到流体的流量。在理想状态下,压电式传感器的输出信号是一个正弦波,但是,在实际中,输出信号含有各种噪声,噪声包括机械振动噪声和流体流动噪声等。如何从叠加了噪声的信号中提取出涡街信号,从而提高测量频率的精度,是流量计信号处理的核心问题。现在市面上的涡街流量计均用放大、滤波、整形、计数的方法对传感器的输出信号进行处理,或是在此基础上进行数字滤波,这种基于模拟和数字电路的处理方法有某些优点,但是,这些方法从含有噪声的信号中提取信息的能力不够强,而且仪表的现场测量精度不理想。

采用周期图法直接对采样的传感器数据(也可经过加权)作傅里叶变换,再取其幅度的平方便得到功率谱。因为功率谱分析方法可将各种干扰噪声和涡街信号分离出来。因此,在信号的幅度大于干扰幅度的情况下,可以根据其能量大小判别出涡街信号的频率。

采用周期图法来进行信号处理,存在计算误差,它主要是由于数据加窗而造成的泄漏误差。在众多窗函数中,矩形窗的主瓣最窄,为了保证测量频率的精度,选用矩形窗进行截断。在周期图法进行频谱分析时,计算误差不大于频率分辨率。为此,需采用合适的频率分辨率来控制非整周期采样造成的泄漏误差。

为了提高测量精度,我们希望降低采样频率,增加采样点数。但是,采样频率的减小是有限度的,因为采样要满足采样定理。点数增加则会增大计算量,并提高对计算机数据存储量的要求。为了减少采样点数而同时满足计算精度的要求,需要分段设置采样频率。涡街信号的范围大约为 2~2500Hz,采样点数为 4096 点,计算精度应优于 0.2%,分 10 个频率段(或少些)设置采样频率,最低采样频率为 150Hz,最高采样频率为 12.4kHz。在信号频率高于 30Hz 时,可以满足精度要求;当信号频率低于 30Hz,如果用降低采样频率的方式来保证计算精度,采样时间会太长,此时,运用频谱分析校正方法可使计算精度优于 0.2%。

2. 分析电动机噪声产生的原因[1]

电动机噪声测试框图如图 5.3.4 所示。被测感应电动机的极数为 14 级，电源频率为 60Hz，电动机的转速为 512r/min。噪声计用于测量电动机噪声，并与信号处理机 1 通道相连；用压电式加速度计测量电动机外壳的振动加速度，经放大送入信号处理机 2 通道，分别计算出它们的功率谱，如图 5.3.5 所示，图 5.3.5(a)为电动机结构加速度功率谱，图 5.3.5(b)为噪声的功率谱。

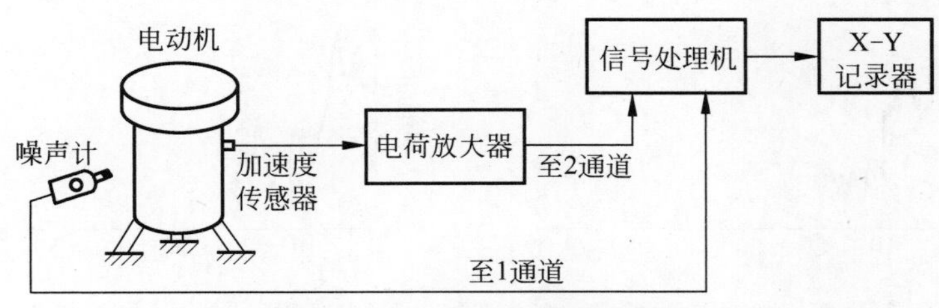

图 5.3.4 电动机噪声测试框图

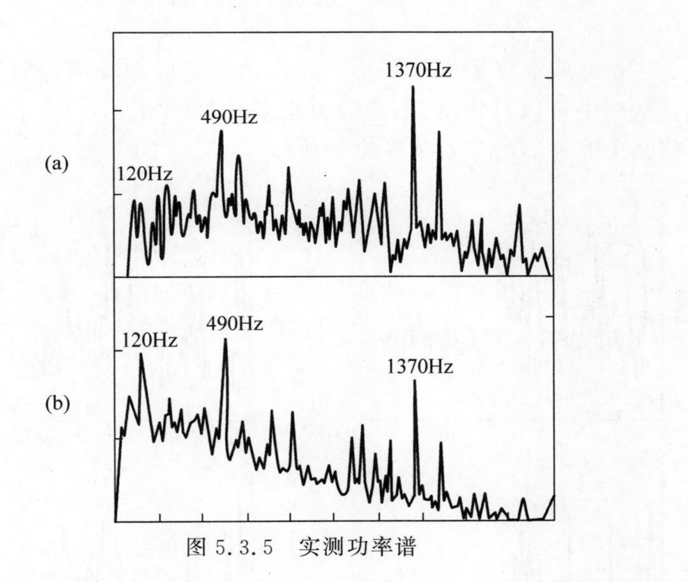

图 5.3.5 实测功率谱

由功率谱特性并结合电动机的转速和极数等因素综合分析，可以认为，噪声功率谱中频率为 120Hz 的成分是电磁噪声(为电源频率 60Hz 的两倍)；频率为 490Hz 的成分与转速和滚珠轴承的滚珠数和直径有关；频率为 1370Hz 的成分也是电磁噪声。为了降低该电机的噪声声压，必须减小 120Hz，490Hz 和 1370Hz 的峰值。

3. 不解体的故障判断[4]

有许多大型设备，为了防止出现故障，需要定期检修。定期检修往往是将设备拆开来看有没有问题，这样经常拆修，机器容易损坏，而且也不能完全避免事故的发生。利用信号处理技术,可将测得的振动信号和噪声信号,用数字信号处理系统处理后,得到频谱图,根据频谱图来判断设备有无故障,以及是否需要检修。因为这种方法不必拆开设备,所以,称为不解体的故障判断,近年来得到广泛的应用,不仅应用于大型设备,如飞机、核反应堆等,也应用于发动机和齿轮箱等。图5.3.6是汽车发动机振动的频谱分析,从图中可以看到,排气门间隙过大,高频成分明显增加,因此根据高频成分大小就可以判断气门间隙调整得是否合适。

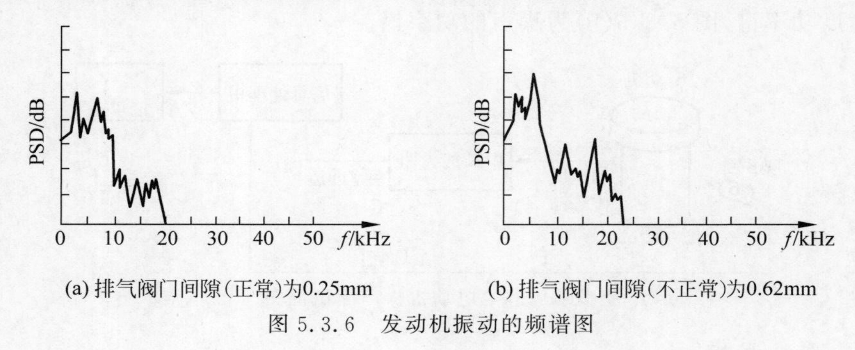

(a) 排气阀门间隙(正常)为0.25mm　(b) 排气阀门间隙(不正常)为0.62mm

图5.3.6　发动机振动的频谱图

图5.3.7是实验测得的汽车变速器的振动加速度和噪声,经过信号处理后得到的频谱图。从图中可以对比出,不正常的变速器在9.2Hz和18.4Hz上增加了峰值,由此可以判断出变速器的某对齿轮出了故障。

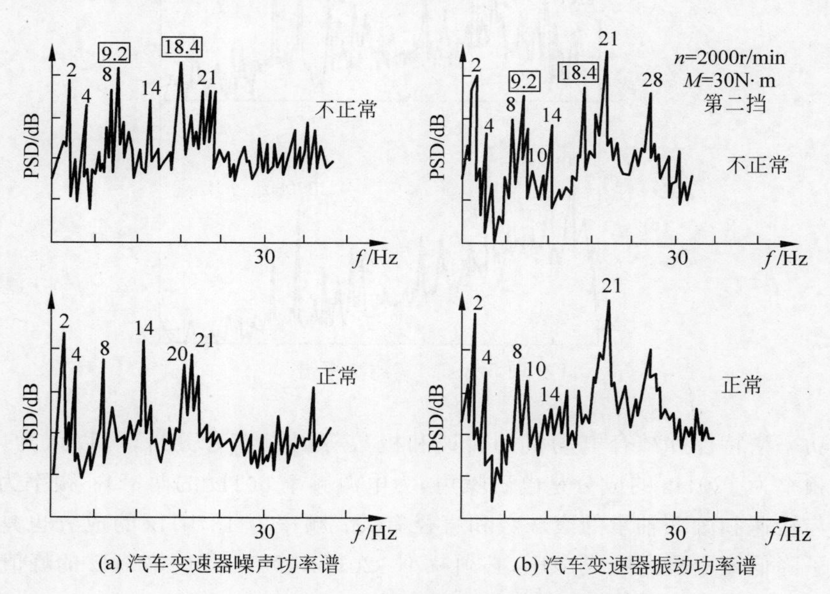

(a) 汽车变速器噪声功率谱　(b) 汽车变速器振动功率谱

图5.3.7　汽车变速器噪声和振动的功率谱图

利用功率谱估计还可以检查桥桩是否有断裂。在施工中,由于工程质量或地质等原因,桥桩可能断裂,如何发现或判断断裂位置是工程施工中必须解决的问题。当然不可能将桥桩挖出来检查,若用钻机钻出桥桩的混凝土芯来检查,一是费用大,二是有损桥桩强度，应用频谱分析可以很容易解决这个问题。具体方法是，在桩子上端安装一小段水泥管，内部充满水，如图5.3.8所示，在水中插入两个电极，并用仪器对其进行控制。在仪器中的电容充电后，接通线路开关，电极之间产生一个电脉冲。电脉冲通过水，使桩子受到一个垂直于地面的脉冲。同时，在桩子上端装有加速度传感器，测得的加速度信号和处理后得到的频谱如图5.3.9所示。若桥桩没有断裂，则测得的波形比较整齐，只有一个低频的峰值；若有断裂，则明显地在高频上出现峰值，根据出现的高频成分的频率，很容易估算出断裂的位置，其误差在1m以内。

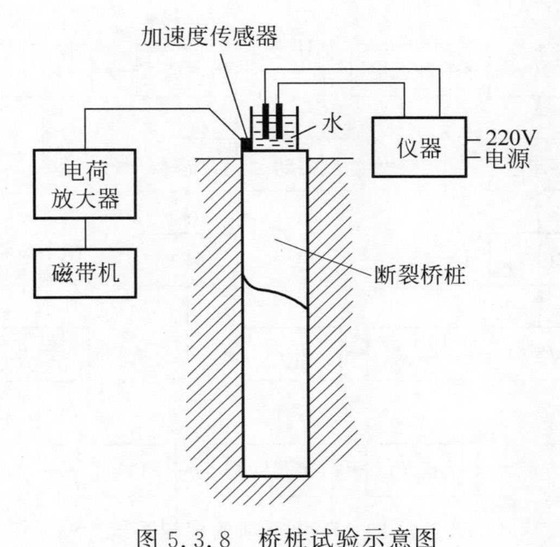

图5.3.8 桥桩试验示意图

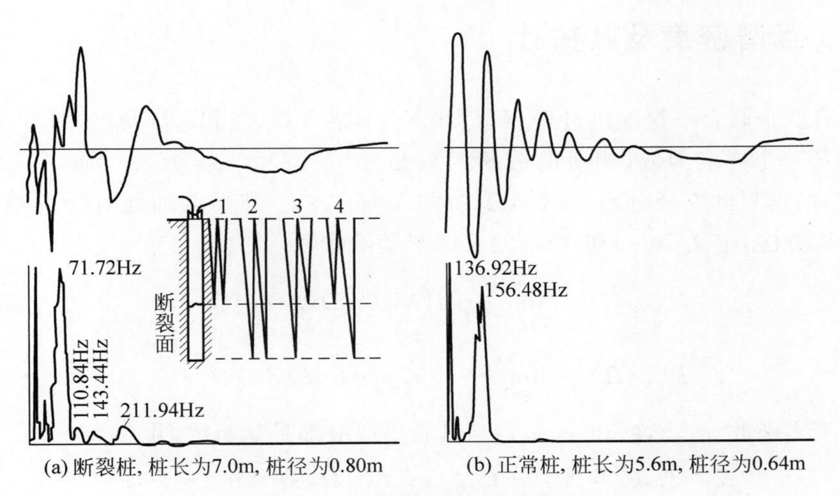

图5.3.9 桥桩断裂的故障判断

4. 利用实测的荷载谱控制振动台来模拟随机环境

利用实测的荷载谱控制振动台来模拟随机环境。这在研究机件的强度、寿命和可靠性等方面的工作中,得到广泛的应用。

如图5.3.10所示,当汽车在行驶时,将测得的振动加速度信号记录在磁带上,由磁带上的信号回放经分析得到标准的功率谱 $P(f)$,经过逆傅里叶变换和D/A转换,再经过功率放大器,使振动台激振起来;在振动台上也测出加速度,经过傅里叶变换得到 $\hat{P}(f)$;将 $\hat{P}(f)$ 与 $P(f)$ 进行比较,得到 $\Delta P(f)$,再来修正功率放大器的信号,使振动台上的振动加速度与实测的汽车振动加速度的功率谱相一致,这样便可以在振动台上模拟道路的随机环境和保证试验工况的稳定性,并可以进行强化快速试验,从而缩短试验时间。

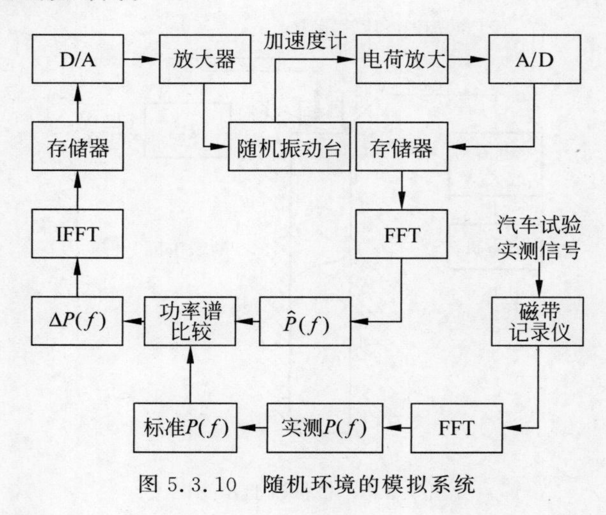

图5.3.10 随机环境的模拟系统

5.3.6 互谱密度及其估计

设有两个联合平稳随机过程 $X(t)$ 和 $Y(t)$,若 $x(t,\xi)$ 和 $y(t,\xi)$ 分别为 $X(t)$ 和 $Y(t)$ 的某一个样本函数,相应的截断函数是 $x_{\mathrm{T}}(t,\xi)$ 和 $y_{\mathrm{T}}(t,\xi)$,而 $x_{\mathrm{T}}(t,\xi)$ 和 $y_{\mathrm{T}}(t,\xi)$ 的傅里叶变换分别是 $X_{\mathrm{T}}(\Omega,\xi)$ 和 $Y_{\mathrm{T}}(\Omega,\xi)$。按照与前面对功率谱密度相同的分析方法,定义 $X(t)$ 和 $Y(t)$ 的互谱密度函数为

$$P_{XY}(\Omega)=\lim_{T\to\infty}\frac{1}{2T}\mathrm{E}\{X_{\mathrm{T}}(-\Omega,\xi)Y_{\mathrm{T}}(\Omega,\xi)\} \tag{5.3.40}$$

$$P_{YX}(\Omega)=\lim_{T\to\infty}\frac{1}{2T}\mathrm{E}\{Y_{\mathrm{T}}(-\Omega,\xi)X_{\mathrm{T}}(\Omega,\xi)\} \tag{5.3.41}$$

对于实函数 $x_{\mathrm{T}}(t,\xi)$ 和 $y_{\mathrm{T}}(t,\xi)$,其频谱一般都是复函数,并有

$$X_{\mathrm{T}}^{*}(\Omega,\xi)=X_{\mathrm{T}}(-\Omega,\xi),\quad Y_{\mathrm{T}}^{*}(\Omega,\xi)=Y_{\mathrm{T}}(-\Omega,\xi)$$

所以,上面的两个式子可以写成

$$P_{XY}(\Omega)=\lim_{T\to\infty}\frac{1}{2T}\mathrm{E}\{X_{\mathrm{T}}^{*}(\Omega,\xi)Y_{\mathrm{T}}(\Omega,\xi)\} \tag{5.3.42}$$

$$P_{YX}(\Omega)=\lim_{T\to\infty}\frac{1}{2T}\mathrm{E}\{Y_{\mathrm{T}}^{*}(\Omega,\xi)X_{\mathrm{T}}(\Omega,\xi)\} \tag{5.3.43}$$

同前，式中 ξ 表示某次试验结果，书写时常略去。由式(5.3.42)和式(5.3.43)可见，互谱密度与实平稳过程的自功率谱密度不同，它不再是 Ω 的实的、非负的偶函数，而是具有下面所述的性质。

性质 1

$$P_{XY}(\Omega)=P_{YX}(-\Omega)=P_{YX}^{*}(\Omega) \tag{5.3.44}$$

由定义式(5.3.42)和式(5.3.43)即可得证。

性质 2　$\mathrm{Re}[P_{XY}(\Omega)]$ 和 $\mathrm{Re}[P_{YX}(\Omega)]$ 是 Ω 的偶函数；$\mathrm{Im}[P_{XY}(\Omega)]$ 和 $\mathrm{Im}[P_{YX}(\Omega)]$ 是 Ω 的奇函数。

这可以利用性质 1 来证明。

性质 3　若随机过程 $X(t)$ 和 $Y(t)$ 联合平稳，$R_{XY}(\tau)$ 绝对可积，则互谱密度和互相关函数构成傅里叶变换对，即

$$P_{XY}(\Omega)=\int_{-\infty}^{\infty}R_{XY}(\tau)\mathrm{e}^{-\mathrm{j}\Omega\tau}\mathrm{d}\tau \tag{5.3.45}$$

$$P_{YX}(\Omega)=\int_{-\infty}^{\infty}R_{YX}(\tau)\mathrm{e}^{-\mathrm{j}\Omega\tau}\mathrm{d}\tau \tag{5.3.46}$$

$$R_{XY}(\tau)=\frac{1}{2\pi}\int_{-\infty}^{\infty}P_{XY}(\Omega)\mathrm{e}^{\mathrm{j}\Omega\tau}\mathrm{d}\Omega \tag{5.3.47}$$

$$R_{YX}(\tau)=\frac{1}{2\pi}\int_{-\infty}^{\infty}P_{YX}(\Omega)\mathrm{e}^{\mathrm{j}\Omega\tau}\mathrm{d}\Omega \tag{5.3.48}$$

以上关系式可以用证明维纳-辛钦公式的同样方法证明。

例 5.3.4　已知平稳过程 $X(t)$ 和 $Y(t)$ 的互谱密度为

$$P_{XY}(\Omega)=\begin{cases}a+\mathrm{j}b\dfrac{\Omega}{\Omega_0}, & -\Omega_0<\Omega<\Omega_0\\ 0, & \text{其他}\end{cases}$$

式中，$\Omega>0$，a，b 为实常数，求互相关函数 $R_{XY}(\tau)$。

解

$$\begin{aligned}R_{XY}(\tau)&=\frac{1}{2\pi}\int_{-\Omega_0}^{\Omega_0}\left(a+\mathrm{j}b\frac{\Omega}{\Omega_0}\right)\mathrm{e}^{\mathrm{j}\Omega\tau}\mathrm{d}\Omega\\&=\frac{a}{2\pi}\int_{-\Omega_0}^{\Omega_0}\mathrm{e}^{\mathrm{j}\Omega\tau}\mathrm{d}\Omega+\frac{\mathrm{j}b}{2\pi\Omega_0}\int_{-\Omega_0}^{\Omega_0}\Omega\mathrm{e}^{\mathrm{j}\Omega\tau}\mathrm{d}\Omega\\&=\frac{1}{\pi\Omega_0\tau^2}\{(a\Omega_0\tau-b)\sin(\Omega_0\tau)+b\Omega_0\tau\cos(\Omega_0\tau)\}\end{aligned}$$

对有限长离散序列 $x(n)$ 和 $y(m)$，它们的互谱密度可以写成

$$\begin{aligned}P_{xy}(k)&=\sum_{m=0}^{N-1}R_{xy}(m)\mathrm{e}^{-\mathrm{j}\frac{2\pi}{N}mk}=\sum_{m=0}^{N-1}\frac{1}{N}\sum_{n=0}^{N-1}x(n)y(n+m)\mathrm{e}^{-\mathrm{j}\frac{2\pi}{N}mk}\\&=\frac{1}{N}\sum_{m=0}^{N-1}x(n)\mathrm{e}^{\mathrm{j}\frac{2\pi}{N}nk}\sum_{m=0}^{N-1}y(m)\mathrm{e}^{-\mathrm{j}\frac{2\pi}{N}mk}=\frac{1}{N}X^{*}(k)Y(k)\end{aligned} \tag{5.3.49}$$

式中,$X^*(k)$是信号 $x(n)$的 DFT 的共轭;$Y(k)$是信号 $y(m)$的 DFT;N 是有限长离散序列的长度。

互谱密度在信号频谱分析中有很多重要的应用:

(1) 利用互谱密度可以得到系统的频率响应函数;

(2) 互谱密度能够识别动力学系统的特性;

(3) 互谱密度能够确定响应对激励的滞后时间。

5.4 谱估计中的几个问题

在对信号进行谱分析过程中,有几个实际的问题需要考虑,下面分别进行介绍。

5.4.1 数据预处理

任何信号处理系统总是要对干扰和信号同时进行一番处理,这里所谓信号就是观测者所感兴趣和需要的内容,除此之外都看作干扰或噪声。因此,为了便于实现后续的处理,对采集的数据进行预处理,从而把信号从噪声或干扰中提取出来是非常必要的。

预处理一般还包括对采集数据可疑值的排除,区分周期性函数与随机性数据,确定是否为平稳随机数据等。对于随机数据,如果产生数据的主要物理条件不随时间变化,则可看做是平稳随机信号;如果信号的功率谱明显地出现尖峰,则认为是周期信号。应根据已知的概率分布规律,对所测得的数据进行检查,从而判断出哪些随机数据是可疑值,然后加以剔除。例如,检验平稳随机过程是否为正态分布,可以将测量数据的概率密度函数与理论正态分布作比较。

预处理的基本方法有预滤波、零均值变换、移动趋势项和信号求平均值等,在实际中,应根据数据的性质和谱估计,选用相应的方法[8]。

1. 预滤波

当信号需要平滑或抑制不需要的频率分量时,可采用滤波的方法。例如,生物信号通过高增益的放大器以后,由于饱和出现低频失真,或数字硬件出现溢出,则可利用高通滤波器进行处理。为了避免因不满足采样定理而出现的频率混叠,可利用低通滤波器来限制原信号的频带宽度,同时还可以减少高频噪声,特别是对于信号求平均的情况。作用于采样信号的数据滤波器,除了可以减少噪声以外,还能抵消漂移和避免当数据通过有限长时窗时所引起的功率泄漏。

2. 零均值变换

为了简化数字信号处理过程的计算,希望通过变换使数据的平均值为0。设原数据为序列 $x(n)$,变换后的零均值数据为序列 $\hat{x}(n)$,则有

$$\hat{x}(n)=x(n)-\bar{x}(n) \tag{5.4.1}$$

式中，$\bar{x}(n)$是原序列 $x(n)$的平均值，即

$$\bar{x}(n)=\frac{1}{N}\sum_{n=1}^{N}x(n) \tag{5.4.2}$$

平均值可以对第 1 个到第 N 个的所有采样值进行平均。如果数据是在不同时间段采样得来的，则求平均及零均值变换可在每一段时间内单独进行。

3. 趋势项的移动

被分析的数据中往往包含一个基本趋势，在某些情况下，这个趋势是所需要的，因此，把它分离出来有重要意义。但是，在某些情况下对信号特征的计算会引起误差，因此，在进行预处理时应把它们去掉，特别在进行谱分析的情况下，这样可以避免对峰值的错判及防止对功率谱计算不准确。

趋势可以有几种形式，若趋势由慢变化的信号组成则可以通过数字高通滤波器把它去掉；如果趋势的周期比记录时间大，则不能采用滤波的方法，在这种情况下，可把它近似看作在整个记录时间内的一个线性变化，采用均方误差最小的方法去掉趋势项。图 5.4.1 表示去掉趋势项的过程。

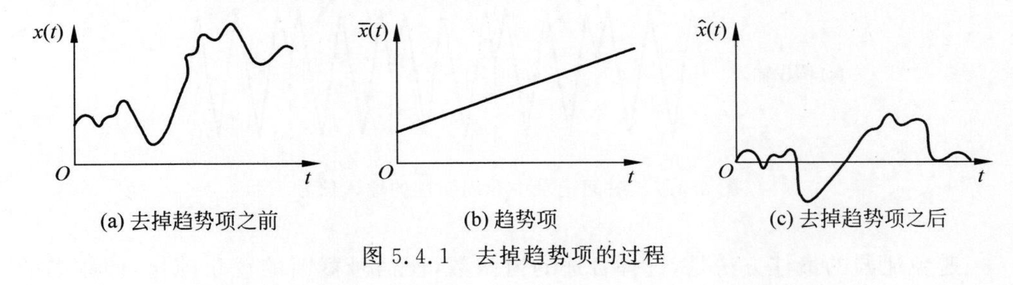

图 5.4.1　去掉趋势项的过程

5.4.2　频谱泄漏与窗函数

在进行谱分析时，每次采样所得的时域信号的两端都被截断，如果该信号是确定频率的正弦信号，按理论分析其功率谱，只在确定频率处有一根谱线。但是，实际截取时域信号的是矩形窗函数，结果得到的频谱图有多个频率成分，除了应有的主瓣外，又出现了许多旁瓣。这种谱分析中的失真现象称为泄漏。信号的能量原本应该集中于确定频率处，而现在部分能量泄漏到其他频率上去了。下面对这种现象进行具体分析。

设被处理的信号为 $x(t)=a\cos(\omega_0 t)$，其真实频谱为 $\omega=\omega_0$ 的一条谱线。但是，对其进行有限时间长度的傅里叶变换时，取$[-T,T]$区间代替$(-\infty,+\infty)$区间，则有

$$\begin{aligned}X(\omega)&=\frac{1}{2\pi}\int_{-T}^{T}a\cos(\omega_0 t)\mathrm{e}^{-\mathrm{j}\omega t}\,\mathrm{d}t\\&=\frac{a}{2\pi}\left\{\frac{\sin[(\omega-\omega_0)T]}{\omega-\omega_0}+\frac{[\sin(\omega+\omega_0)T]}{\omega+\omega_0}\right\}\end{aligned} \tag{5.4.3}$$

当 $T\to\infty$ 时,$X(\omega)$有在 $\pm\omega_0$ 处的离散谱线;当 T 为有限长时,$X(\omega)$呈现出 $\frac{\sin x}{x}$ 型函数,也就是以 $\pm\omega_0$ 为中心,谱线宽度为 $\Delta\omega=2\pi/T$ 的主瓣组成的连续谱,原来集中于 ω_0 的功率变成分散在一个与截断长度 T 有关的较宽的频率范围内,但是,总功率不变。

泄漏是由于截取有限时间记录引起的,这使得实际输入信号波形成为非周期性的(如图5.4.2所示),就会产生泄漏[9]。

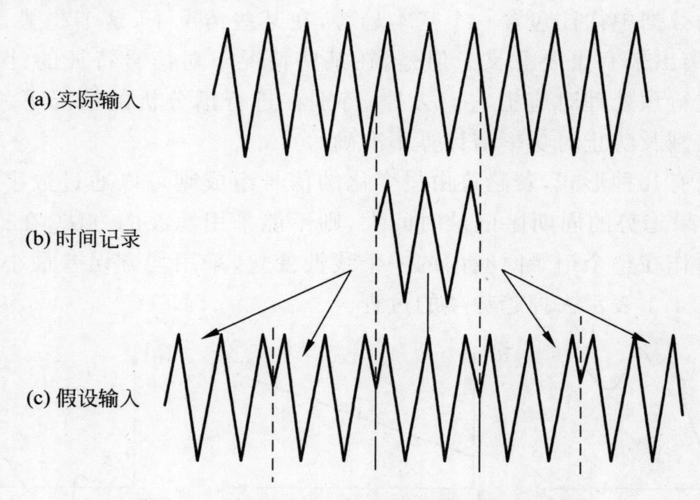

图5.4.2　时间记录中非周期性的输入信号

避免泄漏的最佳方法是,选择合适的窗函数,使信号截断的锐角钝化,使频谱的扩散减到最小。这相当于将时间记录乘上一个函数,这个函数在时间记录的中间最大,在时间记录的两端则为0,从而能将FFT能量集中在时间记录的中间。这类函数称为窗函数。它使我们可以通过一个狭窄的窗口来观察数据。图5.4.3表示窗函数的作用。时间记录中的非周期性的数据,经过窗口化后,频谱将会明显改善,如图5.4.4所示,其中,图5.4.4(c)采用窗函数的FFT结果显然更接近于正弦波的单条谱线。

为了便于选择,这里给出评价窗函数的4个指标,如图5.4.5所示[4]。

1) 最大旁瓣值比

最大旁瓣值比是最大旁瓣值 $A_{旁\max}$ 与主瓣峰值 $A_{峰}$ 之比,用对数形式表示。因为最大旁瓣常常使人们分不清它是由于泄漏造成的,还是系统固有的峰值,因此,最大旁瓣比值是评价窗函数的重要指标之一。矩形窗的最大旁瓣比值为−13dB,即

$$20\lg(A_{旁\max}/A_{峰})=-13,\quad A_{旁\max}/A_{峰}=0.22$$

也就是说,最大旁瓣值约为主瓣峰值的1/5。如果采用后面所示的P310窗,最大旁瓣比值可降低至−93.3dB,即旁瓣值约为主瓣峰值的 2.16×10^{-5},这时旁瓣值就可忽略不计了。

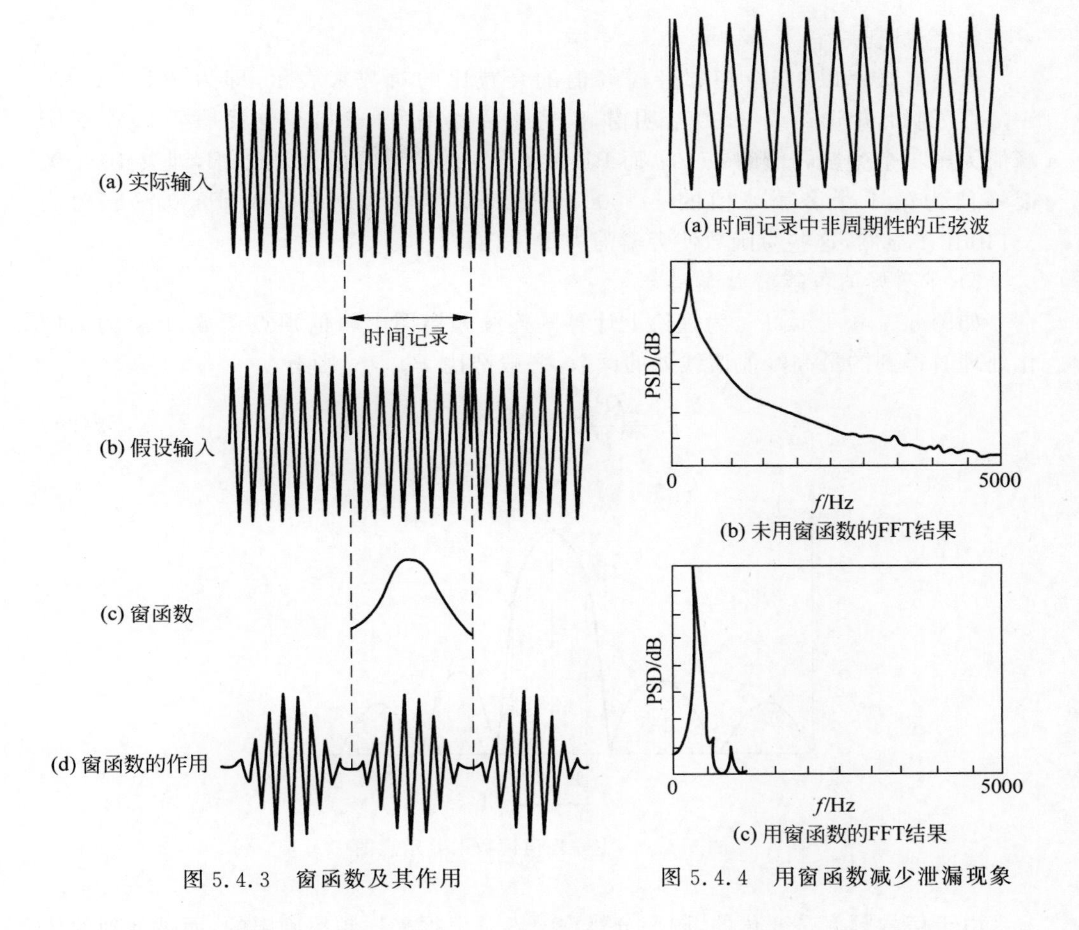

图 5.4.3　窗函数及其作用

图 5.4.4　用窗函数减少泄漏现象

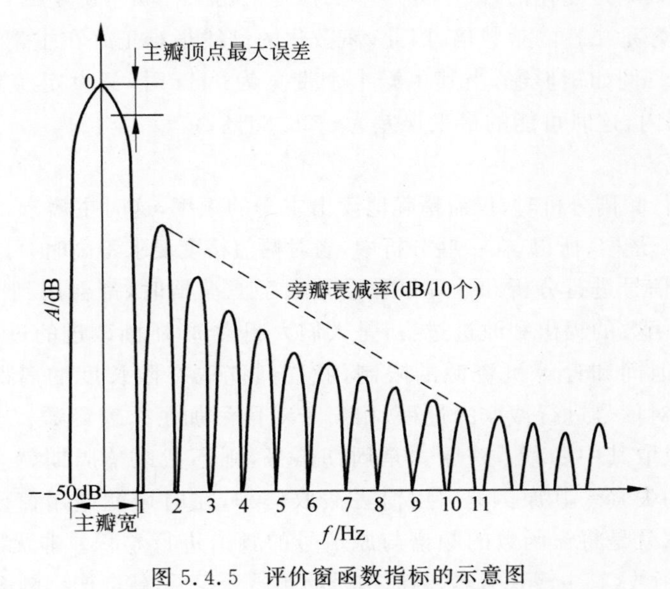

图 5.4.5　评价窗函数指标的示意图

2）旁瓣衰减率

旁瓣衰减率以10个相邻旁瓣峰值的衰减比的对数来表示，即为 $20\lg(A_{旁10}/A_{旁1})$。例如，矩形窗或P100哈明窗，其旁瓣衰减率为−20dB，也就是第10个旁瓣峰值为第1个旁瓣峰值的1/10；而P110汉宁窗的旁瓣峰值为−60dB，即第10个旁瓣峰值为第1个旁瓣峰值的1/1000；P220汉宁窗为−100dB；P330汉宁窗为−140dB。显然，这些窗函数使旁瓣消失很快。

3）主瓣峰值可能最大误差 ε

如图5.4.6所示，$P_{峰}$ 为理论上计算的连续频谱图上峰值顶点读数，$P_{读}$ 为离散化处理时得到的最高峰值谱线处的读数，一般都比 $P_{峰}$ 小，则有

$$\varepsilon=\left(\frac{P_{读}}{P_{峰}}-1\right)\times 100\% \tag{5.4.4}$$

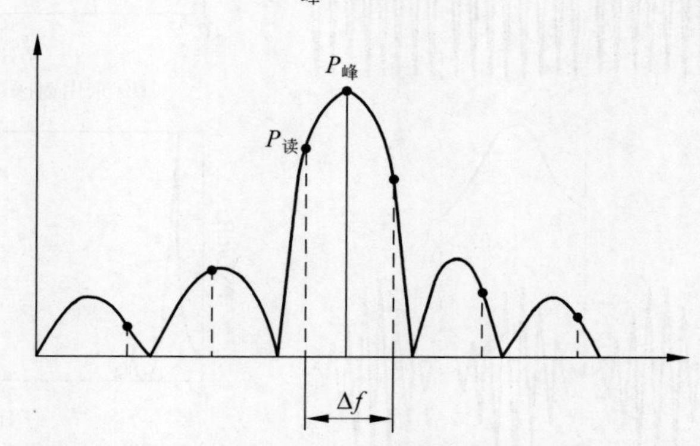

图5.4.6 主瓣峰值读数误差示意图

由于信号频率是变化的，频率分辨率 Δf 是根据采样频率确定的，而被处理的信号频率很难正好是 Δf 的整数倍，因此，离散化的谱线很难正好在主瓣顶峰处，所以，就产生了误差。例如矩形窗，当其主瓣半个带宽为1Hz时，又设定实际谱线距离顶峰在0.5Hz以内，这时可能的最大误差为−36.34%。

4）主瓣宽

有时在进行频谱分析时，仅需精确地读出主瓣的频率，这时主瓣窄一些就好分辨，而矩形窗的主瓣最窄，所以，在一些分析中，当对幅值精度要求不高时，可采用矩形窗。

在对实际信号进行分析和处理以及设计数字滤波器时，都会用到不同形式的窗函数。这些窗函数的提出和改进过程，是人们大胆尝试、不断改进的过程[10]。

由于计算时间和计算机资源的限制，我们只能取有限长度的离散信号进行处理。这是一个对信号进行截取的过程，相当于对信号加了个窗函数。若信号原本是无限长的，则只取其中一段；若原本是周期信号，则不截取整周期就会产生频谱泄漏，造成信号的失真。其原因是：用窗去截取信号，在时域就是用窗函数与信号相乘，对应的频域就是将窗函数的频谱与原信号的频谱进行卷积。非无限长窗函数的频谱不是脉冲函数，有主瓣和旁瓣，与原信号的频谱卷积后，就会产生频谱泄漏、幅值波

动和周期延拓等负面影响。为此,要选取合适的窗函数,以便尽量减小负面影响。

迄今为止,人们已经提出了多种窗函数。最简单就是用矩形窗去截取信号。从频域分析用矩形窗截断信号造成的问题:矩形窗的频谱是主瓣最窄、旁瓣幅值很大;主瓣窄有利于计算信号的频率,但是,不利于计算信号的幅值;旁瓣幅值大造成计算信号幅值时误差很大。从时域分析用矩形窗截断信号带来的问题:矩形窗的边缘过于陡峭,截断造成原信号周期延拓后,边缘部分的影响所占比重较大。

为此,提出采用三角形窗。与矩形窗相比,这种窗在时域上边缘部分的幅值很小;其频谱是主瓣宽度变宽,旁瓣幅值较小。

在三角窗的基础上,考虑到傅里叶变换的调制特性,再利用三角函数与指数函数之间的关系,提出了汉宁窗。这种窗函数的频谱可以看成是 3 个矩形窗频谱的叠加,使得旁瓣互相抵消,能量更加集中于主瓣。所以,与三角形窗的频谱相比,汉宁窗的主瓣宽度相同;但是,旁瓣小。

再对汉宁窗进行改进,调整了各项之间的比例,提出了哈明窗,其旁瓣幅值更小。

在此基础上,提出布莱克曼窗,增加余弦的二次谐波分量,使得主瓣变宽,旁瓣幅值最小。

这几种窗函数的横向比较和简要分析如表 5.4.1 所示。分析窗函数的发展和改进过程,我们不难发现,这是人们为了追求窗函数频谱旁瓣更小这个目标,不断进行尝试,探索出来的。

表 5.4.1　各种窗函数的比较和分析

窗函数	时域特点	频谱特点	原　因
矩形窗	边缘处幅值很大	主瓣窄,旁瓣很大	边缘影响大,旁瓣幅值大
三角窗	边缘处幅值小	瓣宽度变宽,旁瓣幅度较小	边缘影响变小,使旁瓣幅值变小
汉宁窗	边缘处幅值更小	主瓣宽度与上面相同,旁瓣幅度小	利用调制特性,使旁瓣互相抵消
哈明窗	边缘处幅值较小	主瓣宽度与上面相同,旁瓣幅度更小	调整各项系数,使旁瓣更小
布莱克曼窗	边缘处幅值最小	主瓣变宽,旁瓣幅度最小	增加余弦二次谐波,使旁瓣最小

5.4.3　谱估计的基本步骤

为了保证信号处理的精度和可靠性,对谱估计的实际分析中采用的基本步骤,作如下考虑。

(1) 估计待分析信号的频率范围和频率上限 f_{m}。若需要,可以先对信号进行滤波,去掉过高的频率分量。

(2) 根据分析精度的要求,设定谱分析中的频率分辨率 Δf,则有

$$\Delta f=\frac{1}{T}=\frac{1}{N\Delta t}=\frac{f_{\mathrm{s}}}{N} \tag{5.4.5}$$

式中,T 为总采样时间长度;N 为采样点数;Δt 为采样时间间隔;f_s为采样频率。

(3) 选定采样间隔 Δt,使采样频率 $f_s \geqslant 2f_m$。

(4) 由于频域中每个点要由与频率有关的两个值(幅值与相位或实部与虚部)来决定,因此,时域中的 N 个采样点变换到频域时,只能决定 $N/2$ 个复数点。准确地说,因直流和最高频率只有实数值,故有$(N/2)+1$个实数点和$(N/2)-1$个虚数点。谱分析的频带宽 F_{max} 为

$$F_{max} = \Delta f N/2 \tag{5.4.6}$$

(5) 确定点数 N。当 $F_{max} = f_m$,则

$$N = 2f_m/\Delta f \tag{5.4.7}$$

我们希望 Δf 越小越好。由式(5.4.5)可见,当 f_s一定时,N 应该大,但是,这会使采样时间长度、存储量和计算量增大。此外,我们常常希望 N 取 2 的整次幂。若 N 已给定,即 N 不能增加,可用补零的方法使 N 为 2 的整次幂。注意,补零不能提高频率分辨率。在进行谱分析时,人们常在有效数据后面补一些零,以达到对频谱做某些改善的目的,这往往会引起一些误解,认为补零会提高分辨率。其理由是,原数据长度为 N_1,现数据长度为 N_2,由于

$$\Delta f_1 = f_s/N_1, \quad \Delta f_2 = f_s/N_2, \quad N_2 > N_1$$

因此,$\Delta f_2 < \Delta f_1$。出现这种错误的原因是把补零后数据的有效长度错认为是 N_2,它实际上仍是 N_1,即补零不能增加数据的有效长度。虽然理论上补零有一定的优点:

① 可使数据 N 为 2 的整次幂,以便于使用 FFT 算法;

② 补零起到对原 DFT 的 $X(k)$作插值的作用,一方面,克服“栅栏”效应,使谱的外观得到平滑;另一方面,由于对数据截断时所引起的频谱泄漏,有可能在频谱中出现一些难以确认的峰值,补零后有可能消除这种现象。

但是,在实际中应该尽量多采集一些数据,避免补零。

5.4.4 频谱校正方法

采用周期图谱分析方法进行信号处理,在科研、工程和生产中有十分广泛的应用。但是,这种方法存在以下局限性。

(1) 计算机只能对有限样本进行处理,FFT 谱分析也只能在有限区间内进行。由于时域截断产生的能量泄漏,造成谱峰值变小,精度降低。

(2) 采样频率不可能是信号频率的整数倍,而 FFT 的频谱是离散的,若信号频率在两条谱线之间,这时由峰值谱线反映的频率、幅值和相位就存在较大误差。例如,当加矩形窗且进行非整周期采样时,频谱分析的幅值误差最大达 36.4%,频率误差最大为 $0.5\Delta f$,Δf 为频率分辨率。

为此,人们提出了一些校正频谱分析中误差的方法,以满足实际应用对频谱分析精度的要求。下面仅介绍频谱重心校正法,并给出其处理步骤、具体算法和

特点[7,11]。

1）基本原理

频谱重心校正法的基本原理是，利用窗函数主瓣内的谱线求主瓣中心的坐标，得到准确的频率、幅值和相位，根据主瓣函数的特点用重心法规求中心坐标。不同的窗函数有不同的主瓣形状，下面仅以矩形窗为例。

2）矩形窗的修正公式

矩形窗为

$$w(k)=1,\quad k=0,1,\cdots,N-1 \tag{5.4.8}$$

其离散傅里叶变换为

$$\begin{aligned}W(\omega)&=\sum_{k=0}^{N-1}\mathrm{e}^{-\mathrm{j}2\pi kn/N}=\frac{1-\cos(N\omega)+\mathrm{j}\sin(N\omega)}{1-\cos\omega+\mathrm{j}\sin\omega}\\&=\frac{\sin(N\omega/2)}{\sin(\omega/2)}\mathrm{e}^{-\mathrm{j}\omega(N-1)/2}\end{aligned} \tag{5.4.9}$$

式中，$\omega=2\pi k/N$。

矩形谱的模函数为

$$W_0(n)=\frac{\sin(\pi n)}{\sin(\pi n/N)} \tag{5.4.10}$$

当 $N\gg 1$ 时，$1/N\to 0$，$\sin(\pi n/N)\approx n\pi/N$，故在主瓣区间有

$$W_0(n)=\frac{N\sin(\pi n)}{\pi n} \tag{5.4.11}$$

当 $\omega=2\pi n/N(n=\pm1,\pm2,\cdots)$ 时，$W=0$，所以，主瓣宽度为 $4\pi/N$。又因为谱线间隔为 $2\pi/N$，所以，主瓣内有两条谱线，分别为第 n 条和第 $n+1$ 条。利用式(5.4.11)，并用 Y 代替 W_0，则有

$$Y(n)=\frac{\sin(\pi n)}{\pi n} \tag{5.4.12}$$

因为

$$\begin{aligned}nY(n)+(n+1)Y(n+1)&=nN\sin(\pi n)/(n\pi)+(n+1)N\sin(n\pi+\pi)/[(n+1)\pi]\\&=N\sin(\pi n)-N\sin(\pi n)=0\end{aligned} \tag{5.4.13}$$

所以，式(5.4.13)说明两条谱线的重心为主瓣中心，按重心法规求中心坐标 x_0，则有

$$x_0=\frac{nY(n)+(n+1)Y(n+1)}{Y(n)+Y(n+1)}=n+\frac{Y(n+1)}{Y(n)+Y(n+1)} \tag{5.4.14}$$

令

$$\Delta n=\frac{Y(n+1)}{Y(n)+Y(n+1)} \tag{5.4.15}$$

由频率的一般形式 $f=nf_s/N$，得到修正公式为

$$f=(n+\Delta n)f_s/N \tag{5.4.16}$$

同理，可以推出用主瓣内相邻谱峰最高的两条谱线（第 $n-1$ 条和第 n 条）校正

频率的公式。

设主瓣峰值为 A,则

$$Y(n)=A\frac{\sin[\pi(n-x_0)]}{\pi(n-x_0)} \tag{5.4.17}$$

式(5.4.17)相当于式(5.4.12)乘以系数 A,并平移到 x_0 处。x_0 和 A 分别是分析信号的频率和幅值,$Y(n)$和 $Y(n+1)$是主瓣内的两条谱线。

将 x_0,$Y(n)$代入式(5.4.17),得到幅值校正公式为

$$A=\frac{Y(n)\Delta n\pi}{\sin(\Delta n\pi)} \tag{5.4.18}$$

由式(5.4.9)可知,矩形窗频谱函数的相位角为

$$\varphi=-\frac{N-1}{2}\omega \tag{5.4.19}$$

将 $\omega=2\pi n/N$ 代入式(5.4.19),在主瓣内近似认为$(N-1)/N\approx 1$,则 $\varphi=-n\pi$,校正量 $\Delta\varphi=-\Delta n\pi$,复频信号与窗频谱函数进行卷积运算时,相位角相加,得到相位校正公式为

$$\theta=\arctan(I_n/R_n)-\Delta n\pi \tag{5.4.20}$$

式中,R_n 和 I_n 分别为 FFT 的实部和虚部。

3) 几点讨论

① 该校正方法计算速度快,精确度较高;

② 对于复杂的窗函数校正公式的推导困难;

③ 当频率间隔过小、主瓣重叠时,该方法不适用。

5.5 平稳随机信号通过线性系统

设 $X(n)$为一平稳随机信号,当它通过一个线性移不变系统 $H(z)$后,输出为 $Y(n)$,即

$$Y(n)=X(n)*h(n)=\sum_{k=-\infty}^{\infty}X(k)h(n-k)$$

所以,$Y(n)$也是随机的,且也是平稳的。若 $X(n)$是确定性信号,则

$$Y(\mathrm{e}^{\mathrm{j}\omega})=X(\mathrm{e}^{\mathrm{j}\omega})H(\mathrm{e}^{\mathrm{j}\omega})$$

由于随机信号不存在傅里叶变换,因此,需要从相关函数和功率谱的角度来研究随机信号通过线性系统的响应。为了讨论问题方便起见,假设 $X(n)$是实信号,这样,$Y(n)$也是实的,输入 $X(n)$和输出 $Y(n)$有以下关系。

(1)
$$R_Y(m)=R_X(m)*h(m)*h(-m) \tag{5.5.1}$$

因为

$$\begin{aligned}R_Y(m)&=\mathrm{E}\{Y(n)Y(n+m)\}\\&=\mathrm{E}\left\{\sum_{k=-\infty}^{\infty}h(k)X(n-k)\sum_{i=-\infty}^{\infty}h(i)X(n+m-i)\right\}\end{aligned}$$

$$= \sum_k h(k) \sum_i h(i) \mathrm{E}\{X(n-k)X(n+m-i)\}$$

$$= \sum_k h(k) \sum_i h(i) R_X(m+k-i) = \sum_k h(k) R(m+k)$$

式中，

$$R(m+k) = h(m+k) * R_X(m+k)$$

令 $m+k=l$，则

$$R_Y(m) = \sum_{k=-\infty}^{\infty} h(k) R(m+k) = \sum_{l=-\infty}^{\infty} R(l) h(l-m) = R(m) * h(-m)$$

所以，

$$R_Y(m) = R_X(m) * h(m) * h(-m)$$

(2)
$$P_Y(\mathrm{e}^{\mathrm{j}\omega}) = P_X(\mathrm{e}^{\mathrm{j}\omega}) \left| H(\mathrm{e}^{\mathrm{j}\omega}) \right|^2 \tag{5.5.2}$$

对式(5.5.1)两边作傅里叶变换，就可得到式(5.5.2)。

(3)
$$R_{XY}(m) = R_X(m) * h(m) \tag{5.5.3}$$

$$R_{XY}(m) = \mathrm{E}\{X(n)Y(n+m)\} = \mathrm{E}\left\{X(n) \sum_{k=-\infty}^{\infty} h(k) X(n+m-k)\right\}$$

$$= \sum_k h(k) \mathrm{E}\{X(n)X(n+m-k)\}$$

$$= \sum_k h(k) R_X(m-k) = R_X(m) * h(m)$$

(4)
$$P_{XY}(\mathrm{e}^{\mathrm{j}\omega}) = P_X(\mathrm{e}^{\mathrm{j}\omega}) H(\mathrm{e}^{\mathrm{j}\omega}) \tag{5.5.4}$$

对式(5.5.3)两边取傅里叶变换，就得到式(5.5.4)。

例 5.5.1　一个简单的两点差分器可以用下式来描述：

$$Y(n) = \frac{1}{2}[X(n) - X(n-2)]$$

它可以用来近似计算信号的斜率。设 $X(n)$ 为一均值为 0、方差为 σ^2 的白噪声，试求输出 $Y(n)$ 的自相关函数和功率谱。

解　因为 $X(n)$ 为一白噪声序列，所以

$$R_X(m) = \sigma_X^2 \delta(m),\ P_X(\mathrm{e}^{\mathrm{j}\omega}) = \sigma_X^2$$

由所给系统得

$H(\mathrm{e}^{\mathrm{j}\omega}) = \mathrm{j}\mathrm{e}^{-\mathrm{j}\omega} \sin\omega = \mathrm{e}^{-\mathrm{j}(\omega - \pi/2)} \sin\omega$

$h(0) = 1/2, h(2) = -1/2, h(n) = 0$，　n 为除 0,2 以外的其他值。

由式(5.5.1)可得

$$R_Y(m) = \begin{cases} \sigma_X^2/2, & m = 0 \\ -\sigma_X^2/4, & m = \pm 2 \\ 0, & \text{其他} \end{cases}$$

以上结果也可以直接由 $R_Y(m)$的定义求出。对 $R_Y(m)$求傅里叶变换,有

$$P_Y(\mathrm{e}^{\mathrm{j}\omega})=\sigma_X^2\sin^2\omega$$

5.6 与本章内容有关的 MATLAB 函数

与本章内容有关的 MATLAB 函数主要用于功率谱估计、频率响应分析和相关函数计算。

1. periodogram()

该函数采用周期图估计一个信号的功率谱密度或功率谱,直接将信号的采样序列进行傅里叶变换求取功率谱估计,其调用格式为

```
[Pxx,f] = periodogram(xn,nfft,fs,window)
[Pxx,f] = periodogram(xn,nfft,fs,window,'range')
```

式中,xn 是信号序列; nfft 是 fft 的长度; fs 是采样频率; window 是选用的窗函数,窗长要小于或等于 nfft; 输出的 Pxx 是估计出的功率谱,f 是频率坐标。默认值 nfft=256,fs=1Hz,采用矩形窗。range 是频率范围选项: twoside 是计算双边功率谱,oneside 是计算单边功率谱。periodogram()函数允许在参数中指定一个空矩阵,即[ ],表示使用函数的默认参数设置。

2. pwelch()

该函数是用 Welch 法估计一个信号的功率谱,Welch 法就是在重叠的加窗分段信号上作平均周期图,其调用格式为

```
[Pxx,f] = pwelch(xn,nfft,fs,window,noverlap)
[Pxx,f] = pwelch(xn,nfft,fs,window,noverlap,'range')
Pxx = pwelch(xn,window,noverlap)
```

式中,xn 是信号序列; nfft 是 fft 的长度; fs 是采样频率; window 是选用的窗函数,窗长要小于或等于 nfft; noverlap 是估计功率谱时每一段重叠的长度,要小于 nfft; 输出的 Pxx 是估计出的功率谱; f 是频率坐标。默认值 nfft=256,fs=1Hz,50%重叠(即前一段信号和后一段信号有一半是重叠的),采用汉宁窗。range 的意义同 periodogram()函数。pwelch()函数也允许在参数中指定一个空矩阵,即[ ],表示使用函数的默认参数设置,例如,

```
[Pxx,f] = pwelch(xn,[ ],fs,[ ],noverlap)
```

表示 nfft=256,采用汉宁窗。

3. psd()

该函数是用 Welch 法估计一个信号的自功率谱,其调用格式为

```
Pxx = psd(xn)
Pxx = psd(xn,nfft)
[Pxx,f] = psd(xn,nfft,fs)
Pxx = psd(xn,nfft,fs,window)
Pxx = psd(xn,nfft,fs,window,noverlap)
Pxx = psd(xn,nfft,fs,window,noverlap,'dflag')
```

式中,Pxx为信号的自功率谱密度估计;dflag为去除信号趋势量的选项:line表示去除直线趋势量,mean表示去除均值量,none表示不作去除信号趋势处理;xn,nfft,fs,window,noverlap的含义同pwelch()函数。默认值nfft=256,fs=2,noverlap=0,采用汉宁窗。若xn为实序列,则Pxx只计算频率为正的功率谱估计;若xn为复序列,则Pxx计算正负频率的功率谱估计。psd()函数允许在参数中指定一个空矩阵[ ],表示使用函数的默认参数设置。

例5.6.1 计算叠加白噪声序列的正弦信号 $2\sin(0.12\pi n)+\sin(0.28\pi n)$ 的功率谱。

解 MATLAB程序如下:

```
% examp5_1.m
n = 0:1000;
xn = 2 * sin(0.12 * pi * n) + sin(0.28 * pi * n) + randn(size(n));    % 产生信号

nfft = input('the size of fft = ');                                   % 输入 fft 运算长度
window = hamming(256);
noverlap = input('the amount of overlap = ');                         % 输入覆盖点数

[Pxx,f] = psd(xn,nfft,2,window,noverlap);                             % 计算功率谱密度
plot(f/2,10 * log10(Pxx));grid                                        % 绘图
xlabel('\omega/\pi');                                                 % 加标注
ylabel('Power Spectrum,dB');

% nfft = 1000,noverlap = 128
```

结果如图5.6.1所示。

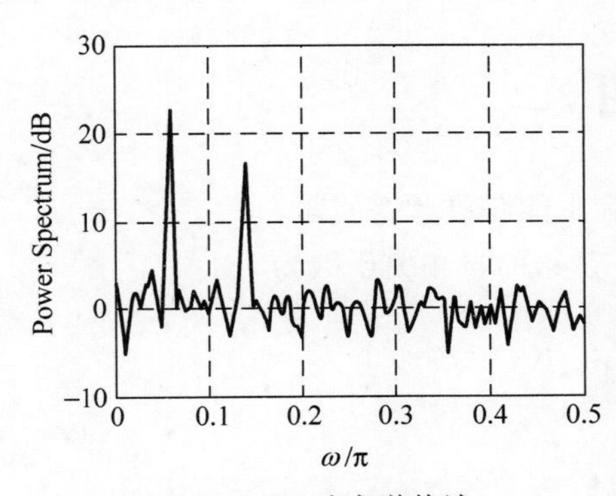

图5.6.1 功率谱估计

■

4. spectrum()

该函数也是用 Welch 法估计一个信号的功率谱,调用格式为

```
[Pxx,f] = spectrum(xn,nfft,fs,window,noverlap,'dflag')
```

式中,参数含义同 psd()函数,使用方法也同 psd()函数。

5. csd()

该函数是用 Welch 法估计两个等长信号 x 和 y 的互功率谱,csd()函数用信号 x 和 y 的 FFT 乘积来形成周期图,所以其结果是复数。其调用格式为

```
Pxy = csd(x,y)
Pxy = csd(x,y,nfft)
[Pxy,f] = psd(x,y,nfft,fs)
Pxy = csd(x,y,nfft,fs,window)
Pxy = csd(x,y,nfft,fs,window,noverlap)
Pxy = csd(x,y,nfft,fs,window,noverlap,'dflag')
```

式中,x,y 为两个信号序列;Pxy 为 x,y 的互功率谱估计;其他参数的意义同 psd 函数。

小结

本章介绍了随机信号分析与处理的有关内容,着重讲述了随机信号的相关函数分析及应用,重点讨论了功率谱估计,其中包括功率谱密度的定义、性质、与自相关函数的关系、估计方法和应用,简要介绍了互谱分析。本章还阐述了谱估计中的几个重要问题,包括预处理、频谱泄漏与窗函数之间的关系、谱估计的基本步骤及频谱校正方法。最后,本章介绍了随机信号通过线性移不变系统的响应。

习题和上机练习

5.1 功率谱在实际中能解决什么问题?

5.2 若随机过程 $X(t)$的自相关函数为

$$R_X(\tau)=\begin{cases}1-|\tau|, & |\tau|\leqslant 1\\ 0, & |\tau|>1\end{cases}$$

求功率谱密度。

5.3 求 $Y(t)=X(t)\cos(\Omega_0 t+\Phi)$的功率谱密度。式中,$X(t)$为平稳随机过程,$\Phi$ 为$(0,2\pi)$上均匀分布的随机变量,Ω_0 为常数,$X(t)$与 Φ 互相独立。

5.4 已知平稳过程 $X(t)$的自相关函数为

$$R_X(\tau)=\begin{cases}1-\dfrac{|\tau|}{T}, & -T\leqslant\tau<T\\ 0, & \text{其他}\end{cases}$$

求 $X(t)$的功率谱密度 $P_X(\Omega)$，并画出其图形。

5.5 推导用周期图法求互功率谱密度估值的过程，画出框图。

5.6 某平稳随机信号最高频率为50Hz，现以200Hz进行采样，若要求频率分辨率为2Hz，试确定进行谱估计时每段数据的长度。

5.7 已知平稳随机信号的一个观测序列 $x(n)=[1,1,0,0]$，试用周期图法求出其功率谱的估值。

5.8 设信号频率为1kHz，采样频率为10kHz，采样数据个数为1024，试求谱估计的频率分辨率和可分析的频率范围；若要提高频率分辨率，应采取什么措施？

5.9 在经典谱估计中利用直接法进行功率谱估计时，补零起什么作用？为什么说补零不能提高频率分辨率？

5.10 试对频率混叠和频谱泄漏进行讨论，指出它们产生的原因，并给出解决方法。

5.11 一段记录包含 N 点采样，其采样频率 $f_s=1000$Hz。用平均法改进周期图估计时将数据分成互不交叠的 K 段的方式，其中每段数据长度 $M=N/K$。假定在频谱中有两个相距为 0.04π(rad)的谱峰，要分辨它们，M 应取多大？

5.12 在用某台FFT仪做谱分析时，选用抽样点数 N 必须是2的整数次幂。已知待分析的信号中，上限频率≤1.25kHz。要求谱分辨率≤5Hz。试确定以下参数：

(1) 一个记录中的最少抽样点数；

(2) 相邻样点间的最大时间间隔；

(3) 信号的最小记录时间。

5.13 若系统的输入过程 $X(t)$为平稳过程，系统的输出(见图题5.13)为

$$Y(t)=X(t)+X(t-\tau)$$

求证 $Y(t)$的功率谱密度为

$$P_Y(\Omega)=2P_X(\Omega)[1+\cos(\Omega\tau)]$$

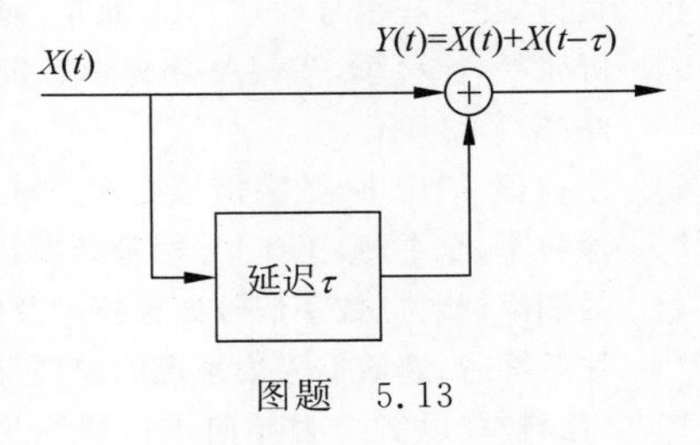

图题 5.13

5.14 假设有一个二阶AR系统的系统函数是

$$H(z)=\frac{1}{1-2\rho z^{-1}\cos\theta+\rho^2 z^{-2}},\quad \rho<1$$

当一个方差为 σ_w^2 的白噪声序列 $w(n)$输入该系统中时，求输出序列 $y(n)$的频谱，并分析 ρ 和 θ 的变化对输出频谱的影响。

*5.15 试求下列差分方程所描述的输出序列 $x(n)$的功率谱并作图：

(1) $x(n)=-0.81x(n-2)+w(n)-w(n-1)$

(2) $x(n)=w(n)-w(n-2)$

(3) $x(n)=-0.81x(n-2)+w(n)$

式中,$w(n)$是方差为σ_w^2(如$\sigma_w^2=1/12$)的白噪声。

*5.16　一序列$x(n)$是由两个频率相距为Δf的模拟信号采样得来的,即

$$x(n)=\sin(2\pi\times 0.135\times n)+\cos[2\pi(0.135+\Delta f)n]\quad n=0,1,\cdots,15$$

已知序列长度$N=16$,试采用周期图法,应用DFT分别计算当$\Delta f=0.06$及$\Delta f=0.01$时的功率谱估计,并通过作图说明从功率谱估计的分布是否能分辨出这两个正弦信号的真实频谱。若$N=64$又有什么变化?

*5.17　用MATLAB产生256点的白噪声序列,应用Welch法估计其功率谱,每段长64点,重叠32点,作出输出平均后的功率谱图以及对256点一次求周期图的功率谱图。

*5.18　离散信号序列$x(n)=2\sin(2\pi fn/f_s)$,长度$N=512$,$f_s=32\text{Hz}$,令f取值分别为16Hz和15Hz,计算序列的功率谱,比较两个功率谱图的差别。试采用不同的窗函数,再比较功率谱图的变化。

*5.19　已知一个被白噪声$r(t)$污染的信号$x(t)$为

$$x(t)=2\sin(2\pi f_1 t)+0.5\sin(2\pi f_2 t)+0.5\sin(2\pi f_3 t)+r(t)$$

其中,$f_1=25\text{Hz}$,$f_2=75\text{Hz}$,$f_3=150\text{Hz}$。应用Welch法进行功率谱估计并绘制功率谱图。

参考文献

[1] 应怀樵.波形和频谱分析与随机数据处理[M].北京:中国铁道出版社,1983.

[2] 王永德,王军.随机信号分析基础[M].2版.北京:电子工业出版社,2003.

[3] 胡广书.数字信号处理理论、算法与实现[M].2版.北京:清华大学出版社,2003.

[4] 黄世霖.工程信号处理[M].北京:人民交通出版社,1986.

[5] 舒张平,徐科军.互相关分析中有偏估计与无偏估计的比较[J].电气电子教学学报,2017,39(3):32-34.

[6] 宗孔德,胡广书.数字信号处理[M].北京:清华大学出版社,1988.

[7] 徐科军,全书海,王建华.信号处理技术[M].武汉:武汉理工大学出版社,2001.

[8] 吴湘淇,聂涛.数字信号处理技术及应用[M].北京:中国铁道出版社,1986.

[9] 沈兰荪.高速数据采集系统的原理与应用[M].北京:人民邮电出版社,1995.

[10] 徐科军.以能力为导向讲授研究生信号处理课[J].电气电子教学学报,2019,41(2):56-59,76.

[11] 谢明,丁康.频谱分析的校正方法[J].振动工程学报,1994,7(2):172-178.

第6章 总结和应用

前面几章介绍了信号分析与处理的基本内容和主要方法。本章首先采用流程图的方式,对前面几章的内容进行概括性的梳理和总结,以便读者从宏观上把握本书的主要内容,从思路上了解各章之间的内在联系,从细节上关注本书的知识点;然后,以自动化领域为应用背景,针对含有各种现场噪声的信号,介绍用信号分析与处理方法准确提取出频率、幅值和相位差信息的应用实例,以便读者熟悉信号处理方法的应用过程。

6.1 总结

6.1.1 主要内容

本书是围绕着信号展开的。对信号采集和转换,将其变成数字信号,可以在时域进行分析,即相关分析;可以进行滤波,消除噪声影响或者提取信号特征;可以进行离散傅里叶变换,将其变换到频域,再在频域进行分析,即功率谱估计等。在有些情况下,也可以采用模拟方法对信号进行分析,即所谓的连续信号分析。信号分析与处理的主要内容如图6.1.1所示。

6.1.2 信号分类

信号分类如图6.1.2所示,其中,虚线框是对相应信号特征的描述。

6.1.3 数据采集

模拟信号采集和转换流程如图6.1.3所示。在采样之前,需要设置硬

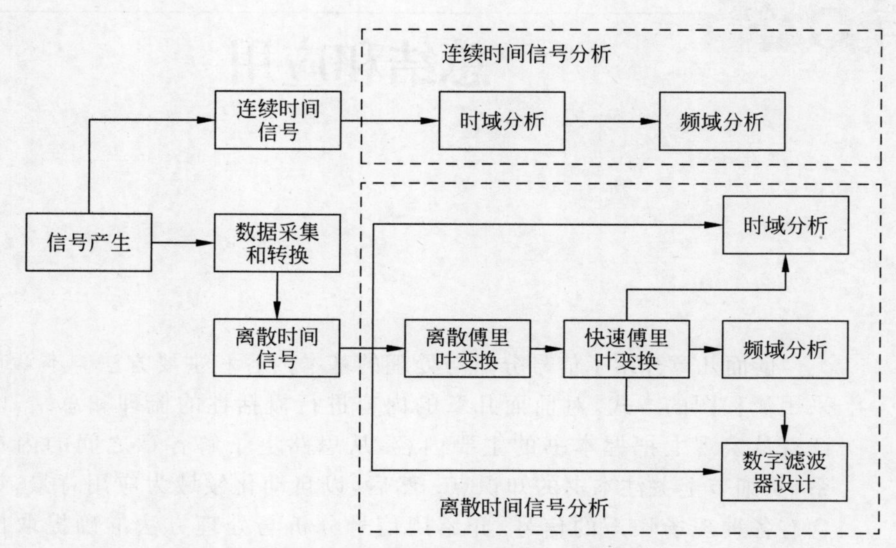

图 6.1.1 信号分析与处理的主要内容

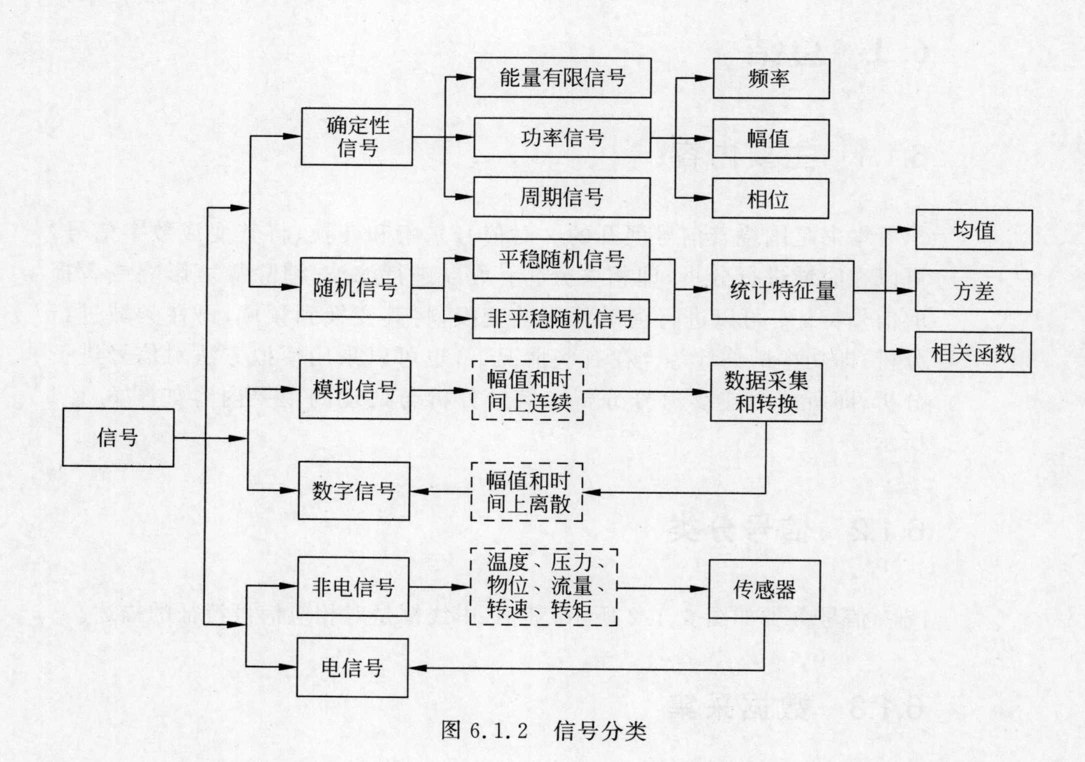

图 6.1.2 信号分类

件的抗混叠滤波器,以消除高频干扰,避免高频噪声所造成的频率混叠。这种硬件滤波器的作用是数字滤波器所不能替代的。模数转换器的实质是采样、量化和编码。采样定理中提到的采样频率要大于或等于信号中最高频率的 2 倍,在实际中是远远不够的。当需要计算信号幅值时,采样频率尽可能取得高些,以便采到完整的信号波形,以保证幅值计算的精度。采样方式分为实时采样和等效时间采样。

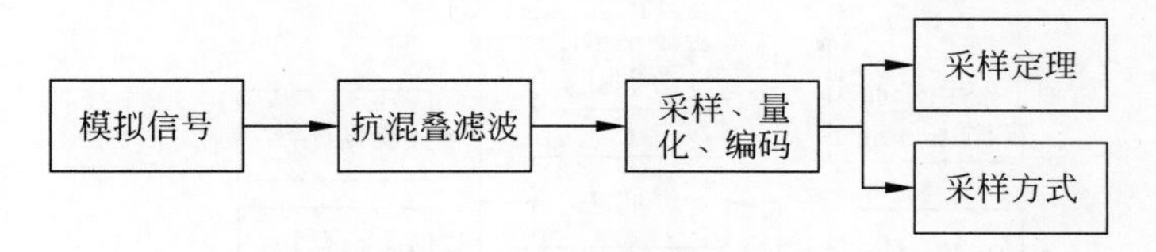

图 6.1.3　模拟信号采集和转换流程

6.1.4　傅里叶变换

本书简要介绍了 z 变换,详细介绍了傅里叶变换及其与 z 变换之间的关系、离散傅里叶变换带来的问题以及快速傅里叶变换,如图 6.1.4 所示。其中,虚线框是对相应变换特点的描述。

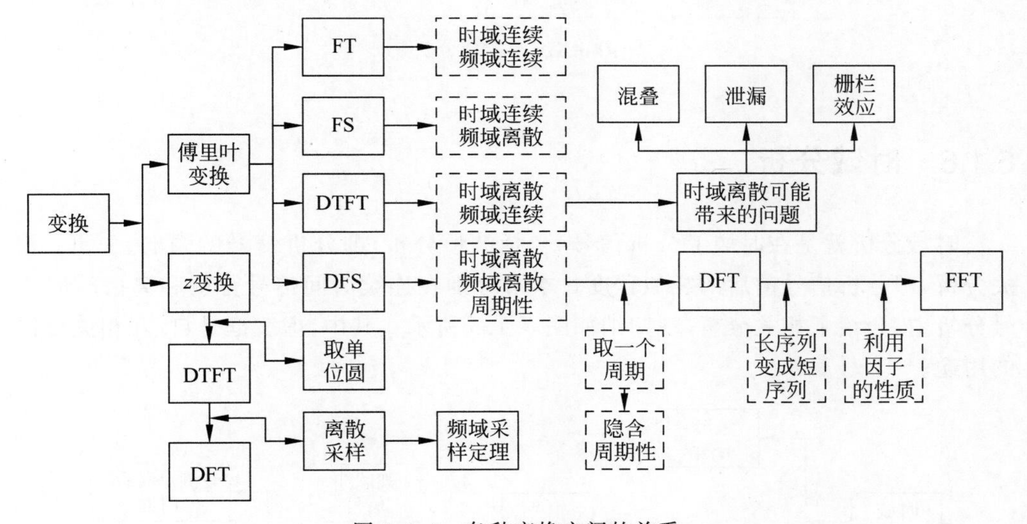

图 6.1.4　各种变换之间的关系

6.1.5　频域分析

实际信号大多含有随机噪声,对这些信号进行离散傅里叶变换,将其转换到频域后,就可以从频域角度,对其进行更为深刻的分析。频域分析主要包括功率谱估计和频响函数分析,如图 6.1.5 所示。功率谱估计的目的是突出信号中能量或者功率占优的主要频率分量,即抓主要矛盾。有经典法和现代法两大类。本书介绍经典法,具体是周期图法和相关估计法。频率响应函数分析可以反映出系统本身的特性。当系统是线性时,与输入(激励)、输出(响应)无关,但是,要得到正确的系统特性,需要选取合适的激励信号。频域分析是针对随机信号的,为了消除统计变异性,必须对多组处理结果进行平均处理,要计算相干函数,以检验分析结果的可靠性。

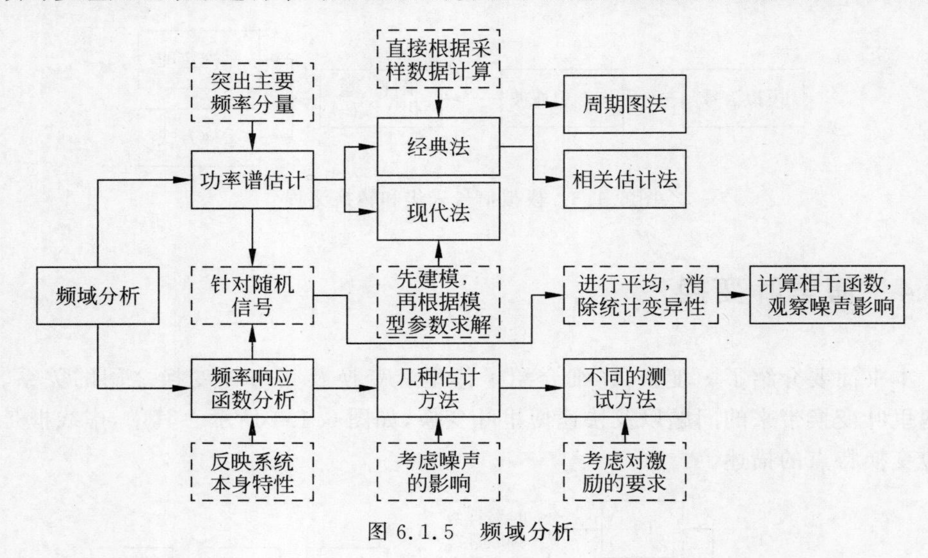

图 6.1.5 频域分析

6.1.6 时域分析

时域分析就是在时域上分析信号,包括波形分析,即分析信号的强弱、失真;相关分析,即分析信号前后的相似程度。本书分别在连续时间信号分析和离散时间信号分析中,介绍了相关分析,现归纳如图 6.1.6 所示。其中,虚线框是自/互相关分析的用途。

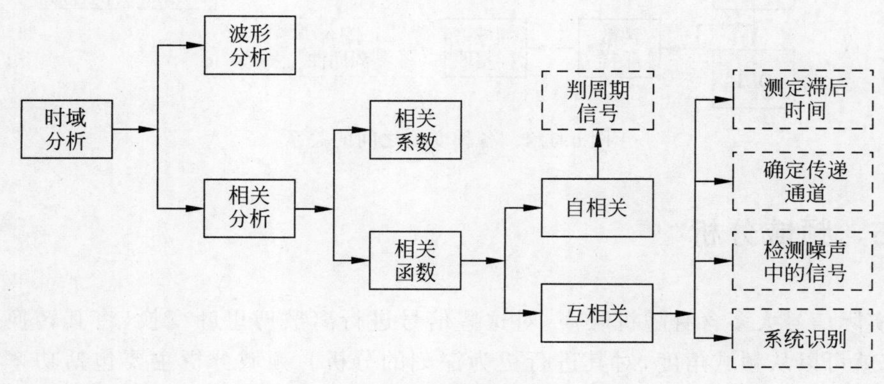

图 6.1.6 时域分析

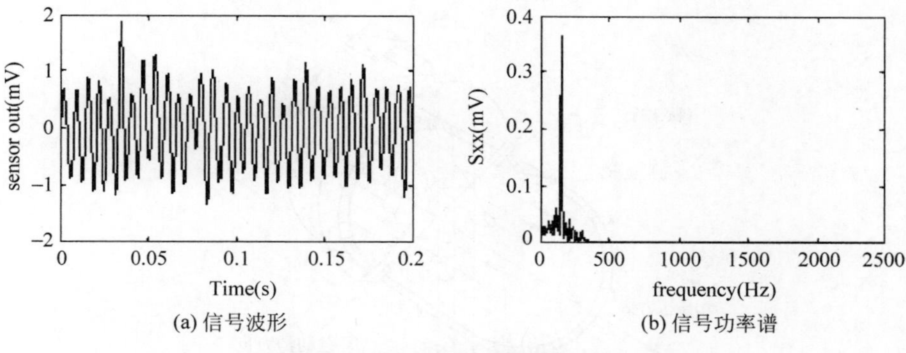

(a) 信号波形

(b) 信号功率谱

图 6.2.2 涡街流量传感器信号频谱分析

3）频谱校正

由于 DFT 的梳状效应和信号的非整周期采样，根据式(6.2.10)估计的频率存在误差，误差大小与频率分辨率有关。要提高算法的精度，就需要提高频率分辨率。频率分辨率与信号采样频率成正比，与采样点数成反比。因此，提高频率分辨率有两种方法：一是降低信号采样频率，但是，信号采样必须满足采样香农定理，而且降低信号采样频率等于减小了信号可分析范围，因此，信号采样频率不能降得太低；二是加大采样点数，但是，这会增加计算量，不利于算法实时实现。因此，提高频率分辨率不是提高算法精度的根本途径。采用第 5 章 5.4.4 节频谱校正中基于重心原则的频谱校正方法，提高信号频率的估计精度，其公式为

$$\hat{n}=\frac{nY(n)+(n+1)Y(n+1)}{Y(n)+Y(n+1)} \tag{6.2.11}$$

$$\hat{f}=\hat{n} * f_{\mathrm{s}}/N_{\mathrm{s}} \tag{6.2.12}$$

式中，n，$n+1$ 代表最高谱线和次高谱线的序号；Y 代表幅值；$\hat{n}$，$\hat{f}$ 则是频谱校正后的主瓣重心的序号以及对应的频率。

6.2.2 幅值测量

1）电磁流量计

电磁流量计是基于法拉第电磁感应定律工作的，适用于导电液体流量的计量。传感器的输出信号幅值与流量成正比。图 6.2.3 为电磁流量计的结构和原理图。流量计主要由铁心、励磁线圈、测量管、电极和变送器组成[7]。

针对高频矩形波励磁方式的传感器输出信号的特点，电极感应电动势信号非常微弱而导致的传感器输出信号信噪比低，尤其在低流速时，有用信号完全可能淹没在噪声中。因此，采用梳状带通信号处理方法来提高传感器输出信号的信噪比，并在 DSP 系统上实现，实时处理水流量信号，取得了较好的效果，与普通方法相比提高了测量精度。

6.1.7 数字滤波器设计

数字滤波器(DF)设计部分的主要内容如图 6.1.7 所示。

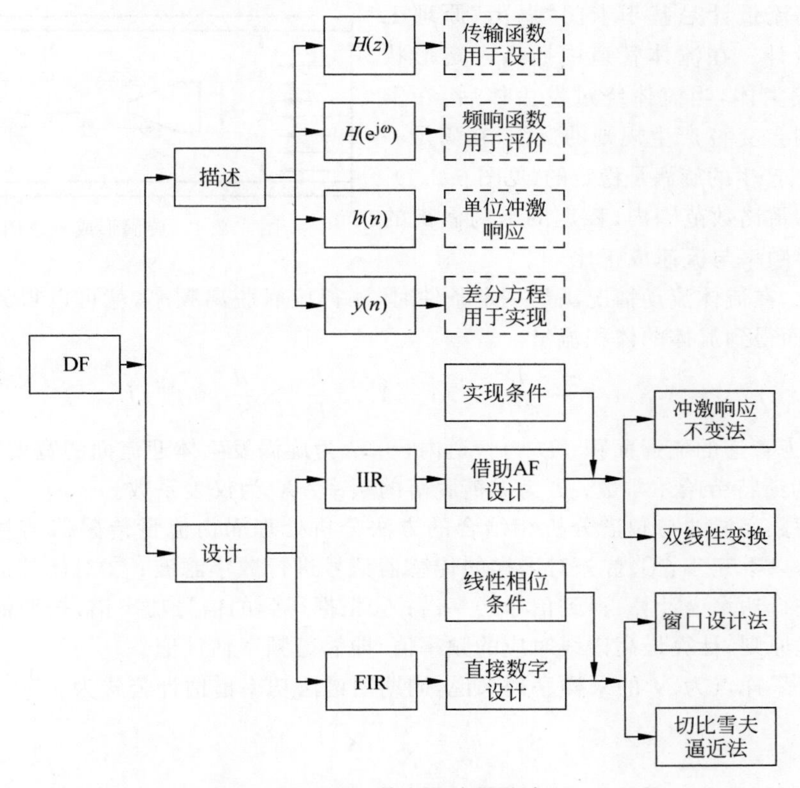

图 6.1.7　数字滤波器设计

6.2 应用

频率、幅值和相位是信号的基本参数，在自动化领域中，温度、压力、物位、流量、成分、位移、转速和扭矩等量大多是通过传感器，转换成的信号的频率、幅值和相位来进行测量，然后，再实施控制。由于应用现场的情况比较复杂，存在各种干扰噪声，所以，采用数字信号处理方法，对信号进行处理，有利于排除干扰，可以较为准确地提取出我们所需要的信息。下面以编著者科研工作为基础，以三种流量传感器输出信号处理为例，来说明数字信号处理方法的应用和效果[1-6]。这三种流量传感器分别是：①涡街流量计，它测量的体积流量与流速有关，而流速与频率成比例关系；②电磁流量计，它测量的体积流量也是与流速有关，而流速与信号的幅值成比例关系；③科氏质量流量计，它测量的质量流量与两个速度传感器信号之间的时间差有关，而时间差与两个信号之间的相位差及信号的频率有关。

6.2.1 频率测量

1）涡街流量计

涡街流量计是基于卡门“涡街”原理工作的流量计。在流体管道中插入一定形状的旋涡发生体，当流体绕过发生体后，在发生体两侧会交替产生规则的旋涡，在满足一定条件时，产生的旋涡是稳定的(见图6.2.1)。在一定的雷诺数范围内，稳定的卡门涡街的旋涡脱落频率与流速成正比[7]。

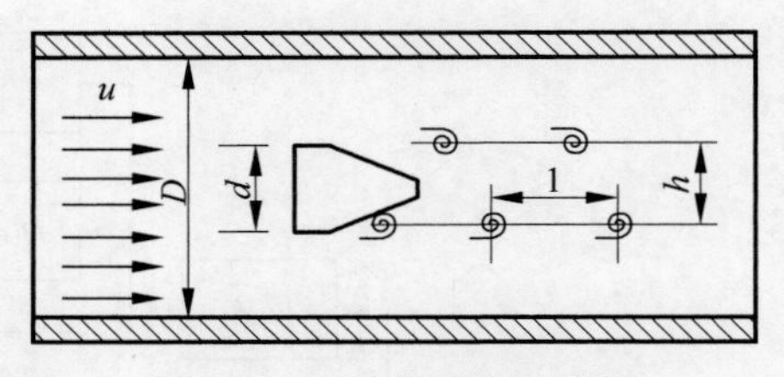

图6.2.1 旋涡形成示意图

因此，在流体流动情况满足一定条件时，测得旋涡脱离频率，就可以得到流体的速度，从而得到流体的体积流量。

$$q_v = A \times u = \frac{\pi \times D^2}{4} \times \left(1 - 1.25\frac{d}{D}\right) \times \frac{d}{S_t} \times f = K \times f \tag{6.2.1}$$

式中，A 为管道的流通面积；D 为管道内径；d 为旋涡发生体迎流面的宽度；u 为速度；S_t 为斯特劳哈尔常数；f 为涡街脱落的频率；K 为仪表系数。

采用数字滤波与频谱分析相结合的方法分析处理涡街流量传感器信号的基本过程分为以下三步：①首先对采样的传感器信号进行数字滤波；②对滤波后的传感器信号进行功率谱计算，得到信号功率谱；③根据得到的信号功率谱，按照涡街信号能量占优原则，计算最高谱线对应的频率值，即涡街频率估计值。

对于采样点为 N 的采样序列来说，周期图谱法功率谱估计公式为

$$\hat{S}_{xx}(k) = \frac{1}{N} \mid X(k) \mid^2 \tag{6.2.2}$$

$X(k)$为采样序列的离散傅里叶变换(DFT)。DFT的计算量较大，一般采用其快速算法FFT即复数FFT(CFFT)来实现。实际上，对传感器信号进行离散采样，采样序列均为实数，可以采用实数快速傅里叶变换(RFFT)来实现信号频谱的估计，进一步减少算法计算量，便于算法实时实现。

2）实数FFT算法

假设要计算一个长度为 $2N$ 的实序列 $x(n)$ 的DFT：$x(k)$，$n=0,1,\cdots,2N-1$。首先将其偶数项 $g(r)=x(2r)$ 作为复数序列中的实部，奇数项 $h(r)=x(2r+1)$ 为复数序列中的虚部，$r=0,1,\cdots,N-1$，则组成的 N 点复数序列为

$$y(r) = g(r) + \mathrm{j}h(r) \tag{6.2.3}$$

根据DFT的定义，$y(r)$的DFT为

$$\begin{aligned} Y(k) &= \sum_{r=0}^{N-1} y(r) \mathrm{e}^{-\mathrm{j}\frac{2\pi}{N}kr} \\ &= \sum_{r=0}^{N-1} [g(r) + \mathrm{j}h(r)] \mathrm{e}^{-\mathrm{j}\frac{2\pi}{N}kr} \end{aligned}$$

$$=\sum_{r=0}^{N-1}\left[g(r)\cos\frac{2\pi}{N}kr+h(r)\sin\frac{2\pi}{N}kr\right]+\mathrm{j}\sum_{r=0}^{N-1}\left[h(r)\cos\frac{2\pi}{N}kr-g(r)\sin\frac{2\pi}{N}kr\right]$$

$$=Y_{\mathrm{er}}(k)+Y_{\mathrm{or}}(k)+\mathrm{j}[Y_{\mathrm{ei}}(k)-Y_{\mathrm{oi}}(k)]$$

$$=Y_{\mathrm{R}}(k)+\mathrm{j}Y_{\mathrm{I}}(k) \qquad (6.2.4)$$

式中

$$Y_{\mathrm{er}}(k)=\sum_{r=0}^{N-1}g(r)\cos\frac{2\pi}{N}kr;\quad Y_{\mathrm{or}}(k)=\sum_{r=0}^{N-1}h(r)\sin\frac{2\pi}{N}kr$$

$$Y_{\mathrm{ei}}(k)=\sum_{r=0}^{N-1}h(r)\cos\frac{2\pi}{N}kr;\quad Y_{\mathrm{oi}}(k)=\sum_{r=0}^{N-1}g(r)\sin\frac{2\pi}{N}kr$$

因此可得

$$Y_{\mathrm{R}}(k)=Y_{\mathrm{er}}(k)+Y_{\mathrm{or}}(k);\quad Y_{\mathrm{I}}(k)=Y_{\mathrm{ei}}(k)-Y_{\mathrm{oi}}(k)$$

$$Y_{\mathrm{R}}(N-k)=Y_{\mathrm{er}}(k)-Y_{\mathrm{or}}(k);\quad Y_{\mathrm{I}}(N-k)=Y_{\mathrm{ei}}(k)+Y_{\mathrm{oi}}(k)$$

由定义可知，$g(r)$的 DFT 为

$$G(k)=\sum_{r=0}^{N-1}g(r)\mathrm{e}^{-\mathrm{j}\frac{2\pi}{N}kr}$$

$$=\sum_{r=0}^{N-1}g(r)\left[\cos\frac{2\pi}{N}kr-\mathrm{j}\sin\frac{2\pi}{N}kr\right]$$

$$=Y_{\mathrm{er}}(k)-\mathrm{j}Y_{\mathrm{oi}}(k)$$

$$=\frac{1}{2}[Y_{\mathrm{R}}(k)+Y_{\mathrm{R}}(N-k)]+\mathrm{j}\,\frac{1}{2}[Y_{\mathrm{I}}(k)-Y_{\mathrm{I}}(N-k)] \qquad (6.2.5)$$

同理，可求出 $h(r)$的 DFT 为

$$H(k)=\sum_{r=0}^{N-1}h(r)\left[\cos\frac{2\pi}{N}kr-\mathrm{j}\sin\frac{2\pi}{N}kr\right]$$

$$=Y_{\mathrm{ei}}(k)-\mathrm{j}Y_{\mathrm{or}}(k)$$

$$=\frac{1}{2}[Y_{\mathrm{I}}(k)+Y_{\mathrm{I}}(N-k)]+\mathrm{j}\,\frac{1}{2}[Y_{\mathrm{R}}(N-k)-Y_{\mathrm{R}}(k)] \qquad (6.2.6)$$

又根据定义，长度为 $2N$ 的实序列 $x(n)$，其 DFT 为 $X(k)=\sum\limits_{n=0}^{2N-1}x(n)W_{2N}^{kn}$，$k=0,1,\cdots,2N-1$，令 $g(r)=x(2r)$，$h(r)=x(2r+1)$，则

$$X(k)=\sum_{r=0}^{N-1}x(2r)W_{2N}^{k\cdot 2r}+\sum_{r=0}^{N-1}x(2r+1)W_{2N}^{k(2r+1)}$$

$$=\sum_{r=0}^{N-1}g(r)W_{N}^{k\cdot r}+W_{2N}^{k}\sum_{r=0}^{N-1}h(r)W_{N}^{k\cdot r}$$

$$=G(k)+W_{2N}^{k}H(k),\quad k=0,1,\cdots,2N-1 \qquad (6.2.7)$$

因此，计算 2048 点的实数 FFT 的过程如下：

① 对2048点实数序列 $x(n)$ 按式(6.2.3)组成一个1024点的复数序列；

② 计算该复数系列的FFT,其结果为式(6.2.4)；

③ 根据式(6.2.5)、式(6.2.6)计算出 $G(k)$ 和 $H(k)$；

④ 根据式(6.2.7)计算出 $X(k)$,即为2048点实数序列 $x(n)$ 的FFT。

为了缩短运算的时间,采用汇编语言来编制FFT程序,计算正、余弦值时采用查表法。在计算完1024点的复数序列FFT后,要将计算结果转换为2048点的实数FFT。

令

$$G(k)\_\text{real}=\frac{1}{2}[Y_R(k)+Y_R(N-k)],\quad G(k)\_\text{image}=\frac{1}{2}[Y_I(k)-Y_I(N-k)]$$

$$H(k)\_\text{real}=\frac{1}{2}[Y_I(k)+Y_I(N-k)],\quad H(k)\_\text{image}=\frac{1}{2}[Y_R(N-k)-Y_R(k)]$$

则

$$X(k)\_\text{real}=G(k)\_\text{real}+H(k)\_\text{real}\times\cos(2k\pi/2048)+H(k)\_\text{image}\times\sin(2k\pi/2048)\tag{6.2.8}$$

$$X(k)\_\text{image}=G(k)\_\text{image}+H(k)\_\text{image}\times\cos(2k\pi/2048)-H(k)\_\text{real}\times\sin(2k\pi/2048)\tag{6.2.9}$$

k 分别取0,1,…,1023,当 $k\neq 0$ 时,根据式(6.2.8)、式(6.2.9)分别计算 $X(k)$ 的实部和虚部；当 $k=0$ 时,由于 $N-k=1024$,已经超过了数组的范围,所以当 $k=0$ 时,为了区别于其他情况,要单独计算。

根据式(6.2.4)可以证明,$Y_R(0)=Y_R(1024)$,$Y_I(0)=Y_I(1024)$,所以

$$\begin{aligned}X(0)\_\text{real}&=G(0)\_\text{real}+H(0)\_\text{real}\\&=\frac{1}{2}[Y_R(0)+Y_R(1024)]+\frac{1}{2}[Y_I(0)+Y_I(1024)]=Y_R(0)+Y_I(0)\end{aligned}$$

$$\begin{aligned}X(0)\_\text{image}&=G(0)\_\text{image}+H(0)\_\text{image}\\&=\frac{1}{2}[Y_I(0)-Y_I(1024)]+\frac{1}{2}[Y_R(1024)-Y_R(0)]=0\end{aligned}$$

所以,计算 $X(0)$ 时,其实部等于1024点FFT运算结果的 $Y_R(0)$ 与 $Y_I(0)$ 相加,而虚部等于0。经过比较,这种方法不仅比直接实数FFT要节省4KB的内存空间,而且能缩短近一半的计算时间,经过测试,计算2048点的实数FFT只需133ms。

一般情况下,在传感器信号频谱中,涡街频率能量占优。图6.2.2(a)和图6.2.2(b)分别为涡街流量传感器信号的波形及其功率谱图。所以,根据估计出的传感器信号功率谱,可以计算出最高谱线对应的频率,即为涡街频率,计算公式为

$$\hat{f}_v=n*f_s/N_s\tag{6.2.10}$$

式中,n 为最高谱线所对应的序号；f_s、N_s 分别为信号采样频率和采样点数；$\hat{f}_v$ 是最高谱线对应频率。

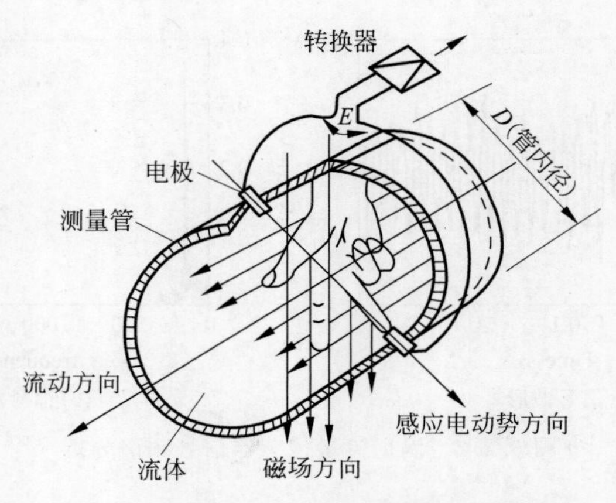

图 6.2.3 电磁流量计工作原理示意图

2）梳状带通滤波

采用矩形波励磁方式时，在不考虑噪声干扰的影响时，电磁流量计的输出信号在理论上应该是与励磁电流同频率的信号，只是其幅度是与实际流量值成比例的。但是实际中，传感器输出信号上总是叠加了各种干扰，如微分干扰、串模干扰、共模干扰、直流噪声等，使输出信号并不能准确地反映出流量值。通过对传感器输出的信号进行频谱分析后发现，传感器输出信号的频率范围较宽，所以仅用低通滤波等常规方法效果不明显。对于一个给定的幅值为 A 的矩形波，其傅里叶展开式为

$$f(t)=\frac{4A}{\pi}\left(\sin\omega t+\frac{1}{3}\sin 3\omega t+\frac{1}{5}\sin 5\omega t+\frac{1}{7}\sin 7\omega t+\cdots\right) \quad (6.2.13)$$

式中，$\omega=\frac{2\pi}{T}$。

可见，矩形波信号可由基波和高次谐波叠加而成。因此如果能够在含有干扰的信号中取出基波和高次谐波项，就可以削弱干扰的影响，比较接近地还原出原信号。其原理如图 6.2.4 所示。

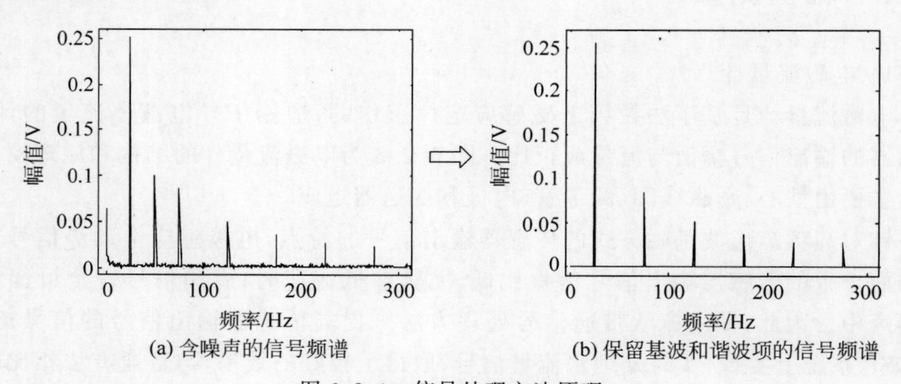

图 6.2.4 信号处理方法原理

综合考虑精度和实时实现的要求，采用梳状带通的滤波方法，要求设计出的滤波器只允许指定的频率分量通过，在这些频率点上增益基本上为 1，而在其他频率点上增益基本为 0。因此，按照电磁流量计信号处理的要求，设计出一个带通中心频率为 f_o 的奇数倍的，直到与要进行滤波的信号采样频率 f_s 的一半的滤波器(即 $f_o \sim f_s/2$)，在 MATLAB 中可以很方便地得到符合要求的滤波器。例如，当设计一个带通中心频率在 25～225Hz 的阶数为 5 的梳状带通滤波器，其幅频响应曲线如图 6.2.5 所示。

可以看出，在设置的中心频率点上增益基本上为 1，对中心频率点上的信号基本上不影响，这比采用陷波器组合进行信号相减时效果要好。而中心频率点之外则衰减很大，大幅度削弱了噪声分量。考虑梳状带通滤波器的实时实现问题，按上述方法设计出的梳状带通滤波器的传递函数为

$$H(z)=b\times\frac{1-z^{-N}}{1-az^{-N}} \tag{6.2.14}$$

式中，$N=\frac{f_s/2}{2f_o}\times 2=\frac{f_s}{2f_o}$，为滤波器的阶数；$f_o$ 为基波频率，这里等于电磁流量计的励磁频率。

设输入信号为 $x(n)$，经过梳状带通滤波后输出信号为 $y(n)$，则梳状带通滤波器就是要实现下列差分方程：

$$y(n)=a\times y(n-N)+b\times x(n)-b\times x(n-N) \tag{6.2.15}$$

因此，根据 f_s 和 f_o 计算出 N，在 MATLAB 中设计出滤波器，然后，带入得到的参数 a 和 b，在存储单元中开辟输入输出缓冲区，就可以方便地在数字信号处理器(DSP)中实时实现。

3) 幅值解调

幅值解调的方法可以直接通过对每半周期滤波后的结果计算均值得到。但是，这里采用三点幅值解调方法，不同之处在于先对数据计算均值，然后进行解调，如图 6.2.6 所示。

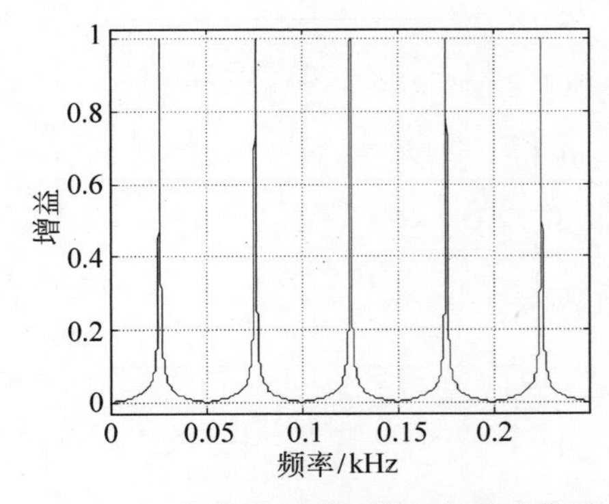

图 6.2.5　梳状带通滤波器幅频响应曲线

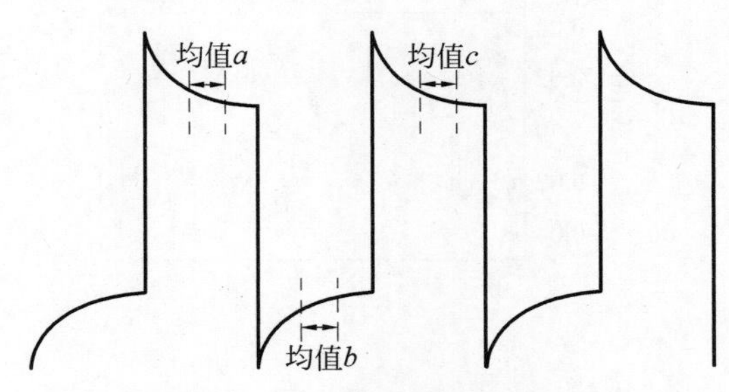

图 6.2.6　解调方法示意图

对ADC所采集的信号进行梳状带通滤波运算后,取每半周期的一部分点计算均值$\left(这里取\frac{1}{2}\sim\frac{3}{4}的半周期内的点,如图6.2.6中虚线所示\right)$,得到图中所示的均值$a$、$b$和$c$,然后进行三点幅值解调,得到幅值$u=(a+c)/2-b$,去除工频干扰及低频漂移得出信号幅值。因此,每半个周期就可以得到一个流量输出值,其频率为$2f_{\mathrm{o}}=50\mathrm{Hz}$。

该解调方式可以去除低频漂移噪声,且由于励磁周期是工频周期的整数倍,还可以抑制工频干扰噪声。

4) 滑动滤波

经过梳状带通滤波和幅值解调的信号还可能存在波动,为了减少输出流量值的波动,需要进行滑动滤波,即对最近计算出的几个幅值点取多点的平均,得出较平稳的计算结果。

5) 处理结果

在MATLAB中分别构造不同幅值的矩形波并叠加噪声信号,如图6.2.7所示;对其进行梳状带通滤波,结果如图6.2.8(a)所示;再进行三点解调,如图6.2.8(b)所示,来观察该算法的计算精度。

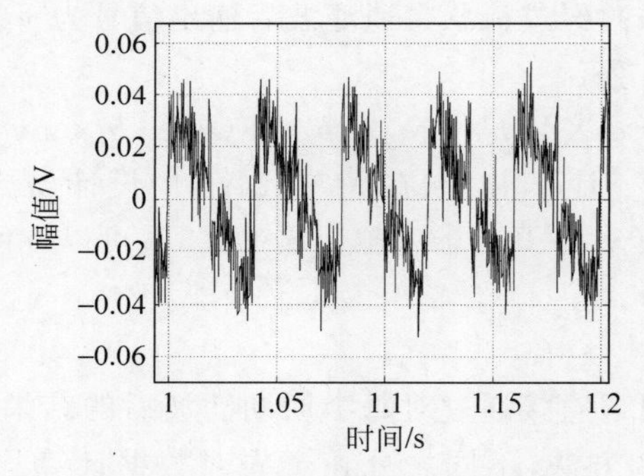

图6.2.7 叠加噪声的矩形波信号

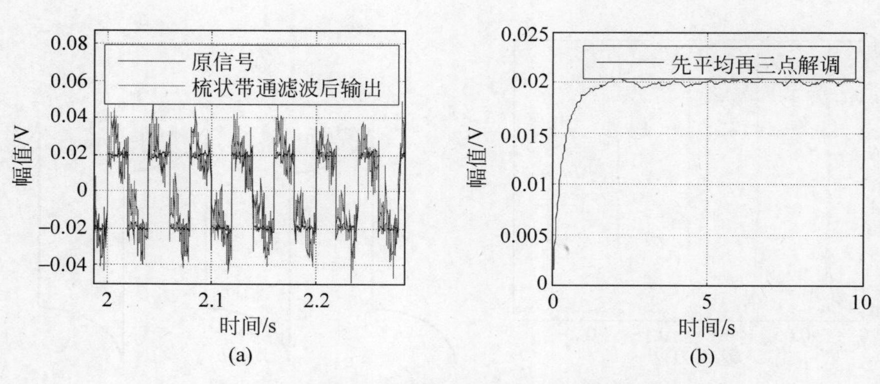

图6.2.8 矩形波幅值为0.02V时处理结果

6.2.3 相位差测量

1）科氏质量流量计

科里奥利质量流量计（以下简称科氏质量流量计）是一种基于处于旋转系中的流体在直线运动时产生与质量流量成正比的科里奥利力原理的流量计，可以直接高精度地测量流体质量，可同时获取流体密度值。科氏质量流量计包括一次仪表和二次仪表，其中一次仪表包括流量管、传感器和激振器，如图6.2.9所示；二次仪表则是对一次仪表输出信号进行处理的变送器[7]。

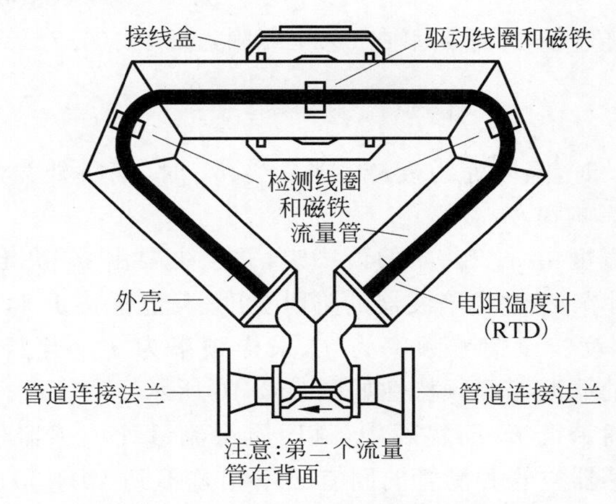

图6.2.9　科氏流量计一次仪表结构

流体的质量流量与两路信号之间的时间差成正比，时间差前的系数为仪表的标定系数。两路信号的时间差可由下式求得

$$\Delta t = \frac{\Delta\varphi}{\omega f_{\mathrm{s}}} \tag{6.2.16}$$

式中，$\Delta\varphi$ 为两路信号的相位差；ω 为信号基频角频率；f_{s} 为采样频率。

针对这种流量传感器输出信号的特点，将带通滤波器、格型自适应陷波器、计及负频率影响的DTFT算法有机组合起来，应用于这类低频信号的处理。两路传感器信号经AD采样后，先经过带通滤波器进行预处理，消除噪声的影响；滤波后的信号经过格型自适应陷波器计算出信号的频率，并且实现对信号的二次滤波；采用计及负频率影响的DTFT算法计算两路信号的相位差，提高算法的收敛速度和计算精度。

2）带通滤波器

实际工业现场存在很多噪声，如随机噪声、工频干扰、电机和管道振动等引起的某一固定频率干扰，此外，在流体流速大时，流体的冲击力还会引入很大的谐波干扰，这些干扰的频带分布很宽，而科氏质量流量计两路传感器信号间的相位差非常小,为实现精确测量,必须要最大限度地消除这些噪声干扰的影响。结合陷波器的特性,在此采用一种具有陷波器结构的IIR带通滤波器对传感器信号进行滤波。

带通滤波器的传递函数如下:

$$H(z^{-1})=\frac{1+\rho_1\alpha z^{-1}+\rho_1^2 z^{-2}}{1+\rho_2\alpha z^{-1}+\rho_2^2 z^{-2}} \tag{6.2.17}$$

式中,$\alpha=-2\cos\omega$,ω 为陷阱频率,$0<\rho_1<1$,$0<\rho_2<1$。将 $z=\mathrm{e}^{\mathrm{j}\omega}=\cos\omega+\mathrm{j}\sin\omega$ 和 $\alpha=-2\cos\omega$ 代入式(6.2.17),可得其在陷阱频率处的增益为

$$|H(z^{-1})|=\sqrt{\frac{(1-\rho_1)^2[(1+\rho_1)^2-4\rho_1\cos^2\omega]}{(1-\rho_2)^2[(1+\rho_2)^2-4\rho_2\cos^2\omega]}} \tag{6.2.18}$$

当 ρ_1,ρ_2 非常接近于1,而 ω 不在 $0,\pi,2\pi$ 附近时,式(6.2.18)可以简化为

$$|H(z^{-1})|\approx\frac{1-\rho_1}{1-\rho_2} \tag{6.2.19}$$

可见,当 $\rho_1>\rho_2$ 时,陷阱处为衰减;当 $\rho_1<\rho_2$ 时,陷阱处为放大。陷阱深度由 ρ_1、ρ_2 决定,而受 ω 影响很小。

滤波器的陷阱宽度由 ρ_1 和 ρ_2 的值决定,并且主要由 ρ_2 决定。设计滤波器时,可先固定 ρ_1,通过调节 ρ_2 改变陷波器的陷阱宽度,其值越接近1,陷阱宽度越窄;再调节 ρ_1,改变陷阱深度。设信号频率为 f,采样频率为 f_s,当 $\rho_1=0.8$,$\rho_2=0.98$,$f=0.1f_s$ 时,设计的滤波器幅频特性如图6.2.10所示。

该带通滤波器通带很窄,而实际中,科氏质量流量计传感器信号频率基本固定(如流体为水时,传感器空管和满管的固有频率相差不到10Hz),所以用这种滤波器对科氏传感器信号进行预处理是可行的。

3) 格型自适应谱线增强器

谱线增强器的目的在于把正弦信号从宽带噪声中提取出来,而当正弦信号是需要抑制的噪声时,实现这一功能的滤波器被称为陷波器。自适应谱线增强器可以由陷波器来实现(见图6.2.11)。

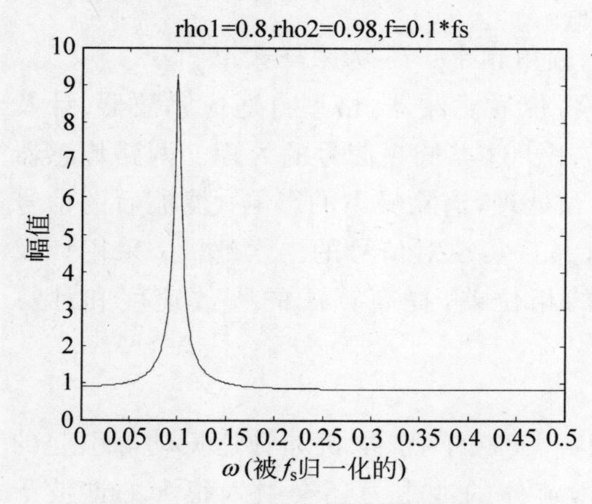

图6.2.10　带通滤波器幅频特性

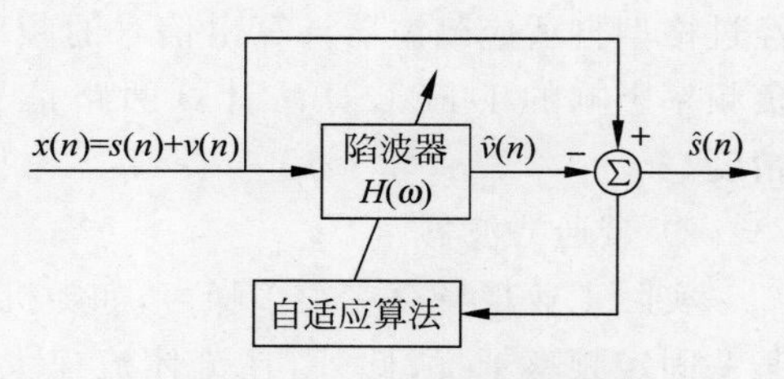

图6.2.11　自适应谱线增强器

设带噪声的信号 $x(n)=s(n)+v(n)$，在其中 $s(n)$ 是正弦信号，$v(n)$ 是宽带噪声信号。经过陷波器时，正弦信号 $s(n)$ 将被抑制，产生 $v(n)$ 的最优估计 $\hat{v}(n)$。原始信号与噪声的估计信号相减后，便得到正弦信号的估计信号为 $\hat{s}(n)=s(n)+v(n)-\hat{v}(n)$。

采用如图 6.2.12 所示的格型 IIR 陷波器处理科氏质量流量计传感器信号，其由两个格型滤波器级联而成。

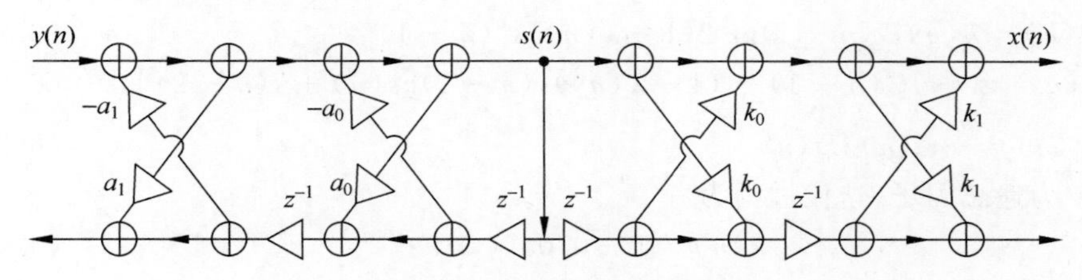

图 6.2.12 格型 IIR 陷波器

$s(n)$ 左侧的格型滤波器 $H_1(z)$ 输入为 $y(n)$，输出为 $s(n)$，其右侧格型滤波器 $H_2(z)$ 的输入为 $s(n)$，输出为 $x(n)$，$H_1(z)$ 和 $H_2(z)$ 的输出方程为

$$\begin{aligned} s(n)+a_0(1+a_1)s(n-1)+a_1 s(n-2)=y(n) \\ s(n)+k_0(1+k_1)s(n-1)+k_1 s(n-2)=x(n) \end{aligned} \tag{6.2.20}$$

其传递函数为

$$\begin{aligned} H_1(z)&=\frac{1}{1+a_0(1+a_1)z^{-1}+a_1 z^{-2}} \\ H_2(z)&=1+k_0(1+k_1)z^{-1}+k_1 z^{-2} \end{aligned} \tag{6.2.21}$$

整个格型 IIR 陷波器的传递函数为

$$H(z)=\frac{1+k_0(1+k_1)z^{-1}+k_1 z^{-2}}{1+a_0(1+a_1)z^{-1}+a_1 z^{-2}} \tag{6.2.22}$$

这个陷波器由一个全零点和一个全极点格型滤波器组成。$H_1(z)$ 为整个格型陷波器的极点部分，而 $H_2(z)$ 为整个陷波器的零点部分。为构成陷波器，令 $a_0(1+a_1)=\rho k_0(1+k_1)$，$a_1=\rho^2 k_1$，考虑到 $\rho\to 1$，所以近似有 $a_1=\rho k_1$、$a_0=k_0$。

为了减少算法的计算量，将零点固定在单位圆上，即令 $k_1=1$，则格型陷波器的传递函数为

$$H(z)=\frac{1+2k_0 z^{-1}+z^{-2}}{1+k_0(1+\rho)z^{-1}+\rho z^{-2}} \tag{6.2.23}$$

参数 ρ 决定了陷波器的宽度，在初始时，将陷波器的宽度设置的略大一些，然后再慢慢减小陷阱的宽度，这样有助于陷波器在初始时快速捕获信号频率；陷波器跟踪到信号后，因陷阱宽度在慢慢减小，使得最终跟踪频率的精度得到提高。陷波器参数收敛后，为保证陷波器在过程中能够较好地跟踪信号频率的变化，陷波器的宽度不宜设的太窄，仿真发现，ρ 的终值设置为 0.99 时，既可以保证陷波器计算频率的精度，也可以保证陷波器在过程中能够较好地跟踪信号频率的变化，迭代

过程如下：

$$\rho(n)=0.99-0.195\times 0.99^{(n-1)} \tag{6.2.24}$$

整个算法的自适应过程如下：

$$s(n)=\frac{y(n)}{1+\hat{k}_0(n-1)(1+\rho(n))z^{-1}+\rho(n)z^{-2}} \tag{6.2.25}$$

$$D(n)=\lambda(n)D(n-1)+2(1-\lambda(n))s^2(n-1) \tag{6.2.26}$$

$$C(n)=\lambda(n)C(n-1)+(1-\lambda(n))s(n-1)[s(n)+s(n-2)] \tag{6.2.27}$$

$$\hat{k}_0(n)=-C(n)/D(n) \tag{6.2.28}$$

其中，λ 为遗忘因子，迭代过程为

$$\lambda(n)=1-0.05\times 0.99^{(n-1)} \tag{6.2.29}$$

为保证格型陷波器的稳定，对 k_0 的值加以限定：

$$\hat{k}_0(n)=\begin{cases}\hat{k}_0(n), & -1\leqslant\hat{k}_0(n)\leqslant 1\\ 1, & \hat{k}_0(n)>1\\ -1, & \hat{k}_0(n)<-1\end{cases} \tag{6.2.30}$$

信号的频率估计为

$$\hat{\omega}(n)=\arccos(-\hat{k}_0(n)) \tag{6.2.31}$$

整个陷波器的输出为

$$x(n)=s(n)+2\hat{k}_0(n)s(n-1)+s(n-2) \tag{6.2.32}$$

则传感器信号的增强信号为

$$\hat{y}(n)=y(n)-x(n) \tag{6.2.33}$$

格型自适应算法与直接型相比，其只需要调节一个参数，使得运算量大大减小。同时，格型算法收敛速度快，收敛后数值稳定。通过调整 ρ，可以保证计算精度的同时，保证对信号有较强的跟踪能力。

4) 计及负频率影响的 DTFT 算法

设两路同频率的正弦信号：

$$s_1(t)=A_1\cos(2\pi f_0 t+\theta_1),\quad s_2(t)=A_2\cos(2\pi f_0 t+\theta_2) \tag{6.2.34}$$

式中，A_1、A_2 为信号的幅值；f_0 为信号的频率；θ_1、θ_2 为信号的初始相位值。采样频率为 f_s，同时对两路信号进行采样，得到序列：

$$s_1(n)=A_1\cos(\omega n+\theta_1),\quad s_1(n)=A_1\cos(\omega n+\theta_1),\quad n=0,1,\cdots,N-1 \tag{6.2.35}$$

式中，$\omega=2\pi f_0/f_s$。

设 ω 的估计值为 $\hat{\omega}$，则 $s_1(n)$ 在 $\hat{\omega}$ 处的 DTFT 为

$$S_{1N}(\hat{\omega})=\sum_{n=0}^{N-1}A_1\cos(\omega n+\theta_1)\cdot e^{-j\hat{\omega}n}=\sum_{n=0}^{N-1}\frac{A_1}{2}[e^{j(\omega n+\theta_1)}+e^{-j(\omega n+\theta_1)}]\cdot e^{-j\hat{\omega}n} \tag{6.2.36}$$

在此，考虑负频率的影响，有

$$\begin{aligned} S_{1N}(\hat{\omega}) &= \sum_{n=0}^{N-1} \frac{A_1}{2} \mathrm{e}^{\mathrm{j}(\omega n+\theta_1)} \cdot \mathrm{e}^{-\mathrm{j}\hat{\omega} n} + \sum_{n=0}^{N-1} \frac{A_1}{2} \mathrm{e}^{-\mathrm{j}(\omega n+\theta_1)} \cdot \mathrm{e}^{-\mathrm{j}\hat{\omega} n} \\ &= \frac{A_1}{2} \mathrm{e}^{\mathrm{j}\theta_1} \sum_{n=0}^{N-1} \mathrm{e}^{\mathrm{j}(\omega-\hat{\omega})n} + \frac{A_1}{2} \mathrm{e}^{-\mathrm{j}\theta_1} \sum_{n=0}^{N-1} \mathrm{e}^{-\mathrm{j}(\omega+\hat{\omega})n} \end{aligned} \tag{6.2.37}$$

经推导有

$$\tan\theta_1 = \frac{c_1}{c_2} \cdot \frac{\tan\varphi_1 - c_2}{\tan\varphi_1 + c_4} \tag{6.2.38}$$

式中，φ_1 为 $S_{1N}(\hat{\omega})$ 的相位。

$$\left.\begin{aligned} c_1 &= \sin\alpha_1 \sin\alpha_2 \cos(\alpha_1 - \alpha_3) + \sin\alpha_3 \sin\alpha_4 \cos(\alpha_4 - \alpha_2) \\ c_2 &= \sin\alpha_1 \sin\alpha_2 \cos(\alpha_1 - \alpha_3) - \sin\alpha_3 \sin\alpha_4 \cos(\alpha_4 - \alpha_2) \\ c_3 &= \sin\alpha_1 \sin\alpha_2 \sin(\alpha_1 - \alpha_3) + \sin\alpha_3 \sin\alpha_4 \sin(\alpha_4 - \alpha_2) \\ c_4 &= \sin\alpha_1 \sin\alpha_2 \cos(\alpha_1 - \alpha_3) - \sin\alpha_3 \sin\alpha_4 \cos(\alpha_4 - \alpha_2) \end{aligned}\right\} \tag{6.2.39}$$

$\alpha_1 = N(\omega - \hat{\omega})/2$；$\alpha_2 = (\omega + \hat{\omega})/2$；$\alpha_3 = (\omega - \hat{\omega})/2$；$\alpha_4 = N(\omega + \hat{\omega})/2$

对于 $s_2(n)$，有

$$\tan\theta_2 = \frac{c_1}{c_2} \cdot \frac{\tan\varphi_2 - c_2}{\tan\varphi_2 + c_4} \tag{6.2.40}$$

因而两路信号的相位差为

$$\Delta\theta = \arctan\left[\frac{m_1(\tan\varphi_2 - \tan\varphi_1)}{m_2 + m_3(\tan\varphi_1 + \tan\varphi_2) + m_4 \tan\varphi_1 \tan\varphi_2}\right] \tag{6.2.41}$$

式中：

$$m_1 = N(\sin\hat{\omega})^2 - \sin(\alpha)^2/2 \tag{6.2.42}$$

$$m_2 = N(\sin\hat{\omega})^2 + \sin(\alpha)^2/N - 2\sin\hat{\omega}\sin\alpha\cos(\alpha - \hat{\omega}) \tag{6.2.43}$$

$$m_3 = 2\sin\hat{\omega}\sin\alpha\sin(\alpha - \hat{\omega}) \tag{6.2.44}$$

$$m_4 = N(\sin\hat{\omega})^2 + \sin(\alpha)^2/N + 2\sin\hat{\omega}\sin\alpha\cos(\alpha - \hat{\omega}) \tag{6.2.45}$$

$$\alpha = N\hat{\omega} \tag{6.2.46}$$

总之，采用计及负频率的 DTFT 算法计算相位差时的基本步骤如下：

① 求出信号频率 ω 的估计值 $\hat{\omega}$。

② 用 DTFT 算法分别求出两路信号在 $\hat{\omega}$ 处的 DTFT，求出 $\tan\varphi_1$ 和 $\tan\varphi_2$，$\tan\varphi_1 = \dfrac{\mathrm{Im}[S_{1N}(\hat{\omega})]}{\mathrm{Re}[S_{1N}(\hat{\omega})]}$，$\tan\varphi_2 = \dfrac{\mathrm{Im}[S_{2N}(\hat{\omega})]}{\mathrm{Re}[S_{2N}(\hat{\omega})]}$。

③ 由 $\hat{\omega}$、N 求出 $m_1 \sim m_4$，结合 $\tan\varphi_1$、$\tan\varphi_2$，带入式中，求出相位差。DTFT 算法可以在完成每个点采样后就计算出傅里叶系数，满足科氏质量流量计信号处理的实时性要求，同时，考虑负频率的影响，因而提高了算法的收敛速度和收敛精度。

小结

本章以框图形式对全书做了简要总结,有主要内容概括、信号分类、信号采集、傅里叶变换、频域分析、时域分析和数字滤波器设计。以用数字信号处理方法从含有噪声的信号中提取频率、幅值和相位差信息为目标,列举了涡街流量传感器、电磁流量传感器和科氏质量流量传感器信号处理的实例。其中,在涡街流量计信号处理中,重点介绍了实数FFT算法和频谱校正,分别可以极大地减少计算量和提高分析精度;在电磁流量计信号处理中,重点介绍了梳状带通滤波,可以有效地消除谐波噪声的影响;在科氏质量流量计信号处理中,重点介绍了自适应陷波滤波和计及负频率的DTFT算法,分别可以很好地消除噪声和加快相位差的计算速度。

参考文献

[1] Xu K J,Huang Y Z ,Lv X H. Power-spectrum-analysis-based Signal Processing System for Vortex Flowmeters[M]. IEEE Trans. on IM,2006,55(3):1006-1011.

[2] 王肖芬,徐科军,陈智渊.基于DSP的低成本涡街流量计信号处理系统[J].仪器仪表学报,2006,27(11):12-17.

[3] 张然,徐科军,杨双龙,等.采用梳状带通滤波电磁流量计信号处理系统[J].电子测量与仪表学报,2012,26(2):177-183.

[4] 杨双龙,徐科军,梁利平,等.基于DSP的浆液型电磁流量计的研制[J].仪器仪表学报,2011,32(9):2101-2107.

[5] 李叶,徐科军,朱志海,等.面向时变的科里奥利质量流量计信号的处理方法研究与实现[J].仪器仪表学报,2010,31(1):8-14.

[6] 侯其立,徐科军,李叶,等.基于TMS320F28335的高精度科氏质量流量变送器研制[J].仪器仪表学报,2010,31(12):2788-2795.

[7] 徐科军,马修水,李晓林,等.传感器与检测技术[M].5版.北京:电子工业出版社,2021.

部分习题答案和提示

第 1 章

1.1 提示：利用信号微分运算的几何意义求解，并注意信号在 $t=-1,0,2$ 时存在跳变点，因此信号在这些点处的微分具有正（负）冲激。

$$y(t)=\delta(t+1)-\delta(t)+[u(t)-u(t-2)]-2\delta(t-2)$$

1.2 提示：利用信号的尺度变换、时移和翻褶运算的几何意义求解。

1.3 (1) 1；(2) $\delta(t)+u(t)$。

1.4 提示：按信号卷积的图解法进行求解。

$$y(t)=\begin{cases}0, & t<-1\\ \frac{1}{2}(t+1)^2, & -1\leqslant t<1\\ -\frac{1}{2}(t-1)^2+2, & 1\leqslant t<3\\ 0, & t\geqslant 3\end{cases}$$

1.5 提示：利用信号卷积的性质进行求解。

(1) $y(t)=2(1-\mathrm{e}^{-\frac{1}{2}t})u(t)-2\left[1-\mathrm{e}^{-\frac{1}{2}(t-2)}\right]u(t-2)$；

(2) $y(t)=(t-3)u(t-3)-(t-5)u(t-5)$。

*1.6 提示：前三题可以直接调用 MATLAB 函数库中的相应函数来实现，其中第(3)题实际上就是阶跃函数，即 MATLAB 符号工具箱中的 Heaviside 函数，而后两题则可以借助于第(3)题的结果，采用 MATLAB 的符号运算来实现。

*1.7 提示：采用 MATLAB 的符号运算中替换指令 subs 来实现。

1.8 (1) $x_1(t)=\frac{1}{4}+\sum_{n=1}^{\infty}\frac{\cos(n\pi)-1}{(n\pi)^2}\cos(n\Omega t)-\sum_{n=1}^{\infty}\frac{\cos(n\pi)}{n\pi}\sin(n\Omega t)$；

(2) $x_2(t)=\frac{1}{4}+\sum_{n=1}^{\infty}\frac{1-\cos(n\pi)}{(n\pi)^2}\cos(n\Omega t)-\sum_{n=1}^{\infty}\frac{1}{n\pi}\sin(n\Omega t)$；

(3) $x_3(t)=\frac{1}{2}+\sum_{n=1}^{\infty}\frac{2[1-\cos(n\pi)]}{(n\pi)^2}\cos(n\Omega t)$。

1.9 提示：利用周期信号傅里叶级数的对称性求解。

1.10 (1) 1rad/s；(2) 图略。

*1.11 提示：采用 MATLAB 的符号积分指令 inf 来实现。

```
x0=1/2
xk=-(cos(k*pi)-1)/k^2/pi^2
```

1.12 (1) $X_1(\mathrm{j}\Omega)=\tau\mathrm{Sa}^2\left(\frac{\Omega\tau}{2}\right)$；

(2) $X_2(\mathrm{j}\Omega)=\frac{1}{\mathrm{j}\Omega}\mathrm{Sa}\left(\frac{\Omega}{2}\right)\mathrm{e}^{-\mathrm{j}\frac{\Omega}{2}}+\pi\delta(\Omega)$；

(3) $X_3(\mathrm{j}\Omega)=\frac{2}{\mathrm{j}\Omega}\mathrm{e}^{-\mathrm{j}\Omega}$。

1.13 (1) $|\Omega|X(\mathrm{j}\Omega)$；

(2) $-\mathrm{j}\mathrm{e}^{-\mathrm{j}\Omega}\frac{\mathrm{d}X^*(\mathrm{j}\Omega)}{\mathrm{d}\Omega}$。

1.14 (1) $x(0)=2$；(2) $x(4)=0$。

1.15 提示：利用傅里叶变换的对称性、奇偶性和尺度变换特性进行求解。

$$F^{-1}\left[y\left(\frac{\Omega}{2}\right)\right]=\begin{cases}\frac{2t}{\mathrm{j}\pi}, & |t|<\frac{1}{2}\\ 0, & |t|>\frac{1}{2}\end{cases}$$

*1.16 提示：采用MATLAB的符号运算中傅里叶变换指令fourier来实现。

1.17 $X(s)=\frac{1-\mathrm{e}^{-2(s+2)}}{s+2}$。

1.18 提示：利用拉普拉斯变换的性质进行求解。

(1) $X_1(s)=\frac{\pi(1+\mathrm{e}^{-s})}{s^2+\pi^2}$；

(2) $X_2(s)=\frac{1}{4}\mathrm{e}^{-\frac{1}{2}s}$；

(3) $X_3(s)=\frac{2-s}{\sqrt{2}(s^2+4)}$；

(4) $X_4(s)=\frac{\pi}{s(s^2+\pi^2)}$；

(5) $X_5(s)=\frac{s+2}{2s^2}\mathrm{e}^{-\frac{1}{2}s}$。

1.19 (1) $x(t)=\pm\mathrm{e}^{-t}u(t)$；(2) $x(t)=u(t)$。

*1.20 提示：采用MATLAB的符号运算中拉普拉斯变换指令laplace来实现。在用户的工作目录下分别创建冲激函数$\delta(t)$、阶跃函数$u(t)$的函数文件Dirac.m和Heaviside.m，并在程序中将相应的函数定义成符号对象。

$$L[\delta(t)]=1,\quad L[u(t-a)]=\frac{\mathrm{e}^{-as}}{s}$$

1.21 (1) $\frac{1}{2a}\mathrm{e}^{-a|\tau|}$；(2) $\frac{E^2}{2}\cos(\Omega_0\tau)$。

1.22 $\frac{A_1^2}{2}\cos(\Omega_1\tau)+\frac{A_2^2}{2}\cos(\Omega_2\tau)$。

第 2 章

2.1 125Hz,62.5Hz,31.25Hz。

2.3 对连续时间正弦波

$$x_a(t)=\cos(\Omega_0 t)=\cos(2\pi f_0 t)$$

以采样频率 f_s 采样产生离散时间序列

$$x(n)=x_a(nT_s)=\cos\left(2\pi\frac{f_0}{f_s}n\right)$$

然后,注意到对于任意整数 k,

$$\cos\left(2\pi\frac{f_0}{f_s}n\right)=\cos\left(2\pi\frac{f_0+kf_s}{f_s}n\right)$$

所以,当采样频率为 f_s,任意频率为 $f=f_0+kf_s$ 的正弦波都会产生相同的序列。对于 $x(n)=\cos\frac{n\pi}{8}$,我们希望

$$2\pi\frac{f_0}{f_s}=\frac{\pi}{8}$$

或

$$f_0=\frac{1}{16}f_s=625\text{Hz}$$

所以,产生已知序列的两个信号是

$$x_1(t)=\cos(1250\pi t),\quad x_2(t)=\cos(21250\pi t)$$

2.4 (1) 奈奎斯特频率等于 $x_a(t)$最高频率的两倍。如果

$$y_a(t)=\frac{\mathrm{d}x_a(t)}{\mathrm{d}t}$$

那么

$$Y_a(\mathrm{j}\Omega)=\mathrm{j}\Omega X_a(\mathrm{j}\Omega)$$

于是,如果对于$|\Omega|>\Omega_0$,$X_a(\mathrm{j}\Omega)=0$,这对于 $Y_a(\mathrm{j}\Omega)$仍成立,于是,求导不改变奈奎斯特频率。

(2) 信号 $y_a(t)=x_a(2t)$是通过把 $x_a(t)$时间轴缩短为原来的 1/2 而形成的,这就使频率轴伸长 2 倍。具体地,注意到

$$\begin{aligned}Y_a(\mathrm{j}\Omega)&=\int_{-\infty}^{\infty}y_a(t)\mathrm{e}^{-\mathrm{j}\Omega t}\mathrm{d}t=\int_{-\infty}^{\infty}x_a(2t)\mathrm{e}^{-\mathrm{j}\Omega t}\mathrm{d}t\\&=\int_{-\infty}^{\infty}\frac{1}{2}x_a(\tau)\mathrm{e}^{-\mathrm{j}\Omega\tau/2}\mathrm{d}\tau=\frac{1}{2}X_a\left(\frac{\mathrm{j}\Omega}{2}\right)\end{aligned}$$

从而,如果 $x_a(t)$的奈奎斯特频率是 Ω_s,则 $y_a(t)$的奈奎斯特频率是 $2\Omega_s$。

(3) 当两个信号相乘时,它们对应的傅里叶变换将是卷积的关系,所以,如果

$$y_a(t)=x_a^2(t)$$

那么

$$Y_a(j\Omega)=\frac{1}{2\pi}X_a(j\Omega)*X_a(j\Omega)$$

于是，$y_a(t)$的最高频率将是$x_a(t)$的2倍，所以其奈奎斯特频率是$2\Omega_s$。

(4) 用$\cos(\Omega_0 t)$调制一个信号将把$x_a(t)$的谱上下移动Ω_0。所以，

$$y_a(t)=x_a(t)\cos(\Omega_0 t)$$

的奈奎斯特频率是$\Omega_s+2\Omega_0$。

2.8 (1) $\frac{2\pi}{\omega}=\frac{2\pi}{0.05\pi}=40$，周期$T=40$。

(2) $\frac{2\pi}{\omega}=\frac{2\pi}{0.055\pi}=\frac{400}{11}$，周期$T=400$。

(3) $\frac{2\pi}{\omega_1}=\frac{2\pi}{0.05\pi}=40$，$\frac{2\pi}{\omega_2}=\frac{2\pi}{0.12\pi}=\frac{50}{3}$，周期$T_1=40$，$T_2=50$，正弦序列的周期为$T_1$和$T_2$的最小公倍数200。

(4) $\frac{2\pi}{\omega}=\frac{2\pi}{0.6}$不是有理数，该序列不是周期序列，无周期。

2.10 线性移不变系统的输出等于输入序列和单位采样响应的卷积，即

$$y(n)=x(n)*h(n)=\sum_{k=-\infty}^{\infty}x(k)h(n-k)$$

(1) $n<0$，$x(k)$和$h(n-k)$非零值不重叠，$y(n)=0$。

(2) $0\leqslant n<N-1$，$y(n)=\sum_{k=0}^{n}x(k)h(n-k)=\sum_{k=0}^{n}a^{n-k}=a^n\frac{1-a^{-n-1}}{1-a^{-1}}$。

(3) $n\geqslant N-1$，$y(n)=\sum_{k=0}^{N-1}x(k)h(n-k)=\sum_{k=0}^{N-1}a^{n-k}=a^n\frac{1-a^{-N}}{1-a^{-1}}$。

2.12 $X(z)=\frac{z(2z-a-b)}{(z-a)(z-b)}$，$|a|<|z|<|b|$。

2.13 (1) $X(z)=\frac{(a^2-1)z}{a\left(z-\frac{1}{a}\right)(z-a)}$，$|a|<|z|<\frac{1}{|a|}$；

(2) $X(z)=\frac{1}{1-\frac{1}{2}z^{-1}}$，$|z|>\frac{1}{2}$；

(3) $X(z)=\ln\frac{z}{1-z}$，$|z|>1$；

(4) $X(z)=\frac{z^{-1}(1-z^{-2})\sin\omega_0}{(1-2z^{-1}\cos\omega_0+z^{-2})^2}$，$|z|>1$。

2.14 (1) $x(n)=\left(-\frac{1}{2}\right)^n u(n)$；

(2) $x(n)=-\frac{1}{a}\delta(n)+\left(a-\frac{1}{a}\right)\left(\frac{1}{a}\right)^n u(n-1)$；

(3) $x(n)=8\delta(n)+7\left(\frac{1}{4}\right)^n u(-n-1)$。

第 3 章

3.1 (1) $n<n_0, y(n)=0$。

(2) $n_0 \leqslant n<n_0+N-1$，部分重叠，

$$y(n)=\alpha^n\beta^{-n_0}\sum_{k=n_0}^{n}(\beta\alpha^{-1})^k=\begin{cases}\dfrac{\alpha^{n-n_0+1}-\beta^{n-n_0+1}}{\alpha-\beta}, & \alpha\neq\beta\\(n-n_0+1)\alpha^{n-n_0}, & \alpha=\beta\end{cases}$$

(3) $n\geqslant n_0+N-1$，全重叠，

$$y(n)=\alpha^n\beta^{-n_0}\sum_{k=n-N+1}^{n}(\beta\alpha^{-1})^k=\begin{cases}\beta^{n-n_0-N+1}\dfrac{\alpha^N-\beta^N}{\alpha-\beta}, & \alpha\neq\beta\\N\alpha^{n-n_0}, & \alpha=\beta\end{cases}$$

3.2 (1) $X(e^{j(\omega-\omega_0)})$； (2) $j\dfrac{dX(e^{j\omega})}{d\omega}$； (3) $X(e^{-j\omega})$； (4) $X^*(e^{-j\omega})$；

(5) $e^{-j\omega k}X(e^{j\omega})$； (6) $\dfrac{1}{2\pi}X(e^{j\omega})*X(e^{j\omega})$； (7) $\dfrac{1}{2}[X(e^{j\omega})-X^*(e^{-j\omega})]$。

3.3 (1) $\dfrac{1}{1-\frac{1}{2}e^{j\omega}}$；

(2) $\dfrac{1}{2j}\left[\dfrac{1}{1-ae^{-j(\omega-\omega_0)}}-\dfrac{1}{1-ae^{-j(\omega+\omega_0)}}\right]$

或

$$\frac{a\sin\omega_0 e^{-j\omega}}{1-(2a\cos\omega_0)e^{-j\omega}+a^2e^{-j2\omega}};$$

(3) $8\dfrac{e^{j3\omega}}{1-\frac{1}{2}e^{-j\omega}}-\dfrac{1}{4}\dfrac{e^{-j2\omega}}{1-\frac{1}{2}e^{-j\omega}}$；

(4) $\pi\left[\delta\left(\omega-\frac{18}{7}\pi-2k\pi\right)+\delta\left(\omega+\frac{18}{7}\pi-2k\pi\right)\right]-j\pi\delta(\omega-2-2k\pi)+j\pi\delta(\omega+2-2k\pi)$；

(5) $\dfrac{1}{1-\left(\frac{1}{4}e^{-j\omega}\right)^3}$。

3.4 $X_p(k)=10\sum_{n=2}^{6}W_{10}^{kn}=10e^{-j\frac{4}{5}k\pi}\dfrac{\sin\frac{\pi}{2}k}{\sin\frac{k\pi}{10}}$。

3.5 $X(k)=\dfrac{1-(aW_{10}^{k})^{10}}{1-aW_{10}^{k}}, X(k)=\dfrac{1-(aW_{20}^{k})^{20}}{1-aW_{20}^{k}}$。

3.6 $\dfrac{1}{2\mathrm{j}}[X((k-r))_N-X((k+r))_N]d_N(k)$。

3.7 仅给出一种方法。

(1) $X(k)=\mathrm{DFT}[x(n)]=\sum\limits_{n=0}^{N-1}x(n)W_N^{nk}=\sum\limits_{n=0}^{N-1}-x(N-1-n)W_N^{nk}$

令 $m=N-1-n$,则

$$X(k)=-\sum_{m=0}^{N-1}x(m)W_N^{(N-1-m)k}=-W_N^{-k}\sum_{m=0}^{N-1}x(m)W_N^{-mk}$$
$$=-W_N^{-k}X((-k))_N,\quad 0\leqslant k\leqslant N-1$$

当 $k=0$ 时,$X(0)=-X(0)$,所以 $X(0)=0$。

(2) 同理 $X(k)=W_N^{-k}X((-k))_N$,当 $k=N/2$ 时,

$$X(N/2)=W_N^{-N/2}X(-N/2)=-X(N/2)$$

所以 $X(N/2)=0$。

3.9 提示:用 DFT 定义和欧拉公式证明。

3.10

$$x_1(n)=\sum_{k=0}^{N-1}X(k)W_N^{kn}=\sum_{k=0}^{N-1}\left[\sum_{m=0}^{N-1}x(m)W_N^{km}\right]W_N^{nk}$$
$$=\sum_{m=0}^{N-1}x(m)\sum_{k=0}^{N-1}W_N^{k(n+m)}$$
$$\sum_{k=0}^{N-1}W_N^{k(n+m)}=\begin{cases}N, & n+m=Nl\\0, & \text{其他}\end{cases}$$
$$x_1(n)=\sum_{m=0}^{N-1}Nx(-n+Nl)=Nx((-n))_Nd_N(n)$$

或

$$x_1(n)=Nx(N-n)$$

3.11 $Y(k)=\sum\limits_{n=0}^{rN-1}y(n)W_{rN}^{nk}=\sum\limits_{n=0}^{N-1}x(n)W_N^{nk/r}=X(k/r)$,其中 $k=0,1,\cdots,rN-1$。

3.12 $\mathrm{IDFT}[X(k)]=\dfrac{a^n}{1-a^N}$。

3.13 (1) $X(k)=\sum\limits_{n=0}^{7}[\delta(n-2)+3\delta(n-4)]W_8^{nk}=W_8^{2k}+3W_8^{4k}$

$$=\mathrm{e}^{-\mathrm{j}\frac{2\pi}{8}\times 2k}+3\mathrm{e}^{-\mathrm{j}\frac{2\pi}{8}\times 4k}$$
$$=(-\mathrm{j})^k+3(-1)^k$$

(2) $y(n)$是 $x(n)$向右循环移位 4 的结果,且

$$y(n)=x(n-4)_8=\delta(n-4)+3\delta(n-8)$$

(3) 先计算 $x(n)$和 $y(n)$的线性卷积,则有

$$u(n)=x(n)*y(n)=\sum_{l=-\infty}^{\infty}x(l)y(n-l)=\{0,0,0,0,0,0,0,0,1,0,6,0,9\}$$

得到 8 点循环卷积,即

$$m(n)=\left[\sum_{l=-\infty}^{\infty}u(n-8l)\right]d_8(n)=\{1,0,6,0,9,0,0,0\}$$

$$=\delta(n)+6\delta(n-2)+9\delta(n-4)$$

第 4 章

4.1 (1) $H(s)=\dfrac{5(s^2+4)}{s^2+7s+12}$; (2) $H(s)=\dfrac{2(s^2+1)}{s^2+(\sqrt{2}+\sqrt{3})s+\sqrt{6}}$;

(3) $H(s)=\dfrac{1}{s^2+s+1}$。

零极点分布图略。

4.2 $H(s)=\dfrac{1}{s^3+2s^2+2s+1}$,零极点分布图略。

4.3 由变换公式 $s=\dfrac{2}{T}\cdot\dfrac{1-z^{-1}}{1+z^{-1}}$得,$T=2$ 时,$s=\dfrac{1-z^{-1}}{1+z^{-1}}$,因此

$$H(z)=H_a(s)\Big|_{s=\frac{1-z^{-1}}{1+z^{-1}}}=\frac{(1+z^{-1})^2}{3+z^{-2}}$$

4.4 $N=3$,

$$H(s)=\frac{10^{15}}{s^3+2\times10^5s^2+2\times10^{10}s+10^{15}}$$

4.5 $N=5$,

$$H(s)=\frac{8.37\times10^5}{(s+8.37)(s^2+5.39s+1520)(s^2+14.1s+627)}$$

4.7 归一化的二阶巴特沃斯滤波器的系统函数为

$$H_a(s)=\frac{1}{s^2+\sqrt{2}s+1}$$

将 $s=s/\Omega_c$ 代入,得到截止频率为 Ω_c 的模拟原型为

$$H_a(s)=\frac{1}{\left(\dfrac{s}{200\pi}\right)^2+\sqrt{2}\left(\dfrac{s}{200\pi}\right)+1}$$

再由双线性变换公式可得 $H(z)$。

4.8 $H(z)=\dfrac{0.15139(1-3z^{-2}+3z^{-4}-z^{-6})}{1-1.81954z^{-1}+1.33219z^{-2}-0.81950z^{-3}+0.61673z^{-4}-0.21515z^{-5}+0.01050z^{-6}}$

4.9 $N=2$，

$$H(z)=H_a(s)\Big|_{s=2\frac{1-z^{-1}}{1+z^{-1}}}=\frac{1+2z^{-1}+z^{-2}}{3.414+0.586z^{-2}}$$

4.10 (1) $\omega_p=\dfrac{2\pi f_p}{2400}=\dfrac{2\pi}{15}$，$\omega_s=\dfrac{2\pi f_s}{2400}=\dfrac{\pi}{30}$。

(2) 设 $T=2$，$\Omega_p'=\tan\dfrac{\omega_p}{2}=0.2126$，$\Omega_s'=\tan\dfrac{\omega_s}{2}=0.0542$。

将高通模拟滤波器的频率指标转换为低通模拟滤波器的指标：

$$\Omega_p=\frac{1}{\Omega_p'}=4.7040\quad \Omega_s=\frac{1}{\Omega_s'}=19.0840$$

(3) $\varepsilon=\sqrt{10^{0.1\alpha_p}-1}=0.9977$，$\Omega_c=\Omega_p=4.7040$

利用式(4.2.21)得到 $N\geqslant 2.9941$，取 $N=3$。

(4) 极点 $-0.7023\pm j4.2518$，-1.4046

模拟低通滤波器传递函数

$$H_a(s)=\frac{B}{(s+1.4047)(s^2+1.402s+18.5684)}$$

$N=3$ 为奇数，$|H_a(0)|=1$，因此

$$B=H_a(0)\times 1.4047\times 18.5684=26.083$$

(5) 模拟高通滤波器 $H_a'(s)=H_a(1/s)$。

(6) 数字高通滤波器 $H(z)=H_a'(s)\Big|_{s=\frac{1-z^{-1}}{1+z^{-1}}}$。

4.12 $h_d(n)=\dfrac{1}{2\pi}\displaystyle\int_{-\pi}^{\pi}H_d(e^{j\omega})e^{j\omega n}d\omega=\dfrac{1}{2\pi}\int_{-\omega_c}^{\omega_c}e^{-j\omega\alpha}e^{j\omega n}d\omega=\dfrac{\omega_c}{\pi}\dfrac{\sin[\omega_c(n-\alpha)]}{\omega_c(n-\alpha)}$

其中

$$\alpha=(N-1)/2=10,\quad \omega_c=0.5\pi$$

$$h(n)=h_d(n)w(n)=\begin{cases}\dfrac{-\sin(n\pi/2)}{\pi(n-10)}, & 0\leqslant n\leqslant 20\\ 0, & \text{其他}\end{cases}$$

4.13 $h_d(n)=\dfrac{1}{2\pi}\displaystyle\int_0^{2\pi}H_d(e^{j\omega})e^{j\omega n}d\omega$

$$=\frac{1}{2\pi}\int_{\pi-\omega_c}^{\pi+\omega_c}e^{-j(\omega-\pi)\alpha}e^{j\omega n}d\omega$$

$$=(-1)^n\frac{\sin[(n-\alpha)\omega_c]}{(n-\alpha)\omega_c}$$

由线性相位条件得 $\alpha=(N-1)/2=25$。

$$w(n)=\frac{1}{2}\left(1-\cos\frac{2\pi n}{N-1}\right)$$

$$h(n)=h_d(n)w(n)=\begin{cases}\frac{(-1)^n}{2}\left(1-\cos\frac{\pi n}{25}\right)\frac{\sin[0.5(n-25)\pi]}{(n-\alpha)\pi}, & 0\leqslant n\leqslant 50\\ 0, & \text{其他}\end{cases}$$

第 5 章

5.2 $P_X(\Omega)=\int_{-1}^{1}(1-|\tau|)\mathrm{e}^{-\mathrm{j}\Omega\tau}\mathrm{d}\tau=2\int_0^1(1-\tau)\cos(\omega\tau)\mathrm{d}\tau=\frac{\sin^2\left(\frac{\Omega}{2}\right)^2}{\left(\frac{\Omega}{2}\right)^2}$

5.3 可以判断 $Y(t)$ 是平稳过程，其自相关函数为

$$\begin{aligned}R_Y(t,t+\tau)&=\mathrm{E}\{Y(t)Y(t+\tau)\}\\&=\mathrm{E}\{X(t)\cos(\Omega_0 t+\varphi)X(t+\tau)\cos[\Omega_0(t+\tau)+\varphi]\}\\&=R_X(\tau)\times\frac{1}{2}\mathrm{E}\{\cos(\Omega_0\tau)+\cos(2\Omega_0 t+\Omega_0\tau+2\varphi)\}\\&=\frac{1}{2}R_X(\tau)\cos(\Omega_0\tau)\end{aligned}$$

则

$$\begin{aligned}P_Y(\Omega)&=F\left[\frac{1}{2}R_X(\tau)\cos(\Omega_0\tau)\right]=\frac{1}{2}\times\frac{1}{2\pi}P_X(\Omega)*\pi[\delta(\Omega+\Omega_0)+\delta(\Omega-\Omega_0)]\\&=\frac{1}{4}[P_X(\Omega+\Omega_0)+P_0(\Omega-\Omega_0)]\end{aligned}$$

5.4 利用微分性质求出 $R_X(\tau)$ 的傅里叶变换，则有

$$R''_X(\tau)\leftrightarrow\frac{1}{T}(\mathrm{e}^{-\mathrm{j}\Omega t}+\mathrm{e}^{\mathrm{j}\Omega t})-\frac{2}{T}=-\frac{4}{T}\sin^2\left(\frac{1}{2}\Omega T\right)$$

$$R_X(\tau)\leftrightarrow P_X(\Omega)=\frac{-\frac{4}{T}\sin^2\left(\frac{1}{2}\Omega T\right)}{(\mathrm{j}\Omega)^2}=T\sin\left[c^2\left(\frac{1}{2}\Omega T\right)\right]$$

其图形如图题 5.4 所示。

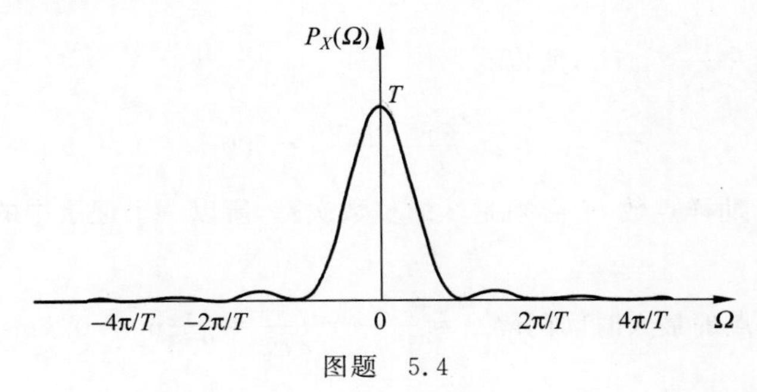

图题 5.4

5.5　设 $x(n)$ 和 $y(n)$ 都是均值为零的随机信号序列,互功率谱密度估计值 $\hat{P}_{xy}(e^{j\omega})$ 定义为互相关的估计值 $\hat{R}_{xy}(m)$ 的傅里叶变换,即

$$\hat{R}_{xy}(m)=\frac{1}{N}\sum_{n=0}^{N-1}x(n)y(n+m),0\leqslant m\leqslant N-1$$

$$\begin{aligned}\hat{P}_{xy}(e^{j\omega})&=\sum_{m=0}^{N-1}\hat{R}(m)e^{-j\omega m}=\sum_{m=0}^{N-1}\left[\frac{1}{N}\sum_{n=0}^{N-1}x(n)y(n+m)\right]e^{-j\omega m}\\&=\frac{1}{N}\sum_{n=0}^{N-1}\left[\sum_{m=0}^{N-1}x(n)y(n+m)e^{-j\omega m}\right]\\&\xlongequal{m+n=l}\frac{1}{N}\sum_{n=0}^{N-1}\left[\sum_{l=n}^{n+(N-1)}x(n)y(l)e^{-j\omega(l-n)}\right]\\&\xlongequal{\text{利用周期性}}\frac{1}{N}\sum_{n=0}^{N-1}\left[\sum_{l=0}^{N-1}x(n)y(l)e^{-j\omega(l-n)}\right]\\&=\frac{1}{N}\left[\sum_{n=0}^{N-1}x(n)e^{j\omega n}\right]\left[\sum_{l=0}^{N-1}y(l)e^{-j\omega l}\right]=\frac{1}{N}X^*(e^{j\omega})Y(e^{j\omega})\end{aligned}$$

所以,互功率谱密度估计值为

$$\hat{P}_{xy}(k)=\frac{1}{N}X^*(k)Y(k)$$

用周期图法求互功率谱密度估值的框图如图题5.5所示。

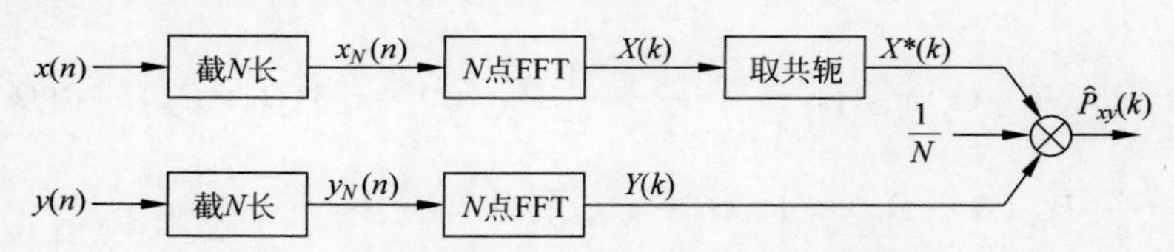

图题5.5　用周期图法求互功率谱密度估计值的框图

5.7　$X(k)=\sum x(n)e^{-j\frac{2\pi}{4}kn}=[2,1-j,0,1+j]$

$$P_x(\omega)=\frac{1}{4}|X(k)|^2=\frac{1}{4}[4,2,0,2]$$

5.12　(1) 因为待分析的信号中的上限频率≤1.25kHz,所以,抽样频率应满足

$$f_s\geqslant 2f_m=2.5\text{kHz}$$

因为要求谱分辨率 $\frac{f_s}{N}\leqslant 5\text{Hz}$,所以

$$N\geqslant\frac{2.5\times 1000}{5}=500$$

因为要求选用的抽样点数 N 必须是2的整数次幂,所以一个记录中的最少抽样点数 $N=512$。

(2) 相邻样点的最大时间间隔 $T=\frac{1}{f_{smin}}=\frac{1}{2f_m}=\frac{1}{2.5}\text{ms}=0.4\text{ms}$。

(3) 信号的最小记录时间 $T_{\text{pmin}}=N\times T=512\times 0.4\text{ms}=204.8\text{ms}$。

5.13 证：输出相关函数为

$$\begin{aligned}R_Y(\tau') &= \mathrm{E}\{Y(t)Y(t+\tau')\}\\ &= \mathrm{E}\{[X(t)+X(t-\tau)][X(t+\tau')+X(t+\tau'-\tau)]\}\\ &= 2R_X(\tau')+R_X(\tau'-\tau)+R_X(\tau'+\tau)\end{aligned}$$

利用时移性质得到其功率谱密度为

$$\begin{aligned}P_Y(\Omega) &= 2P_X(\Omega)+P_X(\Omega)\mathrm{e}^{-\mathrm{j}\Omega\tau}+P_X(\Omega)\mathrm{e}^{\mathrm{j}\Omega\tau}=2P_X(\Omega)\left(1+\frac{\mathrm{e}^{-\mathrm{j}\Omega\tau}+\mathrm{e}^{\mathrm{j}\Omega\tau}}{2}\right)\\ &= 2P_X(\Omega)[1+\cos(\Omega\tau)]\end{aligned}$$

5.14 白噪声序列 $w(n)$ 的功率谱为 $P_x(\omega)=\sigma_w^2$，根据随机信号通过线性系统的理论可知，

$$P_y(\omega)=|H(\mathrm{e}^{\mathrm{j}\omega})|^2P_x(\omega)$$

由系统函数的表达式容易得到系统的零点为 $Z_1=Z_2(\omega)=0$，极点为

$$P_1=\rho(\cos\theta+\mathrm{j}\sin\theta),\quad P_2=\rho(\cos\theta-\mathrm{j}\sin\theta)$$

由此可以得到系统的零极点图分布和系统的功率因子特性：θ 小时靠近直流点，θ 大时靠近 π，即高频，整个系统是一个带通滤波器。$\theta<\frac{\pi}{2}$，是低通；$\theta>\frac{\pi}{2}$，是高通。

当 $\rho<1$ 时，ρ 变化会影响带宽；ρ 增加，带宽变窄。

所以，系统具有谐振特性，谐振频率受 θ 限制，谐振带宽受 ρ 限制，这个系统可以仿真窄带噪声。

附录A　常用信号的傅里叶变换

序号	信号名称	时域信号 $x(t)$	频谱密度函数 $X(\mathrm{j}\Omega)$
1	单位直流信号	1	$2\pi\delta(\Omega)$
2	单位阶跃信号	$u(t)$	$\pi\delta(\Omega)+\dfrac{1}{\mathrm{j}\Omega}$
3	单位冲激信号	$\delta(t)$	1
4	冲激偶信号	$\delta'(t)$	$\mathrm{j}\Omega$
5	单边指数信号	$\mathrm{e}^{-at}u(t),\mathrm{Re}[a]>0$	$\dfrac{1}{a+\mathrm{j}\Omega}$
6	复指数信号	$\mathrm{e}^{\mathrm{j}\Omega_0 t}$	$2\pi\delta(\Omega-\Omega_0)$
7	正弦信号	$\sin(\Omega_0 t)$	$-\mathrm{j}\pi[\delta(\Omega-\Omega_0)-\delta(\Omega+\Omega_0)]$
8	余弦信号	$\cos(\Omega_0 t)$	$\pi[\delta(\Omega-\Omega_0)+\delta(\Omega+\Omega_0)]$
9	周期信号	$\sum\limits_{n=-\infty}^{\infty} X(n\Omega_0)\mathrm{e}^{\mathrm{j}n\Omega_0 t}$	$\sum\limits_{n=-\infty}^{\infty} 2\pi X(n\Omega_0)\delta(\Omega-n\Omega_0)$
10	冲激串信号	$\sum\limits_{n=-\infty}^{\infty} \delta(t-nT_0)$	$\Omega_0\sum\limits_{n=-\infty}^{\infty} \delta(\Omega-n\Omega_0)$
11	单位斜坡信号	$tu(t)$	$\mathrm{j}\pi\delta'(\Omega)-\dfrac{1}{\Omega^2}$
12	符号函数信号	$\mathrm{sgn}(t)=\begin{cases}1, & t>0\\ -1, & t<0\end{cases}$	$\dfrac{2}{\mathrm{j}\Omega}$
13	矩形脉冲信号	$w_{\mathrm{R}}(t)=\begin{cases}0, & \lvert t\rvert>\tau/2\\ 1, & \lvert t\rvert\leqslant\tau/2\end{cases}$	$W_{\mathrm{R}}(\Omega)=\tau\mathrm{Sa}\left(\dfrac{\Omega\tau}{2}\right)$
14	抽样信号	$\mathrm{Sa}(\Omega_{\mathrm{c}}t)$	$\dfrac{\pi}{\Omega_{\mathrm{c}}}W_{\mathrm{R}}(\Omega),W_{\mathrm{R}}(\Omega)=\begin{cases}0, & \lvert\Omega\rvert>\Omega_{\mathrm{c}}\\ 1, & \lvert\Omega\rvert\leqslant\Omega_{\mathrm{c}}\end{cases}$
15	三角脉冲信号	$\left(1-\dfrac{2\lvert t\rvert}{\tau}\right)w_{\mathrm{R}}(t)$	$\dfrac{\tau}{2}\mathrm{Sa}^2\left(\dfrac{\Omega\tau}{4}\right)$
16	高斯脉冲信号	$\mathrm{e}^{-(at)^2}$	$\dfrac{\sqrt{\pi}}{a}\mathrm{e}^{-(\Omega/2a)^2}$

附录 B 常用信号的拉普拉斯变换

序　　号	信号 $x(t)$	拉普拉斯变换 $X(s)$	收　敛　域
1	$\delta(t)$	1	全部 s
2	$\delta'(t)$	s	全部 s
3	$u(t)$	$\frac{1}{s}$	$\mathrm{Re}[s]>0$
4	$-u(-t)$	$\frac{1}{s}$	$\mathrm{Re}[s]<0$
5	$t^n u(t)$	$\frac{n!}{s^{n+1}}$	$\mathrm{Re}[s]>0$
6	$-t^n u(-t)$	$\frac{n!}{s^{n+1}}$	$\mathrm{Re}[s]<0$
7	$\mathrm{e}^{-a\lvert t\rvert}$	$\frac{-2a}{s^2-a^2}$	$-a<\mathrm{Re}[s]<a$
8	$\mathrm{e}^{-at}u(t)$	$\frac{1}{s+a}$	$\mathrm{Re}[s]>-a$
9	$-\mathrm{e}^{-at}u(-t)$	$\frac{1}{s+a}$	$\mathrm{Re}[s]<-a$
10	$t^n\mathrm{e}^{-at}u(t)$	$\frac{n!}{(s+a)^{n+1}}$	$\mathrm{Re}[s]>-a$
11	$-t^n\mathrm{e}^{-at}u(-t)$	$\frac{n!}{(s+a)^{n+1}}$	$\mathrm{Re}[s]<-a$
12	$\delta(t-T)$	e^{-sT}	全部 s
13	$u(t)\sin(\Omega_0 t)$	$\frac{\Omega_0}{s^2+\Omega_0^2}$	$\mathrm{Re}[s]>0$
14	$u(t)\cos(\Omega_0 t)$	$\frac{s}{s^2+\Omega_0^2}$	$\mathrm{Re}[s]>0$
15	$\mathrm{e}^{-at}u(t)\sin(\Omega_0 t)$	$\frac{\Omega_0}{(s+a)^2+\Omega_0^2}$	$\mathrm{Re}[s]>-a$
16	$\mathrm{e}^{-at}u(t)\cos(\Omega_0 t)$	$\frac{s+a}{(s+a)^2+\Omega_0^2}$	$\mathrm{Re}[s]>-a$

附录C　常用序列的 z 变换

序　号	序　列	z 变换	收 敛 域
1	$\delta(n)$	1	全部 z
2	$u(n)$	$\dfrac{1}{1-z^{-1}}$	$\|z\|>1$
3	$u(-n-1)$	$\dfrac{-1}{1-z^{-1}}$	$\|z\|<1$
4	$nu(n)$	$\dfrac{z^{-1}}{(1-z^{-1})^2}$	$\|z\|>1$
5	$a^n u(n)$	$\dfrac{1}{1-az^{-1}}$	$\|z\|>\|a\|$
6	$a^{\|n\|}$	$\dfrac{1-a^2}{(1-az)(1-az^{-1})}$	$\|a\|<\|z\|<\dfrac{1}{\|a\|}$
7	$na^n u(n)$	$\dfrac{az^{-1}}{(1-az^{-1})^2}$	$\|z\|>\|a\|$
8	$na^n u(-n-1)$	$\dfrac{-az^{-1}}{(1-az^{-1})^2}$	$\|z\|<\|a\|$
9	$(n+1)a^n u(n)$	$\dfrac{1}{(1-az^{-1})^2}$	$\|z\|>\|a\|$
10	$\dfrac{(n+1)(n+2)\cdots(n+m)}{m!}a^n u(n)$	$\dfrac{1}{(1-az^{-1})^{m+1}}$	$\|z\|>\|a\|$
11	$u(n)\sin(n\omega_0)$	$\dfrac{z^{-1}\sin\omega_0}{1-2z^{-1}\cos\omega_0+z^{-2}}$	$\|z\|>1$
12	$u(n)\cos(n\omega_0)$	$\dfrac{1-z^{-1}\cos\omega_0}{1-2z^{-1}\cos\omega_0+z^{-2}}$	$\|z\|>1$
13	$u(n)a^n\sin(n\omega_0)$	$\dfrac{az^{-1}\sin\omega_0}{1-2az^{-1}\cos\omega_0+a^2z^{-2}}$	$\|z\|>\|a\|$
14	$u(n)a^n\cos(n\omega_0)$	$\dfrac{1-az^{-1}\cos\omega_0}{1-2az^{-1}\cos\omega_0+a^2z^{-2}}$	$\|z\|>\|a\|$
15	$\mathrm{e}^{-\mathrm{j}n\omega_0}u(n)$	$\dfrac{1}{1-\mathrm{e}^{-\mathrm{j}\omega_0}z^{-1}}$	$\|z\|>1$
16	$\mathrm{e}^{-an}u(n)\sin(n\omega_0)$	$\dfrac{z^{-1}\mathrm{e}^{-a}\sin\omega_0}{1-2z^{-1}\mathrm{e}^{-a}\cos\omega_0+z^{-2}\mathrm{e}^{-2a}}$	$\|z\|>\mathrm{e}^{-a}$
17	$\mathrm{e}^{-an}u(n)\cos(n\omega_0)$	$\dfrac{1-z^{-1}\mathrm{e}^{-a}\sin\omega_0}{1-2z^{-1}\mathrm{e}^{-a}\cos\omega_0+z^{-2}\mathrm{e}^{-2a}}$	$\|z\|>\mathrm{e}^{-a}$
18	$u(n)\sin(\omega_0 n+\theta)$	$\dfrac{\sin\theta+z^{-1}\sin(\omega_0-\theta)}{1-2z^{-1}\cos\omega_0+z^{-2}}$	$\|z\|>1$

附录D　z变换的主要性质

序号	序　列	z变换	收　敛　域
1	$x(n)$ $y(n)$	$X(z)$ $Y(z)$	$R_{x-}<\|z\|<R_{x+}$ $R_{y-}<\|z\|<R_{y+}$
2	$ax(n)+by(n)$	$aX(z)+bY(z)$	$\max(R_{x-},R_{y-})<\|z\|<\min(R_{x+},R_{y+})$
3	$x(n-m)$	$z^{-m}X(z)$	$R_{x-}<\|z\|<R_{x+}$
4	$a^n x(n)$	$X(a^{-1}z)$	$\|a\|R_{x-}<\|z\|<\|a\|R_{x+}$
5	$n^m x(n)$	$\left(-z\frac{\mathrm{d}}{\mathrm{d}z}\right)^m X(z)$	$R_{x-}<\|z\|<R_{x+}$
6	$x^*(n)$	$X^*(z^*)$	$R_{x-}<\|z\|<R_{x+}$
7	$x(-n)$	$X(z^{-1})$	$\frac{1}{R_{x+}}<\|z\|<\frac{1}{R_{x-}}$
8	$x^*(-n)$	$X^*\left(\frac{1}{z^*}\right)$	$\frac{1}{R_{x+}}<\|z\|<\frac{1}{R_{x-}}$
9	$\mathrm{Re}[x(n)]$	$\frac{1}{2}[X(z)+X^*(z^*)]$	$R_{x-}<\|z\|<R_{x+}$
10	$\mathrm{j}\,\mathrm{Im}[x(n)]$	$\frac{1}{2}[X(z)-X^*(z^*)]$	$R_{x-}<\|z\|<R_{x+}$
11	$x(n)*y(n)$	$X(z)Y(z)$	$\max(R_{x-},R_{y-})<\|z\|<\min(R_{x+},R_{y+})$
12	$x(n)y(n)$	$\frac{1}{2\pi\mathrm{j}}\oint_{c_1} X\left(\frac{z}{v}\right)Y(v)v^{-1}\mathrm{d}v$	$R_{x-}R_{y-}<\|z\|<R_{x+}R_{y+}$ $*c_1$是$X(z/v)$和$Y(v)$两者收敛区域的重叠部分内的闭合围线
13	Parsval定理： $\sum_{n=-\infty}^{\infty}x(n)y^*(n)=$ $\frac{1}{2\pi\mathrm{j}}\oint_c X(v)Y^*\left(\frac{1}{v^*}\right)v^{-1}\mathrm{d}v$		$\max\left[R_{x-},\frac{1}{R_{y+}}\right]<\|z\|<\min\left[R_{x+},\frac{1}{R_{y-}}\right]$ $*c$取在$X(v)$和$Y^*\left(\frac{1}{v^*}\right)$收敛域的重叠部分内的闭合围线

《全国高等学校自动化专业系列教材》丛书书目

教材类型	编　　号	教 材 名 称	主编/主审	主 编 单 位	备注
本科生教材					
控制理论与工程	Auto-2-(1+2)-V01	自动控制原理(研究型)	吴麒、王诗宓	清华大学	
	Auto-2-1-V01	自动控制原理(研究型)	王建辉、顾树生/杨自厚	东北大学	
	Auto-2-1-V02	自动控制原理(应用型)	张爱民/黄永宣	西安交通大学	
	Auto-2-2-V01	现代控制理论(研究型)	张嗣瀛、高立群	东北大学	
	Auto-2-2-V02	现代控制理论(应用型)	谢克明、李国勇/郑大钟	太原理工大学	
	Auto-2-3-V01	控制理论 CAI 教程	吴晓蓓、徐志良/施颂椒	南京理工大学	
	Auto-2-4-V01	控制系统计算机辅助设计	薛定宇/张晓华	东北大学	
	Auto-2-5-V01	工程控制基础	田作华、陈学中/施颂椒	上海交通大学	
	Auto-2-6-V01	控制系统设计	王广雄、何朕/陈新海	哈尔滨工业大学	
	Auto-2-8-V01	控制系统分析与设计	廖晓钟、刘向东/胡佑德	北京理工大学	
	Auto-2-9-V01	控制论导引	万百五、韩崇昭、蔡远利	西安交通大学	
	Auto-2-10-V01	控制数学问题的 MATLAB 求解	薛定宇、陈阳泉/张庆灵	东北大学	
控制系统与技术	Auto-3-1-V01	计算机控制系统(面向过程控制)	王锦标/徐用懋	清华大学	
	Auto-3-1-V02	计算机控制系统(面向自动控制)	高金源、夏洁/张宇河	北京航空航天大学	
	Auto-3-2-V01	电力电子技术基础	洪乃刚/陈坚	安徽工业大学	
	Auto-3-3-V01	电机与运动控制系统	杨耕、罗应立/ 陈伯时	清华大学、华北电力大学	
	Auto-3-4-V01	电机与拖动	刘锦波、张承慧/陈伯时	山东大学	
	Auto-3-5-V01	运动控制系统	阮毅、陈维钧/陈伯时	上海大学	
	Auto-3-6-V01	运动体控制系统	史震、姚绪梁/谈振藩	哈尔滨工程大学	
	Auto-3-7-V01	过程控制系统(研究型)	金以慧、王京春、黄德先	清华大学	
	Auto-3-7-V02	过程控制系统(应用型)	郑辑光、韩九强/韩崇昭	西安交通大学	
	Auto-3-8-V01	系统建模与仿真	吴重光、夏涛/吕崇德	北京化工大学	
	Auto-3-8-V01	系统建模与仿真	张晓华/薛定宇	哈尔滨工业大学	
	Auto-3-9-V01	传感器与检测技术	王俊杰/王家祯	清华大学	
	Auto-3-9-V02	传感器与检测技术	周杏鹏、孙永荣/韩九强	东南大学	
	Auto-3-10-V01	嵌入式控制系统	孙鹤旭、林涛/袁著祉	河北工业大学	
	Auto-3-13-V01	现代测控技术与系统	韩九强、张新曼/田作华	西安交通大学	
	Auto-3-14-V01	建筑智能化系统	章云、许锦标/胥布工	广东工业大学	
	Auto-3-15-V01	智能交通系统概论	张毅,姚丹亚/史其信	清华大学	
	Auto-3-16-V01	智能现代物流技术	柴跃廷、申金升/吴耀华	清华大学	

续表

教材类型	编　　号	教 材 名 称	主编/主审	主 编 单 位	备注

本科生教材

教材类型	编　　号	教 材 名 称	主编/主审	主 编 单 位	备注
信号处理与分析	Auto-5-1-V01	信号与系统	王文渊/阎平凡	清华大学	
	Auto-5-2-V01	信号分析与处理	徐科军/胡广书	合肥工业大学	
	Auto-5-3-V01	数字信号处理	郑南宁/马远良	西安交通大学	
计算机与网络	Auto-6-1-V01	单片机原理与接口技术	杨天怡、黄勤	重庆大学	
	Auto-6-2-V01	计算机网络	张曾科、阳宪惠/吴秋峰	清华大学	
	Auto-6-4-V01	嵌入式系统设计	慕春棣/汤志忠	清华大学	
	Auto-6-5-V01	数字多媒体基础与应用	戴琼海、丁贵广/林闯	清华大学	
软件基础与工程	Auto-7-1-V01	软件工程基础	金尊和/肖创柏	杭州电子科技大学	
	Auto-7-2-V01	应用软件系统分析与设计	周纯杰、何顶新/卢炎生	华中科技大学	
实验课程	Auto-8-1-V01	自动控制原理实验教程	程鹏、孙丹/王诗宓	北京航空航天大学	
	Auto-8-3-V01	运动控制实验教程	綦慧、杨玉珍/杨耕	北京工业大学	
	Auto-8-4-V01	过程控制实验教程	李国勇、何小刚/谢克明	太原理工大学	
	Auto-8-5-V01	检测技术实验教程	周杏鹏、仇国富/韩九强	东南大学	

研究生教材

教材类型	编　　号	教 材 名 称	主编/主审	主 编 单 位	备注
	Auto(＊)-1-1-V01	系统与控制中的近代数学基础	程代展/冯德兴	中科院系统所	
	Auto(＊)-2-1-V01	最优控制	钟宜生/秦化淑	清华大学	
	Auto(＊)-2-2-V01	智能控制基础	韦巍、何衍/王耀南	浙江大学	
	Auto(＊)-2-3-V01	线性系统理论	郑大钟	清华大学	
	Auto(＊)-2-4-V01	非线性系统理论	方勇纯/袁著祉	南开大学	
	Auto(＊)-2-6-V01	模式识别	张长水/边肇祺	清华大学	
	Auto(＊)-2-7-V01	系统辨识理论及应用	萧德云/方崇智	清华大学	
	Auto(＊)-2-8-V01	自适应控制理论及应用	柴天佑、岳恒/吴宏鑫	东北大学	
	Auto(＊)-3-1-V01	多源信息融合理论与应用	潘泉、程咏梅/韩崇昭	西北工业大学	
	Auto(＊)-4-1-V01	供应链协调及动态分析	李平、杨春节/桂卫华	浙江大学	

图书资源支持

感谢您一直以来对清华大学出版社图书的支持和爱护。为了配合本书的使用，本书提供配套的资源，有需求的读者请扫描下方的“书圈”微信公众号二维码，在图书专区下载，也可以拨打电话或发送电子邮件咨询。

如果您在使用本书的过程中遇到了什么问题，或者有相关图书出版计划，也请您发邮件告诉我们，以便我们更好地为您服务。

我们的联系方式：

地　　址：北京市海淀区双清路学研大厦 A 座 714

邮　　编：100084

电　　话：010-83470236　010-83470237

资源下载：http://www.tup.com.cn

客服邮箱：tupjsj@vip.163.com

QQ：2301891038（请写明您的单位和姓名）

教学资源·教学样书·新书信息

人工智能科学与技术
人工智能|电子通信|自动控制

资料下载·样书申请

书圈

用微信扫一扫右边的二维码，即可关注清华大学出版社公众号。